M. JEAN MASCART

DIRECTEUR DE L'OBSERVATOIRE DE LYON

NOTES

SUR LA

VARIABILITÉ DES CLIMATS

DOCUMENTS LYONNAIS, ÉTUDES DE CLIMATOLOGIE

PREMIÈRE PARTIE

INTRODUCTION GÉNÉRALE HISTORIQUE

LYON

M. AUDIN ET COMPAGNIE

RUE DAVOUT

N° 3

NOTES

SUR LA

VARIABILITÉ DES CLIMATS

M. JEAN MASCART

DIRECTEUR DE L'OBSERVATOIRE DE LYON

NOTES

SUR LA

VARIABILITÉ DES CLIMATS

DOCUMENTS LYONNAIS, ÉTUDES DE CLIMATOLOGIE

PREMIÈRE PARTIE

INTRODUCTION GÉNÉRALE HISTORIQUE

LYON

M. AUDIN ET COMPAGNIE

RUE DAVOUT

N° 3

A

MADAME LÉON MASCART

JE DÉDIE CET ESSAI

EN HOMMAGE AFFECTUEUX

JEAN MASCART.

PRÉFACE

Il n'y a pas plus d'un siècle, le docteur Alexandre Bertrand s'efforçait encore de rester dans la tradition des grands encyclopédistes pour nous décrire, dans un style alerte, les Révolutions du Globe. *Il s'agit bien d'un tableau d'ensemble, largement brossé : idées cosmogoniques et hypothèses sur la formation de la croûte terrestre ; partie historique ; découvertes des animaux et des végétaux fossiles ; bonne exposition de la théorie de Buffon et partie bibliographique assez complète ; masse interne et exposé d'une théorie de la chaleur du globe d'après Fourier, avec données sur le refroidissement ; tremblements de terre et volcans (1) ; écorce minérale, sol et sédiments ; atmosphère ; masse des eaux et sa diminution, d'après Lyell ; abaissement du niveau de la Baltique ou de la baie de Baïa (Lyell) ; formation des vallées, glaciers... l'ensemble est toujours frais et suggestif.*

Hélas ! dans la première moitié du dix-neuvième siècle, la Science devait marcher à pas de géant, faisant effondrer le rêve des connaissances encyclopédiques : au lieu de se borner aux idées générales sur les divers règnes de la nature, à des classifications systématiques, à un exposé en quelque sorte littéraire de nos acquisitions, elle accumule les faits d'observations, les cas particuliers, les anomalies, pour rendre de plus en plus malaisé tout effort de synthèse et de vue d'ensemble sur les phénomènes si variés et si complexes de la nature.

Joseph Bertrand voulut profiter de la situation presque unique qu'il sut acquérir, si jeune, dans le milieu scientifique pour tenir à jour l'ouvrage conçu

---

(1) Dans la littérature récente on trouvera un excellent petit exposé de l'état de la Terre, forme, constitution et mouvements de l'écorce, sismologie, magnétisme et électricité terrestres, avec un choix des meilleures références bibliographiques, dans Cн. MAURAIN, *Physique du Globe.* Paris, A. Cotin, 1923.

par son père, et fit appel, pour des remarques, corrections et additions, à des savants distingués tels que les deux Sainte-Claire Deville, Delesse, Perrey, Dalimier, Martins. Avec toute sa série de notes, cette édition entièrement nouvelle est assurément du plus haut intérêt philosophique : on y voit les idées cosmogoniques d'Ampère, fort intéressantes pour l'action progressive attribuée à l'atmosphère, et en relation avec les travaux de Brongniart ; les conséquences des variations de la teneur de l'air en acide carbonique ; l'exposé des travaux d'Arago et d'Elie de Beaumont ; l'ancienneté relative des différentes chaînes de montagnes ; les diverses formations de sédiment, dont la position actuelle permet d'assigner l'époque relative des divers mouvements qui ont disloqué l'écorce terrestre ; l'origine des êtres organisés, avec une critique de la théorie de Bremser ; une note intéressante de Martins sur la période glaciaire — tout un ensemble passionnant et qui manque un peu d'homogénéité, faute d'avoir été fondu dans un texte unique. Mais il y a plus : cet ouvrage charmant, évocateur d'une génération qui se passionna pour la science de la façon la plus désintéressée et crut y trouver rapidement la solution de toutes les énigmes, nous paraît aujourd'hui naïf et un peu puéril. Et c'est parce que le problème, en moins de cent ans, est devenu pour ainsi dire insoluble : qui donc, aujourd'hui, en dehors d'une brillante variation, oserait se risquer à une grande synthèse de tous les faits scientifiques qui concernent notre planète?

Cependant, la difficulté des questions ne doit jamais conduire au découragement, mais bien plutôt exciter l'ingéniosité pour approcher de la vérité, serait-ce par quelque voie détournée. Les faits multiples sont là : nos mers ont été peuplées de coraux constructeurs analogues à ceux des mers tropicales, évocateurs d'un climat beaucoup plus chaud ; par contre, les vestiges importants des périodes glaciaires font penser à des époques plus rigoureuses que celles que nous traversons. Et si personne ne doute plus que nos pays aient éprouvé des modifications de climat, le mécanisme même de ces changements reste fort obscur : les uns, avec Constant Prévost et Lyell, sont partisans d'une sorte d'évolution et se refusent à penser que le climat d'un pays quelconque puisse réellement demeurer semblable à lui-même, pour songer à une série ininterrompue de très lents changements climatériques ; d'autres imaginent de longues périodes uniformes, séparées par des variations subites ou rapides, et invoquent des cataclysmes pour provoquer ces changements ; depuis Arago, on a tendance à admettre que nos climats sont demeurés invariables depuis les temps historiques, ce qui ferait remonter assez loin le dernier cataclysme modificateur.

Mais, que ce soit brusquement ou d'une façon progressive, peut-être même à travers des oscillations périodiques, notre climat est-il en voie de modifica-

tion? La question conserve tout son intérêt et toute son importance : elle passionne l'astronome comme le météorologiste, l'historien et le géographe surtout, les naturalistes et en particulier le paléo-botaniste, les anthropologistes et même les médecins, les physiciens et les chimistes, les agronomes et les économistes ; et, si des variations dans le régime pluvieux, ou des déboisements, ont une répercussion sur la dépopulation comme on a pu le prétendre, c'est là matière à d'intéressantes recherches de démographie.

* * *

La géographie est assurément la plus intéressée à ces problèmes parmi toutes les branches de l'activité humaine, et c'est elle qu'il faudrait interroger tout d'abord : c'est elle, au contraire, qui nous pose le plus de questions embarrassantes, et on le comprend en examinant son passé et son développement. Qu'était en effet le géographe, récemment encore ? un touriste curieux et avide de nouveautés, un voyageur attiré par l'émotion et la poésie de la nature, les incidents dramatiques ou pittoresques, dont les récits cliquetaient du bruit des sabres, pistolets et carabines, razzias et expéditions de représailles. Et, sur tant de témoignages troublés par l'enthousiasme, grossis par le soleil des tropiques, modifiés par la distance, le temps, les soucis de la narration, l'homme de cabinet devait entreprendre une description de la terre, énumération de montagnes, de fleuves, de lieux habités : c'était une collection de faits, ramassés sans plan ni méthode, réunis parfois sans critique.

On voulut enseigner cette encyclopédie disparate et l'on commit la faute de créer des chaires pour des individus, non pour une science : et c'est ainsi que la Géographie eut à graviter autour des Facultés des Lettres, où elle n'avait que faire, où elle ne devait guère trouver les concours utiles qui lui étaient indispensables.

C'est à des influences extérieures que la Géographie dut un brusque développement dans la seconde moitié du dix-neuvième siècle, abandonnant les vieux errements sous la pression de l'astronome, du physicien, du botaniste et du géologue, pour entrer dans une voie scientifique et féconde, pour aller à la recherche des causes, pour étudier la genèse des formes de la surface. Si l'on veut assister à cette évolution, rien n'est plus instructif que de lire les rapports annuels consciencieux que rédigea Charles Maunoir pendant trente ans : on y voit la part croissante de la géographie mathématique, de l'océanographie, de la géologie — de la physique du globe en un mot.

Il était trop évident que l'étude et la mesure des saillies et des dépressions sous-marines, du point de vue descriptif, ne pouvait pas plus former un but que constituer l'ambition limitée d'une science et, depuis longtemps, Peschel (1868) s'était préoccupé de rechercher des lois de proportion et d'harmonie entre les parties émergées et les régions submergées de la surface terrestre. Ce monde immergé, trois fois plus étendu que le monde émergé, posait une série d'énigmes : les variations de la température avec la profondeur, la vie animale et végétale d'immenses régions, le régime de tous ces courants qui glissent et se côtoient, se traversent ou se mélangent, en amenant de formidables brassages de la matière liquide ; les actions de la lumière et de la pression sur la surface, les solutions et précipitations. C'est ainsi que, à la suite de Maury, l'étude des courants marins imprimait à l'Océanographie une impulsion précieuse avec Mühry, Vallès, Bourgois, Savy, Lenthérie...

Puis le problème s'élargit encore, en liaison intime avec la géologie ; Delesse (1869) insiste à juste titre sur le grand intérêt des dépôts qui se forment dans le fond des mers actuelles : leur étude permet de restaurer par la pensée les mers des époques antérieures et, par le présent, nous fait connaître le passé du globe. Car le jour où les progrès de l'océanographie auront permis de définir, en chaque point, la provenance et la vitesse de formation des sédiments, le jour où l'on aura clairement établi les rapports qui lient le développement de tel ou tel groupe d'animaux marins avec les circonstances ambiantes, il ne restera plus qu'à combiner ces données avec ce que l'on sait déjà du relief continental, du régime des eaux courantes et des climats de la surface ; alors, les anciens dépôts géologiques, avec les fossiles qu'ils renferment, prendront à nos yeux une signification autrement précise et maint indice, aujourd'hui négligé ou inaperçu, nous mettra sur la voie de quelque conclusion formelle relative à l'état du globe au moment considéré.

Dès 1871, Delesse et de Lapparent envisageaient avec raison les rapports intimes qui existent entre la géologie et la géographie : quels sont les effets de l'atmosphère, des rivières et de la mer sur les phénomènes actuels ? sur les montagnes et, en général, sur les dislocations subies par l'écorce terrestre. Au cours des siècles, notre globe a subi une série de transformations que la géologie s'est donné la tâche de retracer ; à la Géographie, évoluant sous forme de géographie physique, il appartient d'étudier le jeu des organes qui règlent actuellement l'économie de toutes les forces en jeu, d'observer, de définir le rôle des continents, des océans, et de mesurer les actions diverses qui, tantôt se manifestent avec une formidable puissance, tantôt accumulent en des forces qui nous dépassent de beaucoup l'effet d'intégration d'actions minimes, inappréciables mais constantes, tantôt enfin se subdivisent en délicats éléments de vie. Dans cet ordre d'idées, on peut dire qu'aucun auteur ne fut plus autorisé et plus éloquent que de Lapparent pour entraî-

ner le géographe à des études complètes de géologie : son action fut infiniment féconde.

Il y eut certes quelques excès, au détriment d'autres études utiles; mais oscillation inévitable à la recherche de l'équilibre juste : pendant quelque temps, la géographie fut presque exclusivement de la géologie. Et, cependant, parallèlement, s'étaient développées les organisations météorologiques destinées à étudier les actions de la surface ; Pocy, Tarry, etc., cherchaient les lois des cyclones et tempêtes : la météréologie cosmique naissait, liaisons des astres entre eux, relations du soleil avec la météorologie terrestre, influences diverses sur les climats et sur la vie — tous les problèmes de géophysique paraissaient naître simultanément.

On n'avait pas imaginé, dès le début, qu'il pût y avoir de liaisons intimes entre la forme de la surface et les conditions physiques ambiantes : on allait même jusqu'à les croire indépendantes parce qu'elles le sont dans leurs causes premières. Mais tout se tient étroitement : surface et agents physiques réagissent incessamment l'un sur l'autre « de sorte que l'on peut dire, selon l'image de de Lapparent (1895), que l'outil employé à l'aplatissement de l'écorce est en partie déterminé, dans sa direction comme dans son intensité, par la forme de l'objet auquel il doit s'attaquer ». Ainsi surgit de lui-même le problème dans son ampleur : chercher les liens qui unissent tous les accidents de la surface, reconstitution du passé dans une vue d'ensemble et évolution des formes à travers les diverses périodes géologiques. Dans son Traité de Géologie (1900) de Lapparent a magistralement précisé les questions : une vaste synthèse, au vingtième siècle, doit conduire à un atlas montrant, à chaque période géologique, la répartition des terres et des mers, la distribution des flores et des faunes.

Par contre, si les liens réels entre la géologie et la géographie ont conduit à une union particulièrement intime, la géologie, dans le même temps, se développait au point de se transformer ; le système pentagonal connut son heure de célébrité ; après quoi, pour les continents, dans leur ensemble et dans leurs détails, on établit la nécessité d'affecter des formes triangulaires (Schroeder, 1877) ; puis ce fut le succès de la théorie tétraédique avec ses conséquences multiples.

A travers toutes ces hypothèses, la géographie se rapproche progressivement des sciences d'observation, et particulièrement, à l'heure actuelle, de la météorologie : « Il ne faut pas oublier, dit de Lapparent (1895), que la géographie du temps présent n'est qu'une étape dans la longue série des transformations superficielles de notre planète », mais c'est en poursuivant cette étude du présent que l'on pourra illuminer la recherche du passé.

****

Ceci suffit à faire comprendre qu'il est particulièrement malaisé d'exposer simplement la question de la constance ou de la variabilité des climats (1) car elle se rattache étroitement, non seulement à celle des influences cosmiques et de la périodicité des phénomènes de l'atmosphère, mais aussi à quantité de problèmes ardus de l'histoire géologique et de l'interprétation des restes d'un passé lointain.

Nous n'avons pas caché, dès le début, qu'une tâche d'encyclopédiste nous paraissait difficile, voire même impossible, fut-elle limitée comme la nôtre en apparence à un seul chapitre de l'histoire du globe, parce que toutes les connaissances humaines viennent s'enchevêtrer d'une façon trop complexe : pour tracer dans ses grandes lignes les conditions météorologiques de la surface, il faut connaître le régime de l'air et celui des eaux ; pour en apprécier les changements, il est indispensable qu'une synthèse critique mette en leurs places les milliers de faits connus sur les terrains, les sédiments, les érosions glaciaires, les empreintes, tous les faits connus de la vie de la planète avec leurs réactions mutuelles.

Et, malgré tout, sans nous en dissimuler en rien les difficultés, nous nous sommes efforcés cependant de réaliser un tel programme : du moins, nous devons dire pourquoi, et comment.

Pourquoi ?

Parce que nous déplorons chaque jour davantage que, faute d'organisation, le travail ait un mauvais rendement — il faut savoir le reconnaître avec franchise et regarder la vérité en face. Les exemples abondent. Restons sur le terrain météorologique et géographique. Tous les voyageurs, malgré leurs travers ou leurs défauts, eurent la qualité la plus défaillante, l'enthousiasme : ils ont fait des observations météorologiques, magnétiques, innombrables ; tout cela est perdu, il faut bien l'avouer car, faute d'être classés, dépouillés, collationnés, confrontés et discutés au fur et à mesure, tous ces documents reposent mollement dans les archives de maintes sociétés de géographie. Le dépouillement et la discussion progressive des archives n'ayant jamais été faits, ce serait aujourd'hui une œuvre gigantesque à entreprendre avec méthode, et l'on ne voit

---

(1) Un excellent résumé de la variabilité des climats se trouve dans A. ANGOT, *Traité élémentaire de Météorologie*, 3ᵉ éd., gr. in-8°. Paris, 1916 : notre programme est beaucoup plus étendu mais, dans les parties ou nous nous rencontrons avec cet auteur, nous ne pouvons faire mieux que de lui emprunter des passages des pp. 404 à 410.

*nullement naître, à l'heure présente, le goût de pareilles entreprises; et par là,
en fait, des millions d'observations sont inutiles.*

*Bien mieux. On a créé, exprès, de nombreuses stations météorologiques :
chacune d'elles n'a pas seulement étudié en détail ses moyennes, les écarts, les
variations, les accidents remarquables des éléments qu'elle observe journellement — erreur d'organisation, erreur de méthode. Peu de postes bien organisés,
complets, poussant la recherche jusqu'aux conclusions, rendraient peut-être
plus de services généraux que d'innombrables stations incomplètes, éphémères,
en grande partie stériles ; et, critiquant la situation de la météorologie, Bernard
Brunhes (1906, p. 127) déplorait aussi cette tendance : « ... alors que l'esprit
français obéit si volontiers à la tentation d'élaborer* a priori *,sans nul souci du
passé... ».*

*Le même défaut se retrouve chez maints et maints historiens ou géographes,
accumulant toute leur vie des notes personnelles qui pourraient être précieuses
et sont condamnées à disparaître avec eux parce que aucune fraction de leur
labeur n'est organisée : tout est consacré à l'inspiration individuelle et, à chaque
fois, les mêmes recherches devront être recommencées par tous leurs successeurs.*

J'ai voulu éviter ce travers fâcheux.

*Au cours de longues recherches de documents climatologiques, j'ai été
conduit à lire, à parcourir, à noter, de nombreux travaux qui me paraissaient
connexes à la question principale des climats : sans avoir la prétention d'être
complet sur ces voies latérales ou accessoires, du moins j'ai pensé que tant de
notes pourraient utilement être mises en œuvre pour éviter aux autres une partie
des recherches, souvent longues et fastidieuses. Et, ainsi, le présent travail
pourra servir d'introduction générale à une série fort complète de documents
météorologiques lyonnais, dont nous avons entrepris une discussion critique
très détaillée.*

Comment?

Car, après avoir dit pourquoi, *après bien des hésitations, nous nous
décidons à utiliser ces notes incomplètes, nous devons expliquer* comment *elles
ont été employées : on nous permettra donc de dire quelques mots de notre plan,
et de la façon dont il a été conçu, puis traité.*

*Les conditions météorologiques d'un lieu, combinées avec la situation géo-
graphique et le relief d'ensemble, engendrent le climat du pays, sans qu'il soit
utile ici de préciser le sens du mot climat qu'il est très difficile de définir complètement ; et le climat, à son tour, se combine avec le relief détaillé du terrain, ses
qualités physiques et sa composition, afin de déterminer la nature du paysage
en même temps que les circonstances d'où dépend la mise en valeur de la région
par l'homme.*

C'est donc la connaissance simultanée, pour chaque point du globe, des formes et propriétés de la surface et des conditions météorologiques, qui constituera le principe de la géographie physique.

Envisagée de la sorte, on voit assez que la question du climat se présente sous mille aspects différents et qu'elle sut attirer l'attention d'hommes très divers, recherchant des conclusions de natures très distinctes : de là une bibliographie des plus étendues. De plus, chaque auteur, selon son origine, sa formation et sa tournure d'esprit, a discuté les éléments d'observation ou les statistiques avec un sens particulier, et quelquefois dans des directions opposées : les questions sont fort souvent entremêlées, parfois de la manière la plus confuse.

Et, par là, afin de mieux rendre la pensée de tant de chercheurs différents, issus de disciplines distinctes et souvent contradictoires, pour ne pas trahir leurs conceptions, nous étions conduits à leur faire des emprunts — je dirais presque le plus d'emprunts possibles — compatibles avec le résumé de notre cadre et l'exposition rapide de théories si diverses : de sorte que la plupart des passages ne visent nullement à l'originalité.

Cependant, afin de ne pas laisser le lecteur s'égarer dans un fouillis inextricable de faits et d'hypothèses, nous avons essayé de grouper toutes les recherches antérieures en une série de paragraphes ou de petits chapitres, aussi distincts et aussi précis qu'il nous a été possible : si notre but avait été bien atteint, chacun de ces chapitres devrait pouvoir servir de cadre à un autre chercheur, plus compétent et plus spécialisé, qui en ferait l'objet d'une étude plus approfondie — ce que nous souhaitons.

Mais il était impossible, dans chaque paragraphe, d'alourdir démesurément le texte par des noms propres et des citations, d'autant plus que les mêmes ouvrages eussent été souvent mentionnés de façon multiple au cours de notre exposé ; de plus, les mêmes idées ont été maintes fois brassées et reprises, et nous ne pouvions songer, pour chacune d'elles, à citer tous les auteurs : autant que possible, nous n'avons mis en avant que le nom de quelques auteurs choisis, à qui nous avons fait tous les emprunts nécessaires pour rendre assez clairement leur pensée et l'évolution des idées. Enfin, il ne faut pas s'étonenr si nous donnons l'indication de sources parfois au moins médiocres : la science est encombrée aujourd'hui d'une littérature folle par des écrivains ou vulgarisateurs de vingtième mouture, et il nous est apparu que nous ne devions pas craindre de mettre en évidence quelques sottises ou des opinions contradictoires chez le même auteur, avec quoi le public est journellement amusé — mais non instruit — et non sans le plus grand succès.

Tout ceci expliquera suffisamment pourquoi nous avons renvoyé systématiquement dans une liste bibliographique finale tous les titres qui nous parais-

sent assez explicites en ne donnant, au fur et à mesure, que les indications bibliographiques relatives à des points très particuliers ; en outre, pour faciliter les premières recherches à ceux qui n'ont pas sous la main une très large bibliothèque, nous avons indiqué le plus possible les analyses des mémoires originaux, lorsqu'elles sont assez détaillées.

* * *

En résumé, le chercheur devrait trouver dans chaque chapitre un exposé succinct de la question : en parcourant la bibliographie, il peut se constituer une première base solide et assez complète pour ses rehcreches ultérieures — c'est du moins ce que nous eussions désiré.

Bien entendu, cependant, notre étude est orientée et il ne faut lui demander que ce qu'elle peut donner. Un exemple le fera bien comprendre. Les formations glaciaires, dans tous les pays, ont donné lieu à des études extrêmement nombreuses : la bibliographie de cette seule question exigerait un gros fascicule, et nous n'avons aucune intention d'en fournir la trame ; notre compétence ne nous permet pas davantage d'aspirer à une synthèse des phénomènes de sédimentation ou d'érosion que nous sommes conduits à citer incidemment. Puis, les glaciers ne constituent pas une simple curiosité scientifique : par leur fonte, ils jouent un rôle économique essentiel, — et s'il nous avait encore fallu entrer dans ces considérations, nous eussions été entraînés bien loin de notre sujet.

C'est le problème glaciaire que nous avons envisagé, question d'aspect très différent pour les périodes glaciaires et leur succession : à cet égard, et sans donner une bibliographie complète, nous espérons fournir une base assez sérieuse pour permettre ou faciliter le travail d'autrui.

Aussi bien, ceci n'est qu'un Essai de synthèse d'une face de la question générale des variations du globe : et si nous espérons, si nous appelons la critique pour pouvoir en profiter, c'est l'essai lui-même qu'il faut estimer.

Pour les uns, l'ensemble sera trop long, confus, et ne vaudrait que par un raccourci : mais les questions elles-mêmes, si souvent confuses, ont donné lieu à des travaux successifs contradictoires, et suscité des hypothèses opposées — tandis que, pour un raccourci saisissant, il faudrait la plume autorisée d'un de Lapparent. Peut-être, précisément, parvenu au bout de ce petit labeur, faudrait-il négliger tous les détails pour ne rédiger que les lignes générales, d'un trait, en brossant largement les grandes étapes : si, l'ayant senti, je ne l'ai pas fait, c'est que j'ai reconnu que les vues générales me faisaient encore défaut.

Pour les autres, chaque spécialiste aura naturellement une tendance à trouver que sa partie est faiblement exposée et ne tient pas une place suffisante dans l'ensemble : nous prêtons volontairement le flanc à trop de critiques pour qu'il soit charitable d'insister sur les fautes particulières, quand nous demandons au lecteur un peu patience, un petit effort, pour juger sur l'ensemble un essai loyal et difficile.

Au milieu de difficultés diverses, j'ai souvent redouté de ne pouvoir mener à bien — ou à assez bien — une tâche malaisée : il reste, certes, bien des points obscurs et quelques oublis de sources importantes, mais la science se complique de jour en jour. Depuis longtemps, je soutiens cette thèse que les travaux seraient presque toujours plus féconds si l'on développait suffisamment l'esprit d'association et de collaboration : ce qui reste de faible dans cet essai servira de preuve à mon affirmation.

INTRODUCTION

Si l'on adopte une théorie nébulaire pour l'origine du système solaire, on peut concevoir une nébuleuse primitive extrêmement raréfiée qui a procédé à une condensation progressive : d'abord fort éloignées les unes des autres, les diverses masses de cette nébuleuse se sont rapprochées, parfois heurtées, sous les influences de leurs attractions mutuelles et, ainsi, l'énergie de gravitation s'est transformée successivement en mouvement, puis en chaleur. Helmoltz et lord Kelvin pensent que l'on peut invoquer un tel mécanisme pour expliquer l'origine de la chaleur solaire ; après quoi Kelvin a indiqué un processus très plausible pour le refroidissement primitif de la terre qui, complètement solidifiée, devint alors assez froide pour rendre possible la vie superficielle.

Comme on le voit fort bien aujourd'hui encore, par l'analyse des gaz renfermés dans de petites cavités des roches basaltiques, l'azote, l'acide carbonique et la vapeur d'eau s'étaient échappés du liquide au moment de la formation de la croûte ; au début, sans doute, on ne trouvait pas encore d'oxygène dans l'atmosphère terrestre mais — si du moins le soleil existait à cette époque — la naissance et le développement de végétaux producteurs d'oxygène allaient suffire pour rendre la vie animale possible à la surface. Puis, par déperdition progressive de chaleur, en vertu d'une sorte de refroidissement cosmogonique, la température à la surface du globe doit aller sans cesse en diminuant lentement.

Mais de telles hypothèses, si brillantes soient-elles sur le moment, sont toujours fragiles et précaires, sous la dépendance des plus récentes découvertes des sciences physiques, et les calculs qu'elles nécessitent sont trop approximatifs et trop aléatoires pour ne pas être l'objet d'importantes révisions. D'abord, la découverte de tous les phénomènes de radioactivité a complètement transformé, depuis, la face des problèmes, et l'existence de minerais radioactifs sur la terre a bien paru fournir une raison de penser que la substance terrestre était, à l'origine, soumise à une température élevée ou à des conditions physiques entièrement différentes de celles que nous connaissons actuellement : argument qui, en particulier, s'élève contre l'hypothèse de Chamberlin-Moulton, tandis qu'il se montre favorable à quelque forme d'origine nébuleuse du système solaire. Puis, si le mécanisme d'ensemble invoqué par lord Kelvin se trouve encore communément admis, on pense pour le moins que son calcul est inexact, de fort loin, en ce qui concerne l'âge géologique et l'on tend à compter aujourd'hui par 10.000 millions d'années afin de ne pas soulever d'énergiques protestations de la part des astronomes : Jean Perrin suppose même que, il y a un milliard d'années, les conditions climatériques ne différaient guère des conditions actuelles, ce qui rendrait très aléatoire une partie de nos efforts...

De plus, nous venons de voir qu'il est raisonnable de supposer au rayonnement solaire une existence fort ancienne et les études les plus récentes (Eddington) laissent penser qu'il put offrir, jadis, une puissance de 20 à 50 fois supérieure à ce qu'elle est aujourd'hui, mais sans qu'il soit possible d'en localiser la date, c'est-à-dire d'indiquer si ce fut, ou non, avant les périodes géologiques que nous connaissons ; en tous cas, dans ces conditions, il est légitime d'imaginer que, au début des époques géologiques, le rayonnement solaire était plusieurs fois plus intense qu'il ne l'est maintenant.

Or l'action solaire est prépondérante, non seulement sur les réactions physiques et chimiques de la surface du globe, mais encore sur les conditions constantes ou variables des phénomènes les plus divers de l'atmosphère, et il devenait indispensable de rechercher, dans les différentes couches géologiques, la trace irrécusable des modifications progressives des climats : dans la variation des espèces animales, on a trouvé l'indice de climats antérieurs plus chauds qu'ils ne sont aujourd'hui ; l'étude des fossiles animaux et végétaux tend à prouver que, dans un même milieu, les conditions climatologiques ont certainement beaucoup changé, et à plusieurs reprises. Ce fut, tout d'abord, la confirmation simple du refroidissement progressif.

Bientôt après on tend à considérer que les phénomènes d'orogénèse, liés aux variations de climat, n'ont pas eu lieu d'une façon continue mais se sont produits de préférence à certaines époques (Ramsay). Sans doute, à une même époque géologique, on trouve des faciès très variés qui sont à la base du tracé des cartes paléo-géographiques et paléo-climatiques, et il n'est pas démontré que, sur de vastes ensembles, il y ait un lien entre les faciès géologiques et le climat. Et cependant, si l'on envisage (comme Ohly) les rapports des faciès géologiques et du sol, on constate que plus un climat présente de variations extrêmes, moins le sol ressemble à la roche : le relief même y joue moins d'importance, ce qui a conduit les agronomes des régions des steppes et les explorateurs des zones désertiques à classer les sols suivant les climats.

Il est d'ailleurs nécessaire de conserver en ces matières un certain scepticisme puisqu'il a été impossible, jusqu'alors, de définir avec précision le mot même de *climat* dont on se sert, et nous en sentirons maintes conséquences au cours de notre exposé: certes, le relief joue un rôle important dans la distribution du régime pluviométrique local (Bénévent, Horwitz...) ; l'influence de la position topographique est considérable pour la grandeur de l'amplitude thermique diurne (Woiekof, 1881), élément cependant capital et que l'on avait fort négligé au début des études climatologiques, et cette influence se manifeste par une réduction sur les parties montagneuses et une augmentation d'amplitude dans les larges vallées. Mais la question reste fort obscure et lorsque Szymkiévicz (1923) tente de définir les climats au point de vue de l'humidité et de la radiation solaire, il se heurte encore à cette difficulté presque insurmontable que les réactions du milieu sont très différentes quand on s'adresse à l'homme, observateur normal, ou aux végétaux.

* * *

Les sédiments les plus anciens que l'on connaisse sont fort antérieurs à l'époque cambrienne, mais ils sont le plus souvent métamorphisés, c'est-à-dire transformés par le contact des roches granitiques et volcaniques de l'époque primaire et, de plus, il ne faut jamais perdre de vue que, si intéressantes qu'elles soient, toutes les tentatives de mesure du temps par les phénomènes de sédimentation restent encore grossières et aléatoires : la mesure du temps fait encore défaut au géologue et, même pour une époque toute récente comme la période post-glaciaire, l'étude des alluvions fournit des données très intéressantes, certes, mais non pas encore à proprement parler la fixation d'une unité du temps géologique (Heim, Penck et Brückner, Collet, etc. .).

Cependant, en étudiant des restes bien conservés qui remontent à l'âge pré-laurentien, Coleman croit voir la preuve de l'existence, dès cette époque extrêmement reculée, de changements de saisons qui donne-raient à penser que, à ce moment, les conditions climatériques étaient très analogues, dans leur ensemble, aux conditions actuelles. Ceci viendrait confirmer les conclusions de Walcott, spécifiant qu'il faut remonter extrêmement loin dans le passé si l'on veut rencontrer, soit un climat normalement très chaud, soit des conditions de sédimentation dans les mers essentiellement différentes des conditions actuelles. Après quoi se place l'étude des sédiments fossilifères qui datent de l'époque cambrienne.

Parmi les recherches les plus complètes qui aient été faites sur les variations des climats aux diverses époques géologiques, d'après l'examen des plantes fossiles correspondantes, il faut placer celles de de Saporta (1877) : l'auteur aboutit à des conclusions très précises et c'est ainsi que, dès l'époque silurienne, il assigne à la région de Paris un climat doux et humide, avec une température constamment supérieure à 8° — en un mot un régime beaucoup plus chaud qu'à présent.

Le silurien est si loin !

En se basant sur l'étude des débris végétaux, et principalement sur le recul du noisetier, Andersson (1900) parvient à une conclusion inverse, il est vrai sur l'intervalle de temps minime de 7.000 ans : le climat se serait abaissé d'environ 2°, aggravation considérable. Mais nous tombons dans l'étude dangereuse des oscillations possibles : nous verrons Ekholm indiquer pour le présent un réchauffement, et ses travaux, en tenant compte des variations séculaires de l'inclinaison de l'axe de rotation de la terre, ne peuvent admettre moins de 9.000 ans pour accepter une conclusion du même ordre de grandeur que celle d'Andersson.

Les terrains carbonifère, houiller, permien et triasique présentent des alternances remarquables de formations calcaires et de formations détritiques que l'on a souvent voulu faire correspondre à des alternatives de périodes à climat chaud et de périodes à climat froid : ces périodes de froid, et notamment l'époque houillère, ont peut-être bien pu, aussi, être des périodes glaciaires. A l'époque permienne, en particulier, les indices précis seraient abondants.

On a longtemps considéré une glaciation au pléistocène comme l'effet d'une catastrophe unique ; mais les documents vinrent s'accumuler et, avant la grande glaciation post-tertiaire d'Allemagne et d'Europe Centrale, on a trouvé, ici et là, des traces qui paraissent indiscutables d'une glaciation précédente remontant à l'âge permien ; Coleman (1908) en signale une dans le Huronien inférieur ; quelques géologues australiens tiennent pour possible une glaciation cambrienne, Howchin parle de trois glaciations en Australie (pléistocène, permo-carbonifère et cambrienne), Bailly Willis va jusqu'à signaler une glaciation dans la période précambrienne !..

La cause efficiente de pareils phénomènes n'est pas suffisamment expliquée, ou pour le moins ne s'impose pas, si l'on recourt à un phénomène astronomique de périodicité relativement courte tel que la variation de l'excentricité de l'orbite terrestre ou le passage de la lumière solaire du blanc au jaune (hypothèse d'Eugène Dubois). Et c'est pourquoi, précisément, on a de la peine, à chaque fois, à admettre les preuves d'une nouvelle glaciation, tant l'esprit était accoutumé à n'y voir qu'un phénomène exceptionnel : « par suite, dit Pervinquière (1908), la notion du refroidissement régulier de notre planète est fortement battue en brèche et l'hypothèse de la nébuleuse primitive se trouve elle-même atteinte ». Conclusion exacte dans sa première partie, mais dont il nous est impossible d'admettre les derniers termes.

* * *

Etant donné son importance extrême pour les besoins de l'homme, l'époque qui correspond au Houiller (Westphalien, Stéphanien) a donné lieu à des études particulièrement nombreuses et détaillées. Les deux couches voisines, carbonifère et permien inférieur, se caractérisent par une abondance très particulière de dépôts de combustibles : il est donc indispensable, tout d'abord, que la végétation correspondante ait été aussi abondante que luxuriante, puis la formation des nombreuses séries charbonneuses que l'on trouve dans ces étages n'a pu se réaliser qu'au bénéfice de conditions physiques et météorologiques particulièrement favorables ; et, par analogie avec les dépôts actuels, on s'est naturellement efforcé de définir les conditions extérieures propices aux anciennes formations (cf. Cornet).

Les paléobotanistes admettent assez généralement que le climat de cette époque était chaud, humide et uniforme: pour expliquer cette grande humidité, peut-on supposer que l'atmosphère ait été constamment brumeuse et imparfaitement transparente? Il ne semble pas, car le développement des tissus en palissade observé sur les feuilles des plantes houillères parait montrer (Seward) que ces feuilles étaient soumises à l'action directe de la lumière. Il ne faut donc pas s'exagérer l'humidité de l'atmosphère ; mais, en outre, on pressent ici déjà que le climat seul, astronomiquement parlant, n'intervient pas et qu'il va falloir tenir compte de la *qualité* de l'atmosphère — nous aurons bientôt l'occasion de revenir sur ce point particulier.

Les conclusions sont plus fermes en ce qui concerne l'uniformité du climat : on trouve en effet, sur une portion considérable du globe, non seulement les mêmes genres, mais les mêmes espèces, tout au moins comme types essentiels, et les quelques localisations qu'on a pu constater n'intéressent qu'un petit nombre de formes dont la présence ou l'absence ne modifie en rien le caractère général de l'ensemble. De plus, les végétaux houillers ne présentent pas de zones d'accroissement, ou de zones annuelles, et cette particularité intéressante permet de conclure que, pendant la vie de ces plantes, il n'y avait aucun arrêt ou ralentissement de la végétation.

Les conditions de l'époque houillère peuvent donc être assimilées à celles des régions tropicales actuelles, mais s'étendaient vraisemblablement sur tout le globe, et cela conduit à penser que la houille s'est formée dans des marécages tourbeux tropicaux analogues à ceux qui ont été signalés récemment à Java, Sumatra, Bornéo et en Nouvelle-Guinée : l'un d'eux, sur les rives du fleuve Kampar, le borde sur une longueur de 12 kilomètres et couvre 80.000 hectares, constitué par une haute futaie d'arbres d'espèces nombreuses atteignant 25 à 35 mètres de haut et séparés par un sous-bois d'individus plus petits des mêmes essences et de plantes diverses ; bien que ces espèces n'aient aucun rapport comme botanique systématique avec les espèces houillères, l'ensemble de la flore offre, au point de vue des caractères d'adaptation, des points de comparaison très curieux. L'eau de cette forêt est brune, mais limpide comme celle de nos tourbières des pays tempérés ; grâce à sa présence, il se forme sur le sol de la forêt, et aux dépens des débris de végétaux accumulés, une couche de matière végétale unifiée qui atteint 9 mètres d'épaisseur : c'est une véritable tourbe, présentant de grandes analogies de composition avec les charbons humides fossiles, et en particulier avec la houille.

* * *

Pour le jurassique supérieur, l'on dispute encore pour savoir s'il fut caractérisé par un climat uniforme ou du moins peu différencié (Burckhardt), ou, au contraire, par des climats très différenciés (Gothan, E. Kayser, E. Haug).

A la fin des temps secondaires, la flore du crétacé supérieur nous renseigne sur le climat, indiquant des conditions climatériques beaucoup plus uniformes qu'à l'époque actuelle, et sensiblement régulier depuis le Groenland jusqu'au Texas (Berry) : passant à travers la région équatoriale sans se modifier sensiblement, ces conditions étaient probablement analogues à celles qui s'observent actuellement dans les régions tempérées chaudes et humides, c'est-à-dire qu'elles étaient beaucoup moins tropicales qu'elles ne le deviendront pendant l'Eocène et l'Oligocène. D'ailleurs, les alternances de formations se sont poursuivies pendant les époques jurassique et crétacée et, si l'on admet une correspondance entre le climat et le faciès géologique, on y trouve l'indice de périodes très variées : les horizons calcaires correspondraient à des périodes de climat sec et chaud, tandis que les horizons marneux seraient contemporains de périodes à climat pluvieux, et relativement froids.

De Lapparent (1901 et 1905), à cause de la découverte de fossiles caractéristiques, donne pour certain que la mer couvrait le centre de l'Afrique à l'époque crétacée, et particulièrement le Sahara ; et, si l'on se rapproche encore des conditions actuelles jusqu'à l'époque miocène, le même auteur (1904) insiste sur l'influence que devait avoir, pour le climat de la région méditérranéenne, l'existence d'un bras de mer africain entre le tropique et l'équateur.

On est assez généralement d'accord pour reconnaître que, pendant la période tertiaire, la faune et la flore de l'Europe présentaient des caractères beaucoup plus méridionaux que ceux de l'époque actuelle, et l'on a estimé que la température moyenne y pouvait être supérieure de 8 à 9° à celle que nous connaissons — du moins avant l'arrivée de la grande période glaciaire. C'est ainsi que, par les indices tirés des plantes fossiles, de Saporta conclut formellement « que la température a été plus élevée autrefois qu'aujourd'hui dans la zone dont le continent européen fait partie ». A diverses époques géologiques, et précisément au tertiaire, il est indéniable que la température dans les régions arctiques ne fut beaucoup plus douce qu'aujourd'hui : ce fait, qui résultait déjà du très bel ensemble de documents groupés par Heer, a été définitivement mis hors de discussion par les travaux synthétiques de Nathorst ; mais, dit fort bien ce dernier auteur, « il n'y a certainement aucune question qui nécessite autant de circonspection que celle consistant à conclure, de la faune des temps passés, les conditions climatériques dans lesquelles elle a vécu ».

C'est surtout aux époques tertiaire et quaternaire que l'on trouve les vestiges de ces vastes oscillations dans le climat, grandes alternatives de sécheresse et d'humidité : ainsi, pendant l'époque tertiaire, le refroidissement du climat a été en s'accentuant et, à trois reprises différentes (commencement et fin de l'éocène, époque falumienne), les périodes de froid ont pris nettement le caractère de périodes glaciaires. Or les époques glaciaires ont une grande importance dans la répartition des faunes et des flores à la surface de la terre : elles ont d'abord amené la destruction de certaines espèces, elles en ont forcé d'autres à des migrations ; inversement, en étudiant soit les animaux (Zschokke, Laloy...), soit les végétaux (Camus), on peut, réciproquement, en tirer d'intéressantes conclusions sur ces époques glaciaires elles-mêmes.

D'ailleurs, un phénomène glacial n'a pas toujours été général : ainsi, en Egypte et en Syrie (Blankenhorn), il ne semble rien y avoir qui corresponde à la 4e période glaciaire, de sorte que, depuis le début de la période chelléenne, le climat y fut uniformément chaud jusqu'à l'époque actuelle.

Dans la description d'une phase intermédiaire, les auteurs sont parfois très précis : nous venons de voir de Lapparent traiter du climat de la Méditerranée au miocène ; parlant de la Touraine, qui était région littorale de la mer à l'époque miocène, de Morgan lui attribue un climat tropical à végétation abondante, avec des ombrages aux embouchures des cours d'eau, de sorte que les côtes de la Touraine ressemblaient alors à ce que nous trouvons aujourd'hui sur les côtes des îles Philippines ou celles de la Nouvelle-Guinée; Lacroix (1896) établit que, depuis les temps quaternaires, l'île de Santorin aurait supporté de notables variations de climat. Parmi les travaux intéressant l'époque quaternaire, on peut également citer les multiples recherches de Nehring sur la faune de l'Europe Centrale, et l'étude de Rabot sur la succession des climats à la fin du quaternaire. Ainsi, partout, quelle que soit la valeur des arguments apportés, la controverse reste encore trop souvent ouverte, mais on ne saurait suivre les auteurs qui, comme E. A. Martel, cherchent à diminuer l'importance des phénomènes glaciaires.

Les auteurs les plus sévères n'admettent guère que la glaciation permienne et les alternances de climats dans les régions soumises aux glaciations quaternaires, avec la remontée progressive vers le Nord des coraux dans le Jura, à l'époque jurassique (abbé Bourgeat) : pour eux, rien d'autre en stratigraphie ne peut être considéré à coup sûr comme dérivant principalement de changements climatiques, pas même le dépôt de la houille, où le seul indice climatique est la présence de fossiles végétaux indiquant une grande chaleur — car il s'agit là d'un caractère paléontologique et non d'un caractère pétrographique.

Enfin, toutes les déductions sur la flore possible des régions boréales sont sujettes à caution et les travaux les plus récents remettent tout en question. Il n'y a guère de certitude qu'à l'époque quaternaire, et il ne faut s'appuyer sur les refroidissements de climat de l'époque tertiaire qu'avec une extrême prudence : la critique la plus récente (notamment P. Lemoine) montre qu'il faudrait revoir tous les documents mondiaux pour s'approcher d'une certitude, et ne pas prendre l'influence de courants plus ou moins localisés pour celle de variations dans les climats.

Par contre, on pouvait penser avoir des certitudes au Primaire, et même au Secondaire : là aussi, hélas ! tout est remis en question par les théories en vogue sur la dérive des continents et les déplacements du pôle, dont nous aurons à parler dans un instant.

* * *

Mais, si l'on n'admet pas que la Terre soit parvenue à un état stable et définitif, ce qui serait contraire aux lois astronomiques, il paraît évident que de telles modifications doivent se poursuivre à travers notre époque : la période glaciaire n'est pas loin de nous, et le climat des diverses parties du globe n'était certainement pas, alors, ce qu'il est maintenant.

Un des exemples les plus frappants de variations considérables dans les conditions de la végétation et de la vie animale se trouve dans les forêts entières d'arbres pétrifiés : le Chalcedony Park de l'Arizona offre la plus belle collection d'arbres silicifiés ; Livingstone en a rencontré une en descendant le Zambèze ; dans les notes du voyageur portugais Welwitsch (publiées par Choffat), on trouve la description d'une forêt silicifiée près d'Angola ; on en rencontre en Egypte (forêt d'Agate), sur une vaste étendue du désert libyque et jusqu'en Abyssinie ; P. Fliche a étudié les bois silicifiés des provinces d'Oran et d'Alger, de Tunisie et d'Egypte — autant de preuves de conditions climatériques bien différentes de ce qu'elles sont aujourd'hui.

Pareillement, les changements constatés par les recherches paléontologiques dans la faune de certaines parties des mers conduisent à penser qu'il dut y avoir de grandes différences dans les climats marins — et, par conséquence directe, dans les climats terrestres.

S'il en est ainsi, les alternances des conditions climatiques durent avoir une influence perturbatrice sur l'évolution et le développement de l'humanité tout comme, aujourd'hui encore, les climats différents conditionnent les races en leur imprimant des caractères spéciaux : dans cet ordre d'idées, sur une aussi vaste étendue que celles des Etats-Unis, on a cru constater que la densité de la population est plus grande, et augmente, dans les régions à température moyenne, et qui présentent aussi une pluviosité moyenne ; on voit combien le problème s'élargit si une question aussi fondamentale que celle de la natalité se trouve être en relation avec les facteurs météorologiques, et l'on a même été jusqu'à considérer le refroidissement progressif du globe comme une cause primordiale de l'évolution (Quinton).

En tous cas, ceci incite à rechercher les symptômes des modifications climatiques dans la période *humaine* toute récente : et, afin de préciser la nature des variations climatologiques possibles, on s'est efforcé de grouper tous les renseignements recueillis par les voyageurs, vestiges de civilisation et de culture, bourgades abandonnées, travaux d'irrigations en ruines, fluctuations des lacs intérieurs et des cours d'eau, etc. Les faits abondent... mais leur interprétation définitive reste parfois délicate.

En présentant des reproductions d'objets de bronze trouvés en Sibérie, sur le Iénisséi, Virchow faisait observer que, vraisemblablement d'origine touranienne, ils indiquent un haut degré de civilisation, peu compatible avec les conditions climatériques actuelles de ces contrées, ce qui fait penser que, lors de la fabrication de ces objets, le climat était plus doux qu'aujourd'hui ; de même, les instruments humains trouvés au milieu des travertins si abondants d'Hel-Hassi établissent suffisamment, selon Rolland, que, dans les temps primitifs de l'humanité, le Sahara algérien n'était pas desséché comme il l'est aujourd'hui ; Henri Duveyrier a rapporté à la Société de Géographie des empreintes de sculptures de la province marocaine de Sous représentant des éléphants et rhinocéros d'où l'on a pu conclure que, il n'y a pas plus de 2 à 3 mille ans, le Sahara était humide, pluvieux, avec une riche végétation, des rivières abondantes aujourd'hui taries, toutes preuves de changements considérables accomplis sous les yeux de l'homme (Grad) ; Jules Garnier trouve, en 1891, les preuves du desséchement progressif du Sahara — mais, sur ce terrain, il ne faut avancer qu'avec une extrême prudence puisque Partsch, de son côté, soutient que les mêmes anciens lacs de l'Afrique du Nord ne contenaient pas plus d'eau jadis qu'à présent.

Le problème du desséchement de grandes zones terrestres a donné lieu à des travaux multiples (1) :

Hubert l'étudie en Afrique, mais il est tout à fait exagéré de dire, comme Charles Rabot, que « les preuves de cette détérioration progressive de climat du Sénégal, apportées par M. Henry Hubert, ne laissent place à aucun doute ».

Muschketoff donne des exemples de dessèchement progressif en Turkestan ; Rossikoff en fait autant pour le Nord du Caucase ; pour l'Asie Centrale, Kropotkine attribue à ce même phénomène des migrations et, indirectement, les invasions en Europe. Berg et Ignatov, au contraire, ont indiqué en 1898 que quelques lacs, et la mer d'Aral en particulier, sont en période de crue marquée. Etudiant le niveau des lacs de l'Asie Centrale, de Schokalski (1910) annonce que le lac Balkach est en crue et que le Issyk-

---

(1) Sur le dessèchement du globe on peut consulter *Ciel et Terre*, t. xxvii (1906-1907), pp. 81 et 484.

koul, qui baissait très sensiblement, augmente très notablement depuis 1900 — d'où un changement de sens dans les phénomènes, après une longue période de décroissance.

Le grand lac Salé avait-il jadis une hauteur de 180 mètres au-dessus de son niveau actuel ? est-il en train de disparaître comme le veut Byers ? Ellsworth Huntington fait converger maintes preuves pour une conclusion analogue en Perse : il prétend démontrer que les migrations en masse de l'humanité asiatique sont dues à des changements de climats, mais présente en réalité fort peu de documents rigoureux. De telles conclusions peuvent donc être considérées comme prématurées : ceci n'empêche pas cet auteur de construire sur une base aussi fragile toute une théorie de géographie humaine, qu'il soutient au milieu des plus ardentes controverses.

Ces quelques rapides indications suffisent à montrer que les documents *humains*, à proprement parler, sont d'une interprétation fort malaisée, pour ne pas dire incertaine.

Il est cependant très curieux d'observer que l'accord semble d'autant plus précis que l'on fait appel à des témoignages plus éloignés de nous. Les restes de coquilles marines (cf. notamment R. Tournouër) et les dépôts salins du Sahara ont fait penser que la mer, dans les temps anciens, couvrait la dépression des chotts algériens, et les faits nous conduisent à remonter au passé le plus lointain : de Lapparent (1901), nous l'avons dit, donne pour certain que la mer couvrait le centre de l'Afrique... à l'époque du crétacé, et en particulier (1905) que le Sahara était occupé par une mer, étant donné la nature des fossiles caractéristiques ; le même auteur (1904) se préoccupe de l'influence sur le climat de la Méditerranée d'un bras de mer miocène compris entre l'équateur et le tropique ; pour l'époque tertiaire, également, Bonnet nous renseigne sur le climat du Maroc. A l'époque quaternaire remontent d'immenses détritus sahariens, qui assignent à cette région un climat entièrement opposé à celui des temps modernes, bien que Pomel n'admette pas que le Sahara ait été une mer de la période quaternaire ; après une longue étude (1) sur la position de la mer quaternaire au Sahara, et même dans les déserts libyque et arabique, Rolland conclut que cette mer ne couvrait pas *tout* le Sahara ; et, avec les documents géologiques et anthropologiques qui peuvent éclairer ce problème complexe, Brooks fait une tentative intéressante pour la reconstitution de la suite des climats à partir du stade quaternaire.

Les faits abondent, on le voit.

---

(1) Etude très complète et comportant une importante bibliographie.

Après avoir mûrement réfléchi aux dépôts considérables de coquilles trouvés en Egypte par Carl Mayer-Eymard, Gaudry suppose (1894) que le sol égyptien était alors à un niveau inférieur de 80 mètres à son niveau actuel : la mer s'étendait à travers la Tripolitaine jusqu'à la grande Syrte. Sur des bases bien fragiles, on a proposé en 1874 de créer, dans l'ouest du Sahara, une mer intérieure qui donnerait des débouchés *assurés* vers le Soudan, région qui réellement, d'après de Lapparent (1903), fut occupée par la mer beaucoup plus longtemps et plus complètement qu'on ne le croyait jusqu'alors. Enfin, sur des points particuliers, Charles Martins, Debray, etc., ont apporté d'intéressants renseignements sur le niveau de la mer à l'époque romaine, ou plus exactement sur son état d'avancement dans les terres.

Mais, sans parler du crétacé, le tertiaire est bien loin — même dans le miocène ! — et le quaternaire reste conjectural.

*
* *

La question des chotts algériens mérite une mention particulière.

C'est un cas périodique des problèmes de science pure qui passionnent le grand public, plus enthousiaste que compétent, et nous voyons jusqu'à un riche critique d'art oriental (Louis Gonse) combattre avec chaleur en faveur d'un projet retentissant (1) : nous allons donc nous y arrêter un instant, sans avoir la prétention d'apporter ici l'immense bibliographie de ce qui fut écrit sur le Sahara ! et des observations scientifiques fort utiles qui ont été rapportées de ces régions par tant et tant d'expéditions.

Au début, voici comment se présentait la question : tous les témoignages historiques s'accordent pour mentionner l'existence d'une grande baie, la baie de Triton, qui, avant notre ère, pénétrait profondément dans les terres de Libye. Roudaire voulut identifier cette baie avec les chotts et admit qu'elle s'était desséchée au début de l'ère chrétienne à la suite de la formation d'un isthme qui l'a séparée de la mer ; il suffirait alors de creuser un canal de communication entre le bassin des chotts et le golfe de Gabès

---

(1) Sur la question de la mer intérieure et l'emplacement du lac Triton, les publications de Roudaire, Rouire, Cosson, Doumet-Adanson, de Lesseps, du Paty de Clam, Landas, etc., sont innombrables : on voit même de Lesseps (1884) déplorer que l'on se permette de critiquer le projet de Roudaire. En dehors de la bibliographie déjà assez étendue que nous donnerons *in fine*, on peut consulter notamment : *Assoc. fr. p. l'Avanc. des Sc.* (1884); *Soc. de Géogr. (comptes rendus)*, *passim*, 1884, 1885 et 1887.

pour faire revivre la mer intérieure d'autrefois, modifier le climat et ramener la prospérité dans la région.

Certes, depuis l'antiquité, le pays a certainement subi une transformation essentielle, et les preuves en abondent.

Les oasis, dont la fertilité est extrême, sont les têtes de ligne des routes de pénétration, mais leurs surfaces cultivées sont limitées par la répartition et le débit des sources. Or le problème est d'importance capitale : si la marche d'un phénomène de dessèchement pouvait être conjurée, le Sahara pourrait être tout entier conquis et fertilisé, cette région, qui était une des plus fertiles de l'antiquité, pourrait être entièrement organisée ou reconstituée, et un champ immense serait ouvert pour l'activité de l'Europe — et de la France en particulier ; mais si, au contraire, les progrès du dessèchement constaté doivent s'accentuer d'une manière de plus en plus irrémédiable, ce n'est pas seulement le *statu quo* qu'il faut envisager, c'est la ruine, dans un délai plus ou moins prochain, des derniers vestiges de vie et de culture, des derniers centres de population, avec la disparition graduelle des dernières eaux superficielles et la suppression progressive des dernières oasis. C'est à ce titre que le projet Roudaire offrait le très haut intérêt d'appeler l'attention sur la nécessité d'étudier avec soin les causes et la marche d'un phénomène de dessèchement. Aussi bien, la question se pose de savoir si l'homme est à même de reconstituer, ou de collaborer utilement à la reconstitution d'une situation détruite par l'évolution progressive du globe — et même sans remonter plus haut que la fin du quaternaire : déjà, dès le début, Blanchet considère comme impossible la création de mers artificielles (mer saharienne en particulier), dans le Nord de l'Afrique, et Rolland n'admet pas que l'on puisse avoir la prétention de reconstituer *l'ancien état de choses*.

Permettre à la Méditerranée de se ruer à la conquête du désert ; apporter 172 milliards de mètres cubes d'eau dans une région desséchée ; attendre une évaporation journalière de 28 millions de mètres cubes d'eau dont on escompte la précipitation assez proche en pluies fertilisantes ; permettre l'évacuation par eau de toutes les richesses du centre africain. S'agissait-il d'idées fécondes méritant un milliard et demi de dépenses ? ou de brillants mirages ? La Commission gouvernementale de 1882 conclut à des conséquences chimériques et Maunoir (1883) reconnaît qu'il n'y avait pas lieu, pour le Gouvernement, d'encourager les projets de Roudaire dont « les dépenses seraient hors de proportion avec les résultats attendus ».

Et cependant, en 1908, la section de Tunis de la Société de Géographie reprenait la question, émettant le vœu que de nouvelles études soient entreprises, pensant que les progrès de l'industrie permettraient peut-être d'infirmer les conclusions de 1882 (1).

Mais, pour reprendre cette étude, il serait vain de faire couler à nouveau des flots d'encre sur la question spéciale des chotts qui retint assez longtemps l'attention et il faut pouvoir envisager les choses avec toute l'ampleur nécessaire.

S'il y a réellement phénomène général de desséchement (cf. Blanc), le problème se pose bien d'en estimer les conséquences et leur étendue, et il est naturel de se demander quelles en peuvent être les causes, afin d'apprécier dans quelle mesure il serait possible d'apporter des remèdes à une situation qui est une question de vie ou de mort pour une immense région. Oui, mais de pareils problèmes sont difficiles à délimiter et à définir avec précision : il faut se garder de l'entraînement de la vogue et des approbations les plus tapageuses, de si haut qu'elles viennent, et, aujourd'hui, toutes les conclusions de Roudaire nous paraissent, hélas ! d'autant plus téméraires qu'elles n'étaient basées que sur une frêle hypothèse, puisque Rouire a bien établi qu'il s'agit en réalité, et beaucoup plus au nord, du lac Kelbiah, plus étendu que de nos jours mais qui communique encore avec la mer à l'époque des pluies.

On croit observer que les grands lacs Tchad, Ngami et Victoria se dessèchent — Tilho va jusqu'à dire que le Tchad donne des signes très nets de disparition prochaine ; on a même prétendu que le Tchad ne serait que le résidu d'une ancienne mer intérieure ; ailleurs, on affirme que les sources se tarissent... et jusqu'au centre de l'Australie on a espéré pouvoir obtenir de l'eau en surface, modifier le climat et engendrer une fertilité extrême !

Tous les documents apportés, de la façon la plus consciencieuse, sont loin d'être concourants, et il ne faut jamais le perdre de vue.

En 1909, Leiter ne trouve aucune preuve d'une augmentation de la température et d'une diminution des précipitations atmosphériques dans l'Afrique du Nord aux époques historiques — il y aurait même, peut-être, des indices de phénomènes en sens contraire : de telles conclusions sont en contradiction avec celles de Gautier et Cordier pour le Sahara, comme avec celles de Freydenberg ou de Tilho pour le Tchad. Certes, le Sahara et le Soudan ne sont pas toute l'Afrique du Nord ; en outre, il peut y avoir, ici et là, des phénomènes divers et compensateurs ; mais, en tout cas, il faut se garder de se laisser entraîner par des arguments extra-scientifiques comme

----

(1) Cette question est exposée par R. DE LA PORTE dans la *Tunisie Française* (1923), travail analysé dans *Le Nouvelliste* du 28 déc. 1923 (Lyon).

ceux qui estiment que les conclusions de Leiter sont encourageantes pour l'œuvre de civilisation que la France poursuit en Afrique du Nord.

Outre que les époques dont on parle sont difficiles à préciser, les divers aspects du problème se mélangent, souvent de façon confuse : car si, pour Gautier par exemple, le Sahara était jadis plus humide, il devait être aussi plus peuplé.

Ainsi donc, globalement, on peut encore discuter sur l'interprétation du phénomène et sa signification pour l'histoire de la terre : s'agit-il de la disparition définitive de l'eau des couches superficielles ? ou bien, assistons-nous simplement à un minimum d'humidité qu'il faut situer dans un cycle plus étendu ?

A coup sûr, beaucoup ne veulent plus nier le fait lui-même (cf. Chudeau, Hubert, Modat) et nous assistons, dans l'ensemble, à l'assèchement progressif du Sahara et de l'Afrique Occidentale : le Sahara possédait un réseau hydrographique important, il était habité par des populations sédentaires pratiquant la chasse et l'élevage, vivant même peut-être exclusivement de la culture ; la Mauritanie actuelle, et sans doute aussi *tout* le Sahara, était peuplée par la race noire. Ainsi, un immense bassin, aujourd'hui en grande partie désertique, fut assez largement irrigué à une époque pas très éloignée et dont certaines peuplades auraient conservé un vague souvenir : le dessèchement progressif aurait entraîné un recul des peuplades vers le sud et, par là, il ne serait pas impossible que les conditions météorologiques successives aient joué un rôle important, ou essentiel, en facilitant, en préparant, peut-être même en provoquant les invasions aryennes.

* * *

Mais que valent tous ces témoignages ? car nous ne saurions trop insister en ces matières sur la nécessité d'une critique sévère.

D'abord, ils sont parfois contradictoires — et c'est un indice de bonne foi chez les auteurs. De plus, ils résultent d'observations rapides, faites dans des conditions difficiles ou incomplètes, de témoignages d'indigènes plus que douteux : ce sont presque toujours des éléments qualificatifs, et non quantitatifs, qui ne sauraient dispenser d'une documentation à l'aide d'instruments exacts. Puis, s'il y a déplacement des zones climatiques, les humides devenant sèches, la réciproque est-elle vraie ? Cela paraît naturel, ou nécessaire, à bien des auteurs, alors que rien n'est moins évident ; de ce fait que des conclusions seraient exactes sur de petites zones de la terre on

3

ne peut certainement rien conclure pour des phénomènes généraux de compensation ou de balancement dans la pluviosité.

Enfin, on a montré à diverses reprises avec raison que les phénomènes économiques et politiques peuvent intervenir : un pouvoir absolu impose aux travailleurs d'importants travaux d'irrigation qui font la fertilité d'une région ; une liberté relative incite les cultivateurs à renoncer à ces travaux pénibles pour émigrer vers des champs naturellement mieux partagés ; la région devient stérile, mais ce n'est là qu'un effet de la paresse humaine, et de nouvelles irrigations suffisent à lui rendre sa fertilité, avec tous les avantages de la discipline. Ceci n'est au reste pas général et c'est ainsi, en particulier, que Blanc, qui admet le dessèchement progressif du sud algérien, considère que les causes humaines, déboisements, pâturage des troupeaux, etc., ont aggravé le dessèchement du pays, mais en sont si peu la cause essentielle que les mesures inverses, prises aujourd'hui, seraient insuffisantes pour renverser le phénomène et fournir la prospérité de nouvelles oasis : l'auteur voit cette cause essentielle dans un manque d'équilibre entre les précipitations et l'évaporation, rupture d'équilibre dont l'origine doit être recherchée dans des phénomènes géographiques généraux.

Toutes ces questions, on le voit, méritent plus que de la circonspection : avec une grande réserve, il y faut appliquer toutes les ressources de la critique, et, en ce qui concerne l'Afrique du Nord, on apprécie chaque jour davantage la façon très complète et remarquablement prudente avec laquelle Gsell (1) traite le problème des changements de climat.

Il ne faut donc pas s'émouvoir autrement des faits particuliers, qui peuvent apparaître contradictoires parce qu'ils sont disparates et mal reliés à une vue d'ensemble : par exemple lorsque, contrairement à d'autres observations de dessèchement, Berg est venu nous signaler que le lac Aral, qui diminuait, s'est remis à augmenter, et qu'il en est de même pour le lac Balkach, lac fermé cependant. Pareillement, si le lac Victoria baissait de 1878 à 1892, il s'est ultérieurement mis à remonter ; et le Tchad, lui aussi, paraît sujet à des alternatives de hausse et de baisse.

Mais, après un récent voyage de Vischer entre Tripoli et le lac Tchad, on peut conclure que l'envahissement du désert est dû, en grande partie, à l'abandon par l'homme de toute lutte contre les effets destructeurs. Lorsque la lutte cesse, le soleil, le vent, les variations brusques de la température ont bientôt fait de reprendre leurs actions prépondérantes : en Afrique tropicale, ce sera l'envahissement par la forêt ; là, le désert reprend ses droits,

---

(1) *Histoire ancienne de l'Afrique du Nord*, t. I.

après la chute de l'empire romain, sur des peuples où régnait l'insouciance et l'incurie. Le désert ne chasse pas l'homme, mais s'empare de tout ce que celui-ci lui abandonne : ici, les jardins doivent être protégés contre l'envahissement des sables par de petites haies ; si l'on néglige ces précautions, si l'on délaisse les puits, le désert gagne rapidement. Le climat ne change peut-être pas mais, certes, les efforts de l'homme doivent être persévérants ; il est cependant tout à fait exagéré de s'illusionner sur l'influence humaine, comme dans l'analyse du travail de Vischer, jusqu'à dire : « un gouvernement intelligent et agissant suivant des principes scientifiques rationnels pourrait rendre à toute cette immense région située entre la Méditerranée et le Tchad sa vitalité ancienne. C'est une pure question de volonté et la nature devrait, une fois de plus, céder aux efforts persévérants... ».

L'on doit à Boutquin l'étude la plus complète qui ait été faite, au point de vue critique, de tous les renseignements épars des observateurs et des voyageurs, avec des conclusions hâtives sur le dessèchement de vastes régions ou des modifications climatiques, et cet auteur autorisé conclut (1910, p. 305) :

« L'ensablement et la désolation des régions où fleurirent jadis les grands empires de Tello, Babylone, Ninive, Persépolis et Thèbes sont dus, *avant tout, à l'imprévoyance ou aux fautes des hommes, et à des événements politiques ou économiques, plutôt qu'à des phénomènes naturels.*

« Ces empires ne se sont élevés, malgré les conditions plutôt contraires du climat et du sol, que grâce aux mesures énergiques prises par les autorités de l'époque...

« La prospérité est revenue lorsque, comme en Egypte, depuis l'occupation anglaise, un pouvoir fort et régulier a su prendre et maintenir les mesures intelligentes que les circonstances, d'ordre naturel et économique, commandaient ».

*
* *

L'influence de Cuvier prévalut longtemps pour expliquer les phénomènes glaciaires de la manière la plus simple à l'aide de quelque cataclysme, quelque subite invasion de la mer à la suite d'une convulsion de l'écorce terrestre, et cette théorie diluvienne a trouvé d'illustres défenseurs en Dolomieu, de Lasteyrie, Escher von der Linth, Howorth, etc. Sans doute, on se fait à l'idée que le relief terrestre, dans une certaine mesure, ne dépend pas seulement des convulsions et dislocations qui leur ont donné naissance : les exemples abondent pour montrer l'influence de la pluie sur la configuration du sol ; on conçoit aussi des actions de transformation comme celles des neiges éternelles, c'est-à-dire en un mot du climat. Plus généralement, Hennessy (1) avait fait une tentative pour chercher les connexions possibles entre les théories géologiques et celles qui concernent la figure de la terre, à cette époque (1852), hélas ! assez succinctes, et Camena d'Almeida, dans cet ordre d'idées, a émis quelques idées intéressantes sur les rapports entre les climats et la hauteur moyenne des montagnes.

Malgré ses corrections successives, la théorie de Cuvier fut assez rapidement abandonnée : les faits se multiplient et d'autres idées venaient à la mode. On ne se rappelait plus l'ancienne hypothèse que sous une forme simple et raccourcie : la vie sur la terre, périodiquement interrompue par de grandioses catastrophes qui ne laissent rien subsister du passé, et renaissant sous des formes entièrement nouvelles. Assurément, sous un aspect aussi simpliste, les idées de Cuvier pourraient être abandonnées et, cependant, il est peu probable que l'on puisse déjà les délaisser entièrement. En effet, si l'on étudie les phénomènes géologiques actuels, on voit que beaucoup d'entre eux, volcanisme, séismicité, présentent des périodes plus ou moins longues de calme auxquelles succèdent des périodes plus courtes de paroxysme : étudiant sur de telles bases la vie du globe, Sacco trouve qu'elle présente de longues périodes d'évolution lente et générale, alternant avec d'autres relativement plus brèves et caractérisées, soit par des phénomènes physiques très intenses, soit par des transformations rapides dans la vie organique.

Le problème, il est vrai, avait changé d'aspect et les études géologiques étaient entrées dans une voie plus scientifique par l'observation que les glaciers, en se retirant, abandonnent des moraines et des blocs isolés arrachés aux régions supérieures de la montagne ; la théorie si ancienne de Hutton, reprise par Lyell, établit encore suffisamment qu'il ne faut pas borner les effets d'érosion aux époques géologiques lointaines, et que la simple dénudation, ou déplacement des matériaux solides par l'eau en mouvement, sut, à elle seule, et dans des temps récents, accomplir une œuvre énorme (cf. Murchison) ; le mécanisme de Lyell apparaît bientôt comme trop particulier et Tchihatchef y apporte d'importantes corrections.

Il ne faut pas oublier non plus que la question de l'érosion glaciaire, aujourd'hui encore, pose de nombreux problèmes non élucidés (Cf: E. de Martonne); puis voilà les glaciers qui, agents de transport jouant une action érosive, finissent aujourd'hui, tout à l'opposé, par devenir des

---

(1) *Assoc. brit. p. l'avanc. des Sc.*, Belfast, 1852 ; anal. dans *Cosmos*, t. I, p. 542.

agents de comblement (Rabot) — ce qui montre suffisamment combien les phénomènes sont changeants et d'interprétation malaisée.

Et puisque nous avons à montrer les faces diverses des problèmes, pourquoi ne pas se demander, avec Stanislas Meunier (1897) si les anciens glaciers ont occupé en entier les gorges profondes sur lesquelles on observe des traces de leur passage. Si l'on répond par la négative, les Alpes, en particulier, auraient formé dans l'origine un très haut plateau dont les bords seulement étaient entourés d'une ceinture de glaciers : ceux-ci, exerçant sur le plateau une action de « sciage », l'auraient débité peu à peu en reculant jusqu'en son centre, sans que jamais leur longueur ni leur épaisseur eussent sensiblement différé de ce qu'elles sont aujourd'hui. A l'appui d'une pareille thèse, l'auteur invoquait l'exemple du Pamir, dépeignant les glaciers qui l'entourent comme formant sur sa périphérie une auréole descendante, et c'eût été le renversement de toutes les idées admises par l'universalité des spécialistes, depuis Agassiz jusqu'à Heim, Penck et Baltzer : de Lapparent a montré que l'exemple choisi, lui-même, s'opposait à une telle conception et que les glaciers du Pamir, originaires des cimes du pourtour, descendent vers l'intérieur de la contrée sans l'atteindre.

*
* *

Mais n'anticipons pas trop.

La théorie des transports erratiques se heurta dès le début à la haute autorité de Humboldt qui n'admettait pas que ces transports eussent résulté de l'action des glaciers ou des glaces flottantes sur la mer ; tenant d'une dialectique désuète, il y voyait « un effet de la chute impétueuse des eaux retenues d'abord dans des réservoirs naturels et déchaînées ensuite par le soulèvement des montagnes ». La théorie glaciaire était d'origine trop récente pour ne pas alarmer bien des esprits : elle n'a qu'un siècle d'existence et il lui fallut s'édifier lentement avec les travaux de Charpentier, von Buch, Desor, de la Bèche, Lecocq, Lyell, Murchison, Cordier, Agassiz, Studer, Martins, etc.

On acquit, dès l'abord, la notion que la formation de certains terrains et le transport de différents blocs rocheux doit s'expliquer par l'existence passée de glaciers étendus. Lorsqu'Agassiz annonça pour la première fois qu'à une époque lointaine, et inconnue, les vallées des Alpes avaient disparu sous un immense manteau de glace, on ne vit tout d'abord dans ce phénomène qu'un événement inexplicable et sans précédent dans les annales de la planète. Le mémoire de Durocher (1843) est fondamental pour la comparaison des glaciers du Spitzberg et de ceux des Alpes, aussi bien que pour la critique des phénomènes diluviens, et l'on y trouve les théories d'Agassiz et de Charpentier sur le transport des blocs et détritus erratiques, mais toutes les conséquences de la théorie glaciaire l'effrayent encore : il combat l'hypothèse d'immenses glaciers qui auraient couvert la Suède et la Finlande, pour envahir la Russie et le nord de l'Allemagne, hypothèse qu'il trouve invraisemblable ; il critique les théories dans lesquelles on attribue à des glaciers les phénomènes diluviens ou erratiques des Alpes et des Pyrénées ; et, néanmoins, il développe des idées mécaniques très justes et dont on n'a peut-être pas encore tiré toutes les conséquences, à savoir qu'il n'y a glacier à proprement parler que s'il y a montagne, c'est-à-dire sans doute pression, mouvement et compression.

Élie de Beaumont, lui aussi, élève de vives critiques contre la théorie des glaciers. Il compare notamment les pentes du terrain erratique avec celles des glaciers et des cours d'eau : les premières sont trop faibles à son sens pour les glaciers, et incomparablement plus grandes que les dernières, c'est-à-dire correspondraient à des torrents d'une extrême violence ; et, avec de Saussure, il croit donner une grande force à l'hypothèse des courants dans une période diluvienne. Hélas! ce n'était que dissimuler une autre question plus troublante encore : dans les Alpes, par exemple, qu'était le relief lors d'une débâcle diluvienne?

Il faut bien reconnaître que les nouvelles théories conduisaient à des phénomènes surprenants ; on restait en effet confondu devant la puissance des actions qu'il fallait invoquer pour que la région de Genève ait été couverte d'une couche de glace de plus de mille mètres d'épaisseur! et l'on imagina successivement que la terre avait traversé quelque jour une région froide de l'espace, ou qu'un nuage cosmique avait temporairement diminué le rayonnement solaire : hypothèses d'ailleurs gratuites puisque Tyndall faisait remarquer que, pour avoir de la neige, il fallait au préalable de la chaleur, élément indispensable à l'évaporation océanique créant la vapeur d'eau nécessaire, ce que Falsan a pu traduire dans un raccourci très imagé : « Le froid tuerait les glaciers ».

*
* *

Le problème se ramène donc à une question d'espèce et d'équilibre : si la chaleur que le soleil répand sur la terre est assez forte pour qu'il ne tombe pas de neige, même au sommet des montagnes élevées des latitudes moyennes, on n'aura pas de glaciers ; si, d'autre part, il n'y a pas assez de chaleur, l'évaporation sera fortement diminuée, ce qui tendra à supprimer les neiges, et par suite aussi les glaciers. Il paraît évident que c'est le premier cas qui s'est produit tout d'abord et qui a précédé l'apparition des glaciers terrestres : puis, au fur et à mesure que le soleil se refroidissait, la terre recevait de moins en moins de chaleur et les glaciers purent apparaître aux sommets des montagnes élevées, petits d'abord, mais grandissant sans cesse en surface — et, cela, avec assez de rapidité puisque, à cette époque reculée, le soleil évaporait sur notre région équatoriale infiniment plus que de nos jours.

Avec un pareil mécanisme, on conçoit aisément l'apparition du stade où les montagnes des latitudes moyennes étaient déjà assez refroidies pour servir de puissants condenseurs des eaux météoriques, tandis que le soleil, bien plus chaud que dans la période actuelle, envoyait se congeler sur les montagnes une quantité d'eau immense évaporée à l'équateur : on passe par un maximum de conditions favorables donnant naissance à la plus grande extension possible des glaciers ; puis, ce passage franchi et le soleil continuant à se refroidir, la quantité d'eau évaporée à l'équateur va sans cesse en diminuant, les glaciers reculent de plus en plus jusqu'à prendre les proportions réduites que nous leur connaissons aujourd'hui, laissant en place leurs moraines comme témoignages. Ainsi, les glaciers étaient beaucoup plus étendus bien que la température moyenne fût plus élevée que de nos jours : jusqu'alors, ceci n'exige aucun changement dans l'ordre naturel des faits, mais suppose une diminution continue et c'est pourquoi Millot qui, cependant, eut une vision si nette du mécanisme de condensation, n'y voyait que les oscillations d'un phénomène *unique*, sans accepter l'hypothèse de plusieurs périodes glaciaires successives.

Or le phénomène unique supposerait bien plus, en réalité : niant l'importance des mouvements orogéniques et leur répercussion possible sur les climats, il admet une continuité certainement inexacte dans la décroissance de l'activité solaire.

Parmi les géologues, de Lapparent est sans aucun doute celui qui eut l'action la plus heureuse pour mettre en évidence toute l'importance de la remarque de Tyndall, avec le rôle des massifs de montagne : les phénomènes caractéristiques de la période que nous appelons glaciaire et qui, pour l'Europe Centrale, ont coïncidé avec la première partie de l'époque quaternaire, ont été provoqués, non pas par un froid exceptionnel, mais par des courants d'air très humides joints à l'existence de puissants condenseurs montagneux qui, jusque-là, avaient fait défaut — les grandes chaînes du système alpin n'avaient pas encore, en effet, acquis tout leur relief. Ces précipitations atmosphériques très abondantes, qui se manifestent par des pluies aux basses latitudes, tombent sous forme de neige dans les montagnes : et cette abondance de neige, qui alimente les glaciers, permet à ceux-ci de s'avancer au loin, jusque dans les plaines, comme des fleuves glacés. Humidité et altitude furent donc, ici, les deux grands facteurs du phénomène glaciaire, mais le mode d'application de l'observation de Tyndall peut varier selon les régions : ainsi, en examinant comment sont distribués les glaciers dans les régions arctiques, on en apprécie encore la justesse en remarquant que les glaciers du Spitzberg sont le produit de l'action du Gulf-Stream et de celle du soleil sur les mers intertropicales (Rabot).

Une étude attentive des dépôts laissés par les glaciers ne tarda pas à démontrer que, au début des temps quaternaires, le nord de l'Europe et de l'Amérique septentrionale avaient été le théâtre de deux époques glaciaires séparées par un long intervalle, et que les dépôts laissés par la seconde étaient inférieurs en puissance à ceux de la première ; plus tard, on constata sur nombre de points les traces d'une troisième action glaciaire, postérieure à la seconde et beaucoup moins accentuée et, ainsi, l'avènement des grands hivers circumpolaires paraît présenter les caractères d'un phénomène périodique...

De Lapparent (1894) est un des premiers à avoir bien mis en évidence la localisation des anciennes calottes glaciaires quaternaires sur le pourtour de l'Atlantique du Nord : il a montré la coïncidence des progrès d'une faune de plus en plus froide avec les effondrements de la fin du tertiaire ; la brèche atlantique s'étant ouverte définitivement au pliocène, les mers glaciales entrèrent alors en libre communication avec les mers chaudes et il en résulta une aggravation des chutes de pluie et de neige. On voit ainsi, dès à présent, que des causes géographiques sont capables d'expliquer la plus grande abondance des neiges en plaçant toutes les régions du pourtour atlantique dans des conditions analogues à celles du Groenland actuel. Et tout récemment, sans nier la participation des glaciers à des dispersions de blocs erratiques, Villain pense que c'est bien une série de mouvements de la mer, dus à des phénomènes orogéniques, qui a dispersé sur de vastes étendues le drift glaciaire : d'après un ensemble d'observations géologiques et paléontologiques, il présente ainsi une nouvelle théorie des phénomènes glaciaires remontant jusqu'à la période jurassique — et, à tout prendre, avec d'autres termes, nous voisinons singulièrement avec les spasmes de Cuvier.

Puis les explorations géographiques laissent entendre que le globe entier a ressenti les atteintes d'un régime glacé : on rencontre des traces de glaciers sur des montagnes de la zône équatoriale (1) ; des recherches géologiques importantes tendent à prouver que la période glaciaire s'est étendue sur les deux hémisphères — et peut-être simultanément, ce qui s'opposerait à une explication purement astronomique. Cependant, il est possible qu'il n'y ait pas synchronisme, même pour des régions assez voisines, et Rolland admet pour vraisemblable que la période glaciaire pour le Sahara coïncide avec la fin du pliocène et le commencement du quaternaire, précédant ainsi celle de l'Europe Centrale. Les phénomènes sont d'ailleurs irréguliers : ici, on connaîtra avec précision la décrue glaciaire de Scandinavie et celle de l'Amérique du Nord ; ailleurs, Espagne, Sibérie, Alaska, on ne peut établir avec certitude que une ou deux périodes glaciaires ; dans les Alpes, Penck et Brückner reconnaissent quatre périodes glaciaires et trois interglaciaires et sont religieusement suivis (Köppen, Kilian, Boule, Glangeaud...). Et, ainsi, progressivement, à travers une énorme quantité de documents d'interprétation souvent malaisée, naît l'idée moderne que la période glaciaire a régné sur des espaces immenses des deux hémisphères et qu'en réalité il y eut, non pas seulement une, mais plusieurs périodes de ce genre durant le tertiaire, le crétacé, le trias, le carbonifère — voire même le précambrien.

Pour la période toute récente, on imagine le mécanisme suivant : une période glaciaire, dont la température serait inférieure d'environ cinq degrés à celle d'aujourd'hui ; en se fondant sur la comparaison des limites des neiges, alors et aujourd'hui, Penck trouve même beaucoup trop faible un abaissement de température de cinq degrés pendant le paroxysme glaciaire, et suppose au moins de neuf à dix degrés ; une période dite interglaciaire, à température un peu plus douce que la nôtre et pendant laquelle l'homme existe déjà ; enfin, une seconde période glaciaire moins rigoureuse que la première.

*
* *

Comment s'est effectué le passage du climat de la période glaciaire au climat actuel ?

Il n'est pas non plus, certes, de question plus obscure. Gregory admet deux processus possibles simultanément : dans quelques contrées, il

____

(1) Paschinger donne les limites actuelles des neiges, plus basses dans la zone équatoriale arrosée que dans les zones intertropicales et désertiques ; Klute indique le décalage, parfois très faible, avec les zones quaternaires.

y eut une élévation graduelle de température depuis la disparition de la glace ; ailleurs, aux conditions glaciaires a succédé une période chaude et sèche, suivie de nouveau par des conditions plus humides. Mais cet auteur *admet* que dans les temps historiques il n'y a pas eu de changement de climat mondial, même pour les documents aussi vieux que ceux de la Palestine ou de l'Egypte et, par conséquent, supposant que dans l'ensemble la terre ne se dessèche pas, il est entraîné à un mécanisme concordant avec son hypothèse. On trouve dans Stanislas Meunier une explication (1901, p. 862) que je reproduis exactement faute de la comprendre :

« La tendance générale des géologues a été de rattacher la disparition des glaciers à un adoucissement climatique de la surface de la terre ; il semble plus logique d'admettre que c'est au contraire la disparition des glaciers qui a amené le réchauffement progressif des régions qu'ils recouvraient précédemment ».

Est-ce un truisme? ou bien cela n'explique en rien la disparition même des glaciers.

N'oublions pas que nous sommes parvenus, avec les dernières glaciations, dans une période toute récente... presque contemporaine : comment a réagi la matière vivante? J. de Morgan ne manque pas de précision, parle de fronts glaciaires qui marchent à la vitesse de cent mètres par jour(?), etc., et imagine un processus un peu simple pour l'humanité pendant les trois ou quatre grandes périodes de glaciation ; les chiffres qu'il donne pour les continents submergés paraissent *bien précis*... Ce qui paraît certain, c'est que la matière vivante a évolué parallèlement à ces grands cycles, et l'on peut imaginer le passage progressif de la forme marine à celle des animaux d'eau douce. Or, dans la physiologie des espèces, les phénomènes d'osmose jouent un rôle primordial pour expliquer les mécanismes de l'évolution : d'où l'importance des régimes très pluvieux pour l'évolution des animaux marins en animaux d'eau douce (Pelseneer) puisque, dans les régions correspondantes, on trouvera des salures marines minima ; et, de la sorte, les grandes variations climatiques se trouvent étroitement liées à l'évolution des espèces.

Quoi que l'on puisse penser de la grandeur des abaissements de température correspondants aux grands cycles des glaciations, il est certain que de telles variations de température seraient bien suffisantes pour anéantir une civilisation comme la nôtre et, puisque l'homme fut atteint déjà par des bouleversements importants, l'on conçoit l'intérêt passionnant qui s'attache à la recherche de ces origines des oscillations de température, afin de connaître jusqu'à quel point nous sommes à l'abri de leur influence dévastatrice : mais, nous l'avons dit, les documents numériques résultant de mesures instrumentales font entièrement défaut et, après une étude assez soignée pour discuter la question de savoir si les climats de l'Europe se refroidissent, Naudin conclut avec sagesse que « nous savons peu de chose sur les causes qui produisent les irrégularités météorologiques, et il pourra encore s'écouler bien du temps avant qu'on les ait découvertes ».

En ce qui concerne la période historique, on sait que les Alpes, à l'époque romaine, paraissent avoir été faiblement englacées ; puis les glaciers ont acquis une étendue considérable, de la fin du xvie siècle au milieu du xixe ; depuis, la plupart des glaciers d'Europe, et même de toute la surface du globe, paraissent subir une décrue très nette.

Dans cet ordre d'idées, C. Long avait déjà observé qu'il devait y avoir une relation entre les variations périodiques des glaciers et celles du climat, chutes de pluies et températures ; et, reprenant la question, Forel pense que les glaciers sont en croissance dans les périodes pluvieuses et froides, et en décroissance dans les périodes sèches et chaudes, le facteur essentiel étant, bien entendu, la chute de pluie : mais, si l'auteur indique au xixe siècle des périodes de croissance sur lesquelles nous aurons à revenir, tous ces travaux impliquent une correspondance non démontrée entre les périodes pluvieuses et les périodes froides, correspondance que la remarque de Tyndall rend bien difficile à admettre.

Il faut s'empresser de reconnaître que, ici encore, tous les documents ne sont pas convergents, d'une part, et, d'autre part, ne constituent qu'une poussière infime d'information devant l'ampleur des cycles en jeu! Voyons-les cependant rapidement.

En étudiant l'action glaciaire en Alaska, Allen (1886) estime que jadis une nappe de glace s'est étendue depuis les montagnes d'Alaska jusqu'à la côte ; plus tard, dans la même région, Rabot (1913) note encore une crue glaciaire ; Rabot observe, en 1897, que, depuis la fin du xviie siècle, la plupart des glaciers d'Islande paraissent en progression ; les glaciers de Suède semblent éprouver une crue au début du xxe siècle ; depuis une vingtaine d'années, on signale une crue glaciaire en Norvège, qui coïncide d'autre part avec une reprise d'alimentation des lacs de l'Asie Centrale (Berg) ; et, plus près encore, on rencontre quelques anomalies, comme le léger refroidissement observé pour la vallée du Pô (Taramelli) depuis la dernière extension des glaces. Si l'on admet la corrélation la plus simple entre le développement des glaciers dans les massifs montagneux et une augmentation de la pluviosité, il est naturel de rapprocher le dessèchement progressif du Sahara de la variation climatique qui s'est produite en Europe depuis la période romaine (Ch. Rabot) ; parallèlement, il est intéressant de constater que les derniers écoulements d'eau observés au Sénégal par Hubert paraissent contemporains de la fin de la dernière graned crue glaciaire (1850 à 1869) et que l'aggravation du dessèchement du Sénégal correspond à la phase d'intense décrue glaciaire du commencement de ce siècle.

Tout ceci ne nous fixe toujours en rien sur l'unité de temps nécessaire pour apprécier des modifications aussi étendues.

Voilà bien, dans les deux cas, l'exemple d'un phénomène météorologique dont l'influence serait générale sur une grande partie du globe, mais il serait bon de vérifier une hypothèse qui repose, malheureusement, sur une coïncidence unique : en particulier, il serait bon de pouvoir comparer ce qui s'est passé, à ce point de vue, à l'époque romaine, d'une part dans les Alpes, d'autre part, sinon au Sénégal, au moins dans l'Afrique du Nord où le phénomène de dessèchement paraît être analogue.

Et, pareillement, que valent toutes les affirmations imprécises qui veulent que le climat du moyen âge ait été plus continental qu'à présent ? Hivers plus rigoureux, étés plus chauds ; et, par suite des déboisements, on indique aussi qu'un mouvement en sens inverse s'effectue actuellement en Russie.

*
* *

Un seul fait reste certain : il faut renoncer à l'opinion que le climat est chose invariable.

Car les documents les plus déconcertants nous sont apportés : résidus de flore tropicale au Spitzberg, traces glaciaires dans les régions équatoriales!

L'expédition de Gustave Nordenskiold au Spitzberg (1890) trouve dans les montagnes des gisements de fossiles de différents âges, des spécimens de plantes fossiles dont les espèces attestent que ces régions vécurent, en d'autres temps, sous un climat analogue au climat actuel des régions tempérées. Ainsi, l'histoire de cette importante modification du climat de la terre fut gardée par les roches mêmes qui en ont été les témoins : à travers les siècles, les assises des terres polaires ont su garder les empreintes admirablement conservées des fossilles, des fruits, même des troncs de cette époque et le sol du Spitzberg, aujourd'hui éternellement glacé, fut autrefois recouvert d'une flore tropicale et sub-tropicale (Rabot, 1892).

Si donc, d'une part, des modifications climatiques d'aussi vaste amplitude affectent la régularité que commande la continuité même des phénomènes astronomiques, physiques et météorologiques qui entrent en jeu comme facteurs d'un climat, elles doivent présenter, d'autre part, la lenteur qu'elles ont toujours eue. Hypothèse diluvienne, hypothèse glaciaire, aucune des théories proposées n'explique exclusivement tous les faits expérimentaux : mais quelle cause invoquer pour ces alternances climatiques, ces sortes de retours quasi périodiques — et quelle durée leur assigner? Se voyant impuissants à trouver le mot de l'énigme dans les lois de la météorologie actuelle, les géologues en ont appelé aux physiciens et aux astronomes pour leur demander une cause possible de refroidissement occasionnel du globe : perturbations que les corps célestes de notre système exercent sur le mouvement de la Terre, variation d'excentricité de l'orbite, précession des équinoxes, déplacements du périhélie, nuages cosmiques, radiation variable du soleil, etc..., dans les domaines les plus divers.

Il reste à faire un choix, à mettre la main sur le cycle astronomique qui, d'accord avec les observations actuelles, se rapportera le mieux aux indications tirées des anciens glaciers.

CAUSES ASTRONOMIQUES

La période glaciaire paraissait donc un phénomène d'ordre général, ou au moins très étendu, et l'on crut même être en présence d'un phénomène ériodique : quelques-uns adoptèrent alors sans hésitation l'hypothèse d'un phénomène astronomique — hypothèse pure qui permit cependant à des écrivains comme d'Assier de fonder sur elle une chronologie de l'histoire de l'homme préhistorique.

C'est l'obliquité sur l'écliptique de l'axe de rotation de la terre qui joue le rôle essentiel pour les saisons terrestres, puisque l'excentricité de l'orbite reste faible.

Mais l'aplatissement de notre trajectoire a également des conséquences : ainsi l'hiver de l'hémisphère nord est plus court de huit jours que celui de l'hémisphère sud, et cette différence serait plus considérable si l'excentricité de l'orbite terrestre prenait de grandes valeurs. Or, cette excentricité est elle-même soumise à des variations assez sensibles et l'on a pu calculer que, il y a deux cent mille ans, l'hiver de l'hémisphère nord était plus court que celui de l'hémisphère sud de *vingt-trois jours* : ces conditions, maintenues pendant des milliers d'années, ont pu amener un refroidissement progressif et considérable des parties de la terre situées au sud de l'équateur et l'on imagine difficilement l'ampleur que purent y prendre les glaciers.

Or nous avons déjà vu que le phénomène glaciaire est une question d'espèce et d'équilibre, avec un balancement dans les conditions plus ou moins favorables au double mécanisme de l'évaporation sur les mers et de la précipitation sur les montagnes, jouant le rôle de puissants condensateurs : au fur et à mesure que le soleil se refroidit, il faut donc rechercher la variation des conditions astronomiques du problème, et nous devons nous arrêter un instant sur les qualités de l'orbite terrestre car leurs conséquences ont rarement été interprétées d'une façon correcte.

Arago s'est préoccupé de savoir si un été (comme maintenant) correspondant au plus grand éloignement du soleil doit différer sensiblement d'un été qui coïnciderait avec le minimum de cette distance : il répond négativement car si, d'une part, la plus courte distance rend le printemps et l'été plus chauds, en revanche la plus grande vitesse sur l'orbite raccourcit de sept jours chacune de ces deux saisons — et il y a exactement compensation. Peu après, cependant, Reynaud introduit les combinaisons de deux sortes de saisons : celles qui sont dues à l'inclinaison et celles qui dépendent de l'excentricité, et, malgré quelques erreurs de détails, obtient des résultats en contradiction avec ceux d'Arago.

On peut affirmer sans crainte que le problème complet est à résoudre et, outre les qualités de l'atmosphère, il apparaît aujourd'hui nécessaire d'introduire des balancements entre les deux hémisphères qui ne jouent pas le même rôle, avec quelques compensations possibles, les influences des régimes de courants aériens ou marins, celles du relief — ou simplement certains travaux de l'homme (1).

Nous avons examiné d'un peu plus près la conclusion d'Arago (2), à un point de vue spécial, en supposant constant le pouvoir émissif du soleil, et l'on peut aisément démontrer que la terre reçoit la même quantité de chaleur pendant chacune des quatre saisons. Le point vernal a un mouvement rétrograde de cinquante secondes par an tandis que la ligne des apsides tourne de onze secondes dans le sens direct. Le périgée marche donc à la rencontre du point vernal avec une vitesse de une minute par an, et l'équinoxe se produira pour des positions du soleil qui correspondent à des points différents de son orbite : les durées des saisons varient donc et le solstice d'hiver, qui se présente actuellement vers l'époque du périhélie, correspondra à l'aphélie dans dix mille ans (180° : 1').

Malgré ces variations, la terre reçoit la même quantité de chaleur en été qu'en hiver, puisque celle-ci est la même pendant les durées qui séparent les passages successifs du soleil en quatre points de son orbite dont les angles polaires diffèrent de quatre-vingt-dix degrés : alors interviennent les rôles distincts des deux hémisphères, avec les phénomènes très complexes

---

(1) Pour les variations de climat et leurs causes, voir le bon exposé de Guillemin.

(2) Jean Mascart, Quantité de chaleur reçue par la Terre au cours des saisons. C. R. de l'Acad. des Sc., t. 176 (1923), p. 123,

d'échanges et de compensation partielle. Le soleil ne couvre pas toute la sphère céleste et la terre rayonne, jour *et nuit*, ce qu'elle a reçu du soleil, pendant plus longtemps par conséquent lorsque la saison est longue : de sorte que, au total, quand le soleil est loin, la terre reçoit algébriquement moins de chaleur de l'ensemble des astres et c'est dans cette mesure que la longueur des saisons intervient.

Puis il est impossible d'introduire de pareilles considérations astronomiques sans tenir compte de toutes les conditions physiques pour la réception de la chaleur solaire. C'est ainsi que, en négligeant l'absorption atmosphérique, on avait trouvé que le pôle nord est le point de la terre qui reçoit le plus de chaleur pendant la journée du solstice d'été, résultat qui n'a probablement pas été sans influence sur les idées relatives à la mer libre du pôle : en tenant compte de l'absorption, le résultat est tout autre, et le maximum de la chaleur reçue se trouve reporté vers trente-cinq degrés de latitude (Angot).

****

Jean Reynaud (1858) est un des premiers qui se soit appliqué à une théorie systématique de la variation des saisons, pour fournir un exposé qui fut aussi étudié, et fort apprécié, par Zurcher. Il met bien en évidence deux sortes de saisons : la première, due à l'inclinaison du plan de l'équateur de notre orbite ; l'autre, beaucoup moins souvent envisagée, due à l'excentricité même de l'orbite, en vertu de laquelle doit changer notre distance au soleil, puisque celui-ci est au foyer de l'ellipse parcourue. Ces deux causes différentes sont les origines de phénomènes distincts : et, de leurs combinaisons, dérivent des situations diverses qui se développent suivant une longue périodicité. En 1122, par exemple, il y avait coïncidence du solstice d'hiver avec le périhélie et de celui d'été avec l'aphélie : saison froide et saison chaude étaient toutes deux à leur maximum de modération, hiver aussi peu froid, et été aussi peu chaud que possible, avec gradation continue et symétrique d'une à l'autre saison ; et il faut remonter à l'année 11.700 avant notre ère pour trouver l'inverse, solstice d'hiver sur l'aphélie et solstice d'été au périhélie, avec les saisons les plus prononcées qu'il soit possible, et cette situation se renouvellera en 14.004 — exactement.

Mais un mécanisme ne suffit pas : il y faut des confirmations.

Or, il règne alors l'autorité d'Arago pour la permanence des climats depuis les temps historiques ; Reynaud, cependant, trouve une confirmation de sa théorie dans le climat de l'antiquité et du moyen âge. S'agit-il bien d'une confirmation ? même si elle était réelle, ou d'*une seule* coïncidence ? Et, sur d'aussi longues périodes, ne faut-il pas tenir compte de la variabilité possible des radiations solaires, des conditions géographiques, de l'action de l'homme ?.. Il est donc difficile de suivre l'auteur dans ses conclusions lorsqu'il voit les glaces du pôle nord gagner pendant encore cent vingt siècles, le nord perdre tous ses avantages et la prépondérance passer aux peuples du midi, avec de cruelles appréhensions pour les destinées futures de notre climat et de la zone qui renferme les foyers capitaux de la civilisation — et quelle civilisation ! De plus — mais ceci n'est qu'un détail — s'il est tenu compte de la précession, on néglige ici le mouvement même du périhélie, de sorte que la période qu'il faudrait adopter est 21.500 ans et non 25.896, reportant à 1250 la date indiquée de 1122.

C'est en 1840 que Le Verrier avait publié sa table des variations de l'excentricité de l'orbite de la terre depuis cent mille ans avant 1800 jusqu'à cent mille ans après cette date, et par intervalles de dix mille ans : il avait obtenu pour valeurs extrêmes de l'excentricité 0,0777 et 0,0033. James Croll (1866) étendit cette table à un million d'années, en avant et en arrière, par intervalles de cinquante mille ans. Mais l'étude des perturbations ne comprend pas seulement les variations de l'excentricité, et notre axe de rotation n'est pas rigoureusement fixe en direction : sous les actions combinées du soleil et de la lune, il éprouve un balancement d'une période de vingt-cinq mille ans dont il faudra tenir compte dans le rythme total. Enfin, si l'on tient compte du mouvement direct de la ligne des apsides, il faut combiner les deux variations annuelles de 50'',25 et de 11'',7 environ.

L'axe de rotation de la terre, lui-même, est-il fixe dans l'intérieur du globe ? On peut, si l'on en a besoin, imaginer maintes preuves et raisons pour justifier que sa position n'est pas fixe : c'est une vieille idée du xve siècle, émise par Alessandro degli Alessandri, reprise et fort souvent développée par Boucheporn, Klügel, J.-W. Lubbock, Frederik Klee, J. Bourlot, T. Evans, Clémence Royer et, du déplacement de l'axe polaire, Carret (1876) tire d'ingénieuses conséquences pour les variations climatiques.

En combinant la précession des équinoxes de vingt-six mille ans avec un déplacement *hypothétique* des pôles suivant un cercle de seize degrés de rayon, Péroche s'efforce d'expliquer les lentes périodes de réchauffement et de refroidissement par lesquelles paraît passer notre globe, dont les anciennes extensions glaciaires seraient la preuve, et parvient au mécanisme suivant : au bout de 43.400 ans les grandes chaleurs et les grands froids se renouvellent, avec un changement d'une extrême à l'autre tous les 21.700 ans ; la dernière période glaciaire remonterait à 9.900 ans (ce qui est bien peu) avec de grands froids comme en Islande, et nous étions alors à vingt degrés du pôle ; pendant les périodes de grandes chaleurs, le nord de la France jouit de la température moyenne actuelle de l'Algérie.

Mais, on le voit bien ici, chaque fois que l'on invoque une cause, elle paraît aussitôt insuffisante — et on la complète par de pures hypothèses.

* * *

Restons donc sur un terrain solide : en vertu de la précession des équinoxes (période de 21.000 ans), chaque année avance pour nous le commencement du printemps et celui de la saison froide pour l'hémisphère sud. Et, par ce mécanisme, la différence de vingt-trois jours dont nous venons de parler peut atteindre vingt-huit jours — 27,8 il y a 208.000 ans. Le Hon a donné le tableau de ces combinaisons entre les variations d'excentricité et la précession des équinoxes : on voit comment les deux hémisphères, à peu près alternativement, subissent des périodes de froid plus ou moins intense, et ces balancements ont guidé les partisans de la théorie astronomique des périodes glaciaires ; les hivers très longs se succèdent, séparés par des étés très courts, chauds il est vrai, mais aidant peut-être aussi au mécanisme glaciaire par l'intensité de l'évaporation.

Reprenant une théorie astronomique pure, Glanville (1923) croit à une action prépondérante des variations d'excentricité : il va même jusqu'à supposer que l'état de la terre est à peu près stable, actuellement, ce qui éliminerait l'influence et la répartition des terres et des mers — et nous verrons aux *Causes géographiques* qu'une telle hypothèse ne saurait être acceptée. Il fixe, avec certains géologues paraît-il, à deux cent vingt mille ans le commencement de la dernière ère glaciaire ; puis, il y a cent cinquante mille ans, est intervenu un climat relativement doux, interglaciaire, suivi par un retour de conditions glaciaires qui n'ont commencé à disparaître que depuis quatre-vingt mille ans, époque à partir de laquelle l'excentricité décroît graduellement, jusqu'au minimum qu'elle atteindra dans vingt-quatre mille ans ; jusque-là, les calottes polaires vont reculer beaucoup et le climat du monde entier doit s'adoucir. Quelles que soient les conclusions, le travail est intéressant par de nombreux diagrammes représentatifs de l'action des divers facteurs astronomiques.

Si l'on suppose que l'axe de rotation de la terre possède un mouvement capable de modifier sensiblement son inclinaison sur l'écliptique, et d'une façon périodique, des modifications correspondantes, lentes et progressives, se produiront dans la position des zones polaires, tempérées et tropicales. Sans insister ici sur les raisons d'un tel mouvement, Drayson (cf. Millis), renouvelant le procédé de Péroche, indique comme résultat de calcul que le tropique du Cancer peut atteindre les limites extrêmes, australe et boréale, de 23°26' et 35°26' : les effets de ce balancement des zones sont des périodes successives de huit mille ans de froids intenses et d'étés torrides, puis de saisons tempérées, formant un cycle total de trente-deux mille ans. Par la formation de glaciers sous des latitudes qui en sont actuellement dépourvues, et par la fonte rapide au cours des mois chauds de cette glace accumulée, cette théorie prétend expliquer les cirques, excavations, dépôts divers, moraines, phénomènes d'érosion, que l'on rencontre en diverses parties du monde ; les causes importantes des stratifications doivent être cherchées dans les périodes d'extrême sécheresse succédant à des températures très élevées, les vents violents chargés de poussières, les orages puissants suivis de la formation de dépôts. Les civilisations disparues ont toutes fleuri sous des climats actuellement peu propices au développement humain, ce qui, aux époques envisagées, implique des saisons plus tempérées — et Drayson y voit une preuve du bien fondé de sa théorie.

Mais nous verrons plus tard, près de conclure, que d'aussi petites évaluations des cycles ne cadrent, ni avec l'appréciation de l'âge de la période post-glaciaire par les alluvions — quinze à vingt mille ans selon Heim, Penck ou Collet — ni, encore moins, avec les millions d'années (Kelvin) ou les milliards d'années (Perrin) que réclament les phyciciens.

Puis, pour les anciens berceaux de la civilisation, on peut invoquer des explications très différentes (Huntington); de plus, la théorie de Drayson n'explique nullement toutes les apparences constatées, et notamment certaines invasions décelées dans le pliocène ; enfin, malgré l'intérêt qu'elle présente, elle n'est pas encore confirmée par les observations astronomiques, et le mouvement excentré de l'axe de rotation de la terre ne s'impose pas.

Si donc l'on se maintient à ce point de vue astronomique étroit, un déplacement important de l'axe des pôles pourrait seul être la cause de la grande variation de climat constatée dans le cours de l'histoire de la planète, et ce déplacement semble incompatible avec la constance presque absolue de l'angle d'inclinaison de l'axe de rotation sur le plan de l'écliptique. Mais il en serait autrement si, au lieu de concevoir le mouvement conique décrit autour du pôle de l'écliptique par l'*axe* fixe de la terre, on imaginait le déplacement circulaire de celui-ci dans le ciel comme un pivotement autour du centre de la terre supposée immobile par rapport à lui : alors, au lieu d'être fixe et d'entraîner la masse dans son mouvement, l'axe serait mobile autour du centre de la terre et à travers la masse de celle-ci, chaque pôle décrivant un cercle autour du pôle de l'écliptique dans le sens rétrograde de la précession des équinoxes — les conséquences sont analogues à celles des théories de Péroche et de Drayson. Sur cette hypothèse fragile, Roulleaux-Dugage propose de baser toute une théorie de l'évolution des climats et des races humaines (1).

* * *

Ainsi, tous les auteurs paraissent se griser eux-mêmes par l'espoir de trouver des origines simples et uniques : d'Assier, Reynaud, Péroche, Drayson, et tous ceux que nous allons voir, Croll, Köppen et tant d'autres. Or, même jointes aux phénomènes de nutation et de précession des équinoxes, toutes ces hypothèses paraissent nettement insuffisantes pour expliquer tant de particularités d'une question dont la solution n'a pas tardé à se montrer beaucoup plus complexe qu'il n'avait semblé tout d'abord : comme tous les problèmes physiques, celui des climats glaciaires se complique davantage à mesure que les progrès de la science permettent de mieux apprécier l'influence des nombreux facteurs qui entrent en jeu. Croll a déjà montré depuis longtemps que, ni une configuration particulière des continents et des mers, ni une grande excentricité agissant seule, n'eussent été capables de produire cette énorme extension des glaciers qui ont laissé des traces géologiques sur les deux hémisphères : il faut encore l'intervention simultanée de circonstances physiques spéciales. Et même, en étudiant l'influence de la température des eaux de la mer, Voïeykoff pense que les changements d'excentricité n'auraient qu'une action très faible, et peut-être même en sens inverse de celui qu'on leur attribue ; s'élevant, lui aussi, contre la théorie astronomique de la période glaciaire, Culverwell conclut que le changement dans la distribution de la chaleur solaire, reçue par la terre pendant une période d'excentricité maximum, ne saurait être la cause d'un déplacement des lignes isothermes aussi grand que celui qui pourrait provenir d'origines purement géographiques.

____

(1) Bien que cette explication *unique* paraisse donner toute satisfaction à l'auteur, et malgré l'intérêt réel de cette étude, nous sommes obligés de faire les plus expresses réserves sur la documentation correspondante, où l'on voit voisiner des noms tels que de Launay, E. Belot, N. Lockyer, E. Lebon, de Lapparent, Cl. Royer... — c'est-à-dire des sources excellentes mêlées à d'autres qui n'ont aucune valeur scientifique.

Et lorsque Rémond reprend la question, attribuant l'évolution périodique des climats, des glaciers et des cours d'eau à cette même cause de la variation continue de l'inclinaison de l'axe de la terre, il conclut avec trop de précision que l'homme sait se façonner des instruments depuis plus de 1.200.000 ans et que, il y a plus de trois milliards d'années (1), les cours d'eau ont commencé leur œuvre, et la terre est habitable : c'est là une dissertation purement académique, basée sur le temps nécessaire à la formation du bassin houiller de Mons · et qui souleva de nombreuses critiques. Si l'on prend pour base de raisonnement la dissymétrie dans les températures terrestres des deux hémisphères et si l'on recherche l'explication dans une action bisannuelle de la rotation solaire, action lunaire et actions moins formelles des planètes, on arriverait à pouvoir tout calculer d'avance comme pour les marées (Duponchel)... mais ce n'est encore là qu'un rêve imprécis.

P. et F. Sarasin imaginent que les rayons solaires ont pu être interceptés par d'épais nuages de poussières, causées par de nombreuses éruptions volcaniques : si ces éruptions sont placées vers la fin de l'époque pliocène, on aurait l'explication du grand froid de l'époque glaciaire. C'est, vraiment, généraliser beaucoup les phénomènes qui se sont produits en 1883, après l'éruption du Krakatoa ; puis ceci n'explique qu'*un* phénomène et, de plus, nous avons dit que la formation des immenses glaciers *exige au préalable de la chaleur*.

D'ailleurs, il y a longtemps que, sous une autre forme encore plus générale, on a envisagé l'interposition d'écrans entre la terre et le soleil, et qui viendraient diminuer le rayonnement de ce dernier. Si l'on admet une hypothèse cosmogonique comme celle de Laplace, les nébuleuses propres à la formation de Vénus et de Mercure n'étaient pas encore condensées quand la terre, plus avancée, se trouvait déjà en voie de formation : alors, les émissions solaires, pendant la réduction de ces deux amas vers l'état de planètes, s'interposèrent bien pour arrêter, ou refroidir, le rayonnement qui nous parvenait de l'amas central. Spiller, en 1870, et Zöppritz (1903) ont eu recours à des conceptions de cette nature ; Jaekel y voit une explication suffisante pour les deux glaciations post-tertiaire et permienne : si la glaciation cambrienne est réelle, l'émission correspondante d'une autre nébuleuse viendrait renforcer la théorie encore si... nébuleuse de la fameuse planète intra-mercurielle (!).

---

(1) Nous voici bien loin des vingt mille ans que nous indiquions à l'instant pour la période post-glaciaire !!!

Cette fois, c'est la géologie qui vient au secours de l'astronomie : c'est aller un peu loin...

****

D'ailleurs, si l'on y regarde de plus près, on se rend compte que toutes ces idées sont très ingénieuses, plus ou moins élégantes, et que l'on s'efforce de faire successivement appel à toutes les notions acquises : mais, à proprement parler, il s'agit de vues, d'idées, de remarques utiles — non pas de théories explicatives complètes et satisfaisantes. Ceci n'empêche pas Humphreys de développer à nouveau les causes exclusivement cosmiques des variations de climat et de reprendre l'idée que les poussières volcaniques répandues dans la haute atmosphère diminuent l'intensité de la radiation solaire et, par suite, la température moyenne de la terre : cet effet, reconnu depuis 1750, époque des plus anciennes observations comparables, aurait toujours existé et interviendrait comme facteur important des changements climatériques passés ; par le même mécanisme, dans une succession irrégulière mais presque perpétuelle, le monde serait encore appelé à plus d'un changement de climat, que l'accumulation d'une faible cause pourrait rendre parfois désastreux.

Et, en effet, c'est ici le lieu de remarquer que les phénomènes géologiques n'impliquent pas nécessairement de grandes variations simultanées dans la température moyenne de *toute* la terre : beaucoup pourraient s'expliquer par de simples changements dans la position respective des terres et des mers; les différences ne semblent pas dépasser, ni même atteindre, celles qui existent actuellement entre deux points situés à la même latitude, par exemple les îles Féroë et la région d'Iakoutsk dans le centre de la Sibérie.

Enfin, le recours à l'intervention de phénomènes volcaniques comme ceux que nous venons de signaler n'est pas sans danger, car les manifestations actuelles de l'écorce terrestre ne paraissent pas présenter de caractère périodique et il est très aléatoire de supposer qu'il en fut autrement dans le passé. Sans doute, l'étude de tous les phénomènes géographiques offre le plus grand intérêt, mais, sur bien des points, on est conduit à penser à des manifestations sensiblement périodiques: c'est ce qui donna lieu aux passionnantes recherches des liaisons possibles entre les processus géographiques et l'activité solaire; mais les relations présumées de Grigull entre les taches solaires et l'activité volcanique ne peuvent encore être acceptées, et la plus grande prudence est nécessaire en matière de volcans ou de tremblements de terre en relation avec la géographie générale.

* *
*

Ainsi, jusqu'à présent, aucun phénomène astronomique, ou plutôt aucun phénomène mécanique à périodicité reconnue ne permet d'expliquer les alternances géologiques et, cependant, on persiste dans la conviction que le soleil, qui conditionne la météorologie terrestre, doit être une des clefs du mystère : les météorologistes restent généralement enclins à attribuer les climats géologiques au soleil lui-même, et la période glaciaire à la convergence de causes astronomiques.

L'étude de l'activité solaire garde donc une importance essentielle.

Mais, du point de vue astronomique pur, la question présente encore un autre aspect si l'on considère l'extrême complication et la variation certaine de l'activité solaire : c'est se demander si, effectivement, les variations de longue durée des divers ordres de phénomènes atmosphériques peuvent être rapportées à une seule et même cause et, en particulier, s'ils sont en corrélation immédiate avec les variations de l'activité des phénomènes solaires, dont les taches du soleil sont pour nous la manifestation la plus accessible.

A la suite d'études fort intéressantes, Arctowski considère comme probable que les variations géologiques des climats — tout en se manifestant, à certains moments de l'histoire du globe, en quelque sorte brusquement et causant, par cela même, de véritables révolutions dans les conditions de la vie à la surface de la croûte terrestre — ont été suivies par des évolutions progressives et lentes, par des suites d'oscillations : dans son esprit, les variations actuelles des climats se rattacheraient directement à celles des périodes glaciaires. S'il en est vraiment ainsi, l'intérêt des travaux actuels de climatologie serait grandement accru : l'étude de l'histoire des climats pourrait fournir de précieuses ressources pour la compréhension de l'histoire des glaciers ; et si, d'autre part, il est bien établi que les variations actuelles des climats accompagnent, ou suivent, des variations d'un même ordre de durée des phénomènes solaires, il deviendrait très probable que c'est à la même cause que doivent également être attribuées les variations des climats géologiques.

Ce mécanisme, lui non plus, ne saurait être unique et exclusif, et si, d'une part, l'on fait nécessairement état des radiations qui pénètrent dans notre atmosphère, si, d'autre part, et par analogie avec la physique terrestre, on admet qu'une cause minime mais constante peut entraîner des conséquences considérables et hors de proportion avec sa grandeur, il devient légitime d'étudier l'action que peut avoir le rayonnement stellaire. La physique a permis de mettre en évidence des rayonnements très divers, chimiques, lumineux, calorifiques, électriques, qui vont se comporter très différemment dans notre atmosphère, et il faut être assez prudent dans l'appréciation de leurs effets : il est certain, cependant, que la terre reçoit des étoiles une certaine quantité de chaleur rayonnée et qu'il faut tenir compte de ce que le rayonnement de tous ces astres s'exerce continuellement, jour et nuit.

Au point de vue lumineux, le rayonnement total de tous les astres ne paraît pas considérable puisque Newcomb l'estime à la trente et un millionième partie du rayonnement solaire : la plus grande partie du rayonnement thermique, tout aussi bien pour les étoiles, se trouve retenue par l'atmosphère, dont l'absorption est infiniment plus forte pour les radiations calorifiques que pour les radiations lumineuses ; la chaleur ne se trouve donc amenée qu'indirectement, par rayonnement et par conduction, jusque dans les couches inférieures de l'atmosphère et à la surface de la terre. Mais il faut être très réservé si l'on veut déduire le rayonnement thermique des étoiles de leur rayonnement lumineux : alors que notre soleil, jaune, a une température d'environ 6.500°, les récentes investigations spectrales ont permis d'estimer la température des étoiles, et les valeurs calculées varient entre 8.000° (pour les étoiles rouges) et 25.000° — et peut-être davantage — pour les étoiles type hélium ; puis, en dehors des étoiles normales dont les diamètres sont intermédiaires entre la moitié et le double de celui du soleil, on connaît des étoiles gigantesques ayant des dimensions de dix à cent fois supérieures à celles de notre soleil.

D'un côté, il est donc certain que la terre reçoit des étoiles une certaine quantité de chaleur rayonnée. De l'autre, c'est surtout parmi les étoiles d'hélium, si extraordinairement chaudes, que se trouvent les astres géants, et ces étoiles sont principalement rassemblées dans la voie lactée ou dans ses environs immédiats : par exemple, les 93 pour cent des étoiles d'hélium se rencontrent dans une région ne s'écartant pas de plus de 30° de cette zone. La conclusion s'impose : relativement, la voie lactée doit rayonner beaucoup plus de chaleur que le reste du ciel et, sur ces prémisses, Spitaler a basé une très originale et curieuse théorie des périodes glaciaires et interglaciaires de notre globe.

On sait que la voie lactée change de position par rapport aux pôles célestes, parce que ceux-ci décrivent en 26.000 ans un cercle de 23°5 autour du pôle de l'écliptique : la zone du ciel qui émet le plus de chaleur oscille donc alternativement de part et d'autre de l'équateur et ses directions extrêmes subissent des changements de position qui atteignent une amplitude de 47° ; et, par conséquent, ces variations de position déterminent évidemment des modifications dans le rayonnement calorifique que la voie lactée fait parvenir jusqu'à la terre. On peut soumettre le problème à l'analyse et calculer la distribution de la chaleur sur une terre tournant dans un anneau à rayonnement thermique, et d'inclinaison variable.

Il y a environ 6.500 ans, les pôles du ciel se trouvaient à la distance angulaire maximum de la voie lactée, et s'en rapprochent actuellement : coïncidence pour l'auteur, qui admet que le dernier minimum de glaciation s'est produit il y a environ 6.000 ans. S'il est vrai que les variations de position de la voie lactée déterminent les périodes glaciaires et interglaciaires, ces dernières doivent coïncider avec le plus grand éloignement entre les pôles de la terre et la voie lactée, ce qui résulte bien du calcul : les températures à proximité de l'équateur se trouvaient alors plus élevées, celles des régions voisines des pôles plus basses qu'elles ne le sont aujourd'hui ; puis, il y aurait une prédominance générale de glaciers, ou période glaciaire, lorsque les pôles s'approchent de la voie lactée parce que, alors, l'équateur se refroidit et les pôles s'échauffent.

Il est bon d'observer que cette théorie présente l'avantage d'offrir, sur certaines zones terrestres, la chaleur nécessaire à l'évaporation pour permettre, ailleurs, les accumulations des neiges et l'extension corrélative des glaciers : mais les stades doivent se présenter simultanément sur les deux hémisphères de la terre, ce qui ne paraît ni évident ni nécessaire. Enfin, d'accord avec l'année universelle de Platon, les périodes glaciaires et interglaciaires reviendraient à peu près tous les 26.000 ans : c'est ce que les théories développées jusqu'alors n'avaient pas pu expliquer, et l'auteur s'en réjouit sans songer que cette conclusion elle-même est fort téméraire ; aucun indice ne permet d'attribuer aux phénomènes glaciaires une périodicité aussi absolue, et cette périodicité même comporterait une égalité d'amplitude, d'intensité de glaciation, — ce qui est cette fois nettement en opposition avec les observations géologiques.

*
* *

D'Assier croyait un peu simplement aux variations de climat dans les périodes historiques ; il considérait que le refroidissement progressif expliquait convenablement l'apparition des glaciers circumpolaires, et leur retour périodique et alternatif se trouvait lié au déplacement séculaire du périhélie de l'orbite terrestre ; enfin, il pensait qu'après un demi-siècle d'efforts tout était *suffisamment élucidé* — tandis que, après un siècle de recherches, on ne possède pas encore un élément net et formel.

Les grands phénomènes glaciaires sont-ils périodiques ? puisque nous venons de voir que l'affirmative comporte de graves critiques. C'est cependant ce que pense J. Bertrand après une étude très détaillée du rythme des climats, où l'on trouvera une abondante bibliographie ; et cet auteur attribue nettement à l'astronomie la clef du mystère.

« C'est donc à l'astronome, dit-il, et non au géologue, qu'il revient d'étudier les causes déterminantes du climat du monde. Après lui, et recueillant le fruit de ses travaux, le météorologiste, le géologue, le paléontologue, le géographe scruteront le passé de notre terre pour en arriver à accorder les actions cosmiques et terrestres ».

Certes, dans ce sens, la cause astronomique est prépondérante, mais, comme nous venons de le voir, elle est bien insuffisante pour expliquer tout le mécanisme : depuis soixante-quinze ans, on s'efforce ainsi, en vain, d'élucider les variations de climat, et particulièrement les ères glaciaires ; on met à chaque fois en évidence la nécessité de connaître avec plus de précision la nature des radiations solaires et la façon dont elles sont reçues par la terre et, dans l'avenir, il faudra certainement beaucoup emprunter aux recherches du physicien.

CAUSES PHYSIQUES

Les progrès scientifiques permettent d'utiliser des éléments nouveaux et l'on a tendance, aujourd'hui, à revenir plus en détail sur des explications de nature physique. L'étude de l'atmosphère elle-même passe au premier plan et les découvertes de la géologie l'imposent. Il est certain, par exemple, que la grandeur des animaux capables de voler est limitée par la pression atmosphérique : or l'existence d'animaux de cette nature, plus beaucoup grands que ceux d'aujourd'hui, pendant le crétacé et le carbonifère, est bien une preuve que leur vol était favorisé par une densité beaucoup plus élevée qu'elle ne l'est aujourd'hui (Harlé). Et ceci conduit à étudier le rôle de notre atmosphère à un double point de vue : propriétés actuelles, et variation de composition dans le temps.

Il y a un siècle déjà, Fourier et Pouillet indiquaient que la température du sol s'élève plus que si l'air n'existait pas : jouant le rôle des vitres d'une couche de jardin, l'air formerait pour la chaleur une sorte de souricière, laissant passer la chaleur lumineuse du soleil, mais absorbant à peu près complètement la chaleur obscure émise par le sol. Dans son ensemble, il est digne de remarque que ce mécanisme est encore admis aujourd'hui et que c'est l'un des plus solides parmi les raisonnements sur lesquels on puisse s'appuyer : ce processus fut d'ailleurs exposé en détail et complété par des recherches ultérieures telles que celles de Carpenter, Aitken, etc.

Aussi bien, depuis lors, tous les physiciens, Marié-Davy, Desains, etc., insistent sur le rôle régulateur général de l'atmosphère, qui tend à augmenter la température terrestre ; Bureau recherche l'action combinée de la vapeur d'eau et de l'acide carbonique ; Sterry-Hunt se préoccupe déjà d'étudier la variation en teneur d'acide carbonique depuis les époques géologiques, mais commet une erreur manifeste en recourant pour ce gaz à une origine extra-terrestre. On approche l'appréciation quantitative de cet écran régulateur et l'on est frappé de son importance : ainsi, en plein soleil, la température de la terre est d'environ 15°, tandis que Langley la fixe à —200° si l'atmosphère n'existait pas ; cette atmosphère a donc un rôle régulateur essentiel dans la température superficielle, tout comme la vapeur d'eau selon Tyndall, de sorte que l'on ne peut comparer la terre avec la lune, où les mesures de Langley et de Véry indiquent des températures de 50 ou 100° vers la pleine lune.

Les gaz de l'atmosphère ont assurément un pouvoir absorbant sensible, mais Langley montre qu'en tenant compte des principaux, azote, oxygène, argon, vapeur d'eau et acide carbonique, il parvient encore à la surface du sol environ les soixante centièmes du rayonnement solaire. Mais les deux derniers gaz exercent une toute autre influence sur le rayonnement terrestre, composé de radiations de grande longueur d'onde et, par analogie avec ses mesures sur le rayonnement lunaire qui parvient à la terre, Langley conclut que l'atmosphère ne laisserait passer, au maximum, que trente-huit centièmes du rayonnement terrestre ; les inégales absorptions pour les rayonnements reçu et transmis comporteraient une élévation superficielle de température de 20° — et l'influence de l'absorption sélective de l'atmosphère signalée par Fourier et Pouillet paraît, ainsi, hors de doute.

W. Spring, à la suite de nombreuses analyses, avait déjà signalé le rôle très important que paraissait devoir jouer l'acide carbonique dans la climatologie générale, spécifiant que, comme la vapeur d'eau, il « retient aussi les rayons calorifiques et contribue puissamment à l'emmagasinage de la chaleur en un lieu donné ».

* * *

Il reste à savoir dans quelle mesure, au cours des temps, a pu varier la composition de l'atmosphère, soit en oxygène, soit en acide carbonique.

On connaît bien, à l'heure actuelle, les causes enrichissant l'air en acide carbonique et celles qui tendent à l'appauvrir en oxygène. Mais, d'autre part, avant la formation de la masse immense des calcaires que renferme l'écorce terrestre, l'anhydride carbonique qui s'y trouve fixé n'était-il pas répandu dans l'atmosphère ? Puis, les géologues considèrent comme certain que le carbone des charbons fossiles provient d'acide carbonique libre dans l'atmosphère, ou dissous dans les eaux de l'océan. On reste alors étonné des masses énormes d'acide carbonique qui, aux temps anciens, se trouvaient libérées dans l'atmosphère terrestre : et si tout cet acide carbonique a été présent *à la fois* dans l'atmosphère, celle-ci était *beaucoup* plus riche en acide carbonique qu'elle ne l'est aujourd'hui. Enfin, il est évident que la décomposition de l'acide carbonique par les végétaux a dû mettre en liberté une quantité d'oxygène correspondante à la quantité de carbone libre de tous nos dépôts de combustibles : et, par là, l'atmosphère devait s'enrichir très sensiblement en oxygène. C'est presque un problème de chimie que d'étudier toutes ces causes, agissant en sens inverses, pour savoir comment elles se compensent ou s'équilibrent, et à quel degré.

Arrhénius s'est demandé, notamment, si l'absorption sélective des éléments importants, acide carbonique, oxygène et vapeur d'eau, n'a pas varié avec le temps, et si cette circonstance ne suffirait pas à expliquer les variations séculaires de la température dont il nous reste des traces géologiques, par exemple la température plus élevée de l'époque tertiaire : si l'on montre que l'atmosphère était alors plus riche en acide carbonique, il ne serait pas nécessaire d'admettre des périodes de chaleur plus élevées que les chaleurs actuelles ; et nous venons de voir que les masses houillères et calcaires imposent précisément cette conclusion. Or une teneur de deux à trois fois plus élevée en acide carbonique entraînerait une élévation de température moyenne de 8° à 9°, suffisant pour légitimer la faune et la flore tertiaires. Alors, les éruptions volcaniques, insuffisantes par elles-mêmes, peuvent concourir à cette augmentation d'acide carbonique, et l'on peut y adjoindre le rôle de la vapeur d'eau, que précise Eckholm, mais sans admettre trop facilement, comme cet auteur, des variations du climat relatives à des périodes récentes très courtes.

Rien ne permet de supposer qu'il y ait eu variation dans la teneur de l'atmosphère en azote, ce gaz n'étant pas notablement absorbé par le sol. Pour l'oxygène, la situation est identique : si même les combustions actuelles en empruntent pour faire de l'acide carbonique, les végétaux se chargeront de la transformation inverse ; ainsi, les végétaux ont constitué le grand régulateur de l'appauvrissement de l'oxygène et, en y regardant de près, on ne voit aucune raison pour que, depuis la période éocène, la composition de l'air en azote et oxygène se soit modifiée, de sorte que la transparence de l'air pour les rayons solaires n'aurait pas subi de variation notable.

Les choses se passeraient tout autrement en ce qui concerne le rayonnement calorifique si l'on introduisait une certaine quantité d'acide carbonique dans l'atmosphère, issu par exemple des volcans : une partie se dissoudrait dans la mer. D'après les expériences de Schlœsing, et en vertu de phénomènes analogues à ceux de la dissociation, il y a un rapport nécessaire entre la quantité de bicarbonate de chaux dissous dans l'eau de mer et la proportion d'acide carbonique mélangé à l'atmosphère de sorte que, d'une émission volcanique, il resterait un sixième dans l'air, diminuant la déperdition de chaleur du sol sans influencer l'apport de chaleur solaire. L'équilibre antérieur serait rompu : sol et atmosphère s'échaufferaient, et le rayonnement augmenterait très rapidement selon la quatrième puissance de la température absolue (Stéfan), un nouvel état d'équilibre s'établirait bientôt, à une température un peu plus élevée que la première et comportant, elle aussi, une augmentation de la vapeur d'eau.

Les variations de température résultant d'un tel mécanisme seraient générales et de même sens sur tout le globe : l'effet serait maximum vers 25° de latitude, minimum aux pôles et à l'équateur — cet effet étant de vingt pour cent moins élevé sur mer que sur terre ; si l'acide carbonique augmente, toutes les différences de température diminuent, soit de l'hiver à l'été, soit du jour à la nuit. Sur les données expérimentales de Langley, Arrhénius calcule qu'une diminution de cinquante-sept pour cent dans la teneur en acide carbonique ramènerait la période glaciaire (baisse d'environ 4°5), tandis qu'une augmentation de 2,5 à 3 fois nous ramènerait au climat de l'époque éocène, avec un accroissement de température de 8 à 9° des régions arctiques...

Il resterait à expliquer comment, en des temps aussi courts géologiquement parlant, la proportion d'acide carbonique a pu subir des variations aussi importantes et, pour cela, il faut examiner le rôle des phénomènes *actuels* pour en apprécier l'ordre de grandeur. L'océan et les végétaux jouent le rôle de régulateurs de la masse d'acide carbonique ; cet acide est détruit par les phénomènes d'érosion ; il est accru par les phénomènes volcaniques et par la mise en liberté du gaz occlus dans des minéraux, désagrégés par ailleurs ; érosion et végétation sont d'autant plus actives que l'atmosphère est plus riche en acide carbonique. Enfin, les données météorologiques viennent encore compliquer légèrement le problème et montrer qu'il faut être très prudent pour conclure à partir des analyses de l'air, car celles qui ont été faites à Montsouris (Marié-Davy et Albert Lévy) révèlent que la proportion d'acide carbonique n'est pas constante, mais en correspondance directe avec le mode de circulation de l'atmosphère (1).

Ainsi, il y a plus de cinquante ans, les géologues ont été conduits à

----

(1) On pourra se reporter à d'intéressants articles de Stanislas Meunier sur les origines de l'acide carbonique et les variations de teneur de l'atmosphère.

supposer que le climat chaud et uniforme de certaines périodes géologiques était dû à la présence dans l'atmosphère d'une grande quantité d'acide carbonique, hypothèse qui ne reposait guère alors que sur des considérations d'ordre physique, ou d'ordre mécanique quand on voulait faire descendre les oiseaux des reptiles, entraînés dans les grands courants d'une atmosphère très dense et contraints à lutter par adaptation contre des vents violents : on supposait alors au gaz carbonique de très fortes pressions, inadmissibles il faut le reconnaître aujourd'hui. Peut-on même admettre de très grandes variations dans les proportions de l'acide carbonique atmosphérique ? alors que l'océan qui, en dissolution et à l'état de bicarbonates, en renferme dix-huit fois plus que l'atmosphère, interviendra constamment comme régulateur ; alors que les puits forés, les sources chaudes, les volcans, en émettent régulièrement des quantités considérables.

Si l'on s'en tenait à la théorie d'Arrhénius, l'acide carbonique tendrait à adoucir le climat, et surtout à le régulariser en atténuant les contrastes entre les diverses saisons. Or telle n'est pas l'impression d'Eckholm lorsqu'il étudie les températures de la Suède, leur distribution régulière et leurs variations : il tend plutôt à rechercher les origines climatiques dans le régime du Gulf-Stream, puis dans l'état de l'insolation et, en définitive, dans le cycle des taches solaires — nous écartant du point de vue présent vers des sujets que nous aurons à envisager bientôt.

*
* *

Admettons, cependant, que tous ces phénomènes se compensent dans la période historique, puisque depuis lors il n'y eut certainement pas de variation de température notable.

Certainement, il n'en saurait être de même aujourd'hui : en effet, au siècle dernier, la combustion artificielle du charbon a détruit l'équilibre d'autant plus que la consommation du charbon s'est accrue dans des proportions fantastiques : Van Hise (cf. *Scient. Amer.*) en a conclu, dès 1904, à l'élévation de la température du globe. Actuellement, on brûle par an plus d'un milliard de tonnes de charbon, d'où environ six milliards de tonnes d'acide carbonique : en dix siècles pareils, l'homme produirait une quantité d'acide carbonique égale à celle que renferme l'atmosphère ; à cause de l'absorption de l'océan, il faudrait trois mille ans pour augmenter la teneur de l'atmosphère de cinquante pour cent — et, par suite, la température de quatre à cinq degrés.

Allons-nous revenir au climat éocène ? question qui en soulève d'autres: la consommation foudroyante du charbon depuis 1900 va-t-elle s'accroître encore ? en aura-t-on toujours ? les autres forces motrices ne pourront-elles suppléer à cette combustion barbare comme moyen d'utilisation des ressources de la houille ?.. et qui consiste surtout à chauffer la brise qui passe...

Quoi qu'il en soit, la consommation actuelle du charbon entraînerait donc une élévation de température de 0°001 par an, affaiblie par les phénomènes d'érosion et de végétation ; et cette consommation croissante, s'attaquant à tous les dépôts, houille et tourbe, nous entraînerait vers une période plus chaude, plus favorable aux êtres vivants.

Si l'homme a une action en si peu de temps en vertu d'un tel mécanisme; que dire d'une légère modification au régime des volcans au cours de périodes qui se comptent par milliers de siècles ! On trouvera encore, là, une origine très suffisante pour les variations de l'acide carbonique et, par conséquent, pour les changements de température que nous révèle la géologie.

Dans cet ordre d'idées, et à la suite de lord Kelvin, Stevenson s'est demandé quelle est la quantité totale des combustibles carbonés contenus dans l'écorce du globe, et quel rapport il peut y avoir entre la masse d'oxygène correspondante et celle qui existe effectivement, à l'heure actuelle, dans notre atmosphère. Déjà, on peut remarquer que l'incomplète oxydation des roches primitives est difficilement compatible avec l'existence d'une atmosphère aussi riche en oxygène que la nôtre ; les météorites, avec des densités analogues à la nôtre et des orbites voisines, viennent confirmer ce point de vue, puisqu'elles ne renferment pas d'oxygène dans les gaz occlus et sont aussi formées de matières très incomplètement oxydées. Les calculs de Stevenson sont très concordants et il n'est pas absurde d'imaginer qu'à l'époque où se sont formés les plus anciens sédiments l'atmosphère terrestre ne renfermerait pas, ou renfermerait très peu d'oxygène, et que la provision actuelle de ce gaz emmagasiné dans l'atmosphère provient uniquement de l'action du soleil sur les parties vertes des anciens végétaux, dont la décomposition a produit la houille et les autres dépôts combustibles : ce processus serait un peu restrictif, mais ne condamne nullement le grand rôle régulateur de l'acide carbonique.

On paraît bien approcher ainsi de la solution, surtout par la combinaison de tels effets avec les causes astronomiques réelles, mais il ne faut pas non plus se fier aveuglément à des théories aussi simples que séduisantes, car les idées des météorologistes ont bien évolué, dans ces dernières années, au sujet des échanges thermiques entre le sol et l'atmosphère. Sans doute on continue de penser, par exemple, que la vapeur d'eau joue le rôle d'un manteau sur la terre et tempère grandement son refroidissement par radiation ; mais Teisserenc de Bort disait déjà : « On voit combien nous sommes loin de cette idée très répandue que les variations de température de l'air sont dues presque exclusivement à l'effet du sol : à côté de l'influence évidente de l'échauffement et du rayonnement de la surface terrestre, il existe toute une autre série de causes de variations dans la température de l'air qui se rattache aux phénomènes thermodynamiques ». Dechevrens a également montré que la radiation terrestre est fort loin d'être la cause unique — peut-être même pas la principale — du refroidissement de l'air par ciel découvert : il est indispensable de recourir à la dispersion des vents et à des actions dynamiques qui se font sentir jusqu'à une altitude de cinq mille mètres ; la radiation ne ferait alors qu'ajouter son action refroidissante à l'effet prépondérant et normal de la divergence des courants.

Il faut donc tenir compte des grandes lois de la météorologie, mais hélas ! déjà, celles de la circulation atmosphérique actuelle sont si peu connues...

CAUSES GÉOGRAPHIQUES

Nous venons de voir que nos connaissances astronomiques sont encore trop incomplètes pour expliquer toutes les circonstances des formations glaciaires successives : elles apportent, cependant, de précieuses indications dont il faut tenir compte, même si les causes cosmiques sont à elles seules insuffisantes. Le physicien vient un peu compléter l'idée que nous pouvons nous former sur le phénomène, en nous précisant la façon variable dont nous sont parvenues les radiations solaires : mais l'astronome le laisse dans le domaine de l'hypothèse pure en ce qui concerne la nature et l'intensité de cette radiation à des époques aussi reculées.

Mais lorsque l'astronome et le physicien se sentent impuissants, seuls, lorsqu'ils font appel au concours du géographe, de *quelle* géographie peut-il être question, sinon d'une branche des sciences ? Le géographe ne peut plus, avec Châteaubriand et Laffitte (1), s'enthousiasmer des projets d'un Sanis pour créer, sous le nom de géorama ou géoplaste, un grand plan en relief de l'Europe : c'est matière à réflexion que de songer qu'il s'agit là d'amusements enfantins et presque contemporains...

Et si l'on doit abandonner l'idée des grands cataclysmes de Cuvier, si les volcans eux-mêmes ne paraissent intervenir que comme des causes de second ordre, du moins leur action n'est pas contestable et fait songer à tout un groupe possible de causes mécaniques, pour ainsi dire, qui donnent au problème un aspect géographique : quelques exemples montreront plus clairement l'influence possible de ces causes, passagères ou continues, dont les effets vont en s'accumulant constamment.

---

(1) Cf : Abbé Moigno, *Cosmo.*, t. I, p. 14.

En premier lieu, il faudrait connaître le régime des courants de toutes natures, aériens ou marins, et les cycles possibles de leurs variations ou de leur évolution progressive.

Les courants aériens interviennent par leur action d'échange, de brassage, de dispersion jusque dans des couches élevées de l'atmosphère : s'ils ne sont pas constants, il en résulte d'importantes modifications dans le régime des zones d'évaporation et de condensation. Puis leurs effets sont indéniables sur les transformations mêmes de la surface, comme on le voit par la constitution des dunes, soit dans la position même du bord de la mer, soit dans les zones désertiques : agissant toujours dans une direction déterminée sur la surface d'une nappe d'eau, le vent pourra provoquer un mouvement d'érosion sur les rives ; dans certaines circonstances, son intensité peut être suffisante pour imprimer à toute une région une transformation et un caractère particuliers ; et ainsi, par cette double action, érosion et dunes, les vents dominants peuvent réagir sur le relief général et donner au sol une physionomie caractéristique (Baer, cf. : J. Girard, 1897).

C'est là une action mécanique, action de transport, d'abord, dont les conséquences viendront converger, et les érosions dites éoliennes ne sauraient être négligées au point de vue géologique. Il y a longtemps déjà, Schrader (1878) voulait expliquer les lois de transport des neiges par les vents dominants, par analogie à celles qui régissent les mouvements des dunes de sable : c'est une idée fort intéressante pour le mécanisme de l'alimentation des glaciers et dont on n'a peut-être pas encore tiré tout le parti possible pour l'intime liaison entre la météorologie et les études glaciaires.

Le vent peut produire des effets variés en sculptant pour ainsi dire la surface du sol, en transportant les sables et s'en servant comme d'émeri pour arriver à creuser les roches les plus dures, comme on a pu en citer de remarquables exemples au cañon de San Gorgonio en Californie ; et c'est ainsi que, récemment, E. F. Gautier explique l'aggravation de la sécheresse dans le Sahara, par un processus purement mécanique d'accumulation des sables dans la région des grands oueds Saoura et Messaoud.

* * *

Les courants marins n'ont pas une moindre importance en climatologie et nous verrons bientôt comment l'homme moderne s'est préoccupé de les utiliser, en les déviant au besoin.

Et, tout d'abord, que savons-nous de leur origine et de leur régime ? Fort peu de chose, il faut l'avouer. S'appuyant sur des considérations mécaniques fort ingénieuses, Mühry (1874) voulut introduire l'action de la vitesse de rotation terrestre comme élément fondamental dans le jeu des courants : sans doute, l'action irrégulière de cette rotation sur les masses liquides, soit équatoriales, soit polaires, fournit quelques explications plausibles, mais il ne paraît pas possible de supposer que, sur un tel système d'ensemble, l'on puisse établir de toutes pièces le régime des courants d'une façon satisfaisante. Parmi les causes mécaniques, on eut encore recours à l'action de frottement des vents dominants pour expliquer la circulation dans les océans ; puis on introduisit le rôle d'actions physiques, telles que l'échauffement de la surface dans les régions tropicales et son refroidissement autour du pôle.

Etudiant l'influence de la fusion de la glace sur la circulation océanique, Pettersson (1904) indique une autre cause encore, la plus puissante de toutes peut-être : l'eau de fusion fournit un courant de surface, froid et peu salé, comme le courant polaire ; mais, et surtout, il y a un cycle thermodynamique important de chaleur latente, consistant dans la formation de la glace dans les régions polaires et sa fusion dans les latitudes plus basses. La fusion libère, précisément, une énergie considérable avec laquelle l'auteur explique ingénieusement divers mécanismes, et notamment ce fait que certains courants ont une vitesse croissante avec la profondeur — à l'inverse de ce qui devrait se produire si l'action prédominante était celle du vent.

Quoi qu'il en soit de leur origine, les courants marins sont aussi de puissants facteurs d'échanges et, ne serait-ce que par la modification de teneur saline, ils interviennent certainement sur l'évolution biologique des espèces. A un autre point de vue, Hildebrandsson a démontré que la température de la mer au Cap-Nord exerce une influence sur la température qui règne sur les terres du cercle polaire et de l'Atlantique Nord ; dans une excellente étude relative au Sud-Est de l'Islande et au Groenland, Hahn a mis en évidence l'influence profonde exercée sur le climat d'un pays par la température de la mer qui le baigne ; Masqueray a heureusement étudié l'action du Gulf-Stream sur la température des mers du Nord ; Pettersson a prouvé que des variations de deux à trois degrés dans la température de la mer suffisent pour déterminer des variations considérables de la température sur de vastes étendues : on doit donc, avec Bouquet de la Grye, entrevoir la possibilité d'utiliser la température de la mer pour la prédiction à longue échéance des perturbations dans la situation climatologique d'une région.

Ainsi, les océans jouent un rôle essentiel dans la climatologie générale. Pour expliquer les variations de température en Suède, Eckholm montre que l'affaiblissement du Gulf-Stream amène les hivers rigoureux bien que, situation étrange, l'état de ce courant soit sans influence sur la température des étés ! Mais il y a plus encore. L'action des mers dépend de l'apport des rivières (1), apport considérable et dont il faut tenir compte à un double point de vue : celui, d'une part, des sels dissous qui interviennent dans le rôle régulateur des eaux (v. ci-dessus, p. 62) ; et, d'autre part, la quantité considérable de matière organique qui, accaparée par la matière vivante, joue un rôle capital dans la vie marine.

Enfin, nous allons voir (p. 76) que les océans interviennent encore à un tout autre point de vue, parce qu'ils rayonnent beaucoup plus de chaleur que les zones continentales, collaborent puissamment au refroidissement de la terre, ce qui nous ramène une fois de plus aux causes astronomiques et physiques...

Hélas ! nous tournons quelque peu comme des écureuils, *autour* de la vérité.

Tout à l'heure le physicien nous disait : « Certes, j'expliquerais bien des choses si l'astronome me renseignait sur l'état de la radiation solaire aux temps géologiques ». Maintenant, le géographe, l'hydrographe nous en promettent autant si le météorologiste veut bien les informer sur la climatologie polaire — la seule, précisément, sur laquelle nous n'avons à peu près aucun renseignement précis.

La météorologie des pôles est importante, capitale si l'on veut : soit. L'étude de la distribution des banquises fournirait de précieux renseignements : d'accord. On a prévu depuis longtemps qu'il était indispensable d'organiser un bon réseau météorologique pour parvenir à la connaissance du régime polaire (notamment Wilczek et Weyprecht): c'est parfait. Depuis 1890, le service météorologique danois publie régulièrement un rapport sur l'état des glaces pendant l'été précédent : on en doit attendre d'importantes conséquences scientifiques et cet exemple peut être généralisé. Oui, bien. Nous allons constamment, par la suite, ressentir le besoin essentiel de la connaissance des phénomènes autour du pôle, mais... on ne les connaît pas.

---

(1) Cf : Vernadsky, *Rev. gén. des Sc.*, 30 janv. 1924.

* * *

Parmi les considérations physiques et météorologiques qu'il est donc indispensable de relier aux causes astronomiques, il ne faut pas oublier que la quantité de glace ou de neige fondue n'est pas du tout proportionnelle à la quantité de chaleur reçue, car la chaleur reçue par la neige peut être rayonnée et perdue avant d'avoir eu le temps de produire ses effets : c'est ainsi que, pour la formation des immenses glaciers du Groënland, il n'est pas nécessaire d'avoir recours à des quantités de neige considérables (il y pleut moins que dans les régions les plus sèches de l'Angleterre), mais l'air est généralement sec, et la neige, dans des conditions où sa fusion est impossible, se trouve réduite à s'accumuler sans cesse.

Mais, ici encore, l'explication n'est pas absolue et générale, le mécanisme invoqué n'est pas nécessaire : l'atmosphère, sur le glacier Groënlandais, n'est pas toujours aussi sèche qu'on a bien voulu le dire et, lors de sa traversée (septembre 1888), Nansen y a noté une humidité relative qu'il évalue supérieure à quatre-vingt-dix pour cent ! L'accumulation des névés de l'inlandsis groënlandaise semble surtout en rapport avec le manque d'un été digne de ce nom : température de la saison chaude aux abords, ou au-dessous, de zéro, comme il arrive dans la région antarctique.

Imaginons donc, si l'on veut, que l'hémisphère nord ait une longue suite d'hivers très rigoureux : la vapeur d'eau se transforme en neige, qui s'accumule en glace, et d'intenses brouillards peuvent en même temps intercepter le rayonnement solaire pour empêcher la fusion. Les phénomènes inverses auront lieu au sud. Le régime des alizés peut être modifié et les eaux chaudes intertropicales être chassées de préférence vers l'hémisphère sud. Enfin, des courants chauds tels que le Gulf-Stream peuvent avoir un apport moindre, et l'on s'imagine rapidement l'importance d'un tel mécanisme : on peut calculer que la chaleur transportée par ce courant équivaut au quart de toute la chaleur reçue par l'atlantique nord, du tropique du Cancer au cercle polaire — et ce courant n'est pas le seul.

On comprend mieux, par la variabilité de ces causes physiques mises en jeu par l'excentricité, les écarts considérables entre les deux hémisphères (1) : dans les Andes, à la latitude des Pyrénées la limite des neiges éter-

---

(1) Hennessy prétend que, contrairement à l'opinion courante, l'hémisphère boréal n'est pas plus chaud, en moyenne, que l'hémisphère austral — mais il semble nettement faire erreur.

nelles est à 2.000 mètres, à la latitude de la Suisse, des montagnes de 2.000 mètres donnent naissance à d'immenses glaciers qui descendent jusqu'à la mer, à une latitude inférieure à celle d'Edimbourg ces courants de glace sont si puissants qu'ils donnent lieu à des icebergs.

Parmi les auteurs qui invoquent presque exclusivement les causes météorologiques, nous devons encore dire comment Manson croit surtout à l'influence d'une atmosphère aqueuse particulièrement dense qui a dû envelopper la terre dans les premiers temps : au début, deux sources actives de chaleur, la chaleur de la terre qui contrôle la température superficielle, pourvoit à l'évaporation et aux courants de convection de l'atmosphère ; la chaleur solaire, qui entretient la chaleur planétaire en réchauffant l'atmosphère supérieure et les nuages, sans influencer directement la température à la surface. Il en résulte un abaissement progressif de la température superficielle, la calotte de nuages étant réduite au minimum par un refroidissement plus lent sur les océans que sur les terres : alors la radiation solaire peut atteindre la surface terrestre, réduire les glaciers et procéder à l'extension de la vie.

Tout ce mécanisme, assez élégamment exposé, est cependant beaucoup trop exclusif des causes astronomiques.

*
* *

Du reste, si brillamment qu'elles soient développées, toutes ces idées ne sont pas entièrement neuves : elles trouvent leur origine dans les conceptions primitives de Croll qui, à côté des éléments astronomiques proprement dits, n'avait pas manqué d'appeler l'attention sur les *facteurs géographiques.*

Et, sans avoir à nous étendre à cet égard, nous citerons un seul fait pour montrer l'importance que peuvent acquérir de simples incidents de surface. Les lacs sont de puissants régulateurs de climat et l'on est loin d'avoir tiré tout le parti scientifique de l'étude des variations annuelles de leurs températures. Déjà, l'on sait comment ils adoucissent l'automne et l'hiver en restituant à leur vallée la plus grande partie de la chaleur qu'ils ont emprisonnée en été sous l'effet des rayons du soleil : Forel a calculé que, pendant l'été de 1889, le lac de Genève avait accumulé ainsi une quantité de chaleur équivalente à celle que produiraient trente et un millions de tonnes de houille ! — chargement d'un train de dix-huit mille kilomètres, presque de l'un à l'autre pôle le long d'un méridien...

La théorie générale de Croll fut accueillie dès le début avec une grande faveur, et soutenue par Adhémar ; mais L. de Marchi fit un exposé critique de toutes les théories émises, montrant qu'aucune d'elles ne résistait à un examen approfondi et n'apportait de solution acceptable pour un problème aussi difficile.

Nous avons bien vu que le volcanisme était impuissant à tout expliquer dans une théorie physique, mais que son action pouvait se faire sentir par des modifications sur la nature de l'atmosphère. Il y a plus : le volcan appelle notre attention sur la masse interne, ses déplacements possibles, et par suite sur les transformations ou ruptures d'équilibre — élément soit mécanique, soit géographique par ses conséquences, selon la façon de l'envisager, mais dont il est impossible de ne pas tenir compte. Mais les conditions d'équilibre peuvent être modifiées aussi à la surface de la terre, comme nous l'avons signalé dans l'action des courants aériens ou marins.

Ainsi, divers témoignages concordent pour établir que l'on assiste, depuis quelque temps, à un réchauffement des régions arctiques : les conditions actuelles ont révélé une modification profonde dans ces régions depuis les observations faites en 1868 par le capitaine Martin Ingebrigtsen (cf. notamment Ifft) et nombre de caractères physiques se trouvent complètement modifiés : en de nombreux points, les glaciers, qui autrefois s'avançaient très loin dans la mer, ont complètement disparu ; là où jadis se rencontraient de grandes masses de glace, on ne trouve plus que des moraines avec accumulations de terre et de pierres, ce qui a provoqué d'importantes modifications de la flore et surtout de la faune.

Le problème ainsi envisagé serait une double question d'équilibre de masses en rotation, internes et externes. Examinant au moins une partie de ce problème dans une théorie toute récente, W. Köppen imagine que les changements de climat des temps géologiques peuvent être attribués à une cause *unique*, aussi simple que celle des variations de latitude qui résultent des déplacements de l'axe de rotation de la terre : cause mécanique ayant son origine dans des différences d'inertie entre les masses continentales en rotation, et qui dépendent de leurs différences de volume et de densité.

On peut, au reste, adjoindre plusieurs causes géographiques simultanément et, si l'on suppose que des modifications dans le régime et la structure des régions polaires viennent réagir sur le circuit et le débit de courants aussi importants que le Gulf-Stream, si l'on y ajoute l'influence de quelques mouvements orogéniques du Nord de l'Europe, on peut, avec Carret, expliquer toute une série de variations climatiques ; tout récemment, Négris attribue aussi l'invasion des glaciers, puis leur recul, à des mouvements épirogéniques et trouve diverses confirmations de sa théorie dans l'explication des périodes glaciaires. Précédemment, Grégoire avait fait une hypothèse intéressante — mais insuffisante aussi — pour expliquer les périodes glaciaires : il partait encore des seuls mouvements orogéniques, en insistant sur une de leurs conséquences, à savoir une perturbation de la distribution thermique dans l'écorce terrestre.

*
* *

Mais les mouvements de l'écorce terrestre mériteraient, seuls, une étude plus détaillée.

L'écorce terrestre est soumise à des secousses violentes, comme celles qui résultent des éruptions volcaniques et des tremblements de terre : mais, si l'incident nous frappe par son ampleur, par ses conséquences tragiques, ce n'est là qu'un spasme exceptionnel, irrégulier. La croûte éprouve aussi des mouvements très lents(1), tellement inappréciables qu'ils ne peuvent souvent être constatés que par plusieurs générations successives d'observateurs.

Et les conséquences en sont d'autant plus difficiles à saisir que ces constatations n'ont un caractère de vraisemblance que sur le bord de la mer, parce que l'on possède à côté un repaire unique pour sa régularité : le niveau de la mer. Aussi, à cet égard, les études ne manquent pas et il nous serait impossible d'en citer une fraction importante. Parmi ceux, du moins, qui se sont efforcés de relier leurs recherches à des considérations générales, on peut mentionner les efforts de Lenthéric (1877) pour étudier les actions diverses qui interviennent dans les variations des côtes ; les recherches très discutées de Desjardins (1879) sur le littoral de la Gaule à l'époque romaine, et dont Vidal-Lablache n'admet pas les conclusions sans les plus expresses réserves ; Jules Girard (1881), d'après la tradition, les documents historiques et la topographie, s'est également appliqué à la reconstitution partielle des côtes telles qu'elles existaient à l'époque romaine, ce qui lui permet d'établir avec quelque certitude les relais et empiètements de la mer sur un grand nombre de points.

Mais l'époque romaine est si proche de nous !

Il serait, par contre, bien difficile de rattacher une observation faite dans l'intérieur des terres à un plan de nivellement qui fut en rapport avec

------

(1) Voir plus loin, aux tremblements de terre et action de la Lune, pour les mouvements qui nous sont *actuellement* perceptibles.

la dépression ou l'élévation de la surface de la terre (cf. J. Girard) : en 1886, dans ses recherches sur l'instabilité des continents et du niveau des mers, cet auteur fait ressortir les alternatives d'élévation et d'abaissement en vue de trouver une explication pour la formation des roches et la superposition sédimentaire.

Ici, assurément, on va surtout se trouver en présence d'une série de témoignages locaux : si la mer a gagné, en envahissant les terres, on notera des traces d'enfoncement ; dans le cas contraire, on rencontrera des coquillages marins dans la terre ou sur les roches. Mais la base chronologique manque et il avait paru jusqu'alors fort malaisé de relier toutes ces indications par une théorie générale.

Barrois avait bien observé, pendant l'époque quaternaire, toute une série de mouvements du sol en Bretagne, deux périodes continentales de soulèvement alternant avec deux périodes de submersion ou d'affaissement. Puis les observations se multiplient et c'est par des causes analogues, purement géographiques, et se ramenant à des oscillations de la terre et de la mer que les géologues scandinaves (Gunnar Andersson, de Geer) expliquent les changements de climat quaternaire dans la région baltique et fennoscandienne : élargissement et rétrécissement alternatifs de la région baltique, pénétration facile des eaux chaudes atlantiques et des eaux froides arctiques. Au reste, plus généralement, une école importante (Warren Upham, James Geikie, Haug, etc.) s'est développée d'après laquelle les paroxysmes glaciaires, *à toutes les époques*, s'expliqueraient simplement par des soulèvements des masses continentales, compliquées d'oscillations de haut en bas et de bas en haut : d'où la possibilité d'expliquer une grande ère glaciaire par des mouvements du sol qui auraient considérablement exagéré le relief.

*
* *

Mais tous ces mouvements de l'écorce sont envisagés ici en eux-mêmes, et sans la moindre tentative pour en déceler l'origine mécanique : il serait pourtant essentiel, si l'on veut poursuivre, d'avoir une idée de la profondeur à laquelle ils font encore sentir leur action. L'hypothèse newtonienne sur le renflement équatorial de la terre par suite de la fluidité primitive reste-t-elle, elle-même, indispensable ? Bischof (1868) ne le pense pas et, par l'application constante d'une petite cause, il déduit les lois générales de la circulation de l'effet même de l'aplatissement : quelle que soit la valeur, douteuse, de sa théorie, il faut dire qu'en étudiant la profondeur des mers il en conclut que le fond est sensiblement sphérique, conséquence qui paraîtra fort aventurée en comparaison des notions expérimentales modernes dont il nous reste à dire quelques mots.

En effet, l'étude des déviations de la verticale et celle des anomalies de la pesanteur ont fait imaginer qu'il existe, vers cent kilomètres au-dessous de la surface géographique de la terre, une couche concentrique à l'ellipsoïde dont tous les éléments supportent la même pression du fait des roches superposées : il y aurait donc la même masse de matière dans tout cylindre droit ayant sa base sur cette couche pour venir déboucher à l'air libre, en sorte qu'il y aurait compression et accumulation de masse au fond des océans, tandis que les montagnes auraient en quelque sorte aspiré leur masse des masses sous-jacentes. Cette théorie de l'isostasie, dont on trouve l'origine dans les travaux de Pratt (1859), fut brillamment développée par Hayford et Bowie : ce dernier fixe à quatre-vingt-seize kilomètres la profondeur de la couche de compensation, et toutes les discussions de ces problèmes sont du plus haut intérêt.

Ainsi, l'on a recours à toutes les hypothèses possibles : mouvements progressifs de l'écorce, modification des échanges d'une à l'autre région par la variation des courants, changements dans la répartition des masses, externes et internes, avec une influence sur la rotation et la direction de l'axe terrestre, etc., et Lallemand, dans une étude très soigneuse, n'a pas craint d'employer l'expression imagée de *respiration de la Terre* pour représenter les marées de l'écorce terrestre sous la double influence du soleil et de la lune.

Si les phénomènes de sédimentation sont impuissants à nous fixer sur l'unité de temps géologique (v. ci-dessus, p. 21), ils gardent cependant toute leur importance au point de vue qui nous occupe : la stratification, en effet, témoigne des variations de sédimentation, variations imputables aux modifications climatériques ou aux mouvements de l'écorce ; et les aires marines, déjà si essentielles pour l'histoire de la terre par leur composition (v. ci-dessus, pp. 63 et 68), interviennent dans le refroidissement du globe, qui se produit surtout par leur intermédiaire si l'on considère les continents comme formant un manteau protecteur contre le refroidissement des masses sous-jacentes. Nous verrons, lors des conclusions, comment le géologue anglais Joly interprète les phénomènes radioactifs pour conclure aux millions d'années qu'exigent les divers mouvements de l'écorce : mais nous devons dire dès à présent que, lui aussi, et en plein accord avec la théorie isostatique, admet toute une série de bouleversements, élévations et affaissements des continents, évoquant nettement pour l'histoire du globe un rythme périodique que l'image de Lallemand représente si bien.

En résumé, partis d'une rigidité absolue de l'écorce terrestre, les géologues sont obligés de composer peu à peu. Ils envisagent bientôt les aires d'ancienne consolidation, affectées de réseaux de fractures très complexes, en n'introduisant comme causes que des déplacements verticaux ; puis des refoulements latéraux amèneront le plissement des dépôts ; enfin, avec Marcel Bertrand, Lugeon, Termier, etc., on voit croître encore l'importance des mouvements tangentiels pour la formation des nappes de charriage et la genèse des chaînes de montagne.

Et de la sorte, une fois de plus, nous revenons pour ainsi diré au point de départ : périodes uniformes ou de tranquillité relative, ères de bouleversements ou de variations subites ou rapides, et retour des mêmes cycles — c'est-à-dire, en bref, tout ce qu'il faut pour légitimer partiellement les cataclysmes comme ceux qu'envisageait Cuvier (v. ci-dessus, pp. 10 et 35). Les mots ont changé, certes ; les nouvelles hypothèses sont plus précises, et furent fécondes — mais connaissons-nous bien davantage le détail du mécanisme ?...

*
* *

Mais tout ceci n'est rien encore devant l'audace de la plus récente théorie géologique destinée à expliquer la formation et la répartition des terres, théorie connue maintenant sous le nom de *la dérive des continents*.

Cette idée n'est pas venue brutalement et, pour mieux en comprendre la genèse et la portée, on nous permettra de revenir un peu en arrière sur quelques-uns des points déjà étudiés.

Examinons les continents : leur densité moyenne est inférieure à la densité moyenne de la terre. On peut donc supposer que, dans l'hypothèse de la fluidité primitive, avec refroidissement par la surface, les parties lourdes sont restées dans le fond tandis que les parties légères ont émergé. En se refroidissant, en se solidifiant, les continents ont constitué des sortes de banquises flottant sur une masse visqueuse ; après quoi le fond, qui devait constituer les fonds marins, commence à durcir ; mais les fragments de cette banquise terrestre, par suite de leur inertie et de la rotation de la terre, peuvent encore se séparer, s'éloigner les uns des autres, produisant sur le fond des mers voisines des fractures et des lignes de compression.

Les continents, jadis voisins, peuvent-ils donc se trouver aujourd'hui éloignés ? L'idée est tentante, donc elle est vieille, parce qu'elle explique si simplement les analogies des faunes et des flores ! Dans son ensemble, elle peut être revendiquée comme une idée française car, dès 1859, Snider-Pellegrini en publie des détails assez précis avec des cartes explicites.

Mais l'idée est choquante et, surtout, répugne à trop d'idées philosophiques, au point qu'un géologue par ailleurs fort avancé comme Delesse (1870) croit encore « devoir faire quelques réserves sur la facilité avec laquelle certaines personnes réunissent ou bien séparent les continents, uniquement dans le but de donner une explication plus ou moins plausible de la répartition actuelle des races humaines ».

L'idée continue de germer. En 1875, Habenicht considère trois périodes dans l'histoire du globe. La période des calottes de glace, qui ont pris naissance aux pôles par suite de leur refroidissement — explication aujourd'hui trop simple et tout à fait insuffisante. La période des bombements et des éruptions, divisée elle-même en trois époques. Enfin, la période de réaction, avec trois époques également : dans la première, l'ancien et le nouveau mondes se séparent, car leur écartement était bien moindre que maintenant ; dans la seconde, encore une époque de séparation ; etc. Ainsi, il n'hésite pas à faire dériver les continents.

Cette hypothèse va dormir longtemps, car deux problèmes essentiels vont retenir l'attention des géologues : le problème glaciaire et celui de la formation des réseaux de montagne. Mais on la retrouve bien souvent, elle s'impose par ses conséquences : par exemple, les concordances si étroites et si nombreuses entre la faune brésilienne et la faune africaine apportent un argument de plus en faveur de la notion d'un continent africano-brésilien, de sorte que Lemoine (1909) conclut que « l'effondrement du continent africano-brésilien est antérieur au crétacé ».

Le fait que nous venons de choisir est caractéristique, et nous l'indiquons surtout à cause de l'ancienneté des époques géologiques auxquelles il oblige à recourir. En effet, nous avons dit que l'attention des géologues avait été longuement détournée du mécanisme général par le problème glaciaire, lorsque l'on eut démontré que, dans l'hémisphère boréal, les glaces avaient couvert une surface de plus de vingt millions de kilomètres carrés, soit la septième partie de la surface des continents : car, si passionnante que soit cette question, elle se rapporte à une époque très, trop voisine de la nôtre.

De Lapparent (1898 et 1894) s'attache longuement à cette liaison entre le problème géologique et ses conséquences météorologiques ou géographiques. L'examen des cartes des anciens glaciers lui montre que le terrain erratique, déposé par eux, occupe une sorte de demi-cercle dont le centre est dans l'Atlantique ; que la limite de ce terrain est formée par une courbe qui, en Amérique, va des mers polaires à New-York sans toucher les Montagnes Rocheuses et, en Europe, remonte de Kiew et de Moscou à la mer Glaciale sans atteindre le pied de l'Oural, de sorte que l'immense territoire de la Sibérie est complètement exempt de cette couverture erratique, et cela même au voisinage du Pacifique.

Ainsi, le phénomène est absolument coordonné autour de l'axe de l'Atlantique nord : c'est donc dans l'histoire ancienne de cet océan qu'il convient de chercher s'il ne s'est point passé quelque fait qui ait pu accroître considérablement les chutes de pluie et de neige, et par suite faire naître de grands glaciers dans les latitudes froides de notre hémisphère. La géologie est-elle aujourd'hui assez avancée pour permettre de reconstituer, dans ses grands traits, l'histoire de l'Atlantique ? de Lapparent était pour l'affirmative, étudiant le rôle des brèches du continent boréal qui, à la fin de l'époque tertiaire, permirent une communication entre l'océan polaire et les mers du sud, brèches qui n'ont fait que s'accentuer, tant par érosion marine que par l'écoulement des anciennes terres atlantiques (1).

Pour comprendre le trouble qu'a pu apporter cet écroulement dans les conditions météorologiques des régions atlantiques, il suffit de songer à l'influence considérable que la distribution relative des terres et des mers exerce sur le régime des courants d'air et sur leur richesse en humidité. Si, de nos jours, la transition du régime d'été au régime d'hiver suffit, en intervertissant les centres de pression et de dépression, pour provoquer les tempêtes d'équinoxes, combien les chutes de pluie et de neige n'ont-elles pas dû être aggravées, d'abord par le libre afflux des eaux polaires dans les régions chaudes, ensuite par la constante instabilité des terres en voie d'écroulement !

*
* *

Mais le problème glaciaire nous a bien éloignés de l'histoire de la terre puisqu'il s'agit, sous cette forme, du début de l'ère quaternaire.

Wegener a donc voulu remonter, comme Pellegrini, aux temps primitifs pour expliquer la formation même des continents : il donne aux mouvements tangentiels une ampleur maximum et oppose un mouvement en accordéon des grandes aires continentales aux anciennes notions d'alternance

---

(1) Tout ceci est à rapprocher de ce que nous avons déjà dit pp. 12-13 et 40, insi que des mouvements verticaux du sol envisagés depuis la p. 74.

des soulèvements et des affaissements des grands fonds océaniques. Il suffit d'examiner une carte pour saisir la simplicité du mécanisme par lequel l'Europe et l'Afrique peuvent venir s'emboîter, pour ainsi dire, dans les Amériques.

L'auteur admet la possibilité des déplacements, au cours des périodes géologiques, de l'équateur et des pôles terrestres : d'où les modifications de climat, dont l'évolution des faunes et des flores fossiles nous apporte le témoignage irrécusable ; et l'explication, devenue indispensable, que la zone équatoriale actuelle n'a pas toujours été la zone torride.

Accueillie d'abord par des clameurs, l'hypothèse de Wegener soulevait bientôt d'ardentes polémiques, puis de nombreuses études très sérieuses : et voilà qu'acquiert droit de cité cette idée toute rajeunie qui, comme tant d'autres explications, s'efforce de tout ramener à un phénomène unique. La Société de Géographie de Londres (séance du 22 janvier 1923) instaura à cet effet une discussion des plus instructives : à la suite d'un exposé de Ph. Lake tendant à démolir la thèse de Wegener, sont intervenus une série de géologues qui ont été d'accord pour déplorer que la thèse fût si mal établie, parce que les géologues auraient tant besoin qu'elle soit vraie ! Et, rappelant le souvenir d'Osmond Fisher, Oldham envisage avec bienveillance une solution aussi simple de tant de difficultés. Il ressort de cette discussion que les géologues en général — et cette unanimité, précisément, est assez frappante — sont favorables à l'idée du déplacement possible des continents : ils regrettent que l'on ne puisse pas prouver l'exactitude d'une pareille thèse, mais les preuves viendront peut-être (1).

Il est de fait que, si l'on acceptait le principe des déplacements continentaux, ce ne serait plus qu'un jeu, en quelque sorte, d'expliquer l'identité des faunes et des flores localisées en des points parfois très éloignés, les migrations animales et végétales et, surtout, la présence de traces glaciaires sur les tropiques (Inde), ou au voisinage des tropiques (Afrique du Sud, Australie). Et, quelle que soit l'hypothèse envisagée, on peut affirmer aujourd'hui que, tout près de nous, le grand fait géographique qui a marqué la fin de l'ère tertiaire et le début de l'ère moderne est la disparition définitive de l'ancienne terre qui reliait l'Europe à l'Amérique : c'est l'hypo-

---

(1) L'hypothèse de Wegener " se défend d'elle-même " écrit tout récemment Buchwaldt en montrant qu'elle peut fournir une hypothèse utilisable dans les recherches modernes de géodésie statique : *Union Internationale. Bulletin géodésique*, n° 2 (1923), **p. 93**.

thèse de l'Atlantide, débarrassée des légendes dont elle était entourée (1).

La théorie de Wegener supprime-t-elle l'hypothèse de l'Atlantide ? Peut-être pas : à certains points de vue, on peut même dire qu'elle la confirme et la renforce.

Si l'on se place, comme de Lapparent, à une époque très voisine de la nôtre, ce qui importe, surtout, c'est de démontrer l'existence de causes géographiques capables, à elles seules, de produire une notable aggravation des neiges, en mettant toutes les régions du pourtour atlantique dans des conditions analogues à celles qui, de nos jours, règnent sur le Groënland et suffisent pour infliger à ce pays un état glaciaire infiniment plus sévère que celui des terres plus voisines du pôle. D'ailleurs, les alternatives de chutes et de relèvements, qui ont inévitablement précédé l'écroulement définitif, expliqueraient les phases du phénomène, c'est-à-dire la succession bien constatée de deux ou trois périodes d'avancement des glaces, séparées par des intervalles interglaciaires.

Il est impossible d'aller plus loin, de préciser les détails du phénomène : mais c'est déjà beaucoup que d'établir une étroite liaison entre les phénomènes géologiques et les circonstances géographiques.

Pour les conceptions les plus récentes, tout le monde n'est pas convaincu et les critiques peuvent se résumer ainsi : « La théorie de Wegener permet donc d'expliquer certains des grands problèmes de paléogéographie, mais elle ne donne, telle du moins qu'elle a été exposée par le savant allemand, qu'une notion incomplète de la complexité des phénomènes de biogéographie ; elle rend compte en partie seulement des curieuses anomalies apparentes que révèlent les données de la paléoclimatologie ; elle peut contribuer à élucider certaines énigmes de la tectonique, mais elle ne constitue pas une base d'interprétation générale de l'orogénie terrestre ». (Joleaud).

Puis, certains géologues, et notamment Douvillé, se font des idées très précises sur la formation de l'écorce terrestre : la protosphère est constituée par des scories silicatées ; gneiss et schistes ont été formés au-dessus. Si donc un continent, détaché de la litosphère, doit voguer sur le magma semi-fluide de la pyrosphère, il serait composé par en-dessous de la protosphère de la première consolidation, protosphère qui aurait sensiblement la même composition que le magma de la pyrosphère dont elle provient :

---

(1) La question de l'Atlantide était encore traitée avec une grande candeur au milieu du XIXᵉ siècle et l'on sourit en lisant les critiques sérieuses de Roux de Rochelle sur l'ouvrage de l'abbé Jolibois, curé de Trévoux : *Bull. de la Soc. de Géogr.*, t. VII (1847), pp. 34-40.

cette partie serait alors digérée par la masse fondue et disparaîtrait ; viendraient ensuite en contact avec la pyrosphère les couches supérieures de ce continent, les gneiss, qui seraient absorbées, elles aussi, etc. (cf. Négris) de sorte que, en fin de compte, le continent ne saurait subsister à l'état de dérive.

On peut encore, assurément, imaginer que les continents, une fois formés, ont été bloqués et sans liberté suffisante pour circuler sur des masses de plasticité très réduite, mais, en y réfléchissant, on voit que toutes ces critiques ne reposent pas, à proprement parler, sur des faits expérimentaux : à une hypothèse, on oppose d'autres hypothèses. Composition et viscosité de la pyrosphère et de la protosphère ? Composition et densités des formations successives ? Températures de fusion des couches superposées possibles ?

Peut-on être bien affirmatif en de telles matières ?...

Décidément, en France, la critique est sévère, et Pierre Termier va jusqu'à traiter avec une ironie poétique la question de la dérive des continents : cette théorie, dit-il, « est un rêve, un rêve de grand poète. On cherche à l'étreindre, et l'on s'aperçoit que l'on n'a dans les bras qu'un peu de vapeur et de fumée; elle est à la fois saisissante et insaisissable ». Puis, entraîné par l'ardeur de la lutte, il ajoute : « en dépit des facilités que cette théorie donne aux géologues, ce sont les géologues qui l'ont le plus mal accueillie... », et ceci paraît nettement exagéré — et très particulier aux géologues français.

La question est plus haute : qu'est-ce donc qu'une hypothèse ?

Une hypothèse n'est rien qu'une construction *momentanée* : elle n'a aucune valeur absolue et définitive. Duclaux disait avec raison : « La Science n'est jamais sûre de rien, c'est pour cela qu'elle avance toujours ». Une hypothèse est bonne si elle est féconde, si elle suscite la recherche et la critique — sinon, si elle prétend à figer définitivement la nature dans une loi étroite, elle ne vaut rien : et la preuve même que celle-ci est bonne, c'est l'âpreté de la critique qu'elle engendre.

Et puis, que lui oppose-t-on ? Des faits absolus, des impossibilités radicales ? Non : on objecte des incompatibilités avec d'*autres hypothèses*, admises aujourd'hui, soit ; mais que vaudront-elles, elles-mêmes, demain ?.. En fait, il faut être passionné pour soutenir des idées nouvelles ; on doit montrer plus de prudence et de bienveillance dans la critique, car l'hypothèse, si elle est faible, sera entraînée tout doucement par le temps...

Aussi, je ne craindrai pas de conclure de la manière suivante :

Lorsque Marcel Bertrand déplaçait l'axe de la terre usjqu'au golfe du Mexique, il avait raison parce que cette hypothèse lui était *nécessaire*, et fut féconde ; quoi qu'il en doive subsister demain, la vieille dérive des continents, rajeunie, est *aujourd'hui* partiellement *nécessaire*.

***

Il faut donc bien le reconnaître, hélas ! *Toutes* les théories successives sont insuffisantes.

Pour expliquer les immenses accumulations glaciaires, il a paru long-temps indispensable et presque suffisant de faire intervenir des phénomènes astronomiques, tels que les variations de l'excentricité terrestre et la précession des équinoxes qui ont pour effet de placer, périodiquement, l'un ou l'autre des deux hémisphères dans des conditions particulièrement défavorables au point de vue de la température. Mais, si l'existence des glaciers était due à une cause de refroidissement extérieure au globe, cette cause se serait fait sentir également, pour une même altitude, le long d'un même parallèle: certes, il aurait pu y avoir, dans le phénomène, des variations d'intensité tenant à l'abondance plus ou moins grande des chutes de neige, mais, dans l'ensemble, il n'eut pas été localisé.

Or, en étudiant l'ouverture de la brèche atlantique au pliocène (v. ci-dessus, pp. 40, 71), de Lapparent constate que le phénomène est orienté autour de l'Atlantique Nord et cette observation d'ordre géographique suffit à montrer que la thèse astronomique seule est insuffisante, outre qu'elle oblige à remonter à plus de deux cent quarante mille ans en arrière pour trouver un ensemble de circonstances capables de produire le refroidissement exigé.

On accuse trop facilement Croll d'avoir exclusivement développé sa conception astronomique.

Sans doute, il la donne avec de grands détails, parfois très troublants, mais, et nous avons eu l'occasion de le dire (v. ci-dessus, p. 50), il sut éviter de grossières illusions : il reconnaît fort bien que, ni l'excentricité seule, ni la configuration relative des terres et des mers, ne suffisent à expliquer l'amplitude des extensions glaciaires.

C'est le sort de chaque hypothèse : une théorie astronomique voit aussitôt se dresser les critiques du géologue ou du géographe ; une théorie géographique, comme celle dont Wegener est le champion le plus récent, n'échappe pas à la critique de l'astronome pour qui la terre, ni surtout le soleil, ne sont dans des états stables depuis les temps géologiques. La dérive des continents ne peut donc tout ramener à un phénomène *unique*, et la critique nous a déjà montré maintes fois qu'il est vain de rechercher une synthèse aussi simple : en tous cas, on peut dire dès à présent qu'il y a là un ordre de causes possibles qui, avec d'autres, peut coopérer à l'explication si complexe des changements de climat.

CRITIQUES
DES DOCUMENTS MÉTÉOROLOGIQUES

D'après ce qui précède, il semble bien qu'il serait téméraire de vouloir étudier d'un point de vue trop exclusif un problème aussi complexe que celui de la variabilité des climats. Les causes astronomiques ont certainement une grande importance : variation de la position de l'axe de rotation, modification dans la position du périhélie, changement d'excentricité de l'orbite terrestre, ont assurément un rôle de premier ordre, indéniable, et l'on peut déjà imaginer que la terre ait traversé une série de périodes diluviennes et normales, chaudes et glaciaires. Puis il est établi que les causes physiques entrent en jeu, telles que les propriétés de l'atmosphère, et ses qualités variables, pour expliquer la pénétration et la réception des radiations ; au point de vue mécanique, aussi, les mouvements lents ou brusqués de l'écorce terrestre et de la masse interne ne pourront être négligés et nous les retrouverons en étudiant l'action de la Lune. Enfin, c'est à une série de processus chimiques qu'il faut recourir pour apprécier les variations, au cours des temps géologiques, dans la composition de notre enveloppe gazeuse : c'est donc aux efforts combinés de l'astronomie et de la physique qu'il revient d'expliquer le rythme des périodes glaciaires passées et futures.

Sans doute, bien des phénomènes géologiques peuvent s'expliquer par l'influence des causes encore actuellement agissantes : cette idée, mise en avant par Constant Prévost, il y a près d'un siècle, défendue par lui avec vigueur, fut reprise et développée par Boué (1865), non sans quelque succès. Mais de tels processus sont insuffisants dans leur ensemble et il nous faut aujourd'hui plus de hardiesse, de témérité même, dans les hypothèses, d'autant que toutes les ressources de sciences variées doivent coopérer aux explications.

Pour montrer que la distribution des terres et des mers a une influence plus grande sur le climat que celle de l'excentricité ou de la position de la ligne des apsides, Lyell remarque que la terre est plus chaude en juillet, c'est-à-dire au moment où elle s'éloigne le plus du soleil, qu'en décembre alors qu'elle s'en rapproche au maximum : mais ceci ne fait que soulever d'autres inconnues, telles que le mode d'intégration de la chaleur reçue par la surface, le rythme des vagues calorifiques dans l'intérieur du sol, etc.

Si le sol agit pour éviter le refroidissement de la terre, en constituant une sorte de manteau protecteur, c'est surtout la déperdition de la chaleur par les aires marines qu'il faut envisager avec soin. Mais la mer n'est pas fixe et, aux *Causes géographiques*, nous avons eu déjà l'occasion (v. ci-dessus, pp. 68 à 72), de signaler rapidement le rôle très important des courants marins, d'indiquer que les terres et les mers intervenaient, soit par leur répartition, soit par leurs rôles différents dans le refroidissement du globe, de dire le rôle régulateur des lacs eux-mêmes dans les climats.

Il y a longtemps que Buist (1853) a émis des idées très intéressantes sur le rôle régulateur des courants marins au point de vue thermique ainsi que pour le cycle d'évaporation des eaux ; Scoresby, de son côté, séparait très justement les rôles climatiques des deux types de courants, courants froids polaires et courants chauds, plus ou moins équatoriaux comme le Gulf-Stream ; Maury (1858) s'efforce aussi de mettre en évidence l'action des courants sur les climats des divers continents. Hennessy signale l'influence du Gulf-Stream sur les hivers des îles Britanniques[1], travaux du même genre que ceux qu'entreprendra plus tard Eckholm pour la Suède.

Les courants froids sont beaucoup moins connus et moins étudiés dans leurs conséquences : Edlund (1864), avait cependant fait des remarques fort intéressantes sur le refroidissement superficiel de la mer, la formation des glaces de fond et de surface et la brusque remontée des glaces de fond. Hélas ! si intéressants que soient tous ces travaux, ils soulèvent aussi bien des énigmes connexes :

L'appareil distillatoire des surfaces marines fut-il constant ? ou faut-il supposer avec E. Frankland, pour intensifier son rôle, que la température de la mer aux époques glaciaires était plus élevée qu'elle ne l'est à présent ? Et, si l'on envisage d'autres phénomènes, tels que les soulèvements nécessaires à la formation des chaînes de montagnes, les apports d'alluvions à la mer, les transports de masses ne sont-ils pas capables de réagir sur l'équilibre du globe en déplaçant l'axe de rotation (Haeden-

______

(1) Cf : *Cosmos*, t. 15 (1859), p. 403.

kamp, 1853) par une sorte de nutation— faible, sans doute, mais que sait-on de ses effets possibles avec le temps ?...

Ainsi, déjà, tous les éléments du problème viennent se mêler d'une façon fort complexe.

Puis, avec les découvertes récentes, le problème se complique encore, car la radiation solaire n'est pas une entité fixe, constante, sur laquelle on puisse établir des raisonnements indépendants du temps : les expériences simultanées de Abbot et Aldrich ont suffisamment mis en évidence que le soleil est une étoile variable, dont le type d'émanation est fort complexe ; en outre, Bigelow s'est efforcé de montrer que le mode généralement admis pour la propagation de l'énergie solaire jusqu'à la terre n'est pas *unique*, et qu'il y peut être suppléé par des phénomènes basés sur la force magnétique du soleil.

Enfin, nous savons par les météorologistes qu'on ne peut négliger les grands courants atmosphériques avec leurs conséquences de brassage et d'échanges : et si l'on considère que les grands courants des couches atmosphériques supérieures, aussi bien sur le soleil que sur la terre, sont la cause immédiate de l'électrisation par frottement des particules solides et liquides en suspension (Luvini), on peut conclure par influence à des modifications correspondantes sur les deux astres ; en particulier, les grands troubles magnétiques terrestres répondraient aux époques de grande activité solaire ; Brillouin, pour l'électricité atmosphérique, a mis en relief le rôle joué par le soleil, dont les radiations ultra-violettes viennent décharger l'électricité négative des aiguilles de glace des cirrus — et rien de tout cela, en fin de compte, n'est indifférent aux conditions superficielles dans lesquelles s'agite l'homme.

Mais s'il est impossible de nier le très vif intérêt qui s'attache à toutes ces recherches il faut reconnaître, d'une part, que les résultats ne peuvent encore en être acceptés comme définitifs ; d'autre part, nous ne saurions nous attarder davantage aux variations des climats aux époques géologiques, étude qui ne rentre pas, à proprement parler, dans le domaine étroit de la météorologie. Et puisque la question, posée pour des époques aussi lointaines, ne paraît pas encore comporter de réponse précise sous la forme qui nous intéresse, nous allons nous borner aux changements qui ont pu se produire dans les temps historiques.

Pour savoir si des changements dans les éléments météorologiques peuvent être constatés pendant la période historique, on s'est efforcé de déterminer les modifications de toute nature capables d'affecter un des éléments de climat : les uns peuvent concerner toute la surface de la terre ; d'autres, ne s'appliquer qu'à des contrées restreintes et provenir, par exemple, d'influences purement humaines telles que destructions ou plantations de forêts. Mais nous avons vu que les conditions politiques, elles-mêmes, peuvent venir compliquer le problème et, en étudiant les phénomènes agricoles, on aperçoit vite que le facteur essentiel se trouve peut-être dans le développement économique.

Et si les moyennes météorologiques offrent le grave inconvénient de faire disparaître les écarts importants (1), les singularités essentielles qui sont sans doute les plus instructives (2), du moins elles reprennent ici toute leur importance : les variations à longue période qui peuvent survenir dans le climat d'un pays ne sauraient être convenablement étudiées sans ces moyennes, qui constituent le squelette et la base fondamentale de la climatologie. L'établissement même de ces moyennes présente de grandes difficultés : elles ont été bien mises en évidence par Angot lorsqu'il étudie la valeur des moyennes au point de vue de la variabilité des températures, montrant nettement qu'il est impossible de comparer deux stations sans de longues séries et *composées des mêmes années* d'observation.

Jusque-là, les meilleurs esprits s'étaient fait une idée fort inexacte de la complexité des questions météorologiques et de l'extrême minutie qu'il faut apporter dans les observations : ainsi, Laugier pensait que l'on pouvait interpoler les températures lorsqu'elles n'avaient pas été lues en temps opportun, tandis que Le Verrier soutenait avec très juste raison, surtout en cette matière, qu'on ne doit admettre aucun nombre qui n'ait été lu individuellement.

De plus, les recherches sont rendues particulièrement laborieuses par la multiplicité des nombres observés et il est impossible de simplifier d'une manière systématique. Ainsi, par exemple, l'idée d'apprécier la température moyenne de l'année par une seule observation diurne à 8 heures du soir (Lucas, 1870) est plus curieuse qu'utile, et inapplicable aux études précises.

Mais c'est surtout en matière de *continuité* dans les observations, et nécessité des longues séries, que l'on constate la plus riche incompréhension des problèmes en jeu : à propos des discussions qui s'élevèrent devant

---

(1) Un hiver rigoureux est une singularité digne d'attention, deux hivers rigoureux consécutifs constituent une exception tout à fait remarquable : mais j'ai montré, pour un cas récent, que le premier ayant été précoce et le second tardif, la moyenne des deux fournit une courbe voisine de la normale; les singularités intéressantes disparaissent *(Acad. d'Agric. de Fr.*, 23 octobre 1918).

(2) Voir plus loin pp. 129 et 130.

l'Académie, relativement aux observations météorologiques à affecter en Algérie, le maréchal Vaillant « fait ressortir aussi très habilement l'importance, dans certains cas, des observations passagères ou faites à bâtons rompus, *dont la Commission ne veut pas entendre parler* (1) ». Est-il besoin de dire ici qui avait raison ?

*
* *

Une des premières discussions qui ait été poursuivie d'une façon systématique sur la variabilité des climats est due à L. Dufour (1870) ; ce travail est conduit avec soin et avec un sens critique scientifique. Déjà, l'auteur montre qu'aucun élément sérieux n'est apporté, qui permette encore de conclure à des variations systématiques d'ensemble depuis 20 ou 30 siècles ; mais on peut admettre comme possibles des changements dans le climat d'une portion seulement de la surface du globe, changements qui se manifesteront et se maintiendront pendant un temps plus ou moins long ; de telles modifications se produisent tantôt dans un sens, tantôt dans un autre, et peuvent affecter diverses régions dans des sens différents.

Ce sont des problèmes de cette nature que les documents humains, à caractère météorologique, devraient permettre d'élucider sinon de résoudre.

Or, même dans les temps historiques, on est rapidement conduit à se restreindre aux deux derniers siècles, c'est-à-dire aux époques postérieures à l'emploi des instruments d'observation, baromètre, thermomètre et pluviomètre.

Prenons par exemple le cas de la température : il serait très intéressant de savoir si la température moyenne de l'année a changé depuis un siècle. Il faut rechercher les plus vieilles observations, comme l'a fait E. Renou pour Paris, et les discuter. On se heurte alors à maintes difficultés : les anciennes observations sont imprécises, avec des instruments souvent mal définis et peu comparables aux nôtres, ou bien les mesures sont presque toutes fauti-

---

(1) *Acad. des Sc.*, 17 déc. 1855 : cf. *Cosmos*, t. 7, p. 690, dans lequel on trouvera, pour ces discussions, une quantité d'informations très intéressantes. Jusqu'à nos jours, les militaires ont présenté une tendance regrettable à ne rien comprendre aux nécessités de la Météorologie, opérant par saccades et sans méthode, supprimant d'anciens postes pour en créer d'autres à côté, confondant la quantité et la qualité des nombres observés : est-ce par insuffisance congénitale ? ou simplement par respect hiérarchique, pour avoir épousé les opinions du maréchal Vaillant ?

ves pour cause de graves défauts dans l'installation des thermomètres, d'erreurs de graduations, etc. Ainsi, Renou ne put accepter que les observations recueillies depuis cent trente ans : il leur appliqua une critique très sévère qui dut en éliminer les plus grosses imperfections et fondre les autres dans la moyenne, pour obtenir une courbe de la température moyenne des différents jours de l'année. On relève sur cette courbe nombre d'anomalies régulières, et par là singulières, tout à fait inexplicables pour nous (1), ce qui prouve, déjà, que le réseau dans lequel nous nous efforçons de renfermer tous les phénomènes météorologiques a encore ses mailles très larges, et laisse échapper beaucoup de faits.

L'étude de ces anomalies, c'est-à-dire la question des variations périodiques de la température au cours de l'année, a fait l'objet d'un certain nombre de travaux et a donné lieu à des recherches du plus haut intérêt au point de vue de la fixation des dates auxquelles on observe, presque chaque année, soit des retours de froid au printemps et en été, soit des hausses de la température en automne et en hiver. Les recherches effectuées sur les températures de plusieurs localités de l'Europe Occidentale, Paris, Bruxelles, Bordeaux, Lyon, Montpellier, Perpignan, Lausanne, etc., et portant sur d'assez longues séries d'années, ont donc fait apparaître des variations à peu près annuelles, ayant un caractère nettement périodique, sensiblement aux mêmes époques pour toutes ces localités : à cent ans d'intervalle, Roche trouve la constance de ces variations périodiques, oscillations de température revenant presque à jours fixes, qu'il considère comme de précieuses caractéristiques de chaque climat — et où il voit même un élément assez certain pour aider à la prévision du temps. Du moins, tous les auteurs, Duclaux, Fines, Moye, etc., sont d'accord avec lui pour reconnaître que ces variations paraissent dues à des causes générales, s'exerçant sur une immense échelle, et développant leurs effets à la surface du globe suivant une progression régulière en se maintenant constantes pendant une longue durée; il est donc essentiel, grâce à des statistiques soigneusement commentées, d'en établir d'abord expérimentalement la permanence et l'universalité.

Or n'est-ce pas le soleil le grand régulateur des faits météorologiques ? Flammarion croit déceler vingt-six anomalies dans la courbe annuelle, et comme 365:26 = 14, ce serait la rotation solaire (2) qui interviendrait plutôt

------

(1) J'ai montré les précautions très spéciales qu'il faudrait encore prendre si l'on veut espérer préciser les anomalies et les expliquer ; Jean MASCART. Sur l'établissement des moyennes en météorologie. *C. R. de l'Acad. des Sc.*, t. 173, p. 94, 11 juillet 1921.

(2) Nous verrons que, dans cette direction, des recherches beaucoup plus précises ont été faites, notamment par Zenger.

que sa rotation annuelle ; Mémery a montré que le problème était beaucoup plus complexe, que les taches solaires intervenaient avec leur forme, leur distribution, etc...

* * *

Mais, nous venons de le voir, l'examen le plus minutieux laisse subsister de très graves critiques et il est le plus souvent impossible de comparer les observations anciennes avec celles qui sont faites depuis une cinquantaine d'années : nous en donnerons quelques exemples, pour montrer combien il faut assurer la critique avant de vouloir conclure.

Les observations relevées à Paris pendant les douze années 1772-1783 avaient donné une température moyenne de 12°2, tandis que la valeur exacte est aujourd'hui 10°0. Si donc on ne possédait pour Paris que cette ancienne série, et si l'on ignorait qu'elle a été obtenue dans des conditions défectueuses, on serait amené à en conclure que le climat de Paris, il y a une centaine d'années, était comparable à celui que l'on observe de nos jours à Toulouse, dont la température moyenne est précisément de 12°2 ; on admettrait ainsi, sur un siècle, une variation de climat telle qu'elle devrait modifier entièrement le caractère de la végétation. De même, deux séries d'observations ont été faites à Montevidéo : la série ancienne, mauvaise, donnait une température moyenne de 19°3 ; la série actuelle, exacte, abaisse cette valeur à 16°1 — soit une différence de température de plus de trois degrés !

Si, au lieu des moyennes, on considère les observations individuelles, on peut avoir des erreurs bien plus grandes encore. Ainsi, le 9 décembre 1879, le thermomètre descendait à —24°4 au nord de Paris, à Aubervilliers, et à —23°5 au sud, à Montsouris ; la température au centre de la ville aurait dû être, semble-t-il, d'environ —24°. Or, à ce même moment, Renou observait seulement —14° avec un excellent thermomètre, à une fenêtre du quatrième étage, dans une cour s'ouvrant au nord et bien dégagée de ce côté ; l'erreur provenant de l'influence de la ville atteignait donc 10°. Renou cite de même le minimum de température de —1°5 observé à Vendôme, le 20 avril 1852, avec un bon instrument mais dans la ville, alors que les seigles étaient gelés aux environs : cet effet sur la végétation serait resté incompréhensible, si une observation faite au même moment dans la campagne, au thermomètre-fronde, n'avait donné une température de —9°4 ; l'influence de la ville avait relevé de huit degrés le minimum de la température.

L'influence qu'exerce la ville de Berlin sur la température est d'environ un degré (Hellmann) mais s'accentue surtout dans la saison chaude et les très grands hivers : la plus grande variation a lieu le soir, quand les maisons rayonnent la chaleur reçue et, par soirées très calmes, on peut atteindre une différence de cinq degrés. Milham a même fourni d'intéressantes indications sur des variations considérables de température *dans l'intérieur d'un même village.*

Certes, Dove a entrepris, il y a déjà longtemps, d'intéressantes études (1) sur la température et sa répartition, sur l'appréciation de certains coefficients pour déterminer les variations et les amplitudes thermiques, mais le problème reste très confus : les professionnels savent la difficulté de caractériser les climats par de tels procédés ; ils n'ignorent pas que le thermomètre est un instrument délicat mais capricieux, en état d'agitation perpétuelle et que, s'il est déplacé d'une dizaine de mètres, les résultats cessent d'être comparables en toute rigueur! Qu'est-ce donc, dans ces conditions, qu'une température précise ?

A cet égard, les travaux des Becquerel offrent un assez grand intérêt, et ils sont revenus, à diverses reprises, sur les écarts des températures observées sous bois, près et loin des bois (2). D'ailleurs, cette difficulté de définir exactement la température de l'air était bien connue, puisque, dès 1855, l'Académie proposait cette question pour le prix Bordin (3) et que, depuis... elle n'est pas encore résolue d'une façon parfaite.

On le voit, sous sa forme plus générale, la question de *l'établissement* des instruments a une importance considérable si l'on veut songer à l'utilisation d'anciennes observations, même pas très éloignées, et c'est ce qu'a fort bien montré Ward. Un thermomètre est-il placé dans une ville ? ou sur la périphérie d'une agglomération ? au fur et à mesure que celle-ci s'agrandit, la température de l'air s'y modifie d'une façon très notable et les observations cessent déjà d'être comparables. C'est ainsi que Besson a bien noté que, dans l'ensemble, la transparence de l'air diminue progressivement à Paris : mais il y a loin entre les variations du climat et les témoignages d'un développement local de population ou d'industrie !

Et que dire de la complication de la question si, au lieu de thermomètres abrités et garantis, on voulait faire subir aux thermomètres les mêmes actions que les êtres organisés ! Remarquant qu'une plante présente deux

---

(1) Cf. *Cosmos*, t. 6 (1855), p. 434.

(2) Voir, notamment : *Cosmos*, 2ᵉ s., t. 3 (1866), pp. 697-901.

(3) Cf., aussi, *Cosmos*, t. 6 (1855), p. 460.

faces, l'une exposée au soleil, l'autre garantie, Doumet-Adanson propose de prendre la moyenne de sorte que la détermination des températures exigerait quatre thermomètres : illusion sans intérêt. Au reste, la comparaison des observations est déjà assez malaisée : et, à un certain point de vue, le perfectionnement incessant des instruments et leur changement sont préjudiciables à la discussion d'observations qui cessent, automatiquement, d'être comparables sur de longues séries.

Et puis, même, qui nous dit qu'une influence sur la température sera perceptible sur la température *moyenne?* Elle peut n'agir que sur les minima, sur les maxima — ou les deux et intéresser, de ce fait, l'amplitude diurne qui a une grande importance pour caractériser un climat.

Tout d'abord, on s'était assez peu préoccupé des variations séculaires ou très lentes de la température qui, comme pour les éléments des orbites planétaires, pourraient, à la rigueur, être mises en évidence par des observations très précises, ou faites à des époques très distantes les unes des autres. Les recherches d'Arago dans cette direction avaient donné des résultats à peu près négatifs ; malgré une très bonne étude qui ne s'étend que sur cinquante années d'observations, faites à Grennwich, de 1814 à 1868, Glaisher n'a guère plus de succès, bien qu'il conclut à un réchauffement progressif de l'Angleterre, mais *faible* ; ailleurs, le même auteur annonce que cette température moyenne augmente depuis cent ans, et que le climat s'adoucit surtout pendant les mois d'hiver. Tout ceci doit déjà éveiller les soupçons puisque, en étudiant la température de Hambourg, de 1807 à 1855, Zimmerman (1) avait conclu à l'opposé que la température moyenne va sans cesse en s'abaissant ou que le climat devient plus froid, avec cette singularité, toutefois, que l'automne serait un peu plus chaud !...

Or, à l'instant, nous disions que l'établissement des instruments est chose fort malaisée et qu'ils sont rarement comparables : que dire des instruments eux-mêmes ? Ayant trouvé un accroissement de température dans les caves de l'Observatoire de Paris, Arago vérifia le zéro du thermomètre qui y avait été déposé par Lavoisier : il le découvrit en erreur de $0°38$... et le déplacement du zéro est aujourd'hui chose très connue. Mais alors ? ne faut-il pas avancer *très* prudemment, pour le moins ?

La question se révèle assez complexe pour que l'on reste sceptique lorsque l'on voit affirmer que les hivers de Londres sont devenus plus doux et le climat plus uniforme, au point que la température moyenne s'y est

---

(1) Cf : *Cosmos*, t. 9 (1856), p. 52.

accrue d'un peu plus d'un degré depuis un siècle ! (Glaisher, Carret) — pure utopie — ou même quand Voïekof pense que les hivers du nord de l'Europe deviennent plus doux ; quand Péroche croit à un fléchissement *rapide* du climat ; quand Ekholm (1900) nous dit (1), d'après les vieilles observations, que la température de février, au temps de Tycho-Brahé, était inférieure de un degré à ce qu'elle est aujourd'hui, que le climat devient plus maritime dans cette région comme en Suède...

* * *

Les autres phénomènes météorologiques peuvent présenter des erreurs au moins aussi grandes.

La pluie, nous aurons bientôt l'occasion d'en parler, n'est pas un élément simple : c'est la résultante extrêmement complexe de toute une série de conditions, courants aériens et marins, relief du sol, etc., qui viennent en compliquer la distribution ; puis il n'en est pas dont les écarts à la moyenne soient aussi considérables et capricieux ; enfin, les conditions d'observation, l'état des instruments, jouent un grand rôle dans les hauteurs d'eau annoncées, qui doivent être très sévèrement discutées.

Exemple : à l'Observatoire de Paris, on a noté comme total annuel de pluie 230 mm. en 1723 et 200 mm. en 1733, c'est-à-dire ce que l'on observe en moyenne dans l'extrême-sud de l'Algérie, à l'entrée du Sahara. La hauteur de la Seine n'a du reste présenté rien d'anormal dans les deux années : il y a même une très forte crue en avril 1733. Les quantités de pluie relevées sont donc grossièrement inexactes et il nous est impossible de déterminer à présent dans quelles conditions, à quelles époques, on a laissé échapper, sans la mesurer, plus de la moitié de la pluie.

Ce que nous avons déjà vu suffit largement pour estimer bien fragile l'affirmation de Babinet lorsque, après diverses anomalies météorologiques il croit pouvoir prédire le retour de la France à son climat normal, disant non sans quelque candeur: « J'établis que les inondations ne se renouvelleraient plus de longtemps, et que le cours des saisons reprendrait son état normal (2) ». Est-il vraiment besoin d'apporter des démentis ? et Symons (1871) fit preuve de plus de sagacité en concluant que, depuis 150 ans, il n'y a pas de variations appréciables dans les hauteurs de pluie.

---

(1) Si l'on examine les choses d'un peu près, il reste des contradictions entre les conclusions d'Ekholm et celles d'Andersson que nous avons mentionnées ci-dessus p. 22.

(2) *Journ. des Débats*, 17 juillet 1857 ; extr. dans *Cosmos*, t. 11, p. 114.

Un des premiers, Giraud conclut qu'il pleut plus abondamment et plus souvent aujourd'hui qu'autrefois dans le sud-est de la France : 1770 à 1870 fut un siècle de pluies moins abondantes ; puis on entre dans une période où la pluie va augmenter de plus en plus. L'auteur rattache ce mouvement général de pluviosité à la précession des équinoxes, et en voilà pour des siècles d'augmentation de pluviosité ! — mais si telle est l'origine, le calme de 1770 à 1870, sur un tout petit siècle, n'est guère compréhensible...

Puis nous venons d'indiquer que les observations de la pluie sont difficiles, souvent sujettes à caution et, sur des bases aussi précaires, c'est chercher pour le moins à s'illusionner soi-même que de vouloir conclure. « Il arrive assez souvent que le préjugé populaire, résultat des remarques de la foule, n'ait pas tort », comme nous le dit D. M., dans *la Nature* (1896), pour établir qu'il faut se défier des années en 6 (terminées par un 6), qui amènent facilement des inondations »... quelque part ; et le même auteur conclut, pour Paris : « Autrefois on recueillait en moyenne 415 mm. d'eau par an. Au commencement de ce siècle, environ 500. Enfin, depuis, elle tend vers 506 mm. C'est là un phénomène curieux qui mérite l'attention des météorologistes ».

Personne ne saurait admettre des affirmations aussi légères et gratuites et, immédiatement, les critiques compétents se sont efforcés de mettre le public en garde par des réserves expresses : « Ce qu'il faudrait connaître, pour apprécier les chiffres à leur juste valeur, c'est d'abord la part des erreurs instrumentales. Si l'on ne sait pas au juste, au moyen de quels instruments une série a été obtenue et quelle était l'installation, il est impossible de se prononcer. L'observateur a aussi une grande influence par les soins qu'il donne au pluviomètre » (1).

Après quoi, ce sont des diminutions de pluviosité que l'on annonce. Les craintes de Millot sont exagérées : « Si, dit-il, la diminution des pluies continuait, progressive, comme depuis quelque trente ans, avant un siècle, la France serait devenue un autre Sahara ». Le danger ne paraît pas si grave parce que... qu'est-ce que *trente* ans devant le phénomène qu'il s'agit de connaître ! Guilbert, cependant, voit aussi cette diminution progressive, et depuis les temps préhistoriques, au point qu'il ne craint pas de dire, formellement : « L'assèchement continu du globe terrestre, par suite d'une diminution progressive des pluies, nous paraît donc inévitable » (1908, p. 416).

Une thèse aussi fragile et brillante, basée sur les observations manifes-

---

(1) *Bull. de la Soc. belge d'Astron.*, t. II, 1896-1897, p. 47.

tement inexactes de l'Observatoire de Paris, est reprise bientôt, ce qui permet à Flammarion d'affirmer que « il n'est pas douteux que la pluie augmente à Paris » et « que la quantité d'eau tombée *augmente graduellement* » depuis le XVII⁰ siècle et dans la proportion passée inaperçue jusqu'à ce jour ! de 415 mm. à 577 mm. pour des valeurs moyennes ; et de chercher à mettre en évidence d'autres petites périodes de cinq à six ans quand on ne retrouve déjà pas la trace des périodes de onze et trente-cinq ans... Et, contre la critique sévère d'Angot, Flammarion reprend en détail ses premières conclusions (1912) : « L'accroissement de la pluie à Paris n'est pas douteux... avec une fluctuation de cinq à six ans... La pluie n'augmente pas à Londres (1). Mais il n'est pas douteux qu'elle augmente à Paris... » et de un cinquième environ depuis deux cent vingt ans.

C'est beaucoup ! et comment un accroissement aussi important serait-il resté sans conséquences sur le climat ou la végétation ?...

Il suffit de consulter les vieux documents pour savoir que des variations accidentelles bien supérieures à un cinquième peuvent provenir tout simplement des conditions d'installation des pluviomètres. Dès le milieu du XVIII⁰ siècle, Héberden (2) remarquait qu'un pluviomètre accusait moins d'eau sur la tour de l'abbaye de Westminster qu'un autre instrument placé sur le sol : pour 1766 et 1767 il trouve dans le jardin 574 mm., sur le toit de la maison 461 mm., et sur la plate-forme de l'abbaye 307 mm., ajoutant que l'expérience faite en d'autres endroits a donné des résultats analogues. Mais nous pouvons affirmer aujourd'hui, devant de tels écarts, qu'il doit y avoir une erreur systématique due à des pluviomètres mal comparés ou à toute autre cause.

On doit encore à Renou diverses remarques judicieuses sur l'appréciation de la pluie à l'aide de deux pluviomètres placés à des distances différentes.

* * *

Si l'on rencontre de telles difficultés pour un élément déterminé, on voit combien il faut être prudent en matière de conclusions aux variations

---

(1) Contraste étrange !...

(2) Les observations sont antérieures à celles de Bugge (de Copenhague) que cite E. Schmid, Lehrbuch der Météorologie, p. 693, parag. 712.

de climat. D'autant plus que *le climat*, lui-même, n a pas été défini et qu'il est malaisé d'en donner une classification : certes, le climat d'une région est *l'effet combiné de toutes les manifestations* météorologiques (cf. Marchal) mais, sous cette forme, le problème est trop étendu ; et si le soleil est toujours le facteur fondamental pour la classification, en y adjoignant les conditions géographiques, Penck a exposé des idées assez intéressantes pour prendre la pluie comme élément caractéristique des climats — tout au moins pour les climats continentaux.

Tout ceci suffit à montrer que le problème est plus difficile que ne l'ont vu les auteurs qui concluent légèrement à une variation de la pluviosité : tous les exemples que nous venons de donner, et qu'il serait facile de multiplier, mettent assez en évidence combien on doit se méfier des observations anciennes et à quelles conclusions extraordinaires on serait conduit si on les employait, sans vérification, pour étudier les variations du climat.

L'étude des moyennes est importante pour fixer les éléments qui caractérisent un pays au point de vue météorologique ; les phénomènes extraordinaires ne sont pas moins essentiels à noter et permettent de constater que notre climat est aujourd'hui ce qu'il était il y a cent ans. L'examen des maxima et des minima annuels de la température conduit à reconnaître que les étés et les hivers n'ont guère changé ; Villard a montré avec soin, depuis longtemps, en dressant un tableau des phénomènes remarquables depuis le ve siècle, que les hivers rigoureux et les étés brûlants revenaient à des intervalles de temps variables et qui ne semblent offrir aucune périodicité appréciable, de sorte que ce que nous considérons souvent comme des saisons exceptionnelles n'appartient, en réalité, à tout prendre, qu'à ces grands caprices habituels de la nature.

Puis le public est beaucoup trop enclin à s'étonner et à s'enthousiasmer, en matière scientifique, parce que, volontiers, il ramène tout à son époque et à son impression personnelle — ce qu'il faut avoir soin d'éviter dans l'étude de la nature (Villard, Duclaux) — et il n'est pas jusqu'aux plaintes sur la détérioration du climat qui ne se reproduisent presque régulièrement: ces plaintes se retrouvent dans les plus anciens documents, et nous les entendons répéter aujourd'hui dans les mêmes termes où nos pères les formulaient.

« On trouve un peu partout, dit Ward, dans son étude si précise, des gens convaincus que l'endroit qu'ils habitent a vu se transformer son climat au bout de quelques générations où même dans l'espace d'une vie humaine. Cette croyance n'est pas particulière à une région, à un peuple : et elle existe chez les plus instruits aussi bien que chez les plus ignorants.

7

Ici, l'on pense que le climat s'adoucit ; là que les hivers deviennent plus rudes ; ou bien que le climat devient plus sec ; ou bien, encore, que les pluies sont plus abondantes. Chaque fois qu'une saison se fait remarquer par un temps qui paraît extraordinaire, la croyance est renforcée ».

Et un esprit d'une critique très sûre, Ed. Roche, tirait déjà comme première conséquence de ses études la stabilité du climat, rien n'indiquant, pendant un siècle et demi, que les éléments météorologiques aient pu subir quelque modification *appréciable*.

La plupart des postes d'observation sont soumis à des influences locales, perturbations variables et n'ayant rien de commun avec la marche naturelle des phénomènes météorologiques : des facteurs d'apparence négligeable agissent, les constructions successives de la station, la croissance des arbres du voisinage et même, à côté des villes, les fumées, poussières, brouillards, atmosphère générale dont certains vents peuvent apporter l'action. Ainsi l'on peut dire que bien peu de stations météorologiques soient véritablement de *premier ordre* et que leurs observations aient une précision suffisante, surtout en ce qui concerne la température (1), pour aborder des études aussi délicates que celle de la variabilité des climats.

En outre, pour les études de haute précision, c'est à peine si l'on pourrait utiliser les observations qui remontent au commencement du XIXe siècle ; après une discussion minutieuse de documents qui, dans l'ensemble, ne remontent guère plus loin que 1840, un météorologiste très averti, J. Vincent, ne craint pas de dire (p. 149) pour une zone aussi limitée que la Belgique : « Les observations pluviométriques recueillies jusqu'ici dans notre pays, n'inspirent pas, en général, assez de confiance pour qu'on puisse les faire servir à l'établissement d'une carte ».

Puis voilà que, dans l'étude récente la plus soignée, Marvin (1923) confirme que, en toute rigueur, il n'y a pas eu de changements systématiques ou permanents dans le climat depuis environ 6.000 ans ! Sans préjudice de plus petites oscillations périodiques possibles, il pense établir que certaines stations présentent des fluctuations de 50 à 100 ans ; mais, affirmation extrêmement grave en réalité, cet auteur est conduit à envisager deux types de climats, les climats stables et les climats variables, et il pense très nettement que l'on peut répondre avec autant de vérité, soit oui, soit non, à la question de la variabilité des climats, selon les témoignages adoptés.

---

(1) A Montpellier, Martins trouve la variation considérable de 0°39 par mètre d'altitude du thermomètre (Cf. : Hildebrandsson et Teisserenc de Bort, *Les bases de la Météorologie dynamique*, t. II, p. 89).

Le problème, déjà suffisamment ardu, deviendrait alors inextricable puisque l'on ne saurait plus, pour ainsi dire, non seulement *comment*, par quelles observations l'aborder, mais encore *où*, dans quelles stations, l'étudier d'une façon convaincante.

Dans ces conditions, avec le peu de durée des observations méritant quelque confiance, il paraît bien absolument illusoire de chercher, dans les observations météorologiques proprement dites, des arguments pour ou contre l'hypothèse de la variabilité des climats.

RENSEIGNEMENTS AGRICOLES

Il nous reste à examiner si l'on peut avoir recours aux données que fournissent les phénomènes de la végétation, éléments cette fois d'un caractère plus qualitatif que quantitatif, et, même dans cet ordre de faits, une grande attention est nécessaire pour ne pas attribuer à des causes météorologiques des variations dont l'origine peut être toute différente.

Sans doute, les êtres vivants, au même titre que les végétaux, peuvent être considérés comme des réactifs géographiques (Combes), mais il ne faut pas trop espérer, et les efforts tentés pour déceler sur eux une influence radioactive du soleil (Courty) sont encore prématurés : l'homme, ou l'animal, se défend malgré tout contre les excès des intempéries, il se déplace, se protège, se cache.

Si donc les climats sont importants pour l'homme, ils le sont encore bien davantage pour les végétaux qui ne peuvent se mouvoir et sont obligés de rester exposés : assurément, on connaît la sensibilité des feuilles à l'éclairage, on sait qu'elles ont une tendance à l'inclinaison sur la direction des rayons lumineux de façon à ne recevoir ni trop ni trop peu de lumière, et, au point de vue du phénomène d'adaptation, on en a déduit d'intéressantes conclusions sur la répartition des feuilles sur les tiges. Malgré tous ses efforts de défense, la plante est *presque* fixe mais, dès le début, se présente une première difficulté : alors que nos appareils enregistrent à notre choix tel ou tel des phénomènes de l'atmosphère, la plante, elle, intègre dans sa croissance toutes les actions extérieures et il est difficile de différencier l'effet des divers facteurs agissant sur elle.

Enfin, la *nature* des radiations lumineuses intervient dans les cycles des phénomènes végétatifs et, depuis longtemps, Gladstone fit à ce sujet de très intéressantes expériences : c'est alors le rôle complet, et complexe, de l'atmosphère qui intervient, avec ses propriétés, sa composition et ses variations.

D'autre part, les plantes nous sont d'une utilité extrême, comme nourriture exclusive de certains animaux et par le rôle considérable qu'elles jouent dans l'alimentation humaine, et si elles témoignent à nos yeux de l'état des climats il nous est nécessaire, réciproquement, de les placer dans un milieu qui leur convienne : et, plus tard, quand la science aura progressé... nous aurons pu diviser la surface de la terre en zones climatiques assez précises pour faire une classification très nette des plantes et des animaux qui appartiennent et conviennent, de façon optimum, à chaque zone. A ce point de vue, la géographie des climats est en rapport étroit avec celle des plantes cultivées et des animaux domestiques.

Malgré cette confusion de tous les facteurs climatiques dans l'intérieur de la plante, examinons le renseignement apporté par les plus anciennes cultures.

On sait, par exemple, que la culture de la vigne s'étendait autrefois, en France, jusqu'en Picardie : aujourd'hui, elle ne dépasse guère, au nord, le département de la Seine-et-Oise. Doit-on en inférer une détérioration du climat, qui aurait obligé à reculer vers le sud la limite de cette culture ?

La cause paraît toute différente : on conservait jadis des vignobles dans des régions où le raisin ne parvenait pas tous les ans à maturité et dans des terrains qui ne paraissaient pas propres à d'autres cultures ; mais les difficultés d'échanges et de transport favorisaient ces cultures locales, précaires assurément, mais encore avantageuses, ou simplement utiles pour la consommation individuelle (A. de Candolle). Et, lorsque le progrès des communications permit à ces régions de recevoir à bon marché du vin de pays plus favorisés, la culture de la vigne fut rapidement abandonnée pour d'autres, devenues plus rémunératrices.

La culture d'une plante est abandonnée dès qu'il devient plus profitable d'importer le produit, soit d'une autre province, soit d'un autre pays : toute conclusion à un changement de climat, basée sur un tel changement de culture peut donc être tenue pour inexacte. Parfois, c'est la conséquence d'un phénomène économique. Ainsi, en Angleterre, le blé était jadis cultivé beaucoup plus au nord : une simple modification des taxes a transformé les zones cultivées. De ce fait que le blé, le raisin, l'olive, ne sont plus récoltés dans des régions de l'Europe où leur culture fut une occupation importante, il est tout à fait impossible de conclure que le climat, jadis favorable à ces plantes, leur est devenu contraire.

L'importance de ces facteurs de l'évolution économique paraît capitale et, cependant, il s'est encore élevé contre de Candolle quelques voix discordantes : Mac Nab prétend que les étés en Ecosse se refroidissent, les fruits ne mûrissent plus, les légumes disparaissent — conclusion basée sur un demi-siècle d'observations ; Bourlot juge des variations de climat par la modification dans les cultures de la vigne et d'autres plantes, expliquant vaguement les choses par une variation de la hauteur du pôle. C'est l'étude de Carret qui est la plus complète : se basant sur la hauteur des cultures, notamment la vigne, d'après des actes de vente, il reconnaît que, deux cent cinquante ans plus tard, la vigne ne réussit plus dans les mêmes endroits ; les forêts s'abaissent ; en France, l'olivier et l'oranger reculent vers le sud ; la canne à sucre, anciennement acclimatée en Provence, en a disparu — le tout révélant une aggravation du froid de l'hiver aussi bien qu'une diminution dans la chaleur de l'été.

Faut-il accepter tous ces résultats en confiance ? Ce serait téméraire : dans les temps préhistoriques, on utilisait les mêmes plantes que de nos jours ; dans les mines mycéniennes, on a retrouvé des presses à huile et des noyaux d'olive ; A. Philippon (1904) paraît donc bien autorisé à conclure que, aux temps historiques, les grands traits du climat méditerranéen étaient les mêmes qu'aujourd'hui. A côté, on constate que, dans les environs du lac d'Annecy, la végétation n'a subi que des variations peu considérables depuis l'époque néolithique (Guinier, 1908) — et tout cela incite à la prudence !

* * *

Les renseignements les meilleurs, au point de vue climatologique, seraient certainement ceux qui concernent les époques de feuillaison et de floraison des plantes spontanées et des arbres fruitiers. Pour les plantes cultivées, le mode de culture et l'introduction de nouvelles espèces peuvent produire des variations notables dans les époques de végétation : or, à l'encontre du renseignement scientifique recherché, c'est précisément sur les plantes cultivées que l'attention se portait de préférence, et c'est à leur sujet que l'on possède les documents les plus nombreux et qui remontent le plus loin. Cette grave difficulté ne dispense pas d'examiner les indications que nous peut fournir la végétation.

La plante constitue pour le météorologiste un moyen d'investigation précieux et, par la connaissance exacte de son développement, on peut se faire des idées précises des conditions du climat : dès le début, on pensait que les différentes phases de la vie végétale fournissaient une mesure de l'effet total de l'action calorifique, en sorte que la plante eût été comme un thermomètre enregistrant la quantité totale de chaleur ; mais les phénomènes de la nature sont encore plus complexes et les végétaux indiquent, en réalité, toutes les influences météorologiques. L'eau du sol intervient pour les alimenter et, suivant un processus assez complexe, dans l'évaporation(1) par les feuilles. Le rôle d'un agent est souvent double : ainsi la lumière atténuée sera plus favorable au développement des feuilles et des organes de vie active, tandis que la pleine lumière solaire directe est préférable pour la production des graines, tubercules et de tous les organes de réserve (R. Combes).

Une association végétale est fonction du milieu et détermine elle-même un milieu spécial : il faut que les plantes vivent dans un milieu biologique, c'est-à-dire qu'il faut approprier à chaque espèce le climat, le terrain dans lequel elle doit vivre, et tenir compte aussi du milieu ambiant, de l'influence des autres végétaux, des mains plus ou moins expérimentées qui les cultivent ; en un mot, la plante doit trouver autour d'elle tout ce qui est utile à son complet développement. Mettant les mêmes plantes dans des caisses et à diverses altitudes, Sampson indique comment les plantes enregistrent la résultante du climat, climat qui est lui-même analysé à l'aide d'instruments voisins : chaque plante ayant une température nécessaire au-dessus de laquelle la végétation puisse entrer en activité, la végétation ne réussira pas à une altitude trop grande qui présentera un manque de chaleur et d'humidité consécutive à une évaporation exagérée ; la culture ne peut donc réussir que dans une région protégée contre l'évaporation ou irriguée ; et l'influence du vent, élément que l'on introduit beaucoup trop rarement dans les notions de climat, est un facteur de différenciation de plus entre le climat de plaine et celui de montagne.

C'est à la phénologie que ressortit l'étude des phénomènes périodiques de la vie des plantes : germination, pousse des feuilles, floraison, maturation des fruits, et Linnée proposa le premier un plan régulier d'observations. Pour avoir des données comparables, il faut s'adresser à des espèces assez répandues, n'exigeant pas de conditions culturales spéciales et ne considérer que quelques phénomènes nettement accusés tels que l'éclosion des premières fleurs, commencement de la feuillaison, premiers indices de maturation, demi-décoloration ou décoloration générale des feuilles. Hoff-

---

(1) On trouvera dans Szynkiewicz une bibliographie assez complète de l'évaporation des plantes et de leur répartition.

mann, dans des études très étendues, a montré ainsi l'influence de la longitude, de la latitude et de l'altitude sur les divers phénomènes et conduit à des graphiques représentatifs : l'on en peut conclure, notamment, que les divers stades sont moins espacés, c'est-à-dire que leur succession est plus rapide, le développement de la plante s'accélère, si l'on veut, quand on se déplace vers le nord.

Les efforts de Quételet dans l'étude des variations de température et leur classification en diverses catégories, pour mettre en évidence certains caractères périodiques, avaient été partiellement couronnés de succès (1) ; il poursuivit ses recherches pour connaître l'influence de la température sur la végétation et, à la suite de ces travaux et des critiques de Cohn, l'Académie des Sciences de Belgique avait conçu le projet d'une enquête très vaste et très utile (2). Cette enquête, préconisée par Quételet pour l'étude d'ensemble des phénomènes périodiques, n'a jamais été poursuivie avec méthode (3) en ce qui concerne les éléments culturaux, les manifestations des insectes, des oiseaux, etc., sauf quelques travaux isolés de Angot ; et la chose est fort regrettable, car, à longue échéance, une pareille statistique apporterait certainement des résultats féconds.

Comment définir, comment apprécier l'action de la température extérieure pour caractériser les divers phénomènes végétaux, feuillaison, floraison ? Adanson propose d'utiliser la somme des températures depuis le début de l'année et en déduit aussitôt des conclusions remarquables (??). Mais *quelles* températures ? maxima, minima, à midi... ? Quételet essaye la somme des carrés des températures *depuis le réveil de la plante* (4) ; Babinet complique déjà en introduisant la somme des températures et le carré du nombre des jours (5). La méthode sûre fait toujours défaut.

Les botanistes avaient plutôt les yeux tournés vers la distribution géographique des espèces et les transformations successives de la vie des plantes, tandis que les météorologistes s'attachaient davantage aux relations des phénomènes végétaux avec les conditions moyennes successives de l'atmosphère. Boussingault crut à des lois très simples en fonction de la température, mais avec de Candolle, Linsser, Sachs, Krasan, de Vries, Köppen, Hult, Hildebrandssen... la question s'est élargie et précisée : pour

----

(1) *Acad. des Sc. de Bruxelles,* 10 mai 1853 ; anal. dans *Cosmos,* t. 3 (1853), p. 277.

(2) Voir l'intéressant article du *Cosmos,* t. 6 (1855), p. 304-

(3) Voir l'article du *Cosmos,* 2ᵉ s., t. 5 (1867), pp. 259-265.

(4) Cf : *Cosmos,* t. 1, p. 91.

(5) C. R. de l'Acad. des Sc., t. 33 (1851), p. 521.

chaque espèce et pour chaque fonction de cette espèce, le phénomène ne se produit qu'entre deux températures limites et il se produit *au mieux* pour une température intermédiaire entre le minimum et le maximum, que l'on appelle la *normale ;* par exemple, le maximum de floraison est inférieur au maximum de végétation, de sorte que, maintenue à une température trop élevée, une plante continuera son évolution végétale sans pouvoir fleurir. On conçoit alors les facteurs variés qui entrent dans la vie vraie de la plante, et non plus dans sa vie expérimentale : ainsi, par l'effet des variations diverses, un phénomène pourra se produire, même si les températures moyennes sont au-dessus du maximum ou au-dessous du minimum.

Certes, ce que nous venons de dire de la *vie vraie* de la plante ne condamne en rien le processus expérimental mais, aujourd'hui, le botaniste s'efforce de placer ses sujets d'observation dans des conditions naturelles et, surtout, aussi précises que possible. A cet égard, de récentes expériences offrent un grand intérêt lorsque Forman s'efforce de différentier l'effet des divers facteurs climatiques en mesurant la croissance de jeunes plantes pendant le mois qui suit leur germination : deux stations analogues sont installées, l'une en climat continental, l'autre en climat marin ; les plantes sont cultivées en pots de même terre, avec le même système d'irrigation, et toute la saison peut être suivie en faisant de nouveaux semis tous les quinze jours. La conclusion nous importe : la température joue un rôle prédominant sur l'humidité ou la luminosité, et les différences d'humidité ne provoquent de différences nettes dans l'accroissement que si la température est assez élevée pour que la plante « travaille » ; enfin, la possibilité d'accroissement du végétal adopté (Soya) est au moins deux fois plus forte en climat marin qu'en climat de montagne.

Mais personne ne saurait encore dire quelles conclusions, ou dans quelle proportion, restent applicables aux autres plantes.

De toutes façons, des facteurs très variés interviennent dans la vie de la plante et l'on ne peut plus admettre des lois aussi simples que celles de Quételet ou de Babinet : ici, un arbuste ne poussera pas parce qu'il a été exposé à la gelée ; là, le bois de la plante n'aura pas mûri par suite d'un été trop court et le cycle du processus de vie n'aura pu se compléter. Il est donc insuffisant, par exemple, de recourir à des températures moyennes ou à des totaux de températures supportées et Köppen a heureusement introduit les durées (un mois, quatre mois) où la température moyenne reste au-dessous d'une certaine limite, 10°, 20°... pour représenter par des cartes les régions propres à certaines essences forestières — il conclut même à l'influence des éléments météorologiques sur la disposition psychique des habitants des divers climats!

Sur *cinq* années d'observations, les Becquerel concluent (1869) que « pour qu'un pays soit un pays à vignes, il faut que le maximum de pluie coïncide avec la fin de l'automne » : c'est là, assurément, une définition insuffisante mais, surtout, sans valeur à cause de l'extrême brièveté de la période envisagée de cinq années, comparée à la complexité de la question.

* *

Revenons aux notions culturales. Etudiant le climat bizontin, Lebeuf a très bien mis en évidence, lui aussi, qu'une moyenne thermique annuelle (9°93) ne suffit pas à caractériser le climat et qu'il faut lui en adjoindre toute une série d'autres, valeurs saisonnières, valeurs extrêmes, et toutes particularités susceptibles d'éclairer et de préciser la signification des nombres obtenus ; et prenant le cas de la vigne, cas qui nous intéresse spécialement ici puisque cette culture a diminué dans la région, il dit : « Elle s'accommode de basses températures en hiver et exige une grande chaleur estivale pour donner du fruit. Placée dans une région où l'hiver est doux, l'été modéré, elle ne réussit pas et, cependant, cette région pourrait jouir d'une moyenne supérieure à 9°0, comme les côtes de Normandie et de Bretagne ».

Mais si la plante *intègre*, comme on le dit couramment, toutes les conditions auxquelles elle est soumise successivement, on manque de renseignements précis sur les conséquences lointaines de chacune de ces conditions : étudiant par exemple la vigne en Italie, Ferrari avait observé que si la température moyenne de deux mois d'hiver atteint —2° on peut s'attendre à une perte de cinquante pour cent sur la production moyenne ; si elle s'approche de —4°, le déchet atteindra soixante-quinze pour cent. De telles remarques sont très précieuses, mais elles sont fort rares, alors que leur multiplicité seule permettrait d'esquisser des conclusions.

En étudiant les relations entre les phénomènes météorologiques et les récoltes aux Etats-Unis, Warren Smith (1916) fait lui aussi, dans ce sens, quelques remarques intéressantes : la récolte du blé d'hiver dépend en grande partie de la température à la fin de l'hiver et les chutes de neige tardives sont particulièrement nuisibles ; les alternatives de gel et de dégel ont un effet salutaire, sans doute pour l'arrosage progressif ; par contre, et contrairement à l'opinion courante, la couverture du sol par de la neige n'exerce en hiver aucune action favorable sur le froment.

On est un peu mieux renseigné, surtout depuis les récents travaux de Azzi, sur les périodes qui correspondent à des phases particulières de la vie de la plante : dans ce sens, on peut dire que la végétation présente des *périodes critiques* soumises aux phénomènes météorologiques, humidité, pluie, gelée, chaleur et sécheresse. Ainsi, la période critique de la végétation du blé *par rapport à la pluie* est celle, d'une durée variable, où cette céréale a besoin absolument d'un minimum d'eau : si la pluie ne tombe pas au moment précis où le blé se trouve dans la période critique par rapport à l'eau, le développement sera entravé et le rendement sera plus faible, et pareille étude peut comporter des applications très importantes. Si la sécheresse est reconnue comme la cause déterminante de la faiblesse du rendement des récoltes de blé dans une zone particulière, trois façons possibles d'y remédier s'offrent aux cultivateurs : déplacer la phase de la végétation à laquelle correspond la période critique, en changeant l'époque de l'ensemencement ; modifier artificiellement les conditions météorologiques pendant la période critique, en irrigant si cela est possible ; sélectionner le blé en partant de lignées pures, de manière à avoir une variété qui résiste au phénomène météorologique nuisible, la sécheresse par exemple.

Pour chaque plante cultivée, il y aura donc lieu de connaître les périodes critiques, les époques moyennes de l'année où elles se présentent, élément variable avec la région, afin de pouvoir tracer des cartes dites phénoscopiques par Azzi. Autant de cartes, bien entendu, que de périodes critiques et de phénomènes météorologiques décisifs ; ainsi, pour les céréales, il y en a quatre relativement à l'humidité : germination, épiage, floraison, maturation des grains. Et ces cartes pourront rendre, au point de vue de la connaissance des climats, les services que peuvent offrir les cartes géologiques au point de vue de la nature du sol, et par conséquent de sa fertilité : toutes apporteront leur contribution pour le problème global du rendement ou de la fertilité.

Il en est de même pour les arbres fruitiers : si la chaleur qui leur est nécessaire dans la période critique correspondante est inférieure à celle dont ils ont besoin, la récolte sera compromise. Mais ils nous donnent en outre un excellent exemple d'un problème encore plus compliqué puisqu'il faut *deux ans* (cf. Bellair) pour que s'accomplisse une fructification de nos arbres : la première année se construit le bouton floral ; la seconde est celle de la réalisation avec l'utilisation des éléments de réserve, floraison, fécondation, fructification. Certes, des arbres très fertiles, vigne, pêchers, quelques pommiers et poiriers, peuvent accomplir simultanément les deux tâches, nourriture du fruit et construction des boutons floraux, mais est-il bien certain que, eux-mêmes, n'intègrent pas sur deux années les résultats des conditions météorologiques ? Pour le blé, la qualité du grain une année ne réagit-elle pas, comme semence, sur la récolte suivante ? Les périodes de grande fructification restent toujours exceptionnelles, elles fatiguent les arbres et sont le résultat d'un déséquilibre dans la distribution des réserves.

Il semble, au premier abord, que toutes ces considérations soient un peu étrangères à la question même de la variabilité des climats, mais il n'en est rien en réalité et il y aurait même bien d'autres points à développer : car, en observant parallèlement les phénomènes biologiques qui dominent la vie des plantes et les phénomènes météorologiques qui réagissent sur eux avec le plus d'intensité, non seulement on met en évidence les relations entre les facteurs météorologiques et les périodes critiques de la végétation, mais encore on se rend compte de la complexité du problème, de l'influence de l'homme et de la variation des procédés de culture, de la sélection des espèces et, en un mot, des doutes extrêmes qui subsistent sur la valeur des témoignages agricoles en matière de climatologie.

Le renseignement apporté par de bonnes cartes culturales ne saurait être négligé, mais il est moins formel et moins précis que celui des cartes géologiques, car il ne suffit pas que la plante trouve *en moyenne* la température ou les quantités d'eau qui lui sont nécessaires : il faut d'abord qu'elle en trouve toujours, c'est-à-dire que les écarts d'une année à l'autre par rapport à la moyenne ne soient pas trop considérables, et même que la variabilité d'un jour à l'autre n'affecte pas trop l'organisme végétal, deux raisons qui viennent condamner, dans certains cas, les climats extrêmes ou à trop brusques variations.

Enfin, la plante, elle aussi, s'adapte et évolue, de sorte que le climat *actuel* n'est *qu'un* des facteurs qui influent sur la distribution des êtres organisés : le second est le facteur historique mais ici, malgré d'intéressantes recherches, la science en est encore à balbutier. Car il y a conflit incessant comme dans toutes les questions biologiques : l'adaptation et l'hérédité sont deux facteurs en lutte perpétuelle et se trouvent mis en évidence, chez les végétaux, tantôt par la plasticité de certains caractères, tantôt par la conservation presque immuable de quelques autres. Gaston Bonnier (1900) a envisagé les lentes modifications qui se poursuivent dans la forme et dans la structure, et qui permettent peu à peu à une même espèce végétale de se transformer avec le changement de climat — ce qui, une fois de plus, rend très délicate l'utilisation des végétaux pour apprécier les changements de climats eux-mêmes.

* * *

Fritsch (1865) s'était occupé, déjà, de l'influence de l'altitude sur les époques comparées de la feuillaison et de la floraison : il y avait là toute une série de remarques curieuses qui méritaient d'être reprises au cours d'une recherche systématique plus complète.

Dans une étude très minutieuse, Angot s'est efforcé d'obtenir de bonnes cartes phénologiques plutôt que de rechercher les rapports entre les phénomènes périodiques de la végétation et les éléments météorologiques : il dégage bien, tout d'abord, pour la France, les retards dus à l'altitude ; puis, une fois faite la correction d'altitude, on observe une extrême régularité dans les courbes représentatives des phénomènes agricoles périodiques, et les courbes synchroniques montrent avec précision la vitesse avec laquelle progresse chaque phénomène quand on se déplace vers le sud ; puis, étudiant la somme des températures nécessaires à la production d'un phénomène, il trouve que cette somme est moindre en se déplaçant vers le nord. Dans le même ordre d'idées, Ferrari s'est occupé des récoltes en Italie pour confirmer la loi de Sachs, à condition de ne pas s'en tenir à la température et de l'étendre aussi aux questions de nébulosité et du nombre des jours de pluie.

La vigne présente bien tous les inconvénients des espèces cultivées, car ses divers stades d'évolution et particulièrement la maturation des raisins sont influencés par bien d'autres causes que des causes météorologiques ; exposition, mode de culture, espèce cultivée, etc... ; mais, d'autre part, la statistique de Cheux montre que les divers intervalles sont à peu près constants, de la feuillaison au début de la floraison, de là au début de la maturité et, surtout, que la date de la défeuillaison constitue le stade dont l'amplitude est la moins capricieuse. Tout cela fait que si les phénomènes de la vigne (plante cultivée), présentent moins d'intérêt phénologique, ces inconvénients sont aussi largement compensés par une régularité relative de quelques périodes évolutives et, surtout, par la très longue durée des séries d'observations. Aucun autre phénomène n'a été étudié depuis aussi longtemps et avec autant de soin, et l'on doit à Angot l'étude la plus complète et la plus soignée qui ait jamais été faite dans ce genre, portant sur 600 époques de vendanges : on y trouve l'influence de l'altitude et de la latitude, des sommes de température de mars à septembre, etc.

Les époques des vendanges, en particulier, sont connues pour chaque année dans quelques localités, presque sans lacunes, depuis le XIVᵉ siècle ou le XVᵉ: nous allons résumer les conclusions auxquelles a conduit l'examen de ces longues séries d'observations.

Dans les descriptions des vignes de la Gaule, que donne Columelle, au premier siècle de notre ère, on reconnaît parfaitement une variété spéciale (le Pinot) qui est toujours le plant des grands crus de la Bourgogne. On sait de même que, depuis Grégoire de Tours (VIᵉ siècle), ce sont encore les mêmes collines et la même partie des collines qui donnent les grands vins de Bourgogne ; or les mêmes plants donnent des produits très différents dès qu'ils sont transportés sous un autre climat, ou même à une altitude très peu différente. La moindre modification permanente dans la température ou dans l'humidité aurait donc fait varier la position des grands vignobles.

Il resterait à savoir, cependant, quelles sont les amplitudes dans les dates d'apparition d'un phénomène déterminé, et c'est à Marsham que l'on doit une des premières et des plus heureuses contributions dans cet ordre d'idées — et dont l'exemple devrait être suivi! Etudiant les observations faites dans sa famille depuis 1736 et interrompues seulement de 1812 à 1836, qui forment un véritable et précieux journal agricole, l'auteur classe les divers phénomènes végétaux et constate que les profondes modifications dans les hivers et printemps successifs ne se traduisent que par des décalages de dates de *neuf* jours pour certains phénomènes : ce sont là des variations bien peu considérables comparées à celles qui se sont produites dans les procédés de culture, de drainage, etc. et cette amplitude elle-même serait peut-être encore diminuée si l'on calculait les dates d'une façon correcte, vu les années bissextiles — en ne tenant compte que de la position de la terre sur son orbite (1).

Revenons à la vigne, sur laquelle on possède beaucoup de documents. La date des vendanges, dans un même pays, éprouve de grandes variations d'une année à l'autre sous l'influence des conditions météorologiques : parfois même, toute une série d'années donne une moyenne plus hâtive, ou plus tardive. Angot trouve que les époques de vendanges éprouvent de longues variations, allant jusqu'à 70 jours, ce qui constitue des écarts considérables et difficiles à interpréter par rapport à la moyenne : mais

____

(1) Voir ci-dessus p. 90, J. Mascart (1921).

il est troublant de voir que ces écarts ne sont pas identiques dans des régions très voisines, ce qui prouve le mélange de toutes les influences, humidité, âge des plants, mode de culture, habitudes locales et leurs variations.

Nous aurons à revenir sur ces sortes d'oscillations irrégulières, à forte amplitude, autour d'une valeur moyenne mais, au total, cette discussion prouve que l'époque moyenne reste à peu près constante, soit en France, soit dans les pays voisins : on ne peut y déceler aucune périodicité — pas même une oscillation qui se puisse rapprocher avec certitude des périodes des taches solaires, et les oscillations ne constituent nullement une variation continue dans un sens, toujours le même, qui indiquerait un changement progressif ou une modification constante de climat. En résumé, la discussion des observations relatives à la végétation de la vigne montre que le climat de la France a pu subir des oscillations passagères et de courte durée, tantôt dans un sens, tantôt dans l'autre, mais qu'en moyenne il est resté le même depuis quatorze ou quinze siècles.

** *

Eginitis a montré qu'il en était de même pour la Grèce. Actuellement, comme quatre siècles avant notre ère, du temps d'Aristote et de Théophraste, le dattier pousse et fructifie à Athènes; mais il n'y mûrit pas ses fruits. La comparaison avec les régions voisines montre que, dans les pays où la température moyenne annuelle est plus basse que celle d'Athènes de moins de 1°, le dattier pousse difficilement et ne fructifie plus ; au contraire, avec une température plus élevée de 1°, les dattes deviendraient mangeables, bien que ne mûrissant pas encore complètement . De même, les conditions de la végétation du dattier à Chypre sont restées absolument, à l'époque actuelle, ce qu'elles étaient au IVe siècle avant notre ère. Le climat de la partie orientale de la Méditerranée n'a donc pas varié d'une manière appréciable depuis 23 siècles.

Biot, enfin, est arrivé aux mêmes conclusions pour la Chine, en discutan es conditions anciennes et actuelles de la culture dans ce pays, l'époque du développement des vers à soie, celles de l'arrivée et du départ des oiseaux migrateurs, etc.

Au reste, on peut compulser de vieux textes en matière de culture en Palestine pour la vigne et le palmier-dattier : et, dans ce pays, qui n'a éprouvé ni grands défrichements ni grandes modifications, on peut considérer que la température est restée sensiblement constante depuis Moïse (Gavarret), ce qui conduit à cette conséquence que, depuis trente-trois siècles, il n'y eut aucun changement sensible aux propriétés calorifiques du soleil.

Vogelstein a étudié le régime pluvieux de la Palestine primitive ; les premières pluies après la période sèche, d'une importance capitale, étaient demandées par des prières et des jeûnes et soigneusement mesurées au moyen d'un vase : les déterminations très anciennes s'accordent aussi bien que possible avec les mesures modernes faites à Jérusalem (1).

Une seule note très discordante se fait entendre lorsque, dans une étude climatologique soignée de la Palestine et de la Syrie, Zumoffen (1899) affirme que le changement de climat y est manifeste et incontestable, par dessèchement progressif d'un ancien pays très fertile. Les sources invoquées comme bibliographie se rapportent à deux groupes d'auteurs : les uns affirment qu'un gouvernement intelligent peut encourager et protéger l'agriculture d'une façon efficace, en entreprenant des travaux propres à faire renaître la fertilité d'antan ; les autres soutiennent qu'il y a dessèchement progressif, d'où stérilité inéluctable par modification de climat.

Zumoffen se rallie à cette seconde manière de voir : il conclut que la stérilité a entraîné la dépopulation, et indique pour la Palestine de jadis une population six à sept fois supérieure à celle d'aujourd'hui — on aimerait à en connaître des preuves irréfragables ; il croit aussi que la Gaule était moins froide avec des pluies moins abondantes — affirmation gratuite, nous le savons ; et il compare le phénomène d'Orient à ce qui se passe au Sahara, dont il *admet* la fertilité aux temps passés — question qui mérite encore la controverse. Certes, en faveur de sa thèse, il accumule preuves sur preuves : malheureusement, il s'agit presque exclusivement de commentaires de textes bibliques, là où l'on voudrait pouvoir interpréter des faits scientifiques...

*
* *

Les relations étroites de la météorologie et de l'hydrologie ont fait penser à Garrigou-Lagrange qu'il y aurait intérêt pour la climatologie à utiliser les Archives des Ponts-et-Chaussées : oui, certes, mais ce sont là des documents beaucoup trop récents pour notre objet. On n'a pas encore tiré tout le parti possible des observations plus anciennes de Duhamel

---

(1) *Zeitschr. für Meteorologie*, 1895, p. 136.

du Monceau, formant une belle série homogène ; nous en avons cité de Pierre sur les gelées blanches, et nous venons de voir que Marsham a utilement commenté des archives de famille.

C'est bien ici, en effet, le lieu de mentionner en passant ce que nous avons déjà eu l'occasion de développer ailleurs (1), à savoir que les nations à très vieille civilisation en ont fort imparfaitement profité dans le dépouillement de leurs archives pour la recherche des documents météorologiques : il y a là des trésors de renseignements qui eussent apporté de notables perfectionnements à la Climatologie. Car toutes les données qui peuvent être utilisées sont loin d'être quantitatives, comme la pression, la température ou la hauteur d'eau tombée : deux climats seront très différents si, avec la même hauteur totale de pluie, les nombres des jours pluvieux s'y présentent très distincts. Ainsi, la fréquence des gelées, des gelées précoces ou tardives, le nombre des jours pluvieux, celui des orages, de la grêle, etc., permettent autant de statistiques dont l'étude pourrait tirer le meilleur parti ; et ce que nous venons de dire plus haut montre assez combien il est regrettable qu'un esprit à forte culture littéraire, avec du sens critique, n'ait jamais été tenté de dépouiller tous les anciens textes pour apporter une importante contribution à la climatologie du bassin de la Méditerranée.

Tous les faits que nous avons pu signaler prouvent assez, en tous cas, que s'il existe un mécanisme comme celui qu'invoque Arrhénius, mécanisme qu'adopte aussi Sterry-Hunt, ses effets sont beaucoup moins considérables qu'il ne l'imagine — mettons certainement dix fois plus petits.

En résumé, toutes les observations montrent que le climat moyen de la terre n'a pas changé d'une manière appréciable depuis les temps historiques. Si donc, comme les phénomènes géologiques portent à le croire, notre globe doit aller sans cesse en se refroidissant, ce refroidissement est tellement lent que, pour le mettre en évidence, il faudrait des observations très précises, poursuivies au moins pendant plusieurs siècles — peut-être même dix ou vingt siècles !

---

(1) J. Mascart. — La recherche des documents météorologiques, in 8°, Lyon, 1919.

8

INFLUENCE DE L'HOMME

Une dernière question, encore très controversée, est celle de l'influence que l'homme peut exercer sur le climat. Certes, en termes généraux, c'est un axiome vieux comme le monde que la terre commande à l'homme : le ciel, le sol, les conditions géographiques, agissent d'une façon prépondérante sur le physique et le moral des populations d'une contrée.

Mais dans quelle mesure la réciproque est-elle vraie ? dans quelle mesure l'homme peut-il modifier ses conditions d'habitat ? C'est ce qu'il nous faut examiner rapidement.

L'idée n'est pas neuve, et si elle fut renouvelée récemment, d'une façon peut-être un peu bruyante, sous le nom de *Géographie humaine,* il ne faut pas oublier qu'il s'agit de relations et de phénomènes généraux que Carl Ritter s'était déjà très heureusement proposé de mettre en évidence : « Son but essentiel, la pensée mère de son livre *(Vergleichende Geographie),* c'est de mettre en relief les rapports mutuels du sol et de l'homme (1) ». C'est bien là ce qui nous importe pour l'instant.

Sans doute, la durée de l'homme sur la terre est encore bien courte, mais il ne faut pas oublier que, en géologie, les résultats les plus frappants sont produits par de *petits* changements continus pendant de longues périodes séculaires (R. Wallace) ; on ne peut évidemment s'attarder aux petits effets destructeurs ou modificateurs que les animaux de différentes natures peuvent exercer sur le bord des mers ou des lacs d'eau douce (J. Girard) et dont l'influence est certainement négligeable ; mais on constate des modifications d'espèces animales et végétales et l'on est en droit de se

---

(1) Viviern de Saint-Martin, *Bull. de la Soc. de Géogr.* t. 8 (1847), p. 302.

demander si, par défrichement et culture, déboisement entraînant des ravinages, ou par des travaux d'irrigation, l'homme peut avoir, par exemple, une action sur le régime pluvieux.

Collins (1878) croyait aux tempêtes qui nous viennent d'Amérique et à la possibilité d'annoncer leur arrivée, et un auteur très estimable (Lespiault, 1883) pensait qu'une grande quantité de ces bourrasques nous viennent ainsi à travers l'Océan, soit directement, soit par détours ou transformations; — on sait aujourd'hui que le mécanisme est plus complexe et ce fait, loin d'être constant, ne permet pas de servir à la prévision du temps; et, à cause des déboisements considérables d'Amérique, elles perdent actuellement « moins de force vive et arrivent sur nous plus souvent comme des boulets de canon que comme des jets d'arrosoir ».

En matière de défrichements ou reboisements, la littérature est considérable ; parfois, comme en Amérique, on applique à reboiser la même énergie que n'en mirent les générations précédentes à conquérir leurs champs de culture sur la forêt vierge — sans assister à deux oscillations de climat en sens inverse ; mais, en ces matières, nous allons voir qu'aucun des arguments que l'on peut invoquer, dans un sens ou dans l'autre, n'a de valeur réelle pour prouver que l'action de l'homme soit capable de modifier le climat d'une manière appréciable.

Il est hors de doute que le reboisement des montagnes, par exemple, régularise le régime des cours d'eau et permet ainsi l'extension de certaines cultures. Les forêts paraissent également augmenter *localement* la quantité de pluie, mais dans une très faible mesure, et il semble bien vraisemblable, du reste, que cette augmentation locale est compensée par une diminution correspondante dans les environs; il n'en résulterait donc aucun changement de climat notable sur l'ensemble de la région. Le déboisement des montagnes n'a pas un effet moins net : la terre végétale, n'étant plus retenue par les racines, est rapidement entraînée par les pluies, la roche est mise à nu, les rivières tranquilles sont remplacées par des torrents dévastateurs et la région est vouée à la stérilité ; des siècles d'efforts seront alors nécessaires pour réparer les dommages.

Tout ceci apparaît comme très logique et constitue le cadre général de la théorie de Surrell qui, au milieu du XIXe siècle, prend un caractère dogmatique que l'on ne discute même plus.

Tchihatchef (1856) croit aux effets du déboisement sur le climat de l'Asie-Mineure et, le 2 février 1860, accordant au reboisement un crédit de 10 millions, le Ministre des Finances écrivait dans son rapport que tout, dans les massifs boisés, concourt à conjurer les « fléaux qui désolent les montagnes ; les racines des arbres maintiennent les terres et consolident le sol ; les branches forment un abri contre les orages et les vents, les feuilles fortifient la couche légère de terre végétale suspendue sur le roc..»(1) ; c'est de la géographie aussi lyrique qu'imprécise, mais qui se trouve malheureusement confirmée bientôt par la haute autorité scientifique qui s'attachait au nom de Becquerel.

Les publications de Becquerel en matière de météorologie sont extrêmement nombreuses, souvent fort intéressantes, et nous avons dû procéder à un choix pour notre bibliographie ; il revient à diverses reprises sur l'influence des boisements sur les climats et conclut, en 1865 : « en résumé, nous dirons qu'on améliore le climat d'un pays en défrichant les landes, assainissant les terrains marécageux, boisant les montagnes et tous les sols non agricoles qui ne présentent pas le roc nu... ». Sans doute... Sans doute... mais tout cela reste encore bien littéraire et l'on n'a toujours pas défini le mot climat ; puis les modifications proposées touchent plus à l'habitabilité, à la situation hygiénique, qu'au climat lui-même.

En étudiant la grêle, le même auteur (1865) constate qu'elle ne pénètre guère dans les forêts et attribue ce fait à une influence électrique des bois, ce qui entraîne un autre auteur à considérer expressément les forêts comme de véritables paragrêles : n'est-ce pas, tout simplement, parce qu'on se préoccupe beaucoup moins de sa chute dans les bois, que l'homme est moins soucieux des dégâts qu'elle y cause et ne s'en préoccupe pas aussitôt pour constater les chutes de grêle ? Mais cette opinion s'affermit toujours et, en 1867, Becquerel considère nettement les forêts comme protégeant contre la grêle. A l'abri d'une telle autorité, on voit soutenir les affirmations les plus fragiles : avec une plantation d'arbres, en Egypte, on aurait fait passer le nombre moyen des jours de pluie de 5 ou 6 à 40 (2) ! En Australie on prétend noter aussi une diminution de la pluie par suite de défrichement et d'abatage rapide d'arbres (3) ; à la Jamaïque, la destruction des forêts et le développement des cultures rend le climat au fur et à mesure plus sec... (4).

Mais tout ceci se passe généralement dans les pays lointains... Chez nous, la théorie de Surrell, est reprise par des forestiers comme Demontzey, répandue par la presse et l'enseignement, et s'impose bientôt aussi avec

(1) Cf : *Cosmos*, t . 16 (1860), p. 198.

(2) Cf : *Les Mondes*, t, 17 (1868), p. 679.

(3) Cf : *Les Mondes*, t, 23 (1870), pp, 107 et 525.

(4) Cf : *Les Mondes*. t. 26 (1871), p. 86.

la force d'un dogme intangible. Surrell parlait de « boiser jusqu'aux crêtes »; Demontzey renchérit en disant « que le reboiseur ne doit pas hésiter à porter son effort jusqu'à 3.000 mètres ».

* *

Mais, à l'abri d'un si bel enthousiasme, examinons un peu les faits apportés et leur valeur relative.

Rozet (1852) établit que le déboisement des montagnes de la Sabine, depuis 1800, n'a pas sensiblement influé sur les crues du Tibre ; Largeau (1875) attribue le dessèchement de certains bassins du Sahara au déboisement des plaines environnantes par les Arabes, et cette idée revient à maintes reprises, mais sans plus de preuves formelles, pour expliquer le régime torrentueux algérien ; Schwen (1893) relate un changement de climat bien caractérisé dû au déboisement en Prusse, diminution de fertilité en arbres fruitiers par suite du détournement des trajets d'orages (?) ; Venukoff (1894) croit que l'abatage du bois est la cause immédiate de la disparition des sources et du dessèchement de certaines régions ; l'abaissement progressif du niveau du lac Mälar, près de Stockholm, depuis le début du xixᵉ siècle, est également attribué au déboisement ; au cours de maintes publications, Descombes expose nettement l'action des déboisements sur une modification de climat et, après avoir parlé de « l'idée géniale de Lespiault », donne toute une série de règles pour un reboisement rationnel et *nécessaire*.

Ceci n'est qu'un son de cloche, basé souvent sur des généralités ; examinons donc plus en détail un cas particulier, par exemple celui des Pyrénées.

En 1904, il n'y a pas de doute pour Buffault : le déboisement aveugle des Pyrénées a des effets calamiteux et le seul remède se trouvera dans une amélioration des méthodes pastorales et le relèvement du taux de boisement. A la même époque, Ch. Rabot considère que l'on a déboisé hâtivement et saccagé les forêts : « Les effets de cette destruction, dit-il, n'ont pas tardé à se manifester. N'étant plus protégées par un manteau de forêts, les montagnes se sont dégradées, et, dans les hautes vallées comme dans les plaines, les inondations sont devenues terribles ».

Les idées vont évoluer rapidement. Parlant encore des Pyrénées, le même auteur (1907) reconnaît que les forêts n'empêchent pas les inondations et ne régularisent pas les débits des sources et des écoulements dans la mesure où on l'avait cru tout d'abord ; ce n'est cependant pas une raison, bien entendu, pour déboiser ou pour ne pas s'occuper de reboiser, car la forêt joue un rôle géologique, arrête la désagrégation de la montagne et diminue l'alluvionnement des cours d'eau. Enfin, Campagne établit (1912) que les Pyrénées sont plus boisées qu'elles ne l'ont été depuis plusieurs siècles, alors qu'on les prétend soumises à une déforestation intense.

Voyons, maintenant, ce qui se passe dans les Alpes.

Que faut-il aujourd'hui penser ? Parce que l'homme a détruit quelques forêts alpines, peut-on affirmer que toutes les Alpes étaient boisées ? Est-il possible d'accepter les conclusions de Demontzey, et ses propositions de reboisement intensif ?

Il semble sage d'étudier en détail la nature avant de risquer de telles généralisations. Tout comme la limite inférieure des neiges persistantes, la limite supérieure de la forêt paraît être l'expression d'un ensemble de conditions climatiques bien déterminées et le géographe, s'il veut formuler et préciser ces conditions, devra avoir recours aux lumières du botaniste et du météorologiste : car si l'on connaît un peu les liens entre la forêt et la température, on ignore totalement l'influence des autres facteurs, vent, humidité, précipitations. Et c'est ainsi que, dès 1907, avec une longue expérience de l'économie alpestre, Briot émettait timidement des doutes sur la généralité de la conception des Alpes boisées.

D'une part, il y a bien des exemples de reboisement *spontané*, précis et scientifiquement constatés, même dans les Alpes du Sud : Lenoble (1918) s'est efforcé de démontrer que le déboisement n'est qu'une légende, que le taux de boisement n'a guère varié et que, pour des raisons climatiques, nous ne serions pas capables de modifier de façon profonde l'aspect de nos montagnes ou le régime de torrents qui poursuivent une œuvre de longue haleine devant laquelle l'homme est presque impuissant; Mlle Gadoud (1917) établit que la forêt a considérablement augmenté en Dauphiné depuis le début du xviiie siècle, ce qui contredit ce déboisement des Alpes ; Ph. Arbos (1919) a tiré au clair la « légende du Dévoluy ».

D'autre part, en étudiant les ondes de chaleur aux Etats-Unis, Watts indique que leur intensité se trouve augmentée par la présence, en certains endroits, d'immenses prairies, mais il ajoute formellement qu'on ne peut pas les attribuer aux déboisements dus au progrès de la civilisation.

En 1910, Rothea explique que, loin d'avoir été soumise comme on l'affirme à un déboisement énergique, la France fut, au cours du xixe siècle, le siège de boisements étendus; pour l'ensemble du territoire, Daubrée (1914) établit que la surface forestière est supérieure à celle que nous ayons possédée depuis plusieurs siècles et, loin de diminuer, elle augmente très rapidement.

Tout ceci suffit à faire comprendre pourquoi les géographes ne croient plus guère au fantôme du déboisement et à ses conséquences.

* * *

Et puis, surtout, sur quelles surfaces peut s'exercer notre action ?

Buys-Ballot (1869) dit que le dessèchement du lac de Harlem (16.000 hectares) a augmenté d'un demi-degré la température moyenne des étés, et diminué d'autant celle des hivers : la moyenne ne changerait pas, mais le climat serait entièrement transformé si... nous n'en savions suffisamment pour pouvoir affirmer que de telles conclusions sont inadmissibles.

De Dienne a étudié, au point de vue historique, le rôle et l'influence des dessèchements de marais en France et en Hollande, sans parvenir à des conclusions importantes pour ce qui nous intéresse. Voiekoff dit que le voisinage *immédiat* des eaux et des forêts augmente la quantité de pluie *en été* : conclusion assez partielle et, en outre, portant sur la surface bien restreinte de 12.000 hectares. On a par exemple desséché des marais en Russie, dans la région de Kiew, et livré 100.000 hectares à la culture (cf. Venukoff), sans donner lieu à la moindre remarque ; on a desséché, avec le même résultat, les marais de Kankakee aux Etats-Unis, 160.000 hectares ; et, pour des surfaces déjà fort étendues, Henry est arrivé à la conclusion que (sauf *peut-être* le lac Supérieur) aucun des grands lacs ne paraît avoir une influence marquée sur la précipitation dans les régions avoisinantes.

L'étude si soignée de Warren Smith va nous apporter une précieuse indication. La région des grandes plaines aux Etats-Unis est naturellement très fertile, de culture facile, et de grandes cultures sont possibles là où l'humidité est suffisante, soit par précipitation, soit par irrigation ; dans l'est du Texas, de l'Oklahoma, du Kansas et le sud-est du Nebraska, la chute annuelle de pluie dépasse 750^{mm} et est assez régulièrement distribuée pour que les sécheresses sérieuses soient rares ; dans l'est du Nouveau Mexique, du Colorado et du Wyoming, l'extrême ouest du Texas, de l'Oklahoma et du Kansas, l'ouest du Nebraska et du Dakota sud, le centre et l'ouest du Dakota nord et l'est du Montana, la chute moyenne annuelle de pluie est de 250 à 500^{mm} et les sécheresses fréquentes, l'humidité étant insuffisante pour la culture, là où l'on ne peut irriguer pendant les années peu pluvieuses. Même dans la région intermédiaire, de 500 à 625^{mm} de chute annuelle, les cultures souffrent dans les années à pluies légères, ou mal distribuées, surtout dans le sud où la température est élevée et l'évaporation plus grande.

Cependant, dans les années à pluies abondantes et bien distribuées, il arrive naturellement que les fermiers sont encouragés à étendre vers l'ouest les surfaces cultivées ; et si une série d'années favorables se succèdent, les opérations peuvent être poussées fort loin dans les districts semi-arides, si loin que, des années *ordinaires* étant venues, la chute de pluie est tout à fait insuffisante pour la culture et l'on assiste, malgré la pratique du dry-farming, à d'immenses désastres. Or, pendant les périodes de pluies exceptionnelles, on a fréquemment émis l'opinion que la précipitation augmente en général — jusqu'au désastre régulateur — et que cette augmentation est due à l'extension des aires cultivées. Au cours des cinquante dernières années on constate une augmentation considérable pour les surfaces cultivées en céréales dans les cinq Etats des Grandes Plaines (Kansas, Nebraska, Dakota nord et sud, Montana), et l'on peut en faire le tableau pour le comparer à la courbe donnant la moyenne de la précipitation annuelle aux Etats-Unis pendant la même période ; si l'augmentation de la surface cultivée accroît la précipitation, cette dernière courbe présentera une ascension continue. Il n'en est rien : la courbe montre une succession de courtes périodes d'accroissement et de diminution dans la précipitation, avec deux minima en 1873 et 1888, et deux maxima en 1878 et 1908 ; la moyenne de la chute annuelle pour les vingt-cinq premières années de la période est de 490^{mm}, tandis qu'elle s'établit à 485^{mm} pour les vingt-cinq dernières années, nombres à très peu près égaux.

Ainsi, voilà une expérience sur une très vaste étendue qui établit que l'extension des cultures n'eut aucune action réelle sur les précipitations atmosphériques.

Du reste, quelle que soit la théorie admise, les effets humains par assèchements, déboisements, cultures, irrigations, peuvent modifier les conditions d'habitabilité de la région beaucoup plus que le climat lui-même ; le régime des cours d'eau aura changé, mais non la quantité de pluie, ni sa répartition dans le courant de l'année, non plus que la température moyenne, ni la direction du vent. En somme, on ne possède encore aucune donnée précise qui montre la grandeur des effets que l'intervention de l'homme serait capable d'avoir sur le climat proprement dit : en pareille matière, on est réduit à peu près à l'hypothèse.

*
* *

Tout ce que nous avons vu précédemment montre déjà d'une façon très suffisante qu'en ces matières il faut être d'une réserve extrême et d'une grande prudence, et ne pas imaginer simplement que de vastes mouvements atmosphériques seront la conséquence inéluctable de petites expériences locales, on peut presque dire des essais de laboratoire. Ainsi, sur des observations précaires, peu nombreuses et réparties sur de courtes périodes, Boussingault ne craignit pas d'affirmer que les déboisements considérables, les assèchements de marais étendus réalisés en Amérique avaient rendu les hivers moins rigoureux et les étés moins chauds, de sorte que la compensation, dans son ensemble, eut correspondu à un adoucissement du climat avec une légère élévation de la température moyenne ; par analogie, par déboisement et travaux de régularisation des cours d'eau (mesures opposées et contradictoires), la France, depuis la Gaule du début de l'ère chrétienne, aurait aussi un climat graduellement adouci, devenu moins variable (?), avec une température moyenne un peu plus élevée. Rien de *scientifique*, comportant une critique sévère, n'autorise de telles conclusions.

Très généralement, on peut le dire, les faits annoncés et les conséquences que l'on en tire résultent de travaux rapides ou superficiels et, surtout, d'une méconnaissance de la complexité des problèmes météorologiques. La pluie n'est pas un phénomène simple, facile à isoler, et la quantité d'eau qui tombe dans l'année sur un lieu donné est une résultante extrêmement complexe (Duclaux, p. 452) : au moins dans nos climats tempérés, elle dépend de la direction des courants aériens, du nombre et de l'intensité des bourrasques qu'ils ont convoyées, de leur distribution suivant les saisons, c'est-à-dire de circonstances très variables, et, en outre, de circonstances plus stables, mais non pas immuables, en relation avec la situation géographique et le relief du sol. Dans les âges primitifs de la Terre, le climat, nous l'avons dit, a certainement subi de profondes transformations, tant par suite des causes d'ordre astronomique que par suite des importantes modifications du relief, mais, depuis que la Terre a une histoire, à part quelques spasmes de l'écorce, le relief ne s'adoucit que bien lentement et la répartition des terres et des mers ne s'est pas sensiblement modifiée : certes, les courants atmosphériques ne vont pas au hasard et leur régime se prête à une distribution assez régulière, comme pour les courants marins ; mais, s'ils offrent l'image d'une certaine stabilité, elle est bien moins grande que celle des continents, ils ont pu présenter, et présenteront encore, des déplacements irréguliers.

Et puis, même pour les situations relatives des continents, leur rôle et leurs mouvements possibles, le météorologiste aimerait bien à être fixé avec plus de précision par le géologue, car les renseignements que nous avons tenté d'obtenir (v. ci-dessus, p. 74 et suiv.) sont nettement précaires et insuffisants. Exemple : au début du xixe siècle, Lyell conclut que les côtes de Suède s'élèvent de 1 m. par siècle — c'est beaucoup ! mais rassurons-nous de suite, car, 35 ans après, le comte de Selkirk (1867) parvient à une conclusion opposée (1). Alors, on reste dans l'anxiété et l'on continue à ne plus savoir *qu'est-ce qui bouge* : les mouvements sont-ils dus à ceux des couches terrestres ? les fluctuations proviennent-elles du niveau de la mer par déplacement des sous-sols immergés ?...

Personne, *théoriquement*, ne nie l'importance que peut avoir sur un changement de climat, soit un cataclysme, soit l'influence humaine, mais à condition d'avoir une répercussion sur d'immenses surfaces, ce qui, dans la pratique, rend l'action de l'homme tout à fait négligeable. Un tremblement de terre qui ouvrirait largement l'isthme de Panama et permettrait aux eaux du golfe de Mexique de se déverser, même partiellement, dans l'océan Pacifique, modifierait dans une mesure effrayante le climat de l'Atlantique et, par répercussion directe, celui de toute l'Europe. Des changements considérables seraient certainement produits si, par exemple, on pouvait amener et maintenir, sur toute la surface du Sahara, une couche d'eau suffisamment profonde : la température moyenne de toute cette région serait abaissée de 8° à 10°, l'équateur thermique refoulé bien loin vers le sud et les mouvements généraux de l'atmosphère entièrement modifiés. Des changements en sens inverse seraient observés si toute la surface du Brésil se trouvait transformée en un sol aride et dépourvue de toute végétation.

Des révolutions de ce genre sont probablement survenues aux époques géologiques, par suite de soulèvements ou d'abaissements portant sur d'énormes étendues ; tout récemment, on sait que la période glaciaire comportait de grandes surfaces glacées et que la moraine frontale du glacier du Rhône était plus loin que Lyon. Mais, en pratique, l'action de l'homme est limitée à des surfaces tellement restreintes qu'il paraît bien incapable d'amener aucune modification appréciable dans les conditions générales de l'atmosphère.

(1) Cf: *Les Mondes*, t. 15 (1867) p, 101.

* * *

Les théories que défendait Escher von der Linth en 1852 (v. ci-dessus p. 35) pour le problème glaciaire et l'existence d'une mer intérieure au Sahara eurent un assez grand retentissement : devaient-elles toujours être confirmées ? comme on sembla le croire peu après (1).

La Mer Rouge et la Méditerranée n'ont-elles fait qu'une seule mer, l'Afrique et l'Asie qu'un seul continent ? 1900 ans avant notre ère — juste, et pas plus, comme le veut Cazalis de Fondouce (1868). Je ne me chargerai pas de répondre à de telles questions et me borne à rappeler que, selon les pronostics de Rayet (1869), le percement de l'isthme de Suez devait modifier le climat...

Roudaire avait autrefois conçu le projet de modifier le climat algérien par le remplissage du bassin des schotts (2) et ce projet fit d'autant plus de bruit qu'il avait été envisagé avec enthousiasme par de Lesseps, qui en considérait l'exécution comme *facile* et propre à rendre son ancienne fécondité à l'un des versants de l'Aurès. Oui, mais: d'une part, les renseignements qui tendent à faire du Sahara une ancienne mer intérieure sont contradictoires avec les affirmations de Duveyrier (cf. Grad) qui y voit, il n'y a pas plus de deux à trois mille ans, une région humide, pluvieuse, aux rivières abondantes et de végétation luxuriante ; d'autre part, Angot a établi que les vents favorables sont aux défavorables dans le rapport de 1 à 9,4 et que les vapeurs issues des schotts iraient vers le Sahara sans profit pour l'Algérie, outre les difficultés provenant de l'énorme quantité d'eau que devrait amener le canal d'alimentation pour remédier à l'évaporation de cette mer saharienne; sans compter les critiques de E. Cosson, Baudot, etc et sans même aller, comme Hennessy, jusqu'à prétendre que le fait de transformer le Sahara en une mer intérieure ferait élever la température moyenne des régions voisines. Ces idées un peu simplistes persistent à trouver des défenseurs : tout récemment, encore, Miss Schwartz propose de détourner le Couméné dans le lac Ngami pour transformer le Kalahari en région fertile par la seule augmentation des pluies...

On semble, aujourd'hui, s'accorder à reconnaître que recouvrir d'eau

---

(1) Voir : Discours du Président à l'*Ass. brit, p. l'Avanc. des Sc.*. Bath, 1864 ; anal, dans *Les Mondes*, t. 6 (1864), pp. 294 et 384.

(2) V. ci-dessus pp. 30 et suiv.

des surfaces relativement assez grandes, comme celles des schotts du sud
de l'Algérie, ne produirait vraisemblablement pas de grands changements
dans cette région, pas même de faibles pluies locales. Le voisinage des mers
ou d'immenses océans ne fait pas qu'il pleuve sur les côtes atlantiques du
Sahara, sur celles de la mer Rouge, de l'Australie occidentale ou du Pérou:
nous avons dit que la production de la pluie est un phénomène beaucoup
plus complexe qui exige, avant tout, l'existence préalable de grands mouvements ascendants de la circulation générale, ou des tempêtes, qui sont
en dehors de nos moyens d'action. Dans un domaine bien plus restreint, il
ne paraît pas même dans nos moyens de forcer localement un nuage à se
résoudre en pluie par des décharges d'artillerie ou de puissantes explosions ; les tentatives de ce genre, faites notamment en Amérique et en
Nouvelle-Zélande, ont complètement échoué ; la guerre a tranché définitivement la question. En effet, la formation de la pluie exige des conditions beaucoup plus complexes : même si des nuages existent au préalable,
ce ne sont pas simplement des réservoirs remplis d'eau et qu'une violente
commotion pourrait ouvrir ; on en tirerait peut-être ainsi quelques gouttes,
mais, pour qu'une véritable pluie se produise, il faut que d'énormes masses
d'air en mouvement apportent sans cesse de nouvelles quantités de vapeur
d'eau et, cela, dans des conditions où leur condensation rapide soit possible.

Et, cependant, la structure si étrange des continents reste un objet
de méditations. Sans recourir à un bouleversement aussi important qu'une
fracture de l'isthme de Panama, « qui pourrait calculer, dit Duclaux (1891),
les effets d'un lent exhaussement dans la barrière de coraux qui se forme
au large de la Floride, si cette barrière finissait par arrêter le départ vers
le Nord du Gulf-Stream qui la traverse aujourd'hui ? » Question angois-
sante qui devint aussitôt le thème de variations faciles : « qu'arrivera-t-il
si les coraux du détroit de Bahama, par leur lente croissance, finissent
par fermer le passage du Gulf-Stream ? (Thoulet, 1894). Le froid rendra
la Norvège et l'Angleterre inhabitables et la chaleur deviendra torride
en Espagne et dans le Nord de l'Afrique ; la côte orientale des Etats-
Unis, refroidie par le courant polaire qui la longe du Nord au Sud, sera
désertée par ses habitants ; la civilisation d'Europe et d'Amérique se
transformera, des villes opulentes se changeront en solitudes, des déserts
se peupleront, et tant d'événements seront l'effet d'un misérable poly-
pier, placé au dernier rang de l'échelle des êtres et qui aura arrêté un
courant ». (!!!).

On peut ainsi longuement épiloguer.

En 1900, l'ingénieur Sicater préconise le barrage du détroit de Floride par un mur solide et le percement corrélatif de la presqu'île de Floride, à sa base, par un canal de dérivation par lequel le courant chaud serait contraint de monter au long des rivages américains ; et, dans son océanographie, Berget prétend que si l'homme dressait une digue dans le détroit de Floride, il pourrait *endiguer le Gulf-Stream* et, par suite, devenir un puissant agent de changement pour le climat ! Et pourquoi tant de frais ? pour obtenir *quel* changement ? qui serait peut-être désastreux. Mais, dans cet ordre d'idées, journalistiques si l'on peut dire, il y a mieux encore : l'abbé Moreux (1923) ne croit pas que l'on puisse avoir d'action sur les climats par des travaux tels que ceux de la Floride ; le climat serait-il déterminé exclusivement par la circulation aérienne ? et non par la circulation marine, ce qui reviendrait à nier l'adoucissement des climats marins sous l'influence directe du Gulf-Stream et, par de ces brillantes fantaisies, on amuse le public sans l'instruire — bien au contraire.

En 1913, le Congrès reçut un bill par lequel l'auteur réclamait aide financière, afin de construire à l'est de Terre-Neuve une digue de 400 kilomètres qui s'en viendrait, au large, barrer l'Atlantique et qui rabattrait le Gulf-Stream vers l'Amérique du Nord. Si l'on veut donner suite à toutes les inventions....

Le détroit de Belle-Isle, qui sépare le Labrador de Terre-Neuve laisse assurément passer un courant froid : que se passerait-il si l'on venait à boucher ce détroit par une digue ? le courant froid n'est qu'*un* des facteurs des durs hivers et du climat défavorable du Canada septentrional ; affirmer que la digue arrêterait net le froid, que le Gulf-Stream se chargerait de pourvoir à son remplacement et viendrait adoucir le climat de Nova-Scotia, Prince-Edouard, New-Brunswick, Québec, de la région du Saint-Laurent, d'Ottawa... et qu'un climat tempéré viendrait changer les destinées du Canada, tout cela n'est que du rêve (1) ou du journalisme d'opportunité sans aucun rapport avec la science.

« Projets en l'air ? Qui sait ! » dit Toudouze. Oui, il faut avoir le courage de le dire : ce sont là projets en l'air, développements naïfs et inutiles — ou même oiseux.

⁎

La température de l'année est-elle variable ? comme nous nous le demandions tout à l'heure. C'est là une question encore beaucoup trop

---

(1) Walter Noble Burms — *Popular Science Monthly*, N.-York, octobre 1921.

complexe à démêler étant donné l'incertitude des documents que nous possédons ; on ne pourra y répondre de façon précise d'ici fort longtemps et il ne nous est encore permis que de faire des conjectures.

Sans doute, il est logique d'admettre une variabilité pour les climats, mais nous ne saurions, aujourd'hui, prétendre en déterminer les lois. Sans doute, aussi, pour obtenir une variation de climat, il n'est pas indispensable de recourir à un cataclysme important et brutal, pas même de faire intervenir des modifications brusques ou lentes dans le relief du sol : une toute petite diminution dans la force d'impulsion des courants équatoriaux vers le Nord, une légère extension dans la barrière d'eau glacée que leur présentent les pôles, amèneraient des changements de premier ordre pour les régions qu'ils gagneraient comme pour celles qu'ils abandonneraient ; or nous assistons précisément, sans en comprendre le mécanisme, à de tels mouvements des glaces, à des changements dans le rythme des climats, à des variations considérables de pluviosité, constatations faites en des sens divers et sur de bien petites périodes.

Mais les conditions générales du climat restent déterminées par la forme et la configuration géographique de notre globe : les changer dans leurs traits essentiels sera toujours au-dessus des forces de l'homme. Il n'y a rien là de décourageant, car l'homme peut et doit chercher à les utiliser et à en tirer le meilleur parti ; peut-être même, un jour, par des connaissances météorologiques plus étendues, en s'inspirant et s'aidant de ces conditions générales, arrivera-t-il à obtenir quelques modifications de détail sur de petites surfaces ; mais les modifications, même les plus restreintes, ne pourront être que progressives et demanderont des siècles d'efforts continus.

En fait, les phénomènes météorologiques sont sous la dépendance de causes astronomiques et de causes physiques ; parmi les premières, quelques-unes comme la précession des équinoxes, ont des variations multiséculaires ; les secondes ont un caractère fort instable. « Calculer la résultante définitive de toutes ces actions diverses, dit Duclaux, et la loi générale à laquelle elle obéit est encore hors de notre portée ».

MODIFICATIONS CLIMATÉRIQUES
PÉRIODIQUES

Ainsi donc, comme le dit Boutquin, « tout tend à établir que, depuis le début des civilisations, aucune variation de climat, affectant de grandes étendues, ne s'est produite *de façon continue* » : et, cependant, le sujet d'étude reste passionnant puisqu'il est hors de doute que, au bout de quelques années, les instruments météorologiques traduisent certains changements dans les caractères des saisons.

On a beaucoup trop utilisé le fait que ces changements se retrouvent, mais sans doute légèrement exagérés, dans la mémoire des vieillards : la mémoire est infidèle et tend à exagérer les phénomènes passés ; elle attache trop d'importance à un fait qui l'a frappée, en négligeant les autres ; le même événement impressionne différemment un esprit jeune et un esprit adulte, qui ne sont pas pareillement émus par la violence d'un orage, la hauteur d'une chute de neige, etc. ; les changements de résidence, ou la modification de ces résidences, interviennent. Dans ce sens, il n'y a rien de scientifique à baser sur les traditions ou la mémoire des hommes : il faut exclusivement recourir aux indications d'instruments précis qui n'ont pas de préjugés — et, ainsi circonscrit, le problème est déjà bien assez difficile.

Mais, puisqu'ils ne sont pas continus, les changements observés ont-ils un caractère périodique ? pour se fondre dans une moyenne portant sur un nombre d'années assez grand ?

La question, ainsi posée, entre dans une phase nouvelle.

Sans doute, les deux grandes périodes essentielles qui influent sur les éléments météorologiques sont les périodes diurne et annuelle, qui dépendent du double mouvement de la Terre sur elle-même et autour du

soleil : Poéy va même jusqu'à exposer la similitude des influences météorologiques produites par ces deux causes, rotation et translation, de sorte
que l'on pourrait formuler comme une véritable loi que les variations d'une
journée sont figuratives de celles d'une année, ou même d'un cycle solaire,
analogie qui, trop précisée, devient illusoire malgré son intérêt réel. Mais
en dehors de ces deux périodes essentielles, peut-on mettré en évidence
d'autres variations périodiques ? C'est déjà ce qu'ont cherché tous les
astrologues lorsqu'ils voulaient baser leurs prédictions sur les positions
relatives des diverses planètes.

Cette opinion que les phénomènes météorologiques sont soumis à des
périodicités se retrouve encore dans toutes les vieilles croyances populaires,
telles que celle de la Lune Rousse, qui placent en notre satellite une action
prépondérante sur le climat (1). Or, si depuis le xviiie siècle de nombreux
travaux ont cherché à mettre en évidence l'influence des positions relatives de la Lune et du Soleil, notamment A. Poincaré pour les successions
des dépressions, on ne peut encore admettre avec certitude que l'effet
d'une petite marée dans les couches élevées de l'atmosphère et, contrairement aux dictons toujours en vogue, une discussion rigoureuse n'a pu
déceler de manière simple et sensible l'action de notre satellite. On est
peut-être cependant sur la voie avec les intéressantes tentatives de Garrigou-Lagrange (2) étudiant les ondes barométriques lunaires et la variation séculaire du climat de Paris : l'action combinée du nœud et du périgée
conduit à la considération d'un cycle dé 186 années solaires, comprenant 10
révolutions du nœud et 21 du périgée, au bout duquel ces deux éléments
reprennent à peu près identiquement la même position par rapport à une
commune origine. C'est à ce cycle de 186 ans qu'il faudrait rapporter la
grande variation observée par Garrigou, et confirmée récemment par le
P. Déchevreus, non seulement pour la pression, mais encore pour la température et la pluie : s'il en est réellement ainsi, et comme le minimum
barométrique s'est produit vers 1840, on doit s'attendre à voir, sous le
climat de Paris, la pression et la température moyenne augmenter, la
pluie au contraire diminuer, jusque vers la fin du premier tiers de ce
siècle.

Mais, puisque les résultats précis sont encore incertains et fort difficiles à atteindre, on peut tout d'abord s'efforcer, *sans invoquer de cause*,
non de rechercher une variation continue du climat dans une direction

---

(1) Cf. *Beitr. zur Geoph.*, t. 12 (1913).
(2) *Bull. de la Soc. belge d'Astron.*, t. II (1896-1897), p. 196.

donnée, mais d'analyser les nombreux matériaux météorologiques pour
tâcher d'y découvrir des oscillations séculaires.

Or, dès le début, les éléments météorologiques eux-mêmes n'ont pas
facilité la solution. Nous avons déjà eu l'occasion de signaler (v. ci-dessus,
p. 110) que les phénomènes agricoles présentaient, de part et d'autre de
la moyenne, des écarts considérables et souvent déconcertants, qui ne
permettent pas de trouver une faible variation de la moyenne ; nous avons
indiqué, ailleurs, le cas tout à fait exceptionnel de deux grands hivers consécutifs avec des singularités opposées montrant le danger de trop faire
confiance aux moyennes, qui peuvent dissimuler l'existence de perturbations essentielles dont l'étude serait féconde (1).

Mais c'est surtout l'extrême amplitude des variations accidentelles
dans les données de la météorologie qui vient compliquer le problème.
L'année 1910, par exemple, fut extrêmement pluvieuse ; son été est un des
plus froids et des plus humides que l'on ait observés à Paris et le maximum
absolu de la température, pour toute l'année, fut, en juillet, 27°, 6,valeur
extraordinairement basse. A cette pluviosité particulière a succédé la
sécheresse remarquable de 1911 : été l'un des plus chauds et secs que l'on
connaisse, avec des maxima absolus de 35°,7 en juillet, 36°,5 en août et
25°,8 en septembre. Ainsi donc, que l'on étudie l'un ou l'autre élément,
pluie ou température, on verra la courbe représentative bondir d'un
extrême à l'autre des deux côtés de la normale. Et ce qu'il y a de plus
grave, c'est que pareilles anomalies sont encore assez fréquentes ! Angot
a montré que, pour la région de Paris, l'année 1921 avait présenté une
température très élevée et une sécheresse absolument sans précédent ;
1922, par contre, pouvait être également classée parmi les années exceptionnelles puisque la pluie totale 757ᵐᵐ (normale 575) est sinon peut-être
la plus forte, au moins l'une des deux plus fortes qui aient été observées
dans les cent douze dernières années.

Et, si les variations périodiques ont une influence réelle, leur amplitude est ainsi beaucoup plus faible que celles des variations accidentelles,
comme on le voit pour les extrêmes des deux années consécutives : il sera
donc délicat de déceler une cause perturbatrice dont l'action est minime,
d'autant plus qu'il ne serait pas rationnel d'admettre l'existence d'une
variation périodique dont l'amplitude ne serait pas notablement supérieure à *l'erreur probable* des nombres qui ont servi à l'établir. Puis les
courbes représentatives des observations sont capricieuses, leurs maxima

____

(1) Jean Mascart. — *Acad. d'Agric. de Fr.*, 23 oct. 1918.

et minima mal déterminés et la fixation de la grandeur de la période cherchée peut être fort malaisée : il peut être bon, dans ce but, de choisir pour origine le point d'inflexion (A. Auric) de la courbe représentative, qui saurait être parfois déterminé avec une erreur un peu moins grande que celle qui porte sur les points limites.

Enfin, il est souvent difficile de définir avec précision les éléments que l'on veut employer et discuter. J'en donnerai l'exemple suivant : en 1928, dans le Midi de la France, il y eut une grande sécheresse fort préjudiciable aux vignobles ; or la quantité *totale annuelle* de pluie y fut *à peu près normale*, faisant entièrement disparaître cette singularité remarquable (1).

Mais, aussi, j'ai démontré ailleurs que, si l'étude des singularités météorologiques reste nécessaire et passionnante, elle exige du moins les plus grandes précautions et une extrême réserve dans les conclusions (2) : ainsi, par exemple, on est accoutumé de dire qu'une année, ou un été, exceptionnellement chaud était en même temps sec, alors que ces deux propriétés ne sont nullement parallèles et simultanées. D'ailleurs, s'il y avait quelque rythme, quelque périodicité possible dans les phénomènes de l'atmosphère, il est bien naturel d'admettre que c'est le baromètre qui les pourrait surtout révéler puisqu'il nous renseigne sur les grands courants et les échanges de l'atmosphère, sur les dépressions dont l'influence est capitale dans les manifestations superficielles : or, malgré les nombreuses études de Garrigou-Lagrange sur les vagues barométriques luni-solaires, le régime de la pression reste très mystérieux ; et, quand J. Lévine tente d'assimiler par l'analyse harmonique la circulation atmosphérique au phénomène des marées océaniques, il soulève de nombreuses difficultés à côté des curieuses correspondances qu'il signale, légitimité du calcul, valeur des observations utilisées, amplitude des écarts individuels, ce qui permet de rester sceptique devant la période de 96 ans qui régirait les minima barométriques, et plus que sceptique devant la remarque que 95 ans font très sensiblement huit révolutions de Jupiter...

***

L'attention était appelée depuis longtemps sur les variations des

---

(1) Cf : *C. R. Acad. d'Agric.* 1924, p. 379.

(2) Jean Mascart. — *Sur quelques singularités météorologiques, Bull. de l'Observ. de Lyon*, t. 5. Décembre 1923.

glaciers des Alpes : C. Long avance déjà qu'il doit y avoir une relation entre les variations périodiques des glaciers et celles du climat, mesurées par les chutes de pluie et la température ; Forel, Sonklar, Richter,... s'attachent avec continuité à cette question pour mettre en évidence une corrélation entre les glaciers et la quantité d'eau tombée ou la température dans la région des Alpes ; Forel, en particulier, énonce nettement que le facteur essentiel paraît être la chute de pluie et pense que les croissances glaciaires se produisent dans les périodes pluvieuses et froides, les retraits dans les périodes sèches et chaudes, pour préciser des périodes de croissance de 1800 à 1815, 1830 à 1845 et 1875 à 1880. Nous retrouvons bien, ici, le mélange inexact et inadmissible entre la sécheresse et la chaleur, la pluie et le froid, de sorte qu'il ne faut pas s'étonner outre mesure si, en discutant les observations de température et de précipitations atmosphériques au pied des Alpes, de 1855 à 1912, Maurer parvient à la conclusion opposée qu'elles sont *sans aucune relation* avec les oscillations des glaciers : la période humide et froide, 1878 à 1891, n'a exercé nulle influence sur la progression glaciaire ; on peut dire que depuis 60 ans la plupart des glaciers suisses ont rétrogradé, de sorte qu'il ne saurait être question, dans cette région, de la période oscillatoire d'environ 35 ans des glaciers dont on a tant parlé — mais alors, jusqu'à présent, il reste inexplicable que ce retrait des glaciers soit aussi persistant.

De tels changements, bien entendu, ne sont pas propres aux Alpes seulement et les travaux se multiplient : Köppen étudie les températures ; Siéger (de Vienne) prouve que la différence dans les quantités de pluie s'étendent sur toute la surface terrestre et sont en corrélation avec des oscillations des mers et des lacs ; Ferrel, Guldberg, Mohn, Hann, trouvent dans les mesures barométriques d'anciennes variations qui correspondent aux variations de pluviosité ; Rykatshew s'attache aux époques de rupture des glaces en Russie et en Sibérie, etc., etc.

Dès 1887, Brückner démontrait que des oscillations dans la quantité de pluie se produisent presque généralement dans tous les pays de l'hémisphère nord : elles se traduisent non seulement dans la quantité d'eau reçue par le pluviomètre, mais aussi dans les oscillations de longue durée observées dans le niveau des fleuves et des mers et, bien que les observations soient assez clairsemées dans l'hémisphère sud, celles que l'on a pu recueillir montrent que ces régions prennent part à des changements analogues. Ce n'étaient que les premières conclusions du travail très étendu que Brückner consacrait à ces matières, en reprenant et complétant l'œuvre de ses prédécesseurs : puisant des documents très nombreux et très complets aux meilleures sources, il se livre à une discussion critique minutieuse et aussi précise que possible dont nous allons examiner rapidement quelques conséquences.

Le matériel mis en œuvre (1) correspond, tout d'abord, aux observations d'environ 500 stations météorologiques, embrassant ensemble 25.000 années d'observations, et réduites sur le même plan, puis divers phénomènes spéciaux à propos desquels la chronique historique fournit des renseignements utilisables : on s'aperçoit assez rapidement, comme nous venons de l'indiquer ci-dessus, que, depuis l'époque historique, il n'y a pas eu de variation continue dans un sens déterminé. En revanche, on constate que certaines oscillations embrassent sur plusieurs siècles les périodes observées de réchauffement ou de refroidissement, de sécheresse et d'humidité, et que ces variations dans la température, la précipitation ou la pression, entraînent des fluctuations corrélatives dans les phénomènes qui en dépendent, débit des rivières, ouverture et fermeture des rivières par la glace, niveau des lacs fermés, époques des vendanges et des moissons.

S'il est ainsi possible d'affirmer que, simultanément, les climats de tous les continents sont soumis à des variations, il faut reconnaître néanmoins que ce phénomène n'est pas aussi sensible dans toutes les contrées : quelques-unes, en nombre minime, font exception à la règle, mais elles sont restreintes aux côtes maritimes et le voisinage de la mer en régularise le climat, tandis que les oscillations s'accentuent, au contraire, à mesure que l'on pénètre plus profondément à l'intérieur des continents ; pour la température, nous verrons que certaines actions deviennent plus manifestes en s'approchant de la zone équatoriale.

Il y a plus grave encore.

En étudiant diverses stations, Marvin (1923) trouve pour quelques-unes d'entre elles des fluctuations de 50 à 100 ans, peu régulières et sans préjudice de plus petites oscillations périodiques possibles, puis il conclut qu'il y aurait simultanément deux types de climats : les climats stables et les climats variables.

Une telle conclusion est-elle recevable ? est-ce une réponse *scientifique* à la question posée? on pourrait en discuter, car elle légitime *tous* les résul-

---

(1) Les recherches de ce genre sont souvent très pénibles. Pour Paris, les données météorologiques étendues à plus de deux siècles sont éparses dans plusieurs centaines de volumes et, afin de faciliter les recherches climatologiques, J. Lévine a proposé de les réunir en quelques volumes spéciaux. *C. R. de l'Acad. des Sc.*, t. 168 (1919), p. 1011.

tats: s'ils sont positifs, parfait, dira-t-on, les oscillations de climat existent ; et s'ils sont négatifs, le contraire est établi d'une façon tout aussi
correcte. L'auteur conclut bien dans ce sens en disant que, en toute rigueur,
il n'y a pas de changement systématique ou permanent depuis environ
6.000 ans et que, avec autant de vérité et selon les témoignages adoptés,
on peut répondre soit oui, soit non, à la question de la variabilité des
climats.

* * *

La solution n'approche guère... et il est sans doute nécessaire d'examiner plus en détail les éléments utilisés.

Car, en vérité, les choses sont un peu moins simples qu'elles n'en ont
l'air tout d'abord. Pour définir un cycle d'années de sécheresse et un groupe
d'années humides, il faut que les variations de pluviosité soient très nettes
d'une à l'autre année : c'est bien, en effet, ce que l'on constate dans l'intérieur des continents où les territoires sont l'objet d'assez grandes oscillations atmosphériques ; par exemple, en Sibérie, ou dans le Far-West de
l'Amérique du Nord, les années sèches fournissent des précipitations qui
sont inférieures de un tiers, et même de moitié, à celles des années humides.
Mais les zones périphériques, sous l'influence de la mer, donnent des résultats beaucoup moins nets : en Europe occidentale, ou dans la partie orientale des Etats-Unis, les années pluvieuses ne donneront guère qu'un
sixième de plus que les années sèches. Cette difficulté n'avait pas échappé
à Brückner : il s'en tire en groupant les stations, mais nous verrons que ces
groupements comportent de nombreuses et graves critiques.

Outre les observations glaciaires dans les Alpes et le Caucase, on possède au XIXe siècle les mesures de niveau des lacs dans toutes les parties
du monde ; notamment, 7 lacs dans les Alpes et 10 en Europe. C'est naturellement dans les lacs fermés que les variations sont les plus fortes, mais
on observe que les époques de maxima et de minima sont en retard par
rapport à celles des rivières affluentes ; cependant, tous ces phénomènes,
hautes et basses eaux, retards, apparaissent comme d'un ordre très général
pour toute la terre, car ils se montrent indépendants de la longitude et de
la latitude du lieu d'observation. Entre deux maxima ou deux minima
consécutifs, on note de 30 à 40 ans d'intervalle — en moyenne 35,6.

Les variations de niveau de la mer Caspienne, en relation évidente
avec les conditions climatériques, sont connues avec une précision suffisante depuis le Xe siècle : on constate qu'elles se reproduisent avec une

période variant de 34 à 36 ans. Si on les compare ultérieurement avec les autres phénomènes, on vérifie une correspondance logique avec la température et la pluie, les périodes sèches et chaudes abaissant le niveau. C'est simple... au premier abord, car Rylguet n'a-t-il pas mentionné l'action de la lune sur le niveau des mers Noire et Baltique ?

Mais, ici aussi, une remarque importante doit être faite : la corrélation entre les hauteurs de pluie et les niveaux des lacs n'est pas toujours bien nette. Faut-il donc s'en étonner ? car la hauteur d'un niveau lacustre est évidemment une résultante très complexe de facteurs multiples. La précipitation en est un, soit ; mais l'évaporation en est un autre, qui dépend du régime des vents dominants ; l'apport des fleuves intervient, avec l'action d'un bassin parfois très étendu, l'état du sol plus ou moins imprégné, c'est-à-dire *la façon* dont la pluie est tombée. Tous ces éléments sont plus ou moins actifs, selon les circonstances, et il ne faut pas s'attendre à voir s'établir, à première vue, une corrélation sensible entre la marche continue de deux phénomènes particuliers.

Par exemple, tous les travaux de Köppen et de ses continuateurs tendent à établir une relation, dans les régions tropicales, entre la température et les taches solaires, celle-là étant moins élevée aux époques de minimum de taches : or l'évaporation, qui est sous l'influence directe de la température, va jouer avec la précipitation le rôle capital dans la formation du niveau des lacs et, dans ce sens, le niveau devrait être, lui aussi, en relation avec l'état des taches solaires. Pour le lac Victoria, Brooks (1923) a relié assez simplement les variations de niveau avec celles des deux facteurs : précipitation et évaporation.

Les volcans émettent assurément des masses considérables de gaz qui se répandent dans les parties élevées de l'atmosphère, dont les courants ont une influence directe sur les phénomènes météorologiques superficiels.

Leur activité est-elle liée aux variations du baromètre ? A propos d'études sur le Stromboli, notamment, on n'a constaté aucune relation de ce genre : certes, on reconnaît que le volcan, par la masse de vapeur d'eau émise, agit plutôt comme hygroscope — et l'on a même été, dans ce sens, jusqu'à vouloir l'utiliser pour la prévision du temps — mais, bien qu'il puisse agir sur la transparence de l'air, on n'a pas réussi à le mettre en rapport avec les éléments météorologiques immédiatement perceptibles. Les tentatives n'avaient pas été plus fructueuses quand on avait cherché une relation entre les tremblements de terre et la pression. Mais on crut pendant longtemps (nous verrons à propos du magnétisme terrestre que cette opinion doit être abandonnée), que les tremblements de terre sont en relation étroite avec les actions volcaniques et, par répercussion, avec la précipitation atmosphérique: on entrevoit alors la possibilité d'une relation entre la pluie et les tremblements de terre, pour lesquels il serait possible de mettre en évidence une période de 35 ans (O' Keilly) — résultat qui est loin d'être confirmé.

*　*　*

On s'est appliqué plus en détail à l'étude des hivers rigoureux car c'est bien là un phénomène remarquable qui, de tout temps, a frappé l'imagination, de sorte que l'on en retrouve la trace dans les plus vieilles Annales. Vers 1840, E. Renou a fait voir que les hivers rigoureux reviennent par groupes de 5 ou 6 tous les 41 ans, période élastique qui se voit mieux sur des groupes d'années que sur les années isolées ; puis, après les travaux de Brückner, il a encore repris la question à propos du dernier groupe de grands hivers qui prenait fin avec ceux de 1879, 1880, 1881, et fait remarquer les grandes analogies présentées par les deux périodes 1838-1847 et 1879-1888: toutes deux ont amené des maladies de la vigne et des pommes de terre, consécutives à des abaissements des températures moyennes.

On devait nécessairement rechercher la généralisation du cycle de 35 ans à travers l'étude de phénomènes très divers et, pour les hivers rigoureux, si l'on prend le Catalogue de Pilgram, on trouve sensiblement :

de 1020 à 1190	une période de	34 ans
— 1190 à 1370	—	36 —
— 1370 à 1545	—	35 —
— 1545 à 1715	—	34 —
— 1715 à 1890	—	35

Notons encore que, pour 150 hivers parisiens consécutifs, Maze (1897) trouve une périodicité d'environ 25 ans, se subdivisant en périodes de 3 et 4 ans.

Etudiant récemment la distribution des températures en Suède et ses variations, Eckholm observe qu'un affaiblissement dans l'intensité du Gulf-Stream amène des hivers rigoureux ; l'influence capitale doit être reportée à la distribution des pressions, donc à l'insolation, donc, en fin de compte, à l'état des taches solaires. Mais, comme pour le niveau des lacs (ci-dessus, p. 133-134), on ne peut attendre un parallélisme sensationnel entre deux éléments et, en fait, les correspondances entre les hivers et les taches ne sont pas très brillantes, hivers froids avec maximum de taches..., mais parfois aussi avec des minima, ce qui n'empêche pas l'auteur de croire à la corrélation. Mais, peut-on demander alors pourquoi le Gulf-Stream se montre sans action sur les températures des étés ?...

Tout ceci, on le voit, n'est pas encore bien démonstratif. D'abord, il s'agit d'un phénomène parfois très étendu, mais, souvent aussi, local : un hiver peut être fort rigoureux ici, et normal dans un pays voisin. Puis, avant de conclure, il faudrait pouvoir définir son choix et répondre à cette question bien simple qu'est-ce qu'un hiver rigoureux ? (1) — ou un été chaud, mais l'étude des étés n'a pas donné grand chose jusqu'à ce jour.

** **

Enfin, un phénomène agricole va nous apporter encore un renseignement précieux : on peut constater qu'une moisson précoce correspond à une période de haute température et de petite précipitation, tandis que la moisson tardive est corrélative de la basse température avec forte précipitation ; or les époques moyennes de moissons précoces ou tardives sont, depuis 1496 :

Moissons précoces	tardives	Moissons précoces	tardives
1501–1505	1511–1515	1681–1685	1696–1700
1521–1525	1546–1550	1725–1730	1741–1745
1585–1550	1566–1570	1756–1760	1766–1770
1586–1590	1591–1595	1781–1785	1816–1820
1601–1605	1626–1630	1826–1830	1851–1855
1636–1640	1646–1650	1866–1870	1886–1888
1656–1660	1671–1675		

Nous avons déjà examiné les renseignements agricoles (v. ci-dessus, p. 100) en recherchant si le climat éprouvait des modifications continues, mais il nous faut compléter notre exposé précédent en nous plaçant plus particulièrement cette fois au point de vue des oscillations périodiques possibles.

---

(1) Angot a donné un mode de classement assez logique des hivers : mais le procédé donné n'a pas été appliqué d'une manière générale pour pouvoir servir de base à un classement étendu.

Ces études relatives aux récoltes sont assez difficiles et d'une interprétation malaisée, car une récolte dépend non seulement de l'ensemble des éléments météorologiques, mais des époques auxquelles se produisent les phénomènes : d'après Sachs, chaque plante a besoin, pour son développement normal, d'un état thermique qui peut varier entre deux limites, mais c'est à un état intermédiaire que correspond le maximum de développement, et il en est de même pour les autres phénomènes météorologiques qui, comme la pluie, influent sur la croissance des végétaux. Au reste, si les fortes récoltes correspondent souvent aux températures les plus élevées, c'est à condition que ces températures se produisent à des saisons propices.

En Italie, par exemple, d'après les études de Ferrari, le riz sera d'autant plus abondant que l'été aura été plus pluvieux ; au nord, la récolte en céréales est d'autant plus faible que le *nombre* des jours de pluie est plus grand — c'est l'inverse dans le midi, ce qui met bien en évidence le caractère *local* des influences. En outre, nous voyons déjà que la quantité totale de pluie n'intervient pas seule — la façon dont elle tombe, le *nombre de jours* des précipitations joue, lui aussi, un rôle.

Arctowski a donné pour les récoltes aux Etats-Unis, de 1891 à 1909, des cartes synoptiques analogues aux cartes d'isobares dont on peut suivre les déformations successives, mais qui montrent une fois de plus la complexité du problème et ne permettent aucune conclusion en ce qui concerne les périodes solaires.

D'ailleurs, ce fait que la plante est sensible à une quantité d'actions, à des époques variées de l'année, rend précisément très difficile — pour ne pas dire aléatoire — la recherche des relations entre les phénomènes météorologiques et l'état des récoltes. En étudiant par exemple le blé d'hiver aux Etats-Unis, Warren Smith (1916) trouve que la récolte dépend en grande partie de la température qui règne pendant le mois de mars, les chutes de neige à cette époque étant particulièrement nuisibles ; contrairement à l'opinion courante, une couverture de neige en hiver n'exerce aucune action favorable sur le froment, tandis que, au mois de janvier, des alternatives de gel et de dégel ont un effet salutaire — question d'arrosage progressif, sans doute.

Avant de savoir si les oscillations possibles dans le climat sont rigoureusement périodiques, ou si la durée des changements varie de période à période, on doit examiner si les phénomènes variés indiquent sensiblement la même période.

Les vendanges sont assez bien connues : avec les données de Montmorency, entre 1767 et 1804, la date oscille entre le 10 septembre (1781) et le 19 octobre (1767), pouvant être placée en moyenne le 2 octobre ; à Boësses (Loiret), la date moyenne est le 30 septembre pour la période de 1788 à 1853, en moyenne le 14 septembre pour les années précoces 1806, 1811, 1822, 1834, 1846, et le 14 octobre pour les années tardives 1805, 1816, 1829, 1838, 1845, — les dates extrêmes étant le 1er septembre et le 25 octobre.

Par analogie avec les moissons, on possède une longue série de bans de vendanges, qui remonte à l'an 1400 et qui permettrait également, si l'on en croit certains auteurs, de fixer à 36 ans la durée moyenne d'une oscillation.

Les mesures limnimétriques (1) poursuivies depuis 1700 conduisent au même résultat. On est encore arrivé à des données curieuses en s'adressant aux documents systématiques d'un tout autre genre : on possède une évaluation quantitative de la pêche des anguilles dans les lagunes communales de Comacchio et de Venise, depuis 1798, et ces données ont été mises à jour et discutées par Bellini, Henking et Krebs. La pêche moyenne est de 16 kgs à l'hectare, mais les nombres varient d'une à l'autre année entre 10 et 23 kgs ; les années de grande pêche (1811 à 1847, 1880) sont à rapprocher des années de pluviosité maxima du cycle de Brückner (1808, 1843 et 1878) que nous examinerons tout à l'heure, et le retard même de 2 à 3 ans est légitime car l'augmentation de pluviosité correspond à un apport plus grand, et plus riche, en matériaux nutritifs de toutes sortes par les ruisseaux et petites rivières qui viennent se déverser dans les lagunes, favorisant la nourriture et le développement ultérieur des anguilles. En tout cas, en soi, cette statistique met en évidence deux variations de 36 et 33 ans que l'on ne peut manquer de rapprocher des périodes précédentes.

* * *

Afin de mettre en évidence l'extrême variété des procédés employés pour approcher la solution de la question des variations climatériques, et de leur périodicité, nous citerons encore la méthode basée sur l'étude des coupes d'arbres : en état de croissance, les anneaux annuels des arbres ont une épaisseur variable ; on peut, non sans quelque logique, rapporter

---

(1) Nous examinerons plus loin les relations entre le niveau des lacs et le cycle des taches solaires, notamment avec Dawson aux *Influences météorologiques*.

les différences de développement aux variations des conditions atmosphériques et, plus particulièrement, de l'humidité des années correspondantes ; d'où l'espoir, par l'épaisseur des anneaux mesurés sur une longue série d'années, de tirer des conclusions sur les hauteurs relatives des précipitations à diverses périodes.

Douglass, pour appliquer ce principe, a entrepris des mesures sur 25 troncs de pins de l'Arizona dont l'âge moyen était de 348 ans, deux d'entre eux ayant atteint 520 ans : l'épaisseur de l'anneau annuel est déterminée en millimètres le long d'un rayon typique d'une coupe transversale du tronc, et l'existence de cycles climatiques va résulter de 10.000 mesures de ce genre. D'abord, toutes les parties de la courbe de 500 années mettent en évidence un cycle de 11 ans, dont la période la plus vraisemblable est de 11, 4 années. Mais n'allons pas croire à une belle régularité, car la courbe n'est pas identique dans tout l'intervalle considéré : elle présente de 1400 à 1670 deux maxima et deux minima ; puis, jusqu'en 1790, s'aplatit avec un caractère moins cyclique ; enfin, de nouveau, deux minima jusqu'à l'époque actuelle. Au résumé, on le voit, rien de bien convaincant que l'affirmation d'une coïncidence très étroite avec la période des taches solaires — mais qui oserait, aujourd'hui, ne pas retrouver la période des taches ? — Une autre période d'environ 21 ans, dont le dernier apogée se place en 1892 : très marquée de 1410 à 1520, moins pendant un siècle, cette pulsation reprend d'une façon très régulière depuis 1610. Enfin, le phénomène sera complètement analysé si l'on y ajoute une période de 38 ans, naturellement rapprochée, voire même identifiée avec la période de Brückner : ici encore, rien d'absolu car, après 1730, la pulsation se montre de 33,8 ans, et si l'on compense les courbes par périodes de vingt années, une nouvelle période beaucoup plus longue apparaît avec des points culminants en 1400, 1560, 1710 et 1865...

Certes, de telles expériences sont loin d'être sans intérêt et doivent être rapprochées des observations faites antérieurement par Kowessi (1906) sur l'accroissement des arbres, mais elles soulèvent, elles aussi, plusieurs questions graves avant de pouvoir conclure : est-il bien certain que l'âge des arbres soit représenté par le nombre des cercles concentriques du tronc ? car on a signalé une observation faite au Mexique, dans un climat chaud et humide où la nature ne se repose jamais, et suivant laquelle il pourrait y avoir jusqu'à un cercle par mois — ou lunaison !

Et l'essence étudiée est-elle indifférente ? N'a-t-on pas observé que la forme même du tronc, non circulaire, dépend de son exposition au soleil (1) et, par suite, l'accroissement ne dépend-il pas de la *position* de l'arbre, plus ou moins ensoleillé ?...

Il semble en effet, au premier abord, que l'épaisseur des anneaux, mesurant si l'on veut l'aliment mis à la disposition de l'arbre, corresponde à ses ressources en eau et soit, par conséquent, parallèle au total des précipitations — quelques chiffres modernes ont paru l'établir : on a même vu une confirmation dans ce fait que l'anneau est plus épais sur la face nord, où l'évaporation, moins active, correspond à une plus grande humidité. Mais les phénomènes sont en réalité plus complexes et, au moins dans nos climats, on ne peut affirmer que l'épaisseur des couches dans les arbres soit proportionnelle à la pluviosité : dans la période de croissance des plantes, cette pluviosité *peut* amener une plus grande épaisseur des bois, mais cette épaisseur reste toujours en relation avec les besoins de l'arbre, et ne peut par suite dépasser une certaine limite ; à la fin de la végétation, la pluie n'influence pas, ou peu, l'arbre qui, n'ayant plus besoin de croître, n'a aucune raison d'accroître ses cellules de bois — au contraire, puisque ce bois d'automne formé est presque toujours constitué de fibres ou de parenchyme ligneux.

Le mécanisme sera tout différent dans les pays où la nature ne se repose pas, sous des climats chauds et humides dont Sumatra, Java, etc., sont le type : la température est uniforme, les pluies sont fortes et journalières, l'état hygrométrique voisin de la saturation : l'arbre non plus n'a pas de repos, et il n'y a pas lieu de s'étonner qu'il donne jusqu'à une couche de bois par mois quand on songe qu'un bambou, qui ne donne par de couches successives de bois, peut s'accro'tre de 52^{cm} par 24 heures !

Et puis les besoins d'eau, et son mouvement dans l'intérieur des plantes, sont réglés par des besoins fonctionnels. Certes, tout cela n'est pas contradictoire avec l'observation de l'Arizona, à cause des conditions possibles de température et d'humidité, et de pareilles conclusions pourraient à la rigueur se défendre... si les périodes rencontrées n'étaient pas si capricieuses ; et, surtout, si la comparaison avec les taches solaires ne conduisait l'auteur à faire correspondre les minima de taches avec les maxima de pluie et de température et, à ces points de vue, il se trouve en contradiction, soit avec Bigelow, soit avec Newcomb.

On voit que la relation entre les taches solaires et l'accroissement des grands pins de l'Arizona n'est pas encore établie.

---

(1) Cf : Bianchi, *Les Mondes*, t. 20 (1869), p. 530.

TEMPÉRATURE ET PLUIE

(KÖPPEN-BRÜCKNER)

La température de l'air (1) doit, comme tous les autres éléments, être
soumise à des fluctuations, mais le phénomène est assez peu prononcé
et, jusqu'en 1872, les travaux isolés n'ont fourni que des résultats incertains et contradictoires. La première raison de l'insuccès tient à ce que la
variation dans la température n'atteint qu'une fraction de degré et qu'il
est difficile de la déceler parmi des fluctuations locales et accidentelles
de grande amplitude : pour y remédier, on peut localiser les recherches
aux régions tropicales, caractérisées par un climat très régulier, tandis
que, dès que l'on a dépassé les tropiques pour se rapprocher des pôles, les
variations accidentelles de la température prennent une importance considérable ; or les principaux auteurs étudiaient, au contraire, les températures des stations situées dans les régions tempérées du globe, les plus
nombreuses et sur lesquelles les renseignements étaient les plus complets.
De plus, il était difficile de se procurer des séries d'observations s'étendant sur un assez grand nombre d'années. Enfin, il serait évidemment
bien souhaitable qu'une étude détaillée de chaque station permit de mettre
en évidence des influences locales, qu'il resterait à discuter en fonction de
la longitude et de la latitude, de la situation continentale, etc., mais une
telle solution est encore très loin de notre portée : il faut donc se résoudre
à étudier ce qui se passe sur un ensemble de stations, en traitant concur-
remment leurs données d'observations additionnées en vue d'une moyenne

---

(1) Pour les difficultés relatives à la température, les précautions à prendre
dans les observations, les moyennes et leur interprétation, voir J. Hann. Handbuch der Klimatologie, p. 7 ; *Ciel et Terre*, t. 4, 1883-84, p. 309.

générale, procédé fort imparfait, certes, mais que nous impose la difficulté du problème.

En 1873, Köppen donnait le résultat de l'étude des températures dans plusieurs stations sur la période 1820-1870. L'étude est encore imparfaite et certaines stations sont bien douteuses puisque quelques séries ne comportent que dix années d'observations : et cependant, à côté de l'influence solaire sur laquelle nous reviendrons dans un instant, le travail de Köppen met bien en évidence que la courbe des variations de températures moyennes annuelles n'affecte une allure régulière que dans les stations tropicales et que, pour les régions extérieures aux tropiques, cette courbe devient complètement irrégulière, de sorte qu'il n'est plus possible d'y reconnaître une allure périodique quelconque.

On peut comparer avec les résultats postérieurs de Brückner les inditions fournies déjà pour les périodes chaudes et froides :

D'après

Köppen		Brückner
chaud	1791–1805	1801–1805
froid	1806–1820	1806–1820
chaud	1821–1835	1821–1835
froid	1836–1850	1836–1850
chaud	1851–1870	1851–1870
froid		1871–1885

Ici, tous les documents ne sont pas concordants : 5 % (Köppen) ou 8 % (Brückner) des matériaux donnent des résultats opposés ; 15 % donnent des résultats indifférents, ni dans un sens ni dans l'autre. Si l'on divise la la surface de la terre en cinq zones, voici, pour la région chaude tempérée, les écarts observés par rapport à la température moyenne :

Köppen			Brückner		
1821–25	1836–40	1866–70	1821–25	1836–40	1866–70
$+0°,49$	$-0°,56$	$+0°,21$	$+0°,37$	$-0°,35$	$+0°,16$

et, pour toute la terre, les époques des maxima et minima et leurs valeurs relatives, sont :

1736–40	$-0°,43$	1821–25	$+0°,56$
1746–50	$+0°,48$	1836–40	$-0°,39$
1766–70	$-0°,42$	1851–55	$+0°,11$
1791–95	$+0°,46$	1866–70	$+0°,11$
1811–15	$-0°,46$	1881–85	$-0°,08$

On voit sur ce tableau que, pour une période de 36 ans, la variation de température serait d'environ 1º : cela signifierait, pour l'Europe centrale, que les isothermes se déplacent de 3º en latitude ou de 320 kilomètres ; il ne semble pas qu'il s'agisse là d'un changement climatérique bien consirable et, cependant, nous verrons bientôt qu'une telle conclusion est exagérée et que l'amplitude de la variation est certainement beaucoup plus faible. Néanmoins, il est intéressant de constater que les changements soupçonnés pour la température s'opèrent suivant le même rythme que dans les Alpes, ainsi qu'il ressort des recherches faites sur la durée hivernale de la congélation des fleuves.

La période, elle-même, est loin d'être confirmée par tous. Dans son travail sur les Etats-Unis, Schott trouve de légères variations de température, par vagues irrégulières et sans aucune progression vers un climat plus chaud ou plus froid : le cycle périodique serait d'environ 22 ans sur l'Atlantique, et de 7 ans dans l'intérieur du pays.

C'est pour les éléments pluviométriques que les conclusions sont les plus nettes et, encore, nous devons faire une réserve : tous les auteurs adoptent les hauteurs d'eau tombées pendant une année ou un mois, mais n'introduisent pas *la façon* dont la pluie est tombée, par exemple par le nombre des jours pluvieux, élément qui a une grosse importance, à notre avis, dans la notion du climat. Brückner utilise les résultats de 321 stations dont quelques-unes (comme Paris) comportent une série très étendue ; J. Hann étudie plus spécialement Padoue (1723-1900), Milan (1764-1900) et Klagenfurt (1813-1900).

On trouve ainsi dans la période moderne :

	Pénurie	Excès	Pénurie	Excès
Pour l'Europe..........	1831–40	1840–55	1856–70	1871–85
Ensemble de la terre.....	1831–40	1846–55	1861–65	1876–85

Les écarts par rapport à la moyenne sont d'une estimation délicate et leur interprétation est fort malaisée, car les écarts dépendent du mode de calcul employé et se trouvent toujours inférieurs à la variation réelle dans la quantité d'eau qui, d'une année à l'autre, peut varier de plus du double : le premier auteur apprécie ces écarts à 16 % en Europe et 28 % en Amérique Centrale, la période la plus sèche n'étant que les 3 /4 de la plus humide ; pour l'autre, les extrêmes en pour cent de la moyenne générale se trouvent être :

	Padoue	Milan	Klagenfurt
Année la plus sèche............	58	62	42
« « humide...........	152	152	151

avec une prédominance de 34 % d'années sèches contre 29 % d'humides, car, dans les années humides, la hauteur d'eau dépasse beaucoup plus la normale qu'elle ne reste en dessous pendant les années sèches.

Cette question de la variabilité des pluies et de l'interprétation des écarts est, certes, extrêmement délicate, mais elle a été bien étudiée par Tarrade et il est tout à fait exagéré de dire à ce propos : « Ces résultats me paraissent suffisamment frappants pour montrer qu'il est vain de rechercher une périodicité dans les quantités de pluie. Si une périodicité existe, elle ne peut avoir qu'une amplitude très faible, beaucoup plus faible que les variations accidentelles, et par suite sans grande importance pratique (J. R.) ». Il n'en est rien, nous le verrons, et, si difficile que soit ce problème, on peut en tirer des conclusions très régulières. Bien que l'on ignore ce qui se passe sur les Océans, il ne semble pas y avoir compensation d'une à l'autre région; on observe seulement une amplitude d'autant plus grande dans les variations de pluie que la région considérée est plus continentale : ainsi le rapport du maximum ou minimum égale 1,18 pour la partie orientale de l'Angleterre, tandis qu'il s'élève à 2,31 pour la Sibérie occidentale.

On peut résumer de la façon suivante les périodes de maxima et de minima dans les pluies, avec l'indication des époques moyennes (Hann), de ces périodes humides et sèches :

maxim.	1691–1715			minim.	1826–1840	1823
minim.	1716–1735			maxim.	1841–1855	1843
maxim.	1736–1755	1738		minim.	1856–1870	1859
minim.	1756–1770	1753		maxim.	1871–1885	1878
maxim.	1771–1780	1773		minim.			1898
minim.	1781–1805	1788		maxim.		(1913)
maxim.	1806–1825	1808		minim.		(1928)

et l'on obtient des périodes analogues si l'on décompose encore plus, en étudiant les totaux mensuels au lieu des sommes annuelles.

Pour le XIXe siècle, avec des stations d'observation meilleures et plus nombreuses, on peut être un peu plus précis et indiquer pour les maxima et minima des précipitations les périodes :

maxim.   1815   minim.   1861–65
minim.   1831–35   maxim.   1876–80
maxim.   1846–50

Ceci serait à rapprocher de ce que Smith a trouvé pour les Etats-Unis (v. ci-dessus, p. 120), maxima en 1878 et 1908, minima en 1873 et 1888, et qui n'est pas tout à fait concordant ; d'ailleurs, en s'efforçant de confirmer la période de Brückner, Archibald montre qu'elle est moins nette en Angleterre qu'ailleurs et en donne des raisons... qui ne sont pas convaincantes.

Malgré tout, les divers phénomènes que nous avons mentionnés ont conduit à la conclusion générale suivante : les divers éléments climatiques oscillent autour de leur valeur moyenne, selon un cycle périodique d'environ 35 ans ($34,8 \pm 0,7$) que Richter retrouve dans les fluctuations des glaciers des Alpes et que note Supan pour les glaciers des régions antarctiques. La prudence doit rester en éveil car, hélas ! cette période n'est pas rigoureuse : on en trouve des cas particuliers avec des retours au bout de 20 ans, ou au bout de 50 ans ; il s'agit d'une moyenne...

Quoiqu'il en soit, cette période de 35 ans serait-elle un multiple du cycle de 11 à 12 ans de l'activité solaire ? Brückner l'a soupçonné, mais il a essayé sans succès de relier sa période à celles des taches, et il en a même conclu qu'une telle périodicité dans le Soleil n'était pas nécessairement marquée par les taches.

L'association des vignerons allemands a publié des documents sur la qualité des vins entre 1820 et 1895 : dans les périodes sèches et abondantes, aux environs de 1830 et 1860, la qualité est en moyenne très supérieure à celle des périodes autour de 1850 et 1880 ; puis, après 1880, la qualité s'améliore. La qualité du vin est-elle fidèlement représentée par la variation du climat ? et dans quelle mesure peut-on trouver dans un certain parallélisme un argument, une confirmation, de la variabilité des climats ? car le phénomène est vraiment bien complexe et fonction des progrès réalisés dans la culture, la vendange, la cuvée, etc.

Et puis, si l'on se lance dans des voies aussi indirectes, ne faudrait-il pas envisager encore l'influence si souvent mentionnée sur les vendanges des capricieuses comètes !...

Les résultats paraissent assez probants quand on étudie ainsi un ensemble de stations, bien que l'amplitude reste très faible sur les phénomènes à mettre en évidence. Or il est clair que chaque station, prise isolément, devrait, elle aussi, permettre de rendre apparentes ces périodicités, mais les phénomènes se compliquent alors étrangement, pour ne pas dire qu'ils se transforment. Un exemple fera mieux comprendre cette complexité. Une certaine périodicité existant dans les crues de la Seine, Maze a pensé que l'on pouvait en conclure que les pluies du bassin de la Seine étaient périodiques, et, partant de cette base, il étudie la manière dont se répartissent les années pour lesquelles la somme des pluies dépasse beaucoup la moyenne ; un premier examen met en évidence une période de six ans, par exemple pour les années :

1854	pluie de	613^{mm}9	1872	pluie de	686^{mm}8
1860	—	655^{mm}2	1878	—	732^{mm}2
1866	—	644^{mm}3			

alors que la moyenne normale annuelle est inférieure à 516^{mm}. Il poursuit alors cette périodicité au siècle passé, et les années de maxima se trouvent être celles dont le millésime est divisible par 6 ; parmi les exceptions, nombreuses, on peut signaler les années 1716, 1758, 1800, 1842, 1884, séparées par un intervalle de 42 ans (1) et qui ont été très sèches. L'existence d'une période de 6 ans entraîne celle de périodes de 12 ans, encore mieux marquées que celle de 6 ans, et de 18 ans qui ne paraît avoir aucun rapport avec le cycle lunaire de 19 ans auquel se sont attachés un certain nombre de météorologistes.

Voici un phénomène particulier qui paraît suggérer 6 ans ; les phénomènes économiques indiquent 7 ans ; les protubérances solaires conduisent à envisager 3,7 années — et la question se complique de plus en plus.

Mais si le climat oscille, s'il change pendant une longue série d'années dans une direction, pour revenir en sens inverse pendant une seconde période, la connaissance de ces très larges oscillations nous explique à présent pourquoi de nombreuses hypothèses, parfois contradictoires, ont pu être émises sur les changements du climat.

---

(1) Est-ce le cycle de Renou ? (V. ci-dessus, p. 135) dont l'auteur connaissait l'existence....

PROCÉDÉS DE CALCUL

Pour savoir le degré de validité de telles conclusions et l'importance exacte qu'il leur faut attribuer nous devons examiner un instant, de plus près, la façon dont elles ont été obtenues.

Pour la température et la pluie, les variations se présentent bien dans le sens voulu si l'on considère les moyennes générales de toutes les stations, mais on n'en retrouve plus guère de trace dans chaque station prise isolément ; de plus, si les variations sont bien marquées sur les continents, elles peuvent s'intervertir sur les Océans et dans certaines contrées qui les bordent, de sorte qu'il n'est pas impossible qu'une compensation s'établisse entre les mers et les continents : basses pressions et périodes pluvieuses sur les continents avec de hautes pressions et des périodes sèches en mer, et réciproquement. Enfin, il ne s'agit pas d'une périodicité rigoureuse et nous sommes loin de l'idée que l'on se fait ordinairement d'une période réelle : l'intervalle entre deux maxima ou deux minima consécutifs varie de 20 à 50 ans, ce qui correspond à une périodicité bien peu régulière.

La moyenne des intervalles est bien de 35 ans, mais les intervalles eux-mêmes s'écartent beaucoup, en réalité, de cette valeur ; il s'agit donc, en toute rigueur, de variations, tantôt dans un sens, tantôt dans un autre, mais se succédant sans grande régularité : les intervalles sont trop variables pour fonder, dès à présent, quelque espoir sur leur régularité en vue d'une prévision précise du temps, et leur moyenne seule met en évidence cette période de 35 ans.

Dans ces conditions, est-il permis de rechercher des périodes encore plus étendues ? La chose paraît fort téméraire (1). En étudiant les minima barométriques à Paris depuis 1700, J. Lévine a cru mettre en évidence une période de 96 ans ! « cette période qui dépend sans doute d'une autre beaucoup plus grande, est légèrement variable... elle paraît s'être raccourcie de 2 ans d'une révolution à l'autre ». On peut penser que les anciennes observations sont trop douteuses pour légitimer, dès à présent, de telles conclusions.

Mais sur quels nombres sont basées ces études ? Nous avons déjà cité (v. ci-dessus, p. 129) deux exemples de saisons extrêmes, et en sens inverse, à Paris : et, en effet, si l'on examine les nombres fournis directement par les observations, on obtient une série de valeurs qui varient beaucoup trop par rapport à la normale pour pouvoir mettre en évidence des petites modifications à longue période. La représentation par une courbe ne fournit que de grands crochets irréguliers et indéchiffrables.

Dès 1851, Secchi avait imaginé une loi relative à la dépendance et à la solidarité qui existent entre les ordonnées diverses et éloignées d'une courbe météorologique, quand on les prend à la distance d'un quart de la période entière. Pareillement, Ch. Sainte-Claire-Deville croit établir (2) qu'il y a une certaine solidarité entre les températures moyennes de quatre jours placés sur l'écliptique à 90° l'un de l'autre : il divise alors l'année en 90 jours quadruples (pourquoi pas 91 ?) et obtient des résultats singuliers — en particulier, le minimum absolu des jours quadruples tombe le 52° jour quadruple, comprenant les *Saints de Glace* ! (V. ci-dessus p. 90 et 91).

Tout cela était de pur sentiment, recherche inquiète et désordonnée, de critique insuffisante — et ce fut stérile.

On s'est donc efforcé, par une sorte de compensation, de diminuer l'irrégularité des valeurs individuelles et voici comment on opère : si, a, b, c, d, e, sont les valeurs de l'élément considéré durant cinq années consécutives, on prend pour valeur dans l'année intermédiaire le nombre

$$\frac{a+b+c+d+e}{5}$$

qui remplace le nombre c ; on voit combien l'influence du nombre d'observation, c, va se trouver réduite — et tel est le mode de calcul employé par

---

(1) Pour la question des cycles supérieurs à 35 ans, voir les très justes critiques de Ward.

(2) Au cours de très nombreuses notes aux *C. R. de l'Ac. des Sc.* et à la *Soc. météor.* à partir de 1866 ; voir notam. *Cosmos*, 3ᵉ s., t. 2, 14 mars 1868, p. 5-7

Brückner. Il est très utile que la moyenne adoptée corresponde à un jour précis et, pour cela, il faut faire des groupements par trois —ou un nombre impair — de jours : Roche est le premier qui ait appelé l'attention avec précision sur ce point. Lockyer *adoucit* encore les courbes obtenues par la moyenne des cinq jours consécutifs, mais nous ne pouvons nous attarder à un simple procédé graphique qui ne comporte pas d'interprétation rigoureuse.

Ch. Nordmann, de son côté, substitue au nombre b la valeur

$$\frac{a+2b+c}{4}$$

qui diminue moins l'influence du nombre observé, et l'on pourrait essayer tous les autres procédés de calcul, par exemple un procédé (1) intermédiaire consistant à remplacer c par $1/10 \, (a+2b+4c+2d+e)$ qui a l'avantage de calcul d'un dénominateur très simple (2).

Dans l'étude récente la plus étendue, Arctowski opère de la manière suivante : il prend la moyenne des nombres de taches solaires pour les années des maxima ; même moyenne pour les années —1, —2, —3, précédant les maxima, et 1, 2, 3, 4, 5, 6 suivant les années de maxima ; et ceci lui fournit un cycle solaire moyen très régulier. Mais appliqué, pour les mêmes années, aux éléments météorologiques, on obtient des courbes peu comparables à ce cycle solaire moyen. L'auteur modifie alors son procédé : au lieu de prendre l'année comme unité de comparaison, il prend l'intervalle compris entre deux minima solaires consécutifs et forme la moyenne pour chaque élément observé dans un tel intervalle ; les corrélations sont alors beaucoup plus frappantes. Aucun de ces deux procédés n'est parfait, et tous deux reviennent à admettre, *à priori*, l'influence que l'on veut mettre en évidence. Le premier, qui devrait fournir des courbes beaucoup plus régulières pour l'influence moyenne d'un cycle moyen des taches, ne donne précisément pas grand chose, ou même rien ; peut-être faudrait-il introduire, non pas les nombres observés des maxima, mais

---

(1) Nous ne retiendrons pas ici le procédé un peu compliqué proposé par Léon Descroix dans le but de l'appliquer à la prévision du temps et qui, pour le problème qui nous occupe, conduirait à des calculs inextricables.

(2) On a proposé :

$$\frac{a+6b+15c+2od+15e+6f+g}{64}$$

pour représenter le nombre d ; mais le calcul est pénible et, en outre, les courbes sont par trop adoucies, faisant certainement disparaître d'importantes singularités.

les dates *compensées* des dits maxima. Le second introduit des nombres dont le poids est très variable, de 10 à 15 ; puis, il ne tient pas compte de l'époque très variable à laquelle tombe le minimum ; de plus (autant qu'on peut en juger sur la publication), il attribue une prépondérance aux années de minimum, dont l'observation compte deux fois, une fois à la fin d'une période, une fois au début de la période suivante ; enfin, il n'y a aucun doute que ce procédé soit surtout propre à mettre en évidence, dans les éléments du calcul, de *très longues* variations séculaires.

Dans le but de simplifier la recherche des courbes représentatives, C. Marvin et H. Rossbolley ont fait d'importants travaux, et Krichewsky a proposé un nouveau procédé de courbes à trois paramètres, qui a donné d'intéressants résultats pour la température.

Toutes les recherches relatives aux phénomènes périodiques et à leur représentation ont été longtemps sous la dépendance des séries créées par Fourier pour l'étude mathématique de la propagation de la chaleur, bien que l'application de cette méthode soit toujours longue et difficultueuse, et nécessite des calculs fort pénibles : si t figure le temps, on doit déterminer les constantes a et $\overline{\varphi}$ de l'expression

$$a_1 \operatorname{Cos} (t+\varphi_1)+a_2 \operatorname{Cos} (2t+\varphi_2)+a_3 \operatorname{Cos} (3t+\varphi_3)+\ldots$$

dite série harmonique, de façon à lui faire représenter de façon satisfaisante la suite des nombres d'observations.

Mais l'emploi d'une telle formule est-elle légitime ? et dans quelle mesure l'analyse harmonique s'applique-t-elle à la représentation des phénomènes météorologiques ? Sans vouloir répondre complètement à ces deux questions, ce qui entraînerait fort loin du point de vue analytique, il est bon, cependant, de faire quelques remarques nécessaires pour apprécier la légitimité des représentations courantes, et le degré de créance des conclusions que l'on en tire relativement aux *périodes*.

La formule de Fourier ne saurait être employée indistinctement pour tous les phénomènes et la représentation de leur marche diurne : il y a longtemps que Angot (1889) a fort bien montré que, pour la température notamment, elle conduit à des résultats erronés même si l'on prend quatre termes. Cela tient à ce que la courbe diurne de la température représente en réalité deux phénomènes distincts : l'échauffement par l'action du soleil, d'une part, qui permet de représenter la variation *pendant le jour* par la série de Fourier ; et le refroidissement par rayonnement pendant la nuit qui sera passible, lui, d'une représentation exponentielle ; d'où la nécessité de deux formules fort distinctes pour exprimer un seul phénomène. Et ceci met bien en évidence que, avant d'employer la série harmonique, il faut, au préalable, s'assurer qu'elle convient aux données du problème.

Dans le même ordre d'idées, il faut examiner avec soin dans quel intervalle de temps on peut chercher *la moyenne* pour le calcul de la variation diurne d'un élément météorologique : ainsi, pour les températures, on peut opérer par jour, par cinq jours, par décade, tout au plus par mois, et il faut absolument rejeter les moyennes annuelles, qui n'ont aucune signification physique et constituent la sommation de sinusoïdes complètement dissemblables. Si l'on fait, en effet, la moyenne des ordonnées de sinusoïdes dont les amplitudes et les phases sont différentes, on obtient une courbe qui n'a aucune signification physique, et dont l'amplitude et la phase ne sont nullement l'amplitude et la phase moyennes des courbes individuelles : en particulier, la courbe de la variation diurne de la température donne, en moyenne annuelle, un minimum vers 5 h. du matin, tandis qu'on devrait obtenir exactement 6 h., heure moyenne du lever du soleil. La moyenne annuelle est une simple moyenne arithmétique qui ne tient pas compte des données physiques du problème : elle est donc loin de correspondre au phénomène moyen (1).

Il existe encore un point très préoccupant pour la légitimité de tous ces calculs : les récentes recherches d'Esclangon ont montré que, du point de vue théorique pur, l'application de l'analyse harmonique est irrégulière, car la période n'est pas connue avec certitude et, dans ces conditions, on est en droit d'introduire telle période que l'on veut sans nuire à la correction de la représentation. Malgré toutes ces difficultés, il faut apporter une attention particulière à la méthode toute différente, et assez élégante, imaginée par W. Schmidt pour l'inspection générale d'une série d'observations : on y trouve un guide précieux pour des applications assez complètes et, notamment, pour essayer de mettre en évidence, d'une façon relativement simple et rapide, les longues périodes de variation dans les facteurs météorologiques lorsque l'on possède, bien entendu, des séries étendues de bonnes observations de ces facteurs, tels que la pression, la température, la quantité d'eau tombée, etc. Ce procédé fut appliqué par Schmidt aux taches solaires et par König à la pluie.

Le principe en est assez simple et repose sur la remarque suivante :

____

(1) Nous n'insisterons pas sur les indications de Ragona suivant lesquelles la température aurait, dans un jour, au delà des deux phases principales, un maximum secondaire et un minimum secondaire qui seraient d'accord avec la marche diurne des autres éléments météorologiques (?).

supposons que l'on connaisse la marche périodique d'un phénomène, que cette marche soit représentée par la formule simple $x = a \, \mathrm{Sin} \, 2\pi \dfrac{t}{T}$; a y représente la demi-amplitude de la variation de x (température, pression, etc.). Si l'on calcule la courbe intégrale de la précédente, on trouve $y = \dfrac{a}{2\pi} T \, \mathrm{Cos} \, 2\pi \dfrac{t}{T}$ qui est encore une courbe périodique : mais l'amplitude de y devient $\dfrac{a}{2\pi} T$, et si $T > 2\pi$, on voit qu'elle est plus grande que a, et augmente avec T. Une seconde intégration donnera de nouveau une courbe à plus grande amplitude encore, $a \dfrac{T^2}{4\pi^2}$; etc.....

Le procédé appliqué par Schmidt à une série de valeurs observées a, a_1, a_2, a_3,... équivaut à ces intégrations successives. Si a_m est la moyenne des quantités a, il calcule les écarts $a - a_m = a'$; $a_1 - a_m = a'_1$; $a_2 - a_m = a'_2$ etc., etc., et forme la série des valeurs a', $a' + a'_1$, $a' + a'_1 + a'_2$, $a' + a'_1 + a'_2 + a'_3$, etc. ; l'on voit aisément que la suite de ces valeurs présente des amplitudes d'écarts plus grandes que celle des nombres a, a_1, a_2, a_3,... Une seconde série, calculée de la même manière, offrira des amplitudes d'écarts encore augmentées ; absolument comme dans le cas de la fonction sinusoïdale, les amplitudes augmenteront d'autant plus que les périodes existant dans la suite des valeurs seront plus grandes, de sorte que les variations à courte période disparaîtront devant les plus longues.

Cette méthode est intéressante. Certes, elle ne saurait être appliquée sans précautions : le nombre des intégrations légitimes ne peut être multiplié et dépend, pour chaque phénomène, de la confiance qui s'attache aux nombres utilisés, de leur erreur probable, et de l'amplitude de la perturbation à mettre en évidence; sans discuter ici de la légitimité théorique du procédé, il est permis d'y avoir recours, comme à *un* des moyens d'investigation en une matière difficile.

C'est à ce genre de considérations qu'il faut rattacher le procédé employé depuis quelque temps d'une manière systématique au *Weather Bureau* par l'étude des écarts à la normale additionnés, méthode qui s'est montrée beaucoup plus féconde que les anciens procédés (Cf. notam. Marvin, ci-dessus p. 98).

Si l'on adopte l'idée de balancement dans les climats, il faut cependant reconnaître que les oscillations n'ont pas encore été traitées, jusqu'ici, sous le rapport de leur ensemble et de leur simultanéité. Elles ont un caractère pratique indéniable, car elles influent sur le niveau des eaux fluviales, ainsi que sur la durée de congélation; elles ont aussi une grande importance au point de vue agricole, surtout dans les régions continentales, et l'on en peut citer comme preuve une augmentation considérable dans la culture des contrées sèches de l'ouest de l'Amérique du Nord qui a coïncidé avec une augmentation de la quantité de pluie, après la dernière période sèche autour de 1860.

Cependant, les causes des changements observés dans la quantité de pluie ne sauraient avoir que des effets généraux et l'on en doit retrouver. l'action dans des changements analogues de la direction des vents et de la pression barométrique : ce sont même les variations de pression qui doivent expliquer, non seulement les oscillations normales de la quantité de pluie, mais aussi l'existence et la disposition des contrées qui font exception à la règle. L'étude des pressions atmosphériques observées pendant de longues années en Europe et dans l'Asie boréale a permis, en effet, de constater des changements séculaires dans la hauteur barométrique : il résulte d'observations qui remontent à 1826 que, dans la zone tempérée du vieux continent, chaque période pluvieuse (1841-55 et 1866-85) est accompagnée d'un affaiblissement de toutes les différences de pression atmosphérique, et chaque période sèche (1826-1840 et 1856-1865) d'une augmentation de ces mêmes valeurs, et cette observation s'applique aussi bien à l'amplitude annuelle qu'aux différences de pressions locales.

LE CYCLE DES TACHES DU SOLEIL

La connaissance d'une variation de climat ne saurait nous satisfaire tant que nous ne pourrons en indiquer l'origine. Or, si les variations de température sont faibles, elles incitent naturellement à rechercher la possibilité de changements correspondants dans la quantité de chaleur reçue par la Terre ; et, d'ailleurs, les variations de pression que l'on est conduit à envisager comme résumant l'ensemble des phénomènes, ne sauraient, à leur tour, avoir de causes plus logiques que ces changements dans la quantité de chaleur reçue par la surface : une augmentation de cette dernière sera le facteur essentiel d'une accentuation de contraste entre le continent et l'océan durant une période sèche.

Dans un raccourci saisissant, Jean Perrin a présenté le rôle du Soleil dans notre système planétaire : « Nous devons au Soleil tout ce qui sur la Terre est vie ou mouvement. Si son rayonnement était intercepté, quelques dizaines d'heures suffiraient pour que notre planète s'endormît sous un linceul d'air congelé. Mais ce n'est pas seulement de la chaleur qui nous est nécessaire : à température uniforme, aucun déplacement d'énergie ne se produirait. Heureusement la Terre à son tour rayonne vers les espaces froids et les inégalités de température ainsi produites donnent leur puissance aux vents, puisent dans l'Océan l'eau qui ruisselle sur le sol, enfin permettent la Vie et la Pensée. Nous ne subsistons que parce qu'un torrent de lumière jailli du Soleil, va se perdre dans l'espace et ne revient pas. Sans ce prodigieux gaspillage, toutes choses ne seraient qu'un morne désert ».

C'est donc à l'examen de l'activité solaire que nous sommes ramenés en définitive et si, par la connaissance de ces oscillations, on peut espérer

améliorer la prévision du temps ordinaire et rentrer dans la voie de la prédiction du temps à longue échéance, c'est à l'observation des changements
solaires qu'on le devra, fournissant un exemple de plus d'études abstraites
sans utilité apparente et qui comportent, le jour venu, d'importantes
applications pratiques. Il n'est pas douteux que l'énergie exigée pour l'entretien de la circulation générale de l'air autour du globe terrestre, aussi
bien que celle qui intervient pour produire les divers phénomènes météorologiques, qui constituent le temps qu'il fait, tire son origine principale,
en dernière analyse, de l'énergie rayonnante que nous envoie le Soleil : et
c'est assez pour expliquer pourquoi certains météorologistes ont dirigé
leurs efforts vers l'étude de la radiation solaire, de ses variations et des relations qui existent entre ces dernières et celles des éléments météorologiques.
Il y a près d'un demi-siècle déjà, Langley émettait l'opinion que la plupart
des phénomènes météorologiques pourraient devenir prévisibles si nous
connaissions bien la grandeur initiale et la nature des radiations que nous
envoie le Soleil, la manière dont celles-ci agissent sur notre atmosphère
en la traversant, la fraction qu'en reçoit le sol et le mécanisme suivant
lequel, après avoir contribué à entretenir la température de la surface terrestre, une certaine portion d'entre elles est restituée au monde extérieur
sous une forme plus ou moins dégradée.

Mais, avant d'aborder l'étude toute récente des changements simultanés sur le Soleil et sur la Terre, il est bon d'indiquer rapidement comment l'étude du Soleil fut l'origine même de quelques-unes de nos branches de la science d'observation.

L'ouvrage chinois de Ma Twan Lin, publié en 1822 et étudié par
J. Williams, est celui qui renferme les plus anciennes observations relatives aux taches solaires : il contient un tableau remarquable de 45 observations réparties entre 301 et 1205. C'est également en Chine que l'on
rencontre les plus vieilles observations sur la force qui agit sur l'aiguille
aimantée (1).

En Europe, les taches n'ont été remarquées que beaucoup plus tard,
et attribuées aux passages de corps devant le Soleil. Les recherches précises commencent au XVIᵉ siècle: Képler pose les bases de l'analyse spectrale, qui ouvrira plus tard le chapitre de la chimie solaire avec l'étude
journalière de toutes ses manifestations ; en décembre 1610, Jean Fabri-

____

(1) Dans *Zeits d. Gesells. f. Erdkunde zu Berlin*, t. XXXII, 2ᵉ cahier, 1897,
G. Hellmann a donné un intéressant article sur l'histoire des premières observations magnétiques après Christophe Colomb : traduction dans *Bull. de la Société
belge d'Astron.*, t. II, (1896-1897), pp. 246 et 284.

cius fait des observations suivies d'une grande tache à l'aide d'un simple petit trou circulaire ouvert dans une chambre obscure ; le P. Scheiner commence l'observation des taches en mars 1611 en plaçant un verre bleu devant l'oculaire — illusion, taches dans ses yeux ou sur ses verres, lui dit son Supérieur qui invoque n'avoir rien lu de semblable dans Aristote ! Galilée montre les taches au coucher du soleil et, de leur mouvement, conclut la rotation de l'astre sur lui-même, comme l'avait déjà imaginé Fabricius. Ces observations sont poursuivies par Tarde, Malapertuis, Kircher, etc., et n'ont cessé, depuis, de donner lieu aux travaux les plus étendus.

Cette étude offre aux astronomes plusieurs genres de recherches : on peut, en effet, tenter de déduire des observations, soit des hypothèses sur la nature des taches, soit les lois de leur répartition à la surface de l'astre, soit la durée et le mécanisme de la rotation du soleil, — soit, enfin, des relations entre les taches et les phénomènes géographiques les plus généraux à la surface de la Terre.

Dès la première étude soigneuse sur la structure des taches, Wilson attribue leur changement de forme à la perspective et les considère comme des cavités produites dans l'enveloppe lumineuse du Soleil : Secchi dira que ces cavités sont remplies de vapeurs plus froides. Puis l'on reconnaît bientôt les facules, ramifications brillantes qui avoisinent les taches, mais peuvent exister indépendamment de ces dernières.

Au début des observations, les taches seules sont en cause avec la possibilité de leurs échos terrestres et, pour un instant, nous allons nous en tenir à cette direction limitée. Dès 1651, par exemple, Riccioli avait pensé que les taches ont une influence sur la température terrestre et, au début du XIXᵉ siècle, W. Herschel écrivait :

« Le premier fait qui résulte des observations astronomiques sur le Soleil est que la durée de disparition des taches est beaucoup plus longue que celles de leurs apparitions.

« Quant à la rigueur ou à la douceur contemporaine des saisons, il est à peine nécessaire de faire remarquer qu'on ne peut rien obtenir de décisif. Toutefois, une source indirecte d'informations nous est ouverte en étudiant l'influence des rayons solaires sur la végétation du froment dans notre contrée. Je n'entends pas dire que c'est là un critérium de la quantité de lumière et de chaleur émise par le Soleil, encore moins que le prix de cet article représente exactement la rareté ou l'abondance de production absolue dans le pays.

« En passant en revue la période de 1650-1713, il semble probable, d'après les prix dominants du blé, qu'une rareté ou un déficit temporaire de végétation a lieu généralement quand le Soleil est *privé* de ces apparences que nous considérons comme des symptômes d'émission copieuse de lumière et de chaleur.

« A ceux qui ont l'expérience de l'Agriculture et ne manqueraient pas de faire observer que le blé croît aussi bien sous des climats plus froids que le nôtre et qu'une distribution appropriée de la pluie et du temps sec a sans doute une plus grande importance que la quantité absolue de lumière et de chaleur dérivée du Soleil, je pourrais suggérer que ces mêmes circonstances d'alternatives de pluie, de temps sec, de vent, etc., favorables à la végétation, peuvent dépendre d'une certaine quantité de rayons solaires qui leur sont fournis ».

Ainsi, Herschel associe la variation du nombre des taches aux phénomènes de la végétation et l'on ne saurait rien critiquer de ses vues sur la météorologie agricole ; mais, d'une part, aucune recherche continue n'avait été faite sur les changements observés à la surface du Soleil, ni aucune tentative sérieuse pour en déterminer la loi ; de plus, le phénomène du prix du blé est trop complexe et dépend en outre de grandes évolutions économiques et politiques (1) ; et, pas plus sur le prix des marchandises que sur des répercussions humaines telles que les grandes épidémies, on n'a pu parvenir à des conclusions sérieuses.

*
* *

Cependant, dès 1825, le baron Schwabe (2) (de Dessau) précisait une partie de la question en mettant en évidence un cycle un peu supérieur à 11 ans dans les changements solaires et soupçonnait déjà que la surface du Soleil n'est pas toujours uniforme au point de vue de l'existence des taches ; la question est reprise bientôt par Rudolf Wolf (de Zurich) qui, après de longues et patientes recherches, conclut tout d'abord à une période moyenne de 11, 111 ans $\pm 0,307$, résultat d'ailleurs inconciliable avec les 11,860 que demandait Duponchel.

Dès 1861, R. Wolf fixe les dates des minima des taches solaires

---

(1) Voir ci-dessus, notamment pp. 34 et 101.

(2) Il est assez curieux que la vie de Schwabe, astronome amateur, dont le nom reste attaché à une découverte considérable, soit assez mystérieuse et peu connue. Voir à ce sujet *Bull. de l'Obs. de Lyon*, sept. 1924.

depuis leur découverte de la manière suivante, et indique même une for-mule représentative pour les époques de ces minima (1).

Année		Année		Année	
1610,8		1698,0		1784,5	
1619,0	8,2	1712,0	14,0	1799,0	14,5
1634,0	15,0	1723,0	11,0	1810,5	11,5
1645,0	11,0	1738,5	10,5	1823,2	12,7
1655,0	10,0	1745,0	11,5	1833,6	10,4
1666,0	11,0	1755,5	10,5	1844,0	10,4
1679,5	13,5	1765,5	10,0	1856,2	12,2
1689,5	10,0	1775,5	10,3		
1698,0	8,5	1784,5	8,7		

Wolf cherche encore à compléter par des observations plus nombreuses l'intervalle 1791-1826; mais, déjà, il est digne de remarque que les plus petits intervalles entre les minima successifs, 8,2, 8,5 et 8,7 arrivent à des intervalles à peu près égaux : s'il ne s'agit pas là d'un pur hasard, et telle n'était pas, en effet, l'opinion de l'auteur, le minimum suivant devait être très faible, lui aussi — *prévision*, hélas! et rien que prévision, une fois de plus démentie par les faits, car aucun minimum postérieur à 1856 n'est d'intervalle inférieur à 10,8...

Mais nous allons voir combien le problème se complique : avec les données d'observation, il faut introduire les dates moyennes, les dates *compensées* et, au fur et à mesure, tous les éléments fournis sont sujets à révisions successives ; puis, pour les dates que nous venons d'indiquer, elles ont des *poids* très différents, variant de 2 à 10, ce qui augmente la fragilité des conclusions !

Indiquons, dès maintenant, qu'il ne faut pas s'étonner autrement des désaccords et difficultés rencontrés dans des études statistiques aussi délicates, et nous allons en montrer un exemple. Au cours de diverses recherches présentées à la Société royale de Londres, de la Rue, Stewart et B. Lœwy ont indiqué tout d'abord les méthodes qu'ils adoptaient pour s'assurer des positions et des surfaces occupées par les taches sur le disque du Soleil ; puis ils en cherchèrent l'application, soit aux observations faites à Kew, de 1862 à 1866, soit à l'examen de la collection de dessins de ces taches exécutés par Schwabe d'après ses observations comprises entre

---

(1) Cf. *Cosmos*, t. 18 (1861), p. 204. Voir l'intéressante analyse de Radau, *ibid.* p. 371.

1825 et 1867. En mettant les résultats sous forme graphique, ils trouvent les dates suivantes pour les maxima et minima des taches :

1833	nov. 28	minim.	1856	avril 21	minim.
1836	déc. 21	maxim.	1859	oct. 7	maxim.
1843	sept. 21	minim.	1867	févr. 14	minim.
1847	nov. 14	maxim.			

époques qui concordent, en général, avec celles que détermine Wolf dans le même temps : et, cependant, il y a quelques forts et irréguliers écarts puisque Wolf trouve de son côté 1844,0 pour le second minimum du tableau ci-dessus, et 1848,6 et 1860,2 pour le second et le troisième maxima, nombres qui ne concordent déjà pas avec les premières déterminations du même auteur que nous venons de citer à l'instant — mais encore une fois, en ces matières difficiles, il ne faut pas attacher le sens d'une critique capitale à d'inévitables écarts.

Puis, Wolf ne tarde pas à mentionner que, si l'on sait déterminer une valeur moyenne, la longueur réelle de toute période peut différer de cette valeur de plus ou moins deux ans ; Wolf et de la Rue mettent en évidence qu'un maximum est plus rapproché du minimum qui le précède que de celui qui le suit. L'observation révèle encore que les maximum ne se présentent pas un nombre constant d'années après le minimum précédent : cet intervalle n'est de 4 ans 1/2 que *en moyenne*, tandis que la période moyenne de décroissance vers le minimum suivant dure 6 ans 1/2. En outre, lorsqu'une grande fréquence de taches survient vers l'époque moyenne prévue pour un minimum, c'est l'indication que l'arrivée de ce minimum sera retardée. Tous ces résultats seront confirmés par Wolfer.

Wolf établit assez rapidement des périodes de 11 1/9, 55 1/2 et 166 années pour la recrudescence des taches : il accorde la paternité de 11 1/9 à Schwabe avec sa période décennale, mais revendique pour lui celle des deux autres cycles (1).

D'ailleurs, il est bien entendu que cette régularité dans les oscillations des taches n'apparaît que sur les éléments *moyens* : car les éléments observés sont des plus capricieux et il arrive bien souvent, par exemple, que l'on observe d'importantes éruptions solaires au milieu d'un minimum d'activité (J. Fényi). On a cru reconnaître, également, que les maxima sont en général alternativement au-dessus et au-dessous de leur valeur moyenne (Auric), de sorte qu'en réalité la véritable période ne serait pas de 11 ans,1 mais bien de 22 ans, 2 : l'inspection de la courbe montre, en effet, que les

____

(1) Cf. : *Cosmos*. 2ᵉ s., t. 3 (1866). p. 553.

maxima de 1848, 1870, 1893 sont manifestement plus élevés que les maxima intermédiaires de 1860, 1883, 1905. Enfin, l'*intensité* de chaque période, c'est-à-dire la quantité totale de surface tachée comprise entre un minimum et le minimum suivant, n'est pas constante : R. Wolf croyait que ces quantités devaient révéler une certaine périodicité, et il supposa, d'abord, que la période était de 178 ans ; plus tard, Secchi et Wolf pensent qu'une période de 55,5 ans, embrassant cinq périodes de 11 ans, vient se superposer à la période principale.

Et si, par ailleurs, on a imaginé d'autres inégalités, de périodes diverses, qui viennent encore compliquer les effets du rythme solaire, c'est le cycle de 11 ans qui reste le plus sensible et le plus incontestable.

Or, pour les phénomènes astronomiques proprement dits, nous sommes habitués à les considérer avec la régularité et la simplicité qui correspondent à notre idéal mécanique : la périodicité affectée par la courbe de fréquence des taches solaires ne présente, assurément, aucune de ces qualités, et les travaux les plus élémentaires l'ont bien mis en évidence. Les manifestations de l'activité superficielle du Soleil font donc songer beaucoup plus à une origine météorologique, car notre propre météorologie nous a accoutumés à des phénomènes infiniment capricieux régis cependant par de larges périodicités : ici, l'examen détaillé de la courbe des fréquences, les divergences constatées suivant que l'on considère les intervalles des maxima ou ceux des minima, les variations mêmes des maxima ou des minima d'une à l'autre période, leur dédoublement parfois dans une même période, toutes ces observations semblent bien établir que le phénomène doit dépendre, surtout, de ce qui se passe à la surface du Soleil ou dans son atmosphère — et ce n'est pas propre à faire imaginer un processus et des lois simples.

Tous ces résultats, il ne faut pas l'oublier, sont relatifs à des recherches faites à simple vue : il reste donc à voir si les procédés de la physique moderne peuvent aider à la connaissance ou à la simplification du problème.

DÉVELOPPEMENT DES ÉTUDES SOLAIRES

Au cours du XIXᵉ siècle, les études solaires prennent une extension considérable mais se maintiennent surtout sur un terrain théorique. Un an après la publication d'Herschel, Wollaston étend les travaux de Képler et de Newton et découvre les lignes sombres dans le spectre solaire ; Frauenhofer, en 1814, en fait une statistique. Puis, dans la seconde moitié du siècle, on parvient à expliquer l'origine de ces raies obscures : les travaux de Kirchhoff, Bunsen, Angström, Stokes, Balfour Stewart, montrent, dans l'analyse spectrale, le moyen de converser chimiquement avec les mondes éloignés de l'espace ; et la radiation solaire nous apparaît comme résultant de l'incandescence de vapeurs métalliques et de gaz (de corps généralement familiers à la Terre), enveloppés d'une atmosphère absorbante à température encore assez élevée pour que des métaux tels que le fer restent volatilisés.

En 1845, Fizeau et Foucault obtiennent la première épreuve photographique du Soleil ; en 1865, de la Rue, Stewart, etc., apportent plus de soin dans la détermination de la périodicité des phénomènes solaires et la méthode photographique est régulièrement introduite en astronomie. De la Rue, en Angleterre, et Rutterfurd, en Amérique, organisent l'enregistrement quotidien des taches, mais la photographie, qui facilite le relevé rapide des taches, reste inférieure à l'observation et au dessin pour l'étude de leur structure : les pénombres, plus actiniques que les bords solaires, nuisent à la netteté des images tout comme l'agitation de l'air échauffé. Cependant, l'essor de la photographie est considérable et l'on en peut encore attendre de merveilleux résultats.

En 1866, en projetant l'image du Soleil sur la fente d'un spectroscope, on constate que certaines raies sont élargies dans le spectre des taches, qui n'est pas le même que celui de l'atmosphère générale : la région des taches est le siège d'éruptions de vapeurs métalliques, jets qui atteignent souvent des hauteurs considérables ; et toutes ces substances sont dissociées, à l'état de mélange, car la hauteur atteinte est d'autant plus grande que le poids atomique de la substance correspondante est plus faible. Ainsi, le Soleil, étoile jaune, est entouré d'une atmosphère qui renferme, à l'état de vapeurs, les éléments terrestres : moins lumineuse que les régions profondes de l'astre, cette atmosphère absorbe et diffuse la lumière de la chromosphère et de la photosphère.

En 1868, une méthode spectroscopique permet d'observer en plein jour les protubérances et les flammes que l'on ne pouvait percevoir jusqu'alors que pendant les éclipses ; l'étude de la chromosphère prend une importance imprévue et l'on va pouvoir étudier, parallèlement aux taches, les corrélations qui existent entre les divers phénomènes de l'activité solaire.

Tandis que se développaient les importants résultats acquis dans les expéditions pour l'observation des éclipses, on éprouvait le besoin de spécialiser certains laboratoires sur la physique solaire, de façon à poursuivre les recherches d'une façon continue. Or, dans les anciens Observatoires d'Europe, surtout dans la région du Nord, le climat est tel que les observations sont fréquemment interrompues, parfois pendant plusieurs semaines et, en hiver, le Soleil est tellement bas que tout travail délicat devient impossible : d'où la création de stations dans les colonies et dans des régions plus équatoriales, ou d'atmosphère plus limpide et à radiation maximum. C'est l'œuvre toute récente, depuis le dernier quart du XIXe siècle.

W. de la Rue, Balfour Stewart et Benjamin Lœvy concluent, en 1865, que la tache solaire doit être à une température inférieure à celle de la photosphère, résultat qui va être aussitôt énergiquement contredit.

En 1866, N. Lockyer donnait ses premières conclusions sur les observations de l'éloignement des lignes spectrales des *taches* : les changements les plus marqués se produisent aux époques des maxima et des minima, ou dans leur voisinage, et révèlent de grandes modifications physiques des taches ; aux minima, les lignes élargies sont celles du fer et d'autres métaux; aux maxima les lignes élargies ont été classées comme *inconnues*, n'ayant pas encore été notées dans le spectre des éléments terrestres. Et Lockyer en conclut qu'il est raisonnable d'admettre que le Soleil devient plus chaud lors des maxima des taches; plus récemment, Savélief admet que l'intensité des rayons calorifiques est affectée par les taches, que la radiation s'augmente avec l'activité des taches, et cette augmentation dépendrait non pas tant du nombre absolu des taches que de l'*intensité de leur évolution*. Nous verrons bientôt que c'est le contraire et que les taches diminuent l'intensité des radiations.

Les importants travaux de Hale précisent la nature des taches ; Hale et Deslandres perfectionnent l'étude des protubérances (1) sur le disque et sur le pourtour, dont la photographie devient possible en plein jour : ces photographies montrent de larges bandes de protubérances qui s'étendent presque sur la totalité du disque, avec deux ceintures dont les centres sont vers le 16° de latitude ; le sixième de l'hémisphère solaire paraît ainsi en état de trouble grave. Respighi donne des courbes intéressantes, mettant en évidence la périodicité des protubérances comme celle des taches, et Fényi confirme ses résultats.

Ainsi, d'une part, les études physiques se poursuivaient : on remarquait les nombreuses facules qui existent toujours dans le voisinage des taches de quelque importance, et la variation de luminosité des facules ; les protubérances et les flammes, les granulations de la surface, les diverses couches de l'atmosphère solaire et leurs caractères changeants, la couronne — autant d'éléments capricieux qui doivent intervenir dans l'estimation de l'activité solaire.

Et toutes ces manifestations solaires paraissent bien interdépendantes et suivant des rythmes fort complexes. En 1851, Schweizer trouve les liens étroits entre les protubérances et les facules (2) ; Secchi étudie les relations entre les facules, les protubérances et la couronne (1871) et conclut bientôt (1873) que les régions les plus riches en facules coïncident avec les régions où les protubérances sont les plus élevées et les plus larges.

H. Deslandres admet que les facules sont les parties basses et les plus brillantes des protubérances projetées sur le disque, ou les protubérances elles-mêmes projetées sur le disque, et que l'apparition des premières est une conséquence de la présence des autres et, à sa suite, bien des auteurs ont répété que les facules brillantes du disque et les protubérances

---

(1) Pour ce qui concerne l'historique des protubérances, le mode d'observation et des recherches auxquelles elles ont donné lieu, on trouvera profit, en dehors des ouvrages techniques, à lire l'intéressant exposé de l'abbé E. Spée, *Ciel et Terre*, t. VI, (1885-1886), pp. 409, 436 et 461, qui renferme également des graphiques pour la correspondance entre les taches et les facules.

(2) Cf. : *Cosmos*, t. 3, p. 122.

rosées des bords ne constituent qu'un seul phénomène ou, peut-être, le même phénomène en des phases différentes : mais cette opinion n'est pas unanime, ce n est pas celle de G. Hale, et, au cours de plusieurs publications, A. Mascari s'est efforcé de démontrer que les facules et les protubérances constituent réellement deux phénomènes distincts et complètement indépendants.

*
* *

D'autre part, et parallèlement, les études statistiques apportent d'importants renseignements. Tout d'abord, il faut citer les astronomes qui se préoccupent de déduire, de l'étude des taches, des conséquences relatives à la rotation du Soleil, tels que Carrington, Faye (1) Spörer, Zöllner et Harzer: les premiers résultats de Carrington (1859) laissent entendre aussitôt que le problème est délicat puisque, en étudiant les lois des déplacements des taches, cet auteur observe que quelques-unes d'entre elles ont parfois des mouvements rétrogrades apparents sur le Soleil ; tous les observateurs reconnaissent immédiatement que la durée de révolution d'une région de l'astre dépend de sa latitude héliographique, cette durée de révolution étant par exemple de 25,1 jours à l'équateur et de 26,5 jours à la latitude de 30° ; diverses formules empiriques sont proposées pour exprimer la rotation en fonction de la latitude, sans se préoccuper de la nature des taches, question encore controversée et fort obscure, malgré les très nombreuses hypothèses qui ont été émises.

Pour la répartition même des taches, le problème ne pouvait faire de progrès qu'au XIXe siècle, car l'énoncé de lois approchées exigeait au préalable un grand nombre d'observations réparties sur des séries exactes et continues : on a fait des progrès remarquables dans l'étude de la distribution en latitude (2), tandis que la répartition en longitude reste très mystérieuse.

Les séries d'observations les plus remarquables, au début, sont celles

---

(1) Nous ne donnerons pas, à la bibliographie, l'indication des innombrables notes de Faye sur les théories des taches solaires : il est aisé, d'abord, de les trouver dans les *C. R. de l'Acad. des Sc.* ; puis ce sont plutôt des polémiques critiques relatives aux observations des autres, et constamment orientées en faveur de la théorie tourbillonnaire des taches ; enfin, si haute qu'ait été la réputation de Faye, on peut bien dire qu'il ne reste pas grand'chose aujourd'hui de ses recherches solaires.

(2) Oh trouvera dans l'article de Merlin d'intéressantes indications sur la façon dont on traite les statistiques solaires.

de Carrington (1853 à 1861) et de Spörer, — se rattachant toutes deux à celle de Schwabe — qui mettent en évidence que l'apparition des taches se produit dans les deux zones solaires entre 10° et 30° de latitude, de part et d'autre de l'équateur, c'est-à-dire, en somme, dans les zones équatoriales et non aux latitudes élevées. Carrington montre comment, à certaines époques, les taches s'accumulent, soit vers l'équateur, soit vers les latitudes élevées de leurs zones, puis il signale que ces taches ont un mouvement propre et se meuvent d'autant plus vite qu'elles sont plus près de l'équateur ; Smysloff indique que les taches se trouvent de préférence, tantôt sur un hémisphère, tantôt sur l'autre.

En cherchant à relier les diverses apparences des taches à l'activité undécennale, Carrington remarque que leur latitude moyenne va en décroissant au fur et à mesure que l'on s'approche d'un minimum ; par contre, si leur fréquence augmente, les taches apparaissent à des latitudes plus élevées — ce que confirment Spörer et Secchi. Carrington trouve encore que la rotation solaire, définie par le mouvement des taches, n'est pas constante et la vitesse angulaire, maximum à l'équateur, diminue quand la latitude augmente.

Peu après, des auteurs comme W. de la Rue, Balfour Stewart et Benjamin Lœvy font toute une série de recherches, soit pour étudier l'action possible des planètes sur le Soleil, soit pour préciser les conditions de la formation des taches sur la surface solaire : pour l'instant, nous retiendrons que, pendant les périodes des grandes perturbations solaires, il semble y avoir dans les taches une tendance à se produire alternativement dans l'hémisphère nord et dans l'hémisphère sud, par une sorte de balancement compensateur dont la période est d'environ 25 jours, c'est-à-dire égale à la durée de la rotation du Soleil.

Un fait important est acquis déjà. Toutes les particularités révélées par les recherches de Carrington et Spörer montrent que l'énergie rayonnante superficielle du Soleil est régie par un rythme très particulier, dit *loi de Spörer :* un peu avant le minimum, il n'y a de taches que vers l'équateur entre ± 5° de latitude; à partir de ce minimum, les taches, qui avaient depuis longtemps déserté les hautes latitudes, s'y montrent brusquement vers ± 30°, puis se multiplient un peu partout entre ces limites jusqu'au maximum, leur latitude moyenne s'abaissant peu à peu depuis le maximum jusqu'au minimum qui le suit. Spörer poursuit ses importantes recherches, note la prépondérance que prennent alternativement chacun des deux hémisphères dans la production des taches et signale — ce qui sera confirmé par Newcomb et Maunder — des singularités très curieuses dans les phases

du Soleil définies par le nombre des taches : ces phases, calculées séparément pour chaque hémisphère, sont différentes; la phase de l'hémisphère
austral précède celle de l'hémisphère boréal, et la différence peut atteindre une année ; puis, dans l'ensemble, la fréquence des taches est plus
grande de 1/5 dans l'hémisphère sud que dans l'hémisphère nord.

***

La loi de Spörer, établie par les taches, a-t-elle un caractère de généralité pour les diverses manifestations de l'activité solaire ?

Sans doute, les taches des hautes latitudes ne sont pas *rigoureusement*
restreintes aux époques qui suivent immédiatement les minima et la loi
n'est que l'intégration de plusieurs séries de phénomènes : dans ce sens,
elle est critiquée tout d'abord par W. Lockyer, comme ne donnant qu'une
impression générale de la circulation des taches, car le phénomène détaillé
est plus complexe et lié au régime des protubérances. Or, précisément,
Ricco a pu établir que la loi s'appliquait aussi aux protubérances : en négligeant quelques singularités, on voit que, près de l'époque du maximum
undécennal de la fréquence, les protubérances s'accumulent près de l'équateur solaire ; puis les maxima s'écartent en remontant à des latitudes
plus élevées jusqu'à l'époque du minimum undécennal, et même au delà,
mais en étant réduits à la condition de maxima secondaires. Cependant,
après le minimum de la fréquence, des maxima principaux commencent
à se former et à s'approcher de l'équateur dans les années suivantes, pour
recommencer un autre cycle de la fluctuation solaire.

Ainsi apparaît la plus grande analogie entre les deux phénomènes :
taches et protubérances. D'ailleurs, dans un travail très important, Maunder attire l'attention sur l'exactitude de la loi de Spörer et, en particulier,
sur la durée de 1 an à 1 an 1/2 de l'ascension brusque qui suit le minimum.
Ses principales conclusions sont les suivantes : l'hémisphère sud est plus
actif que le nord, mais son rythme est postérieur d'environ 1 an à celui
de l'hémisphère nord ; il y a accroissement brusque après le minimum de
surface tachée et un accroissement de latitude qui va à 15° d'une année
à la suivante (loi déjà observée par Spörer) ; les latitudes les plus élevées
sont observées 3,5 ans avant les maxima des aires tachées ; d'un minimum
à un maximum, les taches quittent brusquement les zones équatoriales,
tandis qu'elles s'en rapprochent graduellement entre le maximum et le
minimum suivant — et nombre d'autres remarques curieuses qui donne-

ront lieu à de passionnantes études quand on possédera un plus grand nombre de cycles solaires.

Sans doute, par des observations spectroscopiques de la surface, Düner a trouvé une vitesse de rotation solaire un peu moindre que pour les taches ; Stratonoff établit, au contraire, que les facules se déplacent plus vite que les taches ; il y a peu de cohésion entre les diverses parties du Soleil — l'ensemble est complexe et il reste bien des points obscurs.

Le développement des taches peut s'évaluer par deux méthodes: leur nombre, et la surface qu'elles couvrent comparée à celle du disque solaire. Les anciennes observations ne permettent guère d'introduire que les nombres des taches, et c'est par ce procédé que Wolf a précisé la période de 11,9 ans, s'étendant d'un maximum à un maximum, et divisée en deux parties inégales: la première, d'un maximum au minimum qui le suit, étant un peu plus longue en moyenne que la seconde, qui correspond au relèvement. Il paraît plus régulier de tenir compte de la surface tachée, ce qui n'est pas tout à fait la même chose, sans modifier les conclusions générales : introduite ultérieurement, cette méthode est régulièrement employée aujourd'hui dans les observations de physique solaire, par exemple pour les importants travaux de l'Observatoire de l'Ebre.

Nous allons voir dans un instant (ci-dessous p. 186), en étudiant l'influence magnétique du Soleil, que le problème des taches se complique encore grandement avec les vues toutes récentes de Hale sur leur polarité.

On pourrait même, actuellement, aller encore plus loin et dire que les protubérances paraissent appelées à une action plus importante que celle des taches elles-mêmes. On doit beaucoup attendre de la poursuite systématique des travaux entrepris par Respighi, Tacchini, etc., avec l'étude journalière des protubérances solaires et l'enregistrement des latitudes auxquelles elles apparaissent aux différentes époques ; elles présentent un maximum bien marqué aux époques du maximum des aires de taches, mais les protubérances manifestent un cycle particulier d'environ 3,7 années.

Une enquête ultérieure sur la distribution des protubérances observées par Respighi, Secchi, Tacchini, Ricco, Mascari, a augmenté nos connaissances sur la circulation de l'atmosphère solaire : les centres d'action des protubérances, ou les centres des ceintures des protubérances, tendent à se mouvoir des basses vers les hautes latitudes, à l'inverse des taches ; en général, deux bandes existent pendant quelque temps sur chaque hémisphère, puis elles se réunissent pour monter vers les pôles solaires en même temps qu'une nouvelle bande se forme aux basses latitudes (1).

L'étendue des observations de Respighi (15 années), qui sont à la base de ces nouvelles recherches, était insuffisante pour préciser le mécanisme de telles actions : de plus, il faut bien dire que les constatations sont malaisées car les éruptions importantes sont relativement brèves, de 30 minutes à 2 heures, et il faut que l'observateur, non seulement puisse observer ce jour-là, mais soit pour ainsi dire constamment à la disposition du Soleil. Avec le matériel important des trente-deux années d'observation de Fényi, son successeur Dierckx apporte un important progrès : la concordance entre la périodicité des protubérances et celle des taches solaires est des plus satisfaisante, sans trace que le maximum des protubérances se produise *après* celui des taches ; les deux phénomènes sont donc en relation sans être liés localement, et ce qui complique l'étude des protubérances c'est qu'il faut nécessairement distinguer leur fréquence de l'expression de leurs grandeurs.

On parvient alors aux conclusions générales suivantes :

1º Au moment des minima de l'activité solaire, il se trouve à l'équateur un minimum profond et plat de la fréquence des protubérances, tandis qu'une fréquence beaucoup plus forte se retrouve vers 50º de latitude ;

2º Vers le commencement du maximum, les minima de fréquence glissent vers les pôles et finalement s'y établissent ;

3º Pendant un court laps de temps, alors, la calotte polaire est toute couverte de protubérances, jusqu'au pôle même ;

4º Ces protubérances disparaissent bientôt complètement : la zone polaire entre dans la phase du calme total, qui dure uniformément jusqu'au moment de l'irruption du maximum suivant, c'est-à-dire pendant 9 à 10 ans ; cette irruption est donc de durée remarquablement courte et d'autant plus violente, paraît-il, qu'elle est plus courte.

Toute cette activité solaire se complique encore de ce fait que les protubérances polaires provoquent les larges banderolles coronales auprès des pôles, comme on les voit pendant les éclipses vers les époques de maximum des taches. En fait, les recherches récentes semblent indiquer que cette circulation des protubérances est intimement associée aux différentes formes de la couronne (2) : ainsi apparaît bien l'unité du problème

---

(1) *Proced. Roy. Soc.*, t. LXXI, pp. 244-250 et 446-452.

(2) *Month. Notices R. A. S.*, t. LXIII, 1903.

général puisque l'on a constaté que les couronnes (1) observées pendant les éclipses totales présentaient de grands caractères de similitude lorsqu'on était au voisinage d'un minimum d'activité solaire et, aussi bien, des analogies autour d'un autre type de couronne pour les époques voisines des grandes fréquences de taches.

Tous ces travaux précisent assez bien, dans leur ensemble, les singularités du rythme undécennal du Soleil. Et si le Soleil est une étoile à rayonnement variable, n'est-il pas logique (Abbot) de chercher quelques rapports entre ses fluctuations et certaines singularités météorologiques ?

Peut-on donc, sur la Terre, trouver quelque écho de ces phénomènes divers ? Est-il déjà si simple et si logique, comme le pense Zenger, de trouver dans les études de Ragona une confirmation de la relation qu'il croit avoir trouvée entre la rotation du Soleil et les phénomènes météorologiques ?

C'est ce qu'il nous reste à examiner sur les cas particuliers.

---

(1) Certaines radiations du soleil disparaissent, en général, dans l'irradiation atmosphérique : on peut y remédier par des observations de haute altitude, qui éliminent l'influence de la couche inférieure de l'atmosphère, la plus dense et la plus chargée d'humidité et de poussières. C'est ainsi que, au Mont-Blanc, Hansky est un des premiers à avoir photographié la couronne en dehors des éclipses totales, parce que son spectre garde encore une certaine intensité dans le rouge tandis que le spectre de la lumière diffusée par l'atmosphère est très faible dans le rouge. Il y a là, pour les applications à la Météorologie, un champ fécond non encore exploré.

MAGNÉTISME TERRESTRE

AURORE BORÉALE

C'est en Chine que l'on a observé pour la première fois, et depuis fort longtemps, les propriétés de l'aiguille aimantée et les variations de sa direction (v. ci-dessus, p. 155), mais les mesures précises et utilisables des éléments magnétiques ne remontent pas à plus de trois siècles pour la déclinaison et un siècle et demi seulement pour l'inclinaison : c'est assez dire que, si la science moderne s'efforce d'élucider les variations séculaires et lentes de ces éléments, le matériel de nos observations est encore insuffisant pour mettre en évidence des oscillations à longue période.

Et, cependant, il est bien certain que la position du pôle magnétique et la direction des composantes ont subi, depuis l'époque historique, d'importantes modifications (1) : Lloyd s'applique à l'étude des changements séculaires du magnétisme terrestre (2) ; dès 1869, Linder recherche d'une façon très intéressante *les causes* possibles de ces variations de l'aiguille aimantée... mais ses explications ne peuvent être considérées comme définitives. Au lieu de poursuivre la recherche des causes, nous allons pour l'instant nous en tenir aux variations elles-mêmes et rapporter rapidement quelques observations qui en témoignent.

____

(1) Pour la variation des pôles magnétiques on trouve déjà d'intéressants et utiles renseignements dans L. I. Duperrey, Notice sur la position des pôles magnétiques de la Terre, *Bull. de la Soc. de Géogr.*, t. 16 (1841), pp. 314-324.

(2) *Assoc. brit. p l'avanc. des Sc.*, Manchester, 1861 ; anal. dans *Cosmos*, t. 19 (1861), p. 447.

Le premier, peut-être, Melloni (1853) fit une remarque qui devait être très féconde en observant que, contrairement à ce qui se passe pour l'acier, les roches volcaniques ne perdent pas leur magnétisme quand on les chauffe.

Au moment de la cuisson, les briques et poteries ferrugineuses acquièrent des propriétés magnétiques et deviennent de véritables aimants permanents, inaltérables, que le champ magnétique terrestre est impuissant à modifier après refroidissement : ainsi l'aimantation d'un vase, par exemple, dépendra de l'inclinaison de la force magnétique au moment de sa cuisson et, inversement, connaissant la position du vase dans le four et son aimantation actuelle, on en peut déduire la direction de l'aiguille d'inclinaison. Or certains vases ont une position *nécessaire* pendant la cuisson et l'étude de l'aimantation des pièces antiques nous renseignera sur l'état du magnétisme terrestre au moment de leur fabrication.

Ce problème fut étudié par Folgheraiter qui, établissant des formules expérimentales, croit pouvoir retrouver l'inclinaison à 2° près. L'étude de vases du VIIIe siècle avant l'ère chrétienne lui révèle ainsi une inclinaison faible et négative ; elle devient positive au premier siècle, passe par un maximum et décroit actuellement. De telles conclusions, si elles sont admises, constitueraient une arme à deux tranchants: soit que l'on puisse, par ce procédé, retrouver la date d'une fabrication, soit que l'on puisse dépister les falsifications. Mais Mercanton a fait observer récemment que les résultats relatifs aux terres cuites préhistoriques sont parfois contradictoires.

Le phénomène peut être naturel et spontané : les couches d'argile recouvertes par les coulées volcaniques, et transformées ainsi en brique, ont conservé une aimantation de même sens que celle de la coulée. On pourrait déduire de pareilles observations qu'à l'époque des laves d'Auvergne l'aiguille aimantée avait une direction presque inverse de sa direction actuelle (B. Brunhes).

Nous croyons savoir que des travaux en cours apporteront bientôt de précieuses indications par l'étude de diverses coulées de laves du Vésuve, dont la date peut être identifiée avec une précision suffisante.

Enfin, tout près de nous, les changements séculaires sont encore notables avec précision : au XVIe siècle, une ligne sans déclinaison passait à l'ouest des Açores, ligne au delà de laquelle Christophe Colomb trouve que la déclinaison tournait à l'ouest (Corvo).

On voit qu'il y a là toute une série de questions qui mériteraient d'être reprises dans leur ensemble, mais, en tous cas, nos connaissances sur les valeurs absolues des éléments magnétiques restent trop incertaines pour en tirer des conclusions sur leurs variations, et c'est plutôt aux anomalies magnétiques que l'on s'est attaché jusqu'ici avec succès.

Les déviations brusques que manifestent les instruments magnétiques (1) placés à la surface de la Terre, si elles ne se manifestent pas en même temps sur *tous* les instruments, affectent cependant des appareils situés en des points fort éloignés les uns des autres : A. de Humboldt signale la simultanéité de ces troubles magnétiques, ce que confirment Gauss, Weber, et tous leurs successeurs ; on peut presque dire que, à la précision des enregistreurs, les perturbations magnétiques sont simultanées sur toute la Terre et affectent les mêmes allures.

Très rapidement, aussi, Humphrey Lloyd mit en évidence les relations entre les courants électriques terrestres et les variations de l'aiguille aimantée (2).

C'est bientôt à la photographie que l'on demande l'enregistrement de ces *orages magnétiques* et des courants telluriques particulièrement violents qui les accompagnent, comme l'ont mis en évidence Barlow et Walker ; les recherches récentes de Weinstein montrent la correspondance entre la variation de ces courants et celle des éléments magnétiques, et Gockel mentionne aussi d'intéressantes relations entre les fluctuations du magnétisme terrestre et les courants électriques, soit telluriques, soit atmosphériques.

*
* *

Les travaux de Schwabe (1843) sur la périodicité des taches solaires comportaient déjà le pressentiment d'une relation avec le magnétisme terrestre, mais la première idée d'une période dans les oscillations magnétiques paraît se trouver dans le mémoire de Lamont (1851) sur les variations de l'amplitude diurne de l'aiguille de déclinaison à Munich, de 1841 à 1850, et où l'on voit l'indication d'une période décennale. Déjà, en 1845, Lamont avait avancé que les variations des forces horizontale et verticale du magnétisme sont toujours de signes contraires et dans un rapport constant, loi très curieuse vérifiée par Carl ; mais dans une étude critique

---

(1) Voir notamment l'intéressant exposé de Bauer sur l'état de nos connaissances sur le magnétisme terrestre : *Bull. de la Soc. belge d'Astr.*, t. XX (1920). p. 25.

(2) Cf. : *Cosmos*, t. 21 (1862), p. 40.

très intéressante, R. Radau (1) montrait sans tarder que les résultats restent douteux et il faut renoncer à des mécanismes aussi simples.

Vers la même époque, sir Edward Sabine (1852) note l'accroissement progressif dans l'intensité de la variation diurne à Toronto et à Hobarton : et, comme Schwabe venait de publier sa table des fréquences des taches solaires, Sabine mentionne l'existence possible d'une variation périodique dans le magnétisme, semblable à celle des taches solaires, quoique, à cette époque, les années d'observations d'où ces deux périodes étaient déduites fussent en nombre restreint. Lamont est de suite bien disposé pour croire à la réalité de cette similitude : Sabine est plus prudent et, bien que diverses stations donnent des résultats concordants, demande que cette connexion soit déduite de façon probante d'observations plus nombreuses.

Lamont est donc bien le premier qui n'ait pas craint d'affirmer la périodicité décennale (10 1/3 ans) des variations magnétiques (2) et, dès 1852, on se fait nettement à l'idée que le Soleil est la cause directe des variations à courte période du magnétisme terrestre (3) ; R. Wolf compare la période de 11,111 années attribuée aux taches avec celle de 10 ans 1/3 de Lamont pour les variations magnétiques (4), et confirme bientôt avec précision la coïncidence entre la période magnétique et celle de Schwabe pour les taches du Soleil.

Les travaux vont se précipiter. Secchi étudie les variations diurnes du magnétisme terrestre (5) ; Hansteen confirme la légitimité d'introduire la période des taches solaires de Wolf dans les phénomènes magnétiques (6) et met aussi en évidence l'influence des taches solaires, de leur maxima et minima, sur la grandeur de l'amplitude de la variation diurne des éléments magnétiques ; l'on doit encore citer Quételet (1860) parmi les premiers qui aient préconisé une liaison étroite entre les diverses manifestations de la physique solaire et les variations du magnétisme terrestre.

Toute une série d'auteurs (7), de Littrow, Wrottesley, Hodgson...

---

(1) *Cosmos*, t. 19 (1861), p. 41.

(2) Cf. : *Cosmos*, t. 1, p. 288.

(3) *Ass. brit. p. l'avanc. des Sc.*, Belfast, 1852 ; anal. dans *Cosmos*. t. 1, p. 465 et 495.

(4) Cf. : *Cosmos*, t. 2 (1852), p. 5. Wolf revient en 1859 sur cette comparaison.

(5) Cf. : *Cosmos*, t. 4 (1654), p. 61.

(6) Cf. : *Cosmos*, t. 14 (1859), p. 708.

(7) *Assoc. brit. p. l'avanc. des Sc.*, Oxford, 1860 ; voir aussi *Cosmos*, t. 17, p. 58.

s'occupent encore des liaisons entre les taches du Soleil et les perturbations magnétiques ; Balfour Stewart étudie les orages magnétiques (1) ; Secchi reprend l'examen du rapport entre les taches solaires et l'oscillation magnétique (2).

L'auteur qui s'est le plus longuement attaché à ces questions est assurément R. Wolf : en 1862, il cherche à lier par des formules les relations entre le magnétisme terrestre et les taches solaires ; ayant d'abord adopté la période de 11 1/3 années, il dispose bientôt de 20.000 observations réparties sur 112 ans d'observation des taches et corrige sa période à 11,155 années, présentant le tableau de correspondance suivant :

Maximum des taches solaires	Variation de la déclinaison magnétique	Minimum des taches solaires	Variation de la déclinaison magnétique
$1750,0 \pm 1,0$	»		
1761,5 0,5	»	$1755,7 \pm 0,5$	»
1770,0 0,5	»	1766,5 0,5	»
1779,5 0,5	»	1775,8 0,5	»
1788,5 0,5	$1787,2 \pm 1,0$	1784,8 0,5	$1784,5 \pm 0,5$
1804,0 1,0	1803,5 1,0	1798,5 0,5	1799,0 2,0
1816,8 0,5	1817,5 1,0	1810,5 0,5	....
1829,5 0,5	1829,7 0,5	1823,2 0,5	1823,8 1,0
1837,2 0,5	1837,7 0,5	1833,8 0,2	....
1848,6 0,5	1848,9 0,3	1844,0 0,2	1844,2 0,5
1860,2 0,2	1860,0 0,3	1856,2 0,2	1856,3 0,3

Tout d'abord, on doit remarquer que les dates des minima ne correspondent pas toujours avec celles qu'indiquait Wolf deux ans plus tôt : pour 1755 (v. ci-dessus, p. 158), l'écart s'élève à une année entière et ceci corrobore bien ce que nous venons de dire page 159 sur la délicatesse de ces travaux statistiques, leur imprécision parfois nécessaire et, en tous cas, la réserve critique qu'il est sage d'apporter dans les conclusions. Lamont avait d'abord établi *sept* périodes de 10,43 années entre 1787 et 1860 ; Wolf n'en trouve plus que six, mais la longueur des périodes isolées varie beaucoup, ce qui est assez inquiétant sur la valeur qu'il faut attacher à l'existence d'une *période moyenne*...

---

(1) Voir l'étude critique importante de Ferd. Hoefer, dans *Cosmos*, t. 22 (1863. pp. 715-720.

(1) *Cosmos*, 2ª s., t. 3 (1866), p. 176.

***

Si une telle relation existe, les éléments magnétiques doivent être en rapport avec la révolution des zones équatoriales du Soleil, c'est-à-dire, dans l'ensemble, avec la révolution synodique d'environ 26 jours (1) des taches solaires : d'où des travaux comme ceux de Broun, Hornstein, Lisnard, etc... ; en 1871, Hornstein admet 26,88 jours comme période des variations des éléments magnétiques et la rapproche des 24,541 de Spörer et des 24,55 de la rotation vraie du Soleil — mais le problème peut être compliqué encore par la révolution des couches internes du Soleil, où la vitesse angulaire de rotation serait plus grande.

Et la question soulevée autrefois, débattue, puis oubliée, se retrouve d'actualité, de mettre en évidence l'influence des conjonctions solaires sur l'intensité magnétique du globe ; Diamilla semble confirmer cette influence que Moïse Lion paraît avoir été le premier à mentionner, et le fait est à rapprocher de la corrélation signalée par Wolf entre l'intensité magnétique terrestre et le nombre des taches solaires. Broun donne une période de 26 jours dans les variations du magnétisme terrestre ; Faye persiste à ne pas voir l'évolution scientifique, affirmant (1878) qu'il est injustifiable de poursuivre une concordance entre les taches solaires et le magnétisme terrestre et que le désaccord avec la période undécennale ne fait que s'accentuer.

On peut ici mentionner les intéressantes recherches que poursuit avec âpreté Zenger, à partir de 1878. La photographie lui montre, autour du disque solaire, des zones d'absorption qui ne se manifestent qu'avant et pendant les grandes perturbations atmosphériques ; entraîné par son sujet, il conclut qu'une cause cosmique régit tant et tant de phénomènes, soit les orages, soit les aurores, soit même les étoiles filantes qui paraîtraient cependant assez peu sous notre dépendance, et cette cause admet une périodicité de 12,6 j. environ, ou demi-révolution solaire. Il n'y a qu'un pas pour conclure que le Soleil contient, à environ 180° l'un de l'autre, *deux* centres de perturbation à effet maximum sur l'atmosphère terrestre, mais... ?

Cependant, et malgré l'influence de Faye, R. Wolf, qui avait établi

---

(1) Raymond note, pour les pluies et orages en Provence, une périodicité de 6 à 7 jours — quart de la rotation — mais il est vrai sur des documents peu étendus.

une relation entre les taches solaires et les variations de la déclinaison magnétique, confirme ses résultats antérieurs et montre nettement l'accord non seulement *en gros*, mais dans les détails, entre sa période des taches solaires et celle des phénomènes magnétiques de Allan Broun.

Il faut bien reconnaître que les phénomènes ne présentent pas un caractère simple et qui s'impose immédiatement. Si le Soleil agit directement sur le magnétisme terrestre par ses taches (et ses facules, si l'on veut), on doit retrouver une période de 26 à 27 jours, qui correspond à la rotation solaire, dans les perturbations de l'aiguille aimantée : c'est bien ce que l'on constate par les jours les plus calmes comme par ceux de grande perturbation, *mais seulement durant une petite fraction de la période totale* du Soleil ; mais, d'autre part, les dates des grandes perturbations magnétiques se reproduisent à des intervalles multiples de 30 jours. Existe-t-il donc deux périodes différentes dans l'activité magnétique, comme l'a déjà signalé Schmidt ?

Angenheister (1923) a confirmé l'existence de ces deux périodes, mais, par suite de leur superposition et de leurs interférences, le phénomène observé est souvent fort complexe.

La période de 27 jours aurait son origine dans les taches et les facules de la surface, et résulterait de la rotation de cette surface ; la période de 30 jours laisse supposer que la source des grandes perturbations ne doit pas être réchérchée dans les couches supérieures du Soleil, mais plutôt dans ses couches profondes, moins mobiles et tournant plus lentement — point digne d'être précisé — et dont les centres de perturbations peuvent se montrer longtemps à la même place. Or, par ailleurs, les 27e, 54e, 81e jours qui suivent une grande perturbation sont souvent perturbés eux-mêmes, tandis que, selon le rythme de 30 jours, ils devraient être calmes : ceci crée une difficulté réelle, qui tendrait à prouver qu'il n'y a pas de différence essentielle dans l'origine des grandes et des petites perturbations ; en tous cas, c'est bien au Soleil qu'il faut faire remonter la source des grandes perturbations puisqu'elles sont soumises, notamment, à la période undécennale des taches et des facules.

Après avoir montré par cet exemple détaillé combien il est parfois délicat d'apporter des faits probants sur un élément en apparence aussi simple que celui de la rotation du Soleil sur lui-même, il nous faut revenir au développement historique de ces études.

Les résultats se précisent encore lorsque Ellis (en 1879 et en 1898) montre le synchronisme entre les irrégularités des taches et celles du magnétisme, soit pour la longueur des périodes, soit pour les augmentations et diminutions de fréquence des taches avec les variations diurnes dans l'amplitude de la déclinaison magnétique ou de la composante horizontale ; Zenger (1882) donne une période de 13 jours, moitié de la révolution solaire, pour le cycle de production des perturbations magnétiques.

Les travaux se précipitent dans cette voie avec Ellis, Marchand, Th. Moureaux, J.-A. Broun, Wolf, Gautier, etc... confirment les premières espérances et, en résumé, les graphiques conduisent d'une manière irrésistible à cette conclusion que ces deux phénomènes, taches solaires et variation magnétique, doivent dépendre de la même cause ; il ne reste plus qu'à expliquer un léger désaccord entre les longueurs moyennes des deux périodes, selon Ellis, 11,57 ans pour les taches solaires, et 11,42 ans pour le magnétisme. — Nous n'insisterons pas sur les explications assez fragiles que l'on a proposées.

Voici le tableau de correspondance adopté par Ellis :

Phase	Epoque magnétique moyenne	Epoque des taches solaires
Minimum	1843, 60	1843, 5
Maximum	1848, 55	1848, 1
Minimum	1856, 15	1856, 0
Maximum	1860, 40	1860, 1
Minimum	1867, 55	1867, 2
Maximum	1870, 85	1870, 6
Minimum	1878, 85	1879, 0
Maximum	1883, 90	1884, 0
Minimum	1889, 75	1890, 2
Maximum	1893, 75	1894, 0

Des facteurs perturbateurs nombreux viennent compliquer les questions. Est-il *indispensable* de les éliminer au préalable afin de mettre en évidence la corrélation qui existe entre les taches solaires et les écarts diurnes de la déclinaison ? Telle n'est pas l'opinion de Gabba (1916 et 1921), qui estime que ces liens sont assez étroits pour ne pas être contestés et que les observations elles-mêmes les assurent de façon assez nette.

Rajna a proposé la formule $5,31 + 0,047r$ pour la période 1836-1894

—   —   — $5,39 + 0,047r$ —   1871-1894

Wolfer   —   — $5,26 + 0,047r$ —   1836-1901

Gabba montre que   — $5,26 + 0,047r$

convient suffisamment à la période totale 1886-1920 et il confirme ainsi, dans l'ensemble, les résultats de Chree.

* * *

On peut donc dire que toutes ces recherches ont mis en évidence des relations étroites entre l'activité solaire superficielle et le système magnétique du globe terrestre (1) : le nombre ou la surface des taches solaires et les variations des éléments du champ magnétique terrestre, en un point quelconque de la surface du globe, présentent, en particulier, la même période undécennale ; les orages magnétiques sont plus fréquents les années des maxima des taches solaires, et inversement ; par une classification mensuelle, Sabine met en évidence l'accentuation des troubles magnétiques vers les équinoxes; pour les grandes perturbations du magnétisme terrestre, Elias Loomis montre que, le même jour, des troubles notables se manifestent à la surface du Soleil, précédés eux-mêmes, trois ou quatre jours à l'avance, de troubles de moindre importance et en quelque sorte prémonitoires, que suit immédiatement la période de calme qui précède l'orage.

Variations diurnes ou variations correspondantes à l'activité des taches, tout va être élucidé en détail, et sans difficultés spéciales : l'intensité magnétique varie en raison directe de la fréquence des taches ; les variations solaires diurnes sont en sens inverse dans les deux hémisphères ; la marche des phénomènes, dans les régions équatoriales, change de sens aux équinoxes, époques des digressions maxima ; les déclinaisons magnétiques, aux latitudes moyennes, sont plus grandes en été qu'en hiver, avec des variations suivant de très près celles des taches solaires — phénomènes analogues mais un peu moins étendus pour la composante horizontale, etc., etc. Dès 1858, Chree avait fourni dans ce genre de précieuses indications en étudiant les *écarts* des valeurs des éléments magnétiques : il trouve de curieuses singularités, telles qu'un maximum en mars — début d'avril et un minimum en décembre, un petit maximum secondaire fin septembre et un petit minimum au début de mai ; il reste un point bien étrange dans le fait que la correspondance est plus nette pour les années de maxima de taches qu'avec les périodes de minima.

---

(1) On peut consulter sur ces questions E. Mascart, *Traité de magnétisme terrestre*, 1 vol., in-8°, Paris 1900. On y trouve des graphiques pour les correspondances entre les taches solaires et les variations des éléments magnétiques.

Les recherches de Maunder précisent bien que l'origine des perturbations magnétiques est dans le Soleil et point ailleurs, et que leur période est celle de sa révolution synodique (26,7 j.) et non celle de la révolution sidérale (24,9 j.). Les grandes perturbations sont liées à l'apparition de grandes taches ; certaines aires solaires, bien définies, tournant comme les taches, provoquent les orages magnétiques, mais l'activité magnétique d'une telle aire peut précéder la formation d'un groupe de taches et lui survivre.

Ceci correspond bien au phénomène, vu *en gros*, mais si l'on pénètre plus avant, le détail, comme toujours, n'est pas aussi limpide. Soigneusement poursuivies à Greenwich, Paris, Zurich, les observations magnétiques et celles des taches solaires montrent qu'il existe une inégalité anormale car les amplitudes des perturbations sont plus grandes en été qu'en hiver ; et même, dans chaque courbe, après la dépression, on observe un petit relèvement remarquable. Si les choses dépendent de la position de la Terre sur son orbite, exerçons-nous donc, en retour, une action sur le Soleil ?

Ragona, qui croyait aux relations entre les phénomènes météorologiques et les phénomènes magnétiques, s'efforça de montrer que, dans leur périodicité annuelle, les principaux éléments météorologiques présentaient trois maxima et trois minima dont les dates correspondaient aux variations magnétiques extrêmes, mais ses vues ne furent pas confirmées. On doit à Angot des indications beaucoup plus sérieuses et précises par la double application de l'analyse harmonique (1) soit aux taches solaires, soit aux perturbations magnétiques : il met en évidence que la variation moyenne du magnétisme terrestre se compose de deux termes, l'un proportionnel au nombre des taches et par conséquent en rapport avec l'activité solaire, l'autre indépendant de l'état de la surface solaire — de l'état *apparent*, assurément, en tant que taches et facules — et d'où peut bien provenir ce terme ?

Enfin, d'après une étude récente et soignée de Brazier, et qui vient très heureusement compléter les résultats de Chree, l'agitation annuelle de l'aiguille aimantée présente deux maxima et deux minima, maxima aux voisinages des équinoxes et minima aux environs des solstices (début de juillet et en janvier) : ce maximum est nettement décalé par rapport aux équinoxes, précédant de quinze jours celui de printemps et suivant d'autant l'équinoxe d'automne ; l'agitation moyenne est plus grande pendant

---

(1) Est-elle permise, hélas ! V. ci-dessus, p. 150-151.

la saison froide que pendant la saison chaude ; l'amplitude est plus grande au printemps qu'en hiver. Mais, fait étrange, il est impossible de trouver une corrélation entre les maxima d'agitation magnétique et ceux de l'activité solaire ; Cortie (1928) a même indiqué des cas très curieux de perturbations magnétiques atteignant leur plus grande valeur dans les années qui ont immédiatement suivi un maximum de taches.

Ainsi, plus on approfondit la question, plus on met en évidence des singularités remarquables, dont la cause nous échappe entièrement et qui nous posent des énigmes difficiles ; enfin, nous sommes encore ramenés à cette idée troublante que l'influence de l'activité solaire sur le magnétisme terrestre est modifiée par des causes *d'origine terrestre* dont l'action dépend de la position qu'occupe la Terre sur son orbite.

Devant ces complications, il est juste d'attirer l'attention sur ce fait que, si l'on a observé comme nous l'avons dit des relations entre le magnétisme et les courants telluriques, on est bien loin d'avoir tiré tout le parti possible des étranges manifestations de l'électricité atmosphérique. Chauveau a trouvé une oscillation simple, avec maximum dans la journée et minimum remarquablement stable entre 4 heures et 5 heures du matin et qui, par conséquent, est partiellement indépendant de la position du Soleil ; il note, de plus, que le sol exerce une influence qui est maxima pendant l'été.

Il reste là tout un champ peu exploré.

**

Nous venons de dire que la correspondance entre le magnétisme terrestre et les taches solaires n'avait pas comporté de difficultés spéciales : c'est assurément vrai, dans le sens qu'il fut assez aisé de mettre en évidence une corrélation générale ; mais, bien entendu, il a subsisté maints détails et particularités, car les taches ne constituent pas l'élément unique de l'activité solaire et il fallut bientôt examiner le rôle des pointsb rillants, facules, protubérances — ce que nous allons résumer très rapidement.

En 1859, Carrington et Hodgson observent l'apparition brusque de points lumineux brillants sur une tache voisine du méridien central : au même instant, les courbes de magnétisme de Kew montrent des perturbations brusques. Phénomènes semblables pour une tache étudiée au spectroscope par Young en 1872, au bord du Soleil ; en 1887, Marchand établit la relation avec le passage au méridien central d'une région active du Soleil ; Townsend, Sidgreaves, Trouvelot, Turner, Nordmann, E. Tringali apportent des faits analogues.

Des perturbations subites, des orages magnétiques accompagnent l'apparition de certaines régions actives, taches ou groupes de taches sur le disque solaire, peut-être leur passage au méridien central (loi de Marchand, confirmée par Terby) ; Voeder croit l'action prépondérante pour l'apparition des taches au bord est du disque solaire ; mais il reste fort malaisé de préciser pourquoi *certaines* régions solaires ont une activité magnétique particulière et persistante au delà d'une rotation solaire, et comme certaines perturbations magnétiques ne sont accompagnées, sur le Soleil, ni de taches, ni de protubérances, Deslandres (1908) en conclut même que l'activité solaire, du moins estimée par ces symptômes, est une explication insuffisante du magnétisme terrestre.

Nous avons déjà dit comment toutes ces recherches nécessitaient l'introduction d'*éléments compensés*, mais il est bon d'insister sur les procédés qui ont permis à Marchand d'établir la loi suivante qui porte son nom : les sismes tendent à se produire lorsqu'une région d'activité du soleil passe au méridien central apparent du disque solaire. Mais qu'est-ce donc qu'une région d'activité qui, pour Marchand, n'est pas synonyme *de taches* ? La tache n'est qu'un phénomène secondaire et éphémère se produisant accidentellement dans un groupe de facules qui, en général, existe longtemps avant et longtemps après elle, sur la surface du Soleil et à peu près au même point ; qu'il y ait ou non des taches, c'est ce groupe de facules que Marchand appelle une région d'activité ; ces facules très brillantes sont ordinairement très persistantes, ce qui entraîne la conséquence que les régions d'activité ainsi définies peuvent subsister au même point de la surface solaire pendant des mois et même des années, ce qui nous permet d'observer sur notre globe des perturbations magnétiques notables chaque fois que la révolution synodique du Soleil ramène ces régions au méridien central.

Si les détails de ces corrélations restent encore inconnus, c'est du moins Marchand, à Lyon, qui, le premier, en a précisé certains termes ; mais, aussi, dans la comparaison des travaux de Marchand avec les résultats de ses successeurs, il ne faut pas oublier que certaines discordances sont purement apparentes et proviennent de ce que l'on n'envisage, le plus souvent, que les relations avec les taches seules. Ainsi, les orages magnétiques, séparés par des intervalles à peu près égaux à la rotation solaire, proviendraient d'une sorte de balayage par le rayonnement spécial des régions actives.

En étudiant particulièrement les orages magnétiques classés *great* par Ellis, N. Lockyer trouve qu'ils ont les mêmes époques que les grandes activités chromosphériques *près des pôles* du Soleil ; la courbe générale de l'activité magnétique serait la même que celle des protubérances *observées près de l'équateur solaire*. D'autre part, Ricco a noté une relation entre des perturbations magnétiques et le passage de grandes taches sur le disque solaire, sur un méridien à 25° du centre ; enfin, d'après Voeder, l'influence des taches et des facules se produirait au moment où celles-ci apparaissent au bord occidental du disque solaire, soit six à sept jours avant leur passage au méridien central ; et comme Marchand avait déjà observé que l'importance de la perturbation magnétique n'est pas proportionnelle à la grosseur de la tache, Quénisset croit que l'on peut plutôt se rallier à l'influence des facules.

Enfin, les protubérances sont en relation avec les lignes noires que l'on distingue sur l'image des couches supérieures du Soleil (Ricco, Deslandres) et il ne paraît pas que l'on puisse sortir de toutes ces difficultés sans procéder à un enregistrement continu de tous les éléments variables du Soleil, comme l'a justement proposé Deslandres.

Suivant Arctowski (1917) les faits démentent en partie Marchand, Terby, Voeder, pour confirmer plutôt les idées de Ricco : les radiations solaires qui produisent les orages magnétiques sont déviées de la normale et auraient, en outre, une vitesse de propagation analogue à celle de la lumière.

Y a-t-il, vraiment, contradiction entre la loi de Marchand et le processus de Voeder ?

Cirrera et Balcelli semblent avoir démontré que les deux actions existent simultanément, ce qui vient encore compliquer l'interprétation mécanique — et cette intéressante question reste à l'étude. Il paraît difficile d'aller plus loin, avec Hauët, et d'admettre que les taches agissent, même quand elles sont sur l'hémisphère invisible du Soleil ; en tous cas, il reste acquis que certaines taches ont une grande influence tandis que d'autres paraissent sans action sensible, de sorte qu'il faudrait encore subdiviser cette étude en classant les taches suivant leur forme et, surtout, suivant la rapidité de leurs transformations qui paraît définir leur énergie active, leur vitalité si l'on peut dire.

*
* *

Ainsi les taches solaires, en particulier, jouent un rôle essentiel dans

le magnétisme terrestre : il n'y a aucune crainte — comme le pense encore
Lévine — que l'on soit abusé par les apparences grossières d'une simple
« allure générale ». Toutes les observations modernes tendent à établir
d'étroites relations, au contraire, entre certains phénomènes terrestres
et les manifestations du Soleil, particulièrement les taches et les protubérances ; et l'électricité(1) paraît jouer un rôle essentiel dans la production
des protubérances, comme dans les variations de l'aiguille aimantée. Tacchini admet même que les phénomènes des taches, des protubérances et
du magnétisme terrestre sont tellement liés que la connaissance des variations subies par l'un quelconque d'entre eux permettra de reconstituer
assez exactement la marche des deux autres, lorsque les observations poursuivies méthodiquement auront complété les données assez nombreuses
que nous possédons actuellement sur la relation qui existe entre tous ces
phénomènes.

Mais si l'origine des perturbations magnétiques se trouve dans le
Soleil, il faudrait, pour aller plus loin dans cette connaissance, pouvoir
préciser le mode d'action solaire.

Dès 1861, Volpicelli met en évidence que le problème est assez complexe : on ne peut pas encore conclure si l'action du Soleil est directe,
c'est-à-dire s'il agit à la manière d'un aimant, ou indirecte, par l'intermédiaire des variations de température à la surface de la Terre. On ne
peut s'arrêter à l'hypothèse trop simple d'un Soleil aimanté comme l'a
décrit de Fonvielle ; et si, comme le demande Secchi, il y a connexion
entre une *explosion* solaire et une tempête magnétique terrestre, Airy
(1872) montre que cette influence a employé au moins 2 h. 20 m. pour
parvenir du Soleil à la Terre (2)... voilà qui est étrange !

A. Voeder a bientôt prétendu que les perturbations magnétiques
n'ont pas une origine thermo-électrique et ne sont pas dues aux radiations
caloriques ou lumineuses : il n'y aurait aucune correspondance entre
l'allure des orages magnétiques et la manière dont les radiations lumineuses sont propagées du Soleil à la Terre. Les perturbations électriques
seraient alors transmises, non par radiation mais par conduction, à travers la poussière impalpable dont est rempli l'espace interplanétaire, et
l'origine des orages magnétiques serait la suivante :

« Des portions particulières de la surface du Soleil et des environs

---

(1) On connait les variations électriques qui se produisent pendant les éclipses de Soleil. L'action du Soleil sur la Terre serait plus exactement d'un ordre
électro-magnétique.

(2) Cf. : *Les Mondes*, t. 29 (1872). p. 146.

immédiats plus froids sont électrisés par une action qui a tous les caractères d'une action volcanique. Le mouvement de rotation du Soleil portant en avant les parties de la surface donne lieu à des courants dynamiques qui agissent par induction le long des lignes de force partout où il se trouve une substance conductrice dans leur sphère d'action. Il n'y a pas convection par radiation ni rien de semblable à ce qui se produit pour la chaleur et la lumière émises par le Soleil. Les lois gouvernant ce phénomène sont entièrement différentes de celles de la radiation. C'est un mode distinct d'action solaire ».

Avant de recourir à un processus entièrement nouveau, il faudrait épuiser d'une manière certaine les données de la physique terrestre, et cette sorte d'action volcanique mystérieuse ne s'impose nullement. Les taches agissent-elles à distance comme des phares ? à l'aide de pinceaux actifs et normaux à la surface solaire, qui viendraient balayer la Terre : ceci serait fort vraisemblable si les perturbations magnétiques se propageaient sur la Terre de l'Est à l'Ouest comme il semble à Bauer.

Puis on attribue les perturbations magnétiques à des rayons cathodiques projetés normalement à la surface solaire avec des vitesses considérables ; peu après, Trouvelot et Nordmann en cherchent l'origine dans des ondes hertziennes se propageant dans tous les azimuts avec la vitesse même de la lumière ; Déchevrens confirme plutôt l'hypothèse d'ondes hertziennes que celle de rayons cathodiques issus des taches de la surface, et Arctowski envisage bien aussi une pareille vitesse de translation pour les actions à distance. Des auteurs comme A. Schuster ne pensent pas qu'une émission directe du Soleil puisse fournir l'énergie mise en jeu dans ces phénomènes : cette énergie serait empruntée à la rotation de la Terre, et sous la dépendance de courants électriques circulant dans notre atmosphère, mais serait libérée, déclanchée si l'on veut, par les émissions corpusculaires venues du Soleil. C'est l'influence de la Terre elle-même qui se trouve remise en jeu et il faut bien reconnaître que, à cet égard, on a fait des constatations fort troublantes : Arctowski a montré que la latitude moyenne des taches solaires obéit à un cycle annuel et subit, par conséquent, l'influence de la rotation terrestre autour du Soleil, action terrestre qui se ferait d'ailleurs sentir avec un retard de trois rotations solaires (??); et ceci vient s'ajouter aux autres singularités déjà mentionnées précédemment.

Capon a résumé d'une façon critique les caractères essentiels de l'influence du Soleil sur le magnétisme terrestre, ainsi que les théories explicatives proposées: la plus vraisemblable, ou du moins celle qui, à l'heure actuelle, concorde le mieux avec tous les faits observés, est celle qui suppose une projection de particules électrisées par *certaines* régions du Soleil et a donné lieu aux recherches expérimentales ou théoriques de Birkeland, Carl Störmer, etc.

Mais, dans toutes les comparaisons entre le nombre et l'activité des taches solaires et la fréquence des orages magnétiques, se rencontre un point très troublant : de très grandes taches n'ont quelquefois donné lieu à aucun orage, à aucune perturbation passagère du champ du magnétisme terrestre, et c'est ce que Marchand signalait déjà dans l'existence de *certaines* régions solaires particulièrement actives ; et, outre l'activité et la grandeur des taches, il faut bientôt introduire comme troisième facteur leur position, car les taches comprises entre 25° et 30° de latitude paraissent les plus actives. Puis la latitude même des taches est une caractéristique insuffisante et, constatant à nouveau que l'agitation magnétique n'est pas uniquement fonction de la surface tachée, Brazier dit qu'elle dépend peut-être *surtout* de la vitesse de variation des taches en nombre et en étendue, ce qui nous ramène à la nécessité d'enregistrer de façon constante les diverses modalités de l'activité solaire.

Les recherches entreprises avaient permis à Cortie d'imaginer que les taches, ayant une action provocatrice sur les orages magnétiques, n'en sont cependant pas la cause directe : il admet, pour cela, que les taches expulsent des électrons en grand nombre, et les électrons, que l'on invoque parfois pour expliquer les lueurs de la couronne, se repoussant l'un l'autre, formeraient des sortes de nuages. Or la Terre évolue près de l'équateur solaire (±7°) : on conçoit qu'elle puisse rencontrer plus facilement de tels nuages, quand ils proviennent de taches situées près de l'équateur, que lorsqu'ils prennent naissance à des latitudes plus élevées, à moins cependant, dans ce dernier cas, qu'ils ne soient très étendus. D'ailleurs, les électrons ne seraient pas la cause *directe* des perturbations : ils ioniseraient les couches supérieures de l'atmosphère et les rendraient plus conductrices, la force électromotrice étant créée par la rotation de la Terre ; le mouvement des charges électriques, donnant naissance à un courant de convection qui crée à son tour un champ magnétique, expliquerait la production d'un orage magnétique lorsque la Terre vient à rencontrer un nuage d'électrons.

Orages magnétiques et taches solaires n'auraient pas une relation de cause à effet, mais la liaison correspondante à deux effets distincts d'une même cause : on peut, on doit dès à présent se familiariser avec cette conception dont nous retrouverons des indications variées.

Ainsi les recherches s'orientaient progressivement vers des mécanismes assez complexes... et voici que Hale tend à les ramener à un phénomène plus simple : certes, le Soleil n'est pas un aimant, mais du moins les taches se comporteraient comme de véritables aimants, et l'auteur étudie le signe de la polarité des taches et la variation périodique de cette polarité. Hale considère les taches comme de vastes tourbillons de gaz incandescents contenant des champs magnétiques, dont l'intensité augmente avec le diamètre de la tache, au' moins jusqu'à un certain maximum : les taches sont généralement groupées par deux, ayant des polarités différentes ; la tache de tête représente un pôle sud ou négatif, tandis que la suivante correspond à un pôle nord ou positif.

En 1911, il y eut changement de polarité — d'où l'auteur déduit un cycle non de 11 ans mais de 12 à 18 ans.

Mais les taches vont-elles donc toujours par deux ? ce que ne montrent ni l'œil ni la plaque photographique. Ce serait peut-être là une nouvelle loi générale, car le spectroscope révèle des taches invisibles, de sorte qu'elles iraient presque toujours par deux : au cours des transformations, la visible peut devenir invisible — et réciproquement.

Toujours, de la sorte, naissent et se transforment les questions : avant d'avoir pu élucider le rythme des choses visibles, voilà que de nouvelles taches, cachées. joueraient un rôle essentiel... Et pourquoi, selon un cycle d'environ 11 ans, les paires de taches changent-elles de polarités ?...

*
* *

D'autre part, on sait depuis longtemps que les grandes apparitions des aurores polaires sont visibles simultanément en des lieux fort éloignés et, à peu près constantes au voisinage du pôle magnétique, les manifestations aurorales, aux basses latitudes, accompagnent les orages magnétiques.

Les courants telluriques, nous venons de le dire (ci-dessus, p. 172), sont en relation avec les fortes perturbations magnétiques, et nous allons voir dans un instant que les tremblements de terre se manifestent parfois par des dérangements électriques : il n'est donc rien de plus naturel que la mise en évidence, aussi, de l'action électrique des aurores boréales sur les lignes télégraphiques (1). A la même époque, 1853, de la Rive donne un

-----

(1) Cf. : *Cosmos*, t. 3 (1853), p. 119.

important mémoire sur les caractères électriques de l'aurore (1) ; Secchi étudie déjà les relations possibles entre les variations magnétiques et les aurores polaires (2), suivi dans cette voie par Neumayer (1863) ; la question de la correspondance entre les taches solaires et les aurores est bien mise en évidence par Balfour Stewart (3), elle est considérée comme très nette par R. Wolf et Fritz et, en 1872, Tarry croit aux relations complètes entre tous ces phénomènes, aurores, protubérances, taches et lumière zodiacale.

Peu après (1873), Weyprecht apporte de curieuses observations : il établit que les perturbations magnétiques sont d'autant plus fortes que les mouvements des rayons de l'aurore sont plus intenses et plus rapides, que les couleurs prismatiques se montrent avec plus d'éclat, tandis que les arcs immobiles et réguliers n'exercent presque aucune action sur l'aiguille aimantée.

Dès 1871, Tacchini signale la relation qui existe entre les aurores boréales et l'apparition, sur les bords du Soleil, d'*une certaine espèce* de protubérances qui se composent, en général, d'une masse nuageuse étendue et déchiquetée (les dessins lui donnent une analogie frappante avec une masse de cirrus) d'où tombent vers le Soleil une série de traits lumineux : seulement, tandis que dans les pluies solaires ces traits sont perpendiculaires au bord du limbe et parallèles entre eux, ils sont ici inclinés et souvent entrelacés. Fritz établit peu après que les aurores boréales offrent une périodicité analogue à celle des taches ; elles sont plus fréquentes aux époques de maxima, paraissent diminuer vers les minima et, en février 1907, notamment, la belle coïncidence de troubles magnétiques et d'aurores boréales magnifiques avec l'arrivée d'un groupe de taches sur le méridien solaire tourné vers nous illustrait, une fois de plus, combien la Terre est sous la dépendance étroite de l'activité solaire.

Ellis montre même qu'il existe dans la fréquence des perturbations et des aurores une période annuelle avec un maximum aux équinoxes et un minimum aux solstices, phénomène étudié et interprété par Kaemtz, Loomis, N. et W. Lockyer, Cortie, etc. ; les recherches statistiques sur une périodicité des phénomènes magnétiques et des aurores boréales, en rapport avec les taches, c'est-à-dire avec la durée de la rotation synodique solaire, sont poursuivies par Terby, tandis que les études théoriques de

---

(1) Cf. : *Cosmos*, t. 4 (1854), p. 61.
(2) Cf. : *Cosmos*, t. 4 (1854), p. 113.
(3) *Proc. Roy. Soc.*, (1864) ; anal. dans *Cosmos*, t. 24 (1864), p. 445.

ces relations sont attachées aux noms de Birkeland, C. Störmer, Vegard, A. Schuster, O. Krogness, etc...

Mais personne ne peut nier que, en principe, l'activité solaire soit en relation avec la météorologie terrestre — reste à préciser le mode — et si cette activité peut être mise en parallèle avec les variations magnétiques il devient bien naturel, nécessaire on peut le dire, de chercher les liens qui peuvent exister entre les éléments magnétiques et les données de la météorologie. A partir de 1860, les travaux abondent : Broun croit notamment à une connexion entre les bourrasques et les variations magnétiques et, dans cette voie, reste plus prudent et moins affirmatif que Secchi ; Perrot (1865) croit aux relations entre les ouragans et les aurores boréales ; il est difficile de suivre Dufour (1870) lorsqu'il veut annoncer les orages par l'examen des variations de la boussole, mais on doit reconnaître que Reynolds (1873) se préoccupe déjà assez heureusement de l'action inductrice du Soleil sur les manifestations électriques des orages.

Nous avons vu, à diverses reprises, le rôle considérable joué par la Terre elle-même ; peut-on, pour expliquer la répartition mensuelle des aurores boréales, leur attribuer une origine *purement* terrestre ? due principalement aux abaissements de pression (Stassano, 1902). Faut-il admettre, comme Zenger (1885), que l'action du Soleil est simultanée sur les orages électriques et magnétiques, les tempêtes, les ondées, les explosions de grisou... ? Ce qui ferait de tous les phénomènes terrestres un faisceau de manifestations interdépendantes. Existe-t-il des relations entre le magnétisme terrestre et les chutes de neige ? les variations des latitudes ? alors que les déplacements étranges du pôle ne sont pas minutieusement enregistrés depuis plus d'une trentaine d'années...

Il semble qu'il y ait encore lieu d'étudier les grandes lois générales pour les préciser, avant d'aborder des répercussions particulières ou des coïncidences, peut-être remarquables, mais insuffisantes pour conclure.

TREMBLEMENTS DE TERRE

Nous avons vu déjà, à maintes reprises, et, notamment, pp. 74 et suiv., ce qu'il faut penser des modifications progressives du relief terrestre et des mouvements lents et imperceptibles, des frissonnements en quelque sorte de l'écorce et, avant de chercher des relations possibles entre divers phénomènes terrestres et les tremblements de terre, il serait sans doute logique de se demander ce qu'est un séisme et quelle en est l'origine.

Ici, il faut bien le reconnaître, on est en plein mystère.

Effondrements de la croûte sur une masse interne qui se contracte par refroidissement ? lignes de fractures ? idées trop générales pour être fécondes. Et, même dans la théorie tétraédrique, les lignes de rupture par plissement près des arêtes sont d'une introduction élégante... qui reste bien fragile. L'hypothèse des cavités souterraines a séduit pendant longtemps ; dans la théorie de Schenchzer, l'eau souterraine, par dissolutions progressives, finit par creuser de vastes cavernes sujettes à éboulements ; l'idée sourit à Fouqué (1885) ; Baudry explique ainsi que l'électricité atmosphérique agisse sur les tremblements de terre puisque, par les secousses de ses décharges, elle peut déterminer des effondrements dans les cavités ; Virlet d'Aoust croit que, non seulement les éclairs, mais aussi les brusques dépressions atmosphériques. peuvent avoir une action déterminante sur les éboulements des cavernes souterraines et, en 1886, conclut aux hypothèses aquifères de Daubrée et Stanislas Meunier pour expliquer les tremblements de terre par « l'immense force expansive que peut acquérir la vapeur d'eau ».

On le voit, on ne sait rien ou pas grand chose (1), et les auteurs modernes se sont efforcés d'étudier les faits plus que d'épiloguer sur les causes. Certainement, par ébranlement, les tremblements de terre ont une influence sur les phénomènes superficiels : ils exercent une action sur le régime des glaciers et , par là, sur les phénomènes climatiques ; on connaît de nombreuses coïncidences entre leur production et le régime des sources.

Mais déjà, dans ce dernier cas, le processus est très obscur. Par exemple, le 1er novembre 1755, entre 11 heures et midi (heure de Teplitz et qui correspond à celle du tremblement de terre de Lisbonne), la source principale de Teplitz, après s'être tarie pendant un temps très court — quelques minutes au plus — recommença de couler avec un débit plus considérable qu'auparavant ; mais elle était chargée d'ocre. Il semble qu'il y ait eu en même temps une élévation de la température et, peu après, la source revint à son état normal. Ce résultat des données recueillies par Laube est d'autant plus intéressant et caractéristique que les sources thermales de Teplitz étaient restées sans altération durant plusieurs siècles ; de plus, le cas paraît unique à cause de son éloignement de Lisbonne, 1.400 kilomètres, et Suess s'est efforcé d'expliquer cette action d'autant plus curieuse que Teplitz est resté fort indifférent à des tremblements de terre de centre beaucoup plus rapproché.

Hervé Mangon (1868) s'est également préoccupé de l'influence des tremblements de terre sur les troubles des eaux du puits artésien de Passy et nous nous écartons d'autant moins, ainsi, du cadre de nos préoccupations, que Renou a indiqué de curieuses relations entre le climat et la température des sources.

Or il est certain, aussi, dans un domaine qui nous est déjà plus sensible et dont l'étude est plus accessible, que les phénomènes volcaniques sont souvent accompagnés de perturbations magnétiques et il était bien naturel, par conséquent, de se demander s'il existe des relations entre les tremblements de terre d'une part et, d'autre part, soit les orages magnétiques, soit les taches solaires, soit les phénomènes météorologiques terrestres. La littérature, à cet égard, est plus abondante que la récolte n'est fructueuse : un des points les plus obscurs tient à ce que la production

---

(1) L'article suivant n'est pas sans intérêt pour l'histoire des volcans, et des hypothèses successives qui ont été émises pour en expliquer le mécanisme, avant les travaux de Constant Prévost et Elie de Beaumont. Albert-Montémont, Des volcans en général, et plus spécialement du Vésuve et de l'Etna, *Bull. de la Soc. de Géogr.*, t. 16 (1841), pp. 137-158.

d'effets perturbateurs magnétiques par les phénomènes sismiques est loin de se présenter comme un caractère général et ne s'exerce guère, avec intensité, que dans les régions assez voisines de l'origine des phénomènes sismiques.

Après avoir étudié la question des volcans avec soin, Vogt avait déjà dit avec précision (1873, p. 1052) : « Ce qui est certain aujourd'hui, c'est que le plus grand nombre des tremblements de terre ne provient pas de la force volcanique ». Mais cette affirmation formelle ne fut pas acceptée, et les recherches en sens inverse se multiplièrent ; il faut dire que l'on était un peu hypnotisé par des phénomènes aussi constants que ceux du Stromboli, apportant assurément un trouble atmosphérique important et qu'il était bien tentant d'en chercher des répercussions météorologiques (v. ci-dessus, p. 134).

***

Lorsque C. F. Valey fait remarquer que, avant un tremblement de terre, les câbles transatlantiques peuvent être parcourus par de puissants courants électriques (1), il n'y a rien là qui puisse nous surprendre outre mesure (v. ci-dessus, pp. 172 et 186), mais les recherches entrent dans une voie bien autrement mystérieuse lorsque Perrey, à partir de 1853, annonce au cours de maintes études qu'il existe une relation entre les tremblements de terre et l'âge de la Lune, jusqu'à en déduire une théorie lunaire des séismes : cette croyance est partagée, notamment, par Mme Scarpellini (1863) (2) et de Parville (1872).

On fut longtemps troublé parce que Perrey (1875) avait prétendu que la fréquence des tremblements de terre offrait deux maxima aux syzygies et deux minima aux quadratures, ce qui viendrait encore compliquer les choses d'influences lunaires, etc. Déchevrens note de curieuses coïncidences entre les tremblements de terre et les perturbations magnétiques et, cependant, d'après John Milne, il n'est pas probable que les tremblements de terre puissent jamais résulter de perturbations électriques : il n'a pas été prouvé, jusqu'ici, qu'ils aient jamais donné lieu à des perturbations de cette nature, quoique, dans le cas où des masses considérables de roches se trouvent déplacées, on constate de légères variations locales sur les courbes magnétiques.

---

(1) Cf. : *Les Mondes*, t. 24 (1871), p. 571.

(2) Voir, en particulier, *Cosmos*, t. 23 (1863), p. 540.

Oddone tend à trouver une relation entre l'activité sismique et les taches du Soleil ; son étude est très soigneuse, mais basée sur une statistique très limitée et, en outre, il est impossible de le suivre dans son interprétation de perturbations magnétiques ayant pour origine des ondes mécaniques. Néanmoins, Turner (1924) nous apporte une étude beaucoup plus soigneuse dans laquelle il signale une intéressante et fort troublante périodicité des tremblements de terre, d'environ 3,988 ans — à rapprocher d'une périodicité de 8 à 9 ans du magnétisme terrestre.

Perrey a annoncé que les tremblements de terre sont plus fréquents en hiver qu'en été ; mais, d'une étude plus précise de Montessus de Ballore il paraît bien résulter que les saisons astronomiques n'ont aucune relation avec les séismes : si, surtout pour les hautes latitudes, les tremblements de terre paraissent plus fréquents en hiver, cela tient tout simplement à ce que, pendant l'été, on vit davantage dehors, où l'on ressent moins les secousses que dans l'intérieur des maisons ; et le même auteur établit qu'il n'y a pas de relation entre les séismes et le déplacement du pôle, comme on l'avait avancé. Pareillement, en étudiant l'Assam, région très riche en tremblements de terre, Oldham trouve un maximum avant minuit, et un autre plus faible vers 6 heures du matin ; influence de la position du Soleil ? remarques curieuses comme pour les phénomènes magnétiques — mais le travail s'étend sur quatre ans et demi et, pour conclure avec assurance, il faudra des séries d'observations bien autrement longues !...

Delauney (1890) imagine un peu simplement l'identité ou l'analogie de tous les phénomènes, taches solaires d'une part, tremblements de terre et éruptions volcaniques d'autre part (ainsi que les manifestations magnétiques ?...), et verrait l'explication de la recrudescence des taches dans les passages d'essaims de bolides à leurs périhélies (?). Zenger, à maintes reprises, a mentionné des relations entre la rotation du Soleil et la périodicité des grands mouvements atmosphériques et sismiques, mais c'est se laisser emporter bien loin par son sujet que de dire comme lui (1901, p. 331) : « C'est pourquoi les tremblements de terre sont souvent suivis par les éruptions volcaniques et les précèdent ??? ». Poey (1902) croit encore à une relation entre les taches du soleil et les éruptions volcaniques ; T. Espin (1902) voit une périodicité de huit à neuf ans dans les tremblements de terre comme dans les éruptions, à rapprocher de la révolution du périgée de la lune...

*
* *

Et, si les tremblements de terre, comme le veulent de nombreux auteurs, sont en relation avec le magnétisme, il ne faut pas oublier cette observation de Montigny que, pendant les aurores boréales, la scintillation augmente fortement ; or, comme personne ne met plus en doute les liens étroits entre la scintillation et les qualités de l'atmosphère, toutes les questions de physique terrestre viennent, on le voit, s'enchevêtrer. Si l'un des phénomènes ne commande pas l'autre, du moins les météores et les séismes sont deux conséquences d'une même cause inconnue.

Ainsi, à divers points de vue, il paraît logique que les tremblements de terre aient une action météorologique. Certes, il ne faut pas s'arrêter à de simples coïncidences, comme celle que l'on a pu signaler entre les tempêtes et les tremblements de terre (Cf. : *La Nature*, 1880), surtout dans des régions où les séismes sont aussi fréquents que la Sicile, ni même à des travaux comme celui où Lockyer (1902) trouve que les troubles sismiques, comme les pluies des Indes, ont coïncidé avec des minima ou des maxima de taches : il n'y a pas là l'origine de lois.

O' Keilly (v. ci-dessus, p. 135) trouve la période de 35 ans pour la pluie comme pour les tremblements de terre; Montessus de Ballore rapporte l'opinion courante au Chili que les tremblements de terre amènent la pluie — encore que l'explication du géologue Branco soit insuffisante — mais ne paraît pas disposé (1922) à admettre des relations entre la météorologie et les tremblements de terre. Dès 1889, Montessus de Ballore considérait les séismes comme des phénomènes exclusivement géologiques, c'est-à-dire sans relation avec des influences extérieures comme celles, par exemple, qui déterminent les marées et les mouvements atmosphériques ; et l'auteur le plus récent, Inglada Ors, adopte en somme pour la plus grande part les opinions de Montessus.

Sans doute, les phénomènes qui se passent sur le Soleil sont bien extraordinaires et, au fond, peu connus de sorte que, à l'idée d'une météorologie solaire, il y aurait peut-être encore lieu d'adjoindre celle d'une sismologie solaire ; et ce qui complique aussi les recherches, c'est, d'une part, la nécessité de compenser les éléments d'allure capricieuse fournis par les observations et, d'autre part, la spontanéité avec laquelle les taches naissent sur le Soleil et présentent parfois une vie éphémère — d'où, en un mot, la double nécessité d'interpolations et d'extrapolations. Tous ces grands bouleversements de l'équilibre magnétique se manifestent par toute une série de phénomènes : circulation de puissants courants telluriques ou de courants atmosphériques, créateurs d'aurores boréales et dus, évidemment, aux variations du champ magnétique lui-même.

On trouvera des vues précises sur ces problèmes dans les nombreuses études de E. Lagrange et l'on peut dire que la question reste posée d'une corrélation possible entre les phénomènes des tremblements de terre, ceux du magnétisme terrestre et le passage des taches solaires sur le méridien central ; selon l'image de E. Lagrange, « tous ces phénomènes, qu'à bon droit nous pouvons encore appeler mystérieux, trahissent la vie physique interne de la Terre, dont le cœur, jamais en repos, inscrit, par l'aiguille aimantée, ses pulsations calmes ou troublées, sur les carnets de nos savants ».

Mais il ne s'agit plus de taches seulement (1) : ce sont les variations de la radiation solaire qu'il nous faudrait connaître pour faire les comparaisons et, ici, malheureusement, nous sommes encore assez ignorants.

Tous ces résultats étranges, et parfois discordants, seraient-ils décourageants ? Non pas ; la question est fort malaisée, certes, mais l'on approche actuellement de la solution et de notables savants japonais s'y sont actuellement employés : Nukiyama et Mukai, Nakamura, ont examiné les relations entre la fréquence des tremblements de terre et la pression barométrique, sa valeur et la rapidité de son changement — donc, en fin de compte, les liens entre les séismes et notre Météorologie...

---

(1) Nous avons vu que d'importants groupes de taches apparaissaient brusquement, vers l'équateur solaire, dans les périodes de minima d'activité : c'est une fois de plus ce qui vient de se produire. Mais faut-il, comme divers auteurs (*Bull. de la Soc. Astr. de Fr.*, 1923, pp. 424 et 425), attacher à ces *coïncidences* une importance essentielle ? pour y voir la confirmation de relations entre les taches du soleil et le volcanisme ou les tremblements de terre (Eruption de l'Etna du mois de juin et cataclysme du Japon). Ce qui précède conseille suffisamment la prudence.

LA LUNE

Depuis la plus haute antiquité, la Lune fut accusée de bien des méfaits à la surface du globe et l'on en trouve encore la trace dans des croyances de la campagne relatives aux influences sur les animaux (1), aux changements de temps et aux gelées de printemps : mais nous avons vu (ci-dessus, p. 128) que, malgré de multiples recherches, il est difficile de mettre en évidence une action bien nette et les seuls résultats obtenus sont relatifs à de très longues périodicités, encore conjecturales.

Mais, nous venons de le voir, il n'est pas encore bien établi que le volcanisme soit sans répercussion directe sur les conditions météorologiques, soit par la quantité de vapeur d'eau émise, soit par les quantités considérables de poussières projetées et qui viendront modifier les qualités de l'atmosphère comme cela fut maintes fois constaté. Si donc on trouvait des relations entre notre satellite et les volcans ou les tremblements de terre, outre l'intérêt de la question par elle-même, on attaquerait ainsi indirectement le problème si confus des actions météorologiques de la Lune.

Du reste, nous ne saurions entreprendre, ici, une étude complète des influences que peut exercer notre satellite sur les phénomènes de la surface de la Terre (2), et nous nous bornerons à dire quelques mots des travaux

---

(1) Certains animaux présentent de curieux rythmes lunaires : on en trouvera un intéressant exemple, avec diverses références bibliographiques de la question dans Fage et Legendre. *C. R. de l'Acad. des Sc.*, 12 nov. 1923 et *La Nature*, 1923; p. 339.

(2) On trouvera une bibliographie des actions météorologiques de la Lune dans *Beitr. zur. Geoph.*, Leipzig, t. XII (1913); v. ci-dessus, p. 128.

plus particuliers effectués dans cette direction, quand nous aurons ailleurs l'occasion de les mentionner dans le cadre de notre étude, à cause de leur tendance à rechercher des phénomènes périodiques. Park Harrison pensait déjà que la température terrestre est influencée par la position relative du Soleil et de la Lune. Après avoir établi toute une série de diagrammes assez intéressants, Stewart (1877) admet aussi, bien que peut-être assez cachée, une relation avec la température ; il mentionne des courbes de correspondance fort nettes, à Kew, avec la déclinaison (surtout en hiver).

La Lune a-t-elle une action sur la pluviosité ? partout ?

Faut-il croire, avec Bernardin(1), à des relations entre les orages et les phases de la Lune ?

Autant de questions posées depuis fort longtemps... mais toujours aussi obscures.

Les mers Noire et Baltique éprouvent, selon Rylguet (v. ci-dessus, p. 134), des changements de niveau en rapport avec le mouvement de la Lune. A la suite de 38 années d'observations, à Sorère (Tarn), le docteur Clos (1901) indique que le dernier quartier de la Lune est le plus pluvieux ; la quantité d'eau tombée est beaucoup plus faible pendant le premier quartier et la pleine lune que pendant les deux autres phases — les météorologistes connaissent de telles singularités pour Bruxelles, Paris, Montpellier..., qui ne sont pas constantes d'un lieu à l'autre. Commentant les travaux des Lockyer, H. de P. dit avec juste raison que, à force de triturer les nombres, on peut masquer les faits réels : il n'admet pas toujours le cycle de 35 ans de Lockyer (v. plus loin *Etude de la pluie*) et, sous prétexte que les variations de pluie ne sont pas les mêmes partout, croit aussi plutôt à l'influence de la Lune. Mais, nous ne pouvons nous attarder sur les relations, très curieuses, trouvées entre la pluie et les phases de la Lune.

Dès le début de ses études sur les variations du magnétisme, Sabine met successivement en évidence une période égale au jour solaire, puis une autre égale au jour lunaire(2)— résultat assez troublant ; Airy et Sabine pensent confirmer des inégalités lunaires dans la force magnétique (3).

Dans un ordre d'idées analogue, nous avons eu l'occasion de mentionner que l'on a enregistré des variations électriques pendant les éclipses de Soleil (v. ci-dessus, p. 183).

---

(1) Cf. : *Cosmos*, t. 23 (1863). p. 318.

(2) *Ass. brit. p. l'avanc. des Sc.*, Hull. 1853.

(3) V. l'article de R. Radau, *Cosmos*, t. 19 (1861), p. 8.

Les éclipses de Soleil ont rendu à la science d'importants services : déjà, pendant les éclipses, on a pu reconnaître que la couronne du Soleil avait deux types de formes très distinctes selon les phases de son activité (v. ci-dessus p. 169)— ceci ne dépend pas en propre d'une action lunaire. Mais, par contre, pendant les éclipses, la Lune a une influence sur les éléments magnétiques du globe ; c'est un professeur de physique à Beaune, Moïse Lion, qui annonça le premier (1851) que la composante horizontale du magnétisme terrestre éprouvait un changement considérable pendant les éclipses, ce qui fut au début contredit par Arago (1) ; Liais observe de pareilles variations de l'aiguille aimantée (1853) ; Diamilla Müller (1871) croit aussi à l'influence des éclipses du Soleil sur le magnétisme terrestre et Bergsma (1872) est à peu près le dernier à soutenir, après une étude assez soigneuse, que l'éclipse de Soleil n'exerce aucune influence sur l'aiguille aimantée.

On peut dire que, prévu par Moïse Lion, le fait a été mis depuis long-temps en évidence par Michez : partout où elle fut recherchée avec soin, on a reconnu une influence directe de la Lune sur le magnétisme terrestre, bien que cette action soit très faible et doive être dégagée avec soin de l'influence propre au Soleil. Buys-Ballot invoquait déjà l'action magné-tique de la Lune (2) ; Lamont (1865) et Sabine (1866) croient aussi à l'in-fluence de notre satellite sur les variations de l'aiguille aimantée ; nous venons de voir que Stewart conclut d'une manière analogue et l'on aboutit ainsi à la conception de Déchevrens d'une marée électrique dérivée de la marée océanique : les phases de ces deux résultantes sont d'ailleurs oppo-sées et la marée électrique est en avance de 1 h. et demie environ sur la marée océanique.

Cette marée électrique a-t-elle une intensité suffisante pour imposer son caractère au magnétisme terrestre, à la variation diurne de la décli-naison en particulier ? L'étude minutieuse des choses à Jersey paraît met-tre en évidence que les deux variations, électrique et magnétique, ont la forme générale de la marée océanique, mais leurs phases ne concordent pas avec les siennes : il y a même opposition complète pour la marée magné-tique, qui est en retard de deux heures environ sur la marée électrique ; de plus, les deux oscillations diurnes ne sont pas égales entre elles. On peut conclure cependant avec quelque assurance que la marée électrique déri-vée de la marée océanique produit elle-même une marée magnétique.

---

(1) Cf. : notamm. *Cosmos*, t. 1 p. 203.
(2) *Cosmos*, t. 13 (1858), p. 619.

Certes, il reste des points délicats. Cette opposition de phases des deux marées dérivées avec la marée principale est déjà difficile à justifier, mais le grand retard de la déclinaison sur le courant tellurique paraît encore plus inexplicable : on conçoit, en effet, généralement, comme instantanées, les influences électro-magnétiques. On ne comprend pas bien comment le magnétisme terrestre serait sous la dépendance directe des mouvements des eaux de la surface.

*
* *

Oui, mais les questions peuvent entièrement changer d'aspect si l'on recourt à la Lune elle-même comme origine des perturbations : le magnétisme ne dépend plus de la marée océanique et n'est qu'*une* des conséquences de l'action lunaire ; les différences de phases sont moins mystérieuses à *priori*, puisque le mouvement des eaux, lui aussi, éprouve des retards par frottement ; même l'écart entre la déclinaison et le courant tellurique peut résulter des mouvements des masses internes et de leurs frottements.

Il ne fait aucun doute que des marées atmosphériques notables soient le résultat de l'action directe de notre satellite. Dès 1861, étudiant la variation semi-diurne lunaire du baromètre, Allan Broun fait une remarque bien étrange : l'action de la Lune ne se fait bien sentir en altitude que si le corps céleste, Soleil ou Lune, est au-dessous de l'horizon, ce dont l'explication nécessite l'introduction d'importants retards de phases. Liandier (1867) établit la correspondance entre les mouvements de la Lune et les variations du baromètre ; Neumayer (1868) étudie aussi cette marée lunaire (1) ; seul, Coloria (1870) entend nier ces résultats et conclure à un effet illusoire de l'influence des phases lunaires, à cause de l'amplitude des variations du baromètre comparée à la faiblesse de la perturbation mise en évidence.

Le fait est certain : notre satellite agit sur le baromètre. Mais, alors, comment nier qu'il ait une action météorologique... ?

La Lune, on le voit, peut avoir toute une série d'influences en cascade, et si tous ces mécanismes ne sont pas encore élucidés, ils peuvent nous ramener du moins étroitement, par les marées des masses intérieures, aux études sur les tremblements de terre et leur origine profonde.

D'ailleurs, on peut encore estimer l'action de la Lune sur le déplace-

---

(1) *Philos Magaz*, 1868 ; anal. dans *Les Mondes*, t. 17 (1868), p. 68.

ment de la verticale d'un lieu et, en particulier, on ne trouve pas que les phénomènes aient la même allure que si la Terre était parfaitement rigide : la déviation est plus forte dans le sens est-ouest que dans le sens nord-sud (Hecker) ; de plus, l'ellipse décrite deux fois par jour par le fil à plomb n'a pas, comme elle le devrait théoriquement, son grand axe confondu avec le parallèle, mais incliné d'un angle de 20° vers le nord (Eblé). L'onde solaire semi-diurne est moins bien déterminée mais présente des singularités du même ordre, de sorte que, en chaque lieu, l'élasticité de la Terre ne paraît pas réagir de la même façon contre les attractions du Soleil et de la Lune. On pourrait même croire que la rigidité de la croûte varie beaucoup d'un point à un autre de l'écorce : mais, d'une part, l'action des marées océaniques vient s'ajouter d'une manière assez mystérieuse à celles des deux astres ; de plus, au cours de l'année, l'écart entre l'onde solaire et sa valeur théorique présente une oscillation périodique, en relation avec les amplitudes de la température, et ces dilatations superficielles inégales dans les différentes directions se transmettent d'une manière élastique jusqu'à une grande profondeur.

Ainsi l'on voit combien il est malaisé d'élucider ces problèmes et nous sommes bien loin de la conception simple de lord Kelvin (1865) lorsqu'il s'occupe de la rigidité de la Terre pour la comparer, comme ordre de grandeur, à celle de l'acier : il faut cesser aujourd'hui de l'envisager dans son ensemble, comme une masse homogène, et il est indispensable de pénétrer davantage le détail des mécanismes.

Il est logique de poursuivre séparément la recherche des diverses causes perturbatrices, mais on se lance presque à la poursuite d'un fantôme qui échappe sans cesse. L'action de la Lune ? action purement mécanique : il est difficile d'en saisir le rôle sur l'atmosphère seule, avec ses conséquences météorologiques ; son action sur l'écorce ne peut être dégagée de celle qu'elle exerce sur les masses internes, mobiles — ce dont aussi nous ignorons les répercussions. Puis l'attraction, pour le Soleil comme pour la Lune, est encore modifiée et compliquée par la superposition de deux autres actions : celle des marées océaniques et celle de la distribution locale de la température, qui nous ramène à la radiation solaire, à sa transmission, à sa répartition, c'est-à-dire aux éléments météorologiques eux-mêmes qui nous ont déjà tant de fois déçus...

INFLUENCES MÉTÉOROLOGIQUES

Mais à côté de ce développement prodigieux dans nos connaissances sur le Soleil, quel fut le progrès réalisé dans la seconde partie du programme ? c'est-à-dire l'influence des diverses manifestations solaires sur les éléments du Climat.

Tandis que se développaient les importants résultats acquis dans les expéditions pendant les éclipses, l'attention était attirée sur les travaux si variés qui tendaient à mettre en évidence une relation entre la période des taches solaires et, tantôt des phénomènes magnétiques, tantôt des phénomènes météorologiques, tantôt des répercussions humaines ou agricoles telles que famines, épidémies, etc. ; puis d'autres manifestations à la surface du Soleil prenaient une importance imprévue et, parallèlement aux taches, il fallait étudier les corrélations qui existent entre les divers phénomènes de l'activité solaire. Pour correspondre à l'évolution de la physique solaire, il était donc de toute nécessité de compléter et de développer les recherches antérieures, soit en perfectionnant le matériel météorologique, soit en y étudiant la nature et les changements du Soleil ; on étendit donc le réseau météorologique (1) et, en cette matière, nous savons qu'il faut attendre de nombreuses années avant que les séries d'observations puissent être utilisées avec profit.

---

(1) C'est à l'influence bienfaisante de Le Verrier qu'est dû le développement en France de la Météorologie. Arago raillait la prévision du temps et il est curieux d'observer que deux savants éminents, et à l'esprit généralement très ouvert cependant, presque les contemporains de Le Verrier, Biot et Regnault, ont élevé parfois d'étranges critiques sur les observations météorologiques et en ont totalement méconnu l'avenir et les applications. (Cf. Biot, *Mélanges scientifiques et littéraires*, t. III).

Dès les premières connaissances sur les taches solaires, on songe à quelques relations possibles avec la météorologie terrestre (1) : en 1651, Riccioli déclare que la température terrestre s'élève avec la décroissance des taches solaires, et au contraire s'abaisse à mesure que celles-ci augmentent en nombre et en surface, ce qui rappelle l'observation de Köppen, deux siècles plus tard (1873), d'après laquelle la température atteint un maximum peu de temps avant le minimum des taches solaires et, inversement, un minimum vers le maximum des taches — c'est bien encore le sens admis aujourd'hui pour ces phénomènes. Mais, en même temps que l'on établissait la périodicité de 11 à 12 ans des taches (1825), le phénomène n'apparaissait pas comme très régulier : tout comme une année sèche peut se présenter vers un maximum d'humidité, de même aussi la variation dans le nombre des taches ne présente de régularité que sur des nombres *soigneusement compensés*.

Il nous reste à envisager, d'une manière générale et avant d'entrer dans les détails statistiques, quels sont les types de relations pressenties entre l'activité solaire et les phénomènes météorologiques.

Nous avons vu, d'abord, quels sont les grands phénomènes naturels qui frappent l'imagination : mouvements des glaciers (v. p. 37 et 130), oscillations de la mer Caspienne (v. p. 133), mesures limnimétriques en général (v. p. 138). Puis Herschel entrevoit une relation entre les taches solaires et la végétation (v. p. 156) ; O'Keilly, Poey (v. p. 135 et 192) pensent à des relations avec les tremblements de terre, les éruptions volcaniques, etc., bien que Montessus de Ballore ne paraisse pas disposé à admettre de pareilles corrélations entre les tremblements de terre et la météorologie (v. p. 192) ; Ragona imagine des liaisons entre les divers phénomènes météorologiques et les perturbations magnétiques (v. p. 179); Stassano, Zenger (v. p. 188) affirment des relations avec la pression... et un peu tout ce que nous voyons ; on introduit dans le circuit les chutes de neige, la variation des latitudes...

Restons, autant que possible, sur un terrain solide. Dès le début, sans contestation, les travaux modernes établissent que les taches solaires sont actives et provoquent des tempêtes magnétiques lorsque leurs axes balaient la surface terrestre, comme par des faisceaux étroits tournant à toute distance avec le Soleil et dont la largeur moyenne peut se déduire de la durée moyenne des orages magnétiques : ainsi s'explique le commen-

---

(1) L'article de C. E. P. Brooks, très documenté, renferme une bibliographie étendue sur la question des relations entre le temps et les taches solaires.

cement brusque et le retour périodique des orages magnétiques. Cette action, d'ailleurs, est sujette à des éclipses, ce qui permet aussi de concevoir les cas singuliers où l'abondance des taches dans *certaines* régions solaires n'est nullement caractérisée par un nombre remarquable d'orages magnétiques terrestres. . . . .

Or il est impossible d'imaginer que le régime magnétique et électrique de la terre et de l'atmosphère soient indépendants des conditions météorologiques : on a même bientôt reconnu nettement l'existence de certaines lois concernant les phénomènes des orages magnétiques ; la composante verticale, par exemple, est en relation marquée avec le temps local, variable au cours de la journée ; la composante horizontale est nettement influencée au début d'un orage (Chree) ; etc.

Par frottement dans l'atmosphère — ou en vertu de tout autre phénomène plus complexe — on peut imaginer que les étoiles filantes viennent nous réchauffer : au cours de multiples publications, Coulvier-Gravier croit établir leur influence sur la pluie et la température ; Ch. Sainte-Claire-Deville se laisse convaincre et vient maintes fois confirmer l'action sur la température ; Liandier (1863) indique que les étoiles filantes sont utiles pour le sondage de l'atmosphère et qu'elles peuvent apporter de précieuses indications — mais tout ceci reste bien vague ; Chapelas, gendre et collaborateur de Coulvier, croit aussi à leur influence sur les oscillations de la pression atmosphérique...

Hélas ! de tant et tant de publications, de remarques curieuses, de coïncidences singulières, il ne reste aujourd'hui qu'une impalpable fumée.

Les perturbations magnétiques et les retours d'étoiles filantes sont en correspondance avec la demi-rotation solaire (Zenger) ; il semble en être de même pour toutes les perturbations atmosphériques, et cette influence périodique du Soleil entraînerait un parallélisme entre les étoiles filantes et les orages (Zenger) ; ces perturbations comporteraient une relation entre l'essaim des Perséïdes (9 au 16 août) et des orages particulièrement violents (Chapel).

Mais, alors, il serait logique, comme le veut Zenger, que les répercussions météorologiques présentassent une périodicité correspondante à la rotation (ou demi-rotation) tropique du Soleil et cet auteur adopte d'abord 13,4 jours, puis 12,59 jours ; et si, comme on va l'établir bientôt, les changements dans les époques des maxima aussi bien que les variations de surfaces des périodes undécennales consécutives des taches et du magnétisme montrent que, outre la période de onze ans bien établie, un autre cycle embrassant environ 35 ans peut être mis en évidence, il est légitime d'admettre que cette variation à longue période est l'effet d'un cycle de perturbation dans l'atmosphère solaire elle-même. Si ce cycle est assez intense, il produira une variation dans la circulation normale de l'atmosphère terrestre et devra laisser une trace dans les phénomènes météorologiques : il est ainsi de plus en plus naturel d'admettre que tous les phénomènes météorologiques sont sous la dépendance directe des manifestations de l'activité solaire et, par suite, offrent un parallélisme avec les phénomènes magnétiques.

**

Il devient donc indispensable d'étudier une fois de plus les phénomènes météorologiques en relation avec les phénomènes magnétiques. Et, se faisant une idée nette du problème, Montigny ne s'était pas borné à reconnaître l'accroissement de la scintillation pendant les aurores boréales : il en constate encore une accentuation remarquable les jours de perturbations magnétiques. Or il est assez logique de supposer que l'augmentation de la scintillation des étoiles correspond à la formation de cristaux de glace dans la haute atmosphère et, si ce commencement de formation des cirrus n'amène pas la pluie, cela ne peut vraisemblablement être dû qu'au défaut de vapeur d'eau causé par des conditions anticycloniques ; en tout cas, il devient déjà légitime de chercher une corrélation entre les orages magnétiques et la pluie.

Les résultats de la statistique sont assez curieux. A Batavia, la hauteur de la pluie pour les jours d'orages magnétiques est au-dessus de la moyenne ; mais, en outre, des maxima de pluie s'observent en moyenne 5 jours avant l'orage et 4 jours après. A Greenwich, au contraire, tout se passe comme si le beau temps favorisait les orages magnétiques : la pluviosité est au-dessous de la moyenne pour tous les jours voisins, sauf la quatrième jour avant le commencement des orages magnétiques et le troisième jour suivant ces dates.

Certes, ces conclusions ne sont que provisoires : les périodes utilisées ne sont pas assez longues ; la décomposition n'a pas été faite par saison et la moyenne annuelle des pluies journalières ne saurait être comparée, dans nos climats, à des pluies d'été, outre que les orages magnétiques, nous l'avons vu, ne sont pas répartis uniformément dans l'année. Mais elles sont néanmoins très intéressantes : ces maxima, à quelque distance des orages sont remarquables ; ils doivent être rapprochés de ce fait constaté par Loomis d'un maximum de taches solaires aux dates d'orages magnétiques, précédé et suivi de maxima s'observant 4 jours avant ces dates ainsi que 3 jours après.

D'ailleurs, les résultats de Greenwich et de Batavia ne sont pas contradictoires : l'augmentation de pluie sous l'équateur n'est pas nécessairement l'effet de dépressions barométriques et peut résulter des conditions qui accompagnent les scintillations remarquables de régions tempérées. En tous cas, nous retrouvons une fois de plus la nécessité d'étudier avec soin, non des effets généraux, mais des actions locales ; et puisque l'on aperçoit les relations entre l'apparition d'une tache et celle des cirrus, nuages élevés qui jouent un rôle essentiel dans les changements de temps (1), nous sommes bien sur le seuil des influences météorologiques.

Ces indications rapides montrent la nécessité de rechercher toutes les relations possibles entre les observations astronomiques proprement dites et les phénomènes météorologiques. Par exemple, Humboldt avait noté que, dans les régions équinoxiales, la saison des pluies peut être annoncée plusieurs jours à l'avance par la scintillation des étoiles élevées. Et si les influences exercées par les phénomènes météorologiques sur la scintillation des étoiles sont fort nombreuses, les longues études de Montigny ont montré qu'on les peut séparer, pour mettre chacune d'elles en évidence si l'on possède un très grand nombre d'observations, afin de conclure : l'intensité de la scintillation augmente sensiblement aux approches de la pluie, ou pendant les jours de pluie ; la scintillation augmente à l'approche des dépressions, confirmant la remarque de Kaemtz que la scintillation est plus marquée quand des vents violents règnent dans l'atmosphère ; la fréquence de la couleur verte dans la scintillation est un présage de beau temps à longue échéance, c'est-à-dire de pluies moins abondantes et moins persistantes, tandis que la prédominance et la fréquence du bleu indique au contraire la pluie.

A la suite de tous ces travaux de Montigny (v. aussi ci-dessus p. 193 et 208), qui doivent constituer encore aujourd'hui la base essentielle des recherches poursuivies dans cette direction, Poey fait toute une série de remarques assez intéressantes (2), Liandier, de Portal, etc.. se livrent à des tentatives de prévision du temps basées sur les singularités de la scintillation.

En un mot, c'est la présence dans l'atmosphère d'eau sous toutes ses formes : vapeur, pluie, neige, qui règle les phénomènes de la scintilla-

---

(1) Voir par exemple l'article de Vanderlinden.

(2) Cf. : notam. *Cosmos*, t. 19 (1861) pp. 20. 263 et 265.

tion et en modifie les caractères ; ainsi, la scintillation intervient comme un des facteurs très utiles de la prévision du temps, et même parfois à longue échéance, comme le montrent les études récentes de Mlle Bellemin en utilisant spécialement la hauteur à laquelle se produit la scintillation chromatique en vue de prédire des périodes de temps à caractère déterminé.

Mais, malgré des relations avec le magnétisme terrestre, nos connaissances sur la scintillation sont encore trop rudimentaires pour conclure aux grandes périodicités qui nous préoccupent.

Par contre, nous entrons dans un domaine plus précis et plus pratique lorsque Brillouin établit que toute entrée de taches sur le disque solaire, surtout entourée de facules étendues et éclatantes, produit dans les vingt-quatre heures un trouble rapide et étendu dans la circulation atmosphérique ; au contraire, quel que soit l'état de la surface solaire, les modifications du temps sont lentes et progressives tant qu'il n'entre pas de nouvelles taches par le bord du disque. Toutes les fois que les taches reviennent à 28 jours environ d'intervalle, les mêmes phénomènes se reproduisent ; mais un tel retour est bien aléatoire, et, pour les nouvelles taches, si l'on n'a pas vu sortir des facules très éclatantes, comment en prévoir l'apparition ? La chose, essentielle pour notre météorologie, est encore bien loin de notre portée...

Le plus souvent, le trouble consécutif à une tache est limité aux plus hautes régions de l'atmosphère et consiste en jets de cirrus qui, des basses pressions, se précipitent rapidement vers les hautes pressions sans modification sensible de la pression générale, le long du courant équatorial qui longe les côtes ouest et nord-ouest de l'Europe ; en certains points particuliers du bord du courant, le trouble peut se produire dans les régions inférieures de l'atmosphère avec cortège de pluies, orages, grêle ou neige, mais les points de rupture sont variables selon la distribution antérieure, et d'autant plus graves que la variation de température est plus grande perpendiculairement au courant ; le Lyonnais sera plus intéressé par des ruptures d'équilibre, du golfe de Gascogne au golfe du Lion, au printemps et en automne.

Ce qui est grave aussi pour la méthode de tant de ces travaux, c'est que les circonstances mêmes de la formation de cette rupture d'équilibre sont si complexes que Brillouin peut avancer « qu'elles expliquent l'im- « puissance des méthodes statistiques à mettre en évidence le rôle des « taches solaires ». Que deviennent alors tant et tant de conclusions ? Car il s'agit d'une affirmation autorisée..., mais fort peu stimulante pour les chercheurs.

RECHERCHES STATISTIQUES

Si les relations entre les taches solaires et l'intensité des phénomènes magnétiques, ou la fréquence des aurores boréales, sont apparues aisément dès que l'on s'est donné la peine de les rechercher, on voit qu'il est loin d'en être de même en ce qui concerne l'action sur les éléments météorologiques principaux, température, pression et précipitation ; la chose paraît bien singulière au premier abord et, cependant, comporte quelques explications relativement simples.

Une cause perturbatrice, une variation, est d'autant plus facile à mettre en évidence que son amplitude est plus considérable : c'est bien le cas de la fréquence des aurores boréales ou de l'amplitude des variations magnétiques qui, au cours d'une période de taches solaires, varient à peu près du simple au double ; une erreur même d'observation ne modifierait en rien l'allure générale du phénomène. Si nous prenons, au contraire, l'exemple de la température, la perturbation à mettre en évidence n'est qu'une bien petite partie des fluctuations journalières, des variations accidentelles et locales et, on peut le dire, est de l'ordre de grandeur de l'erreur probable à craindre sur les nombres utilisés : de ce fait, on ne doit avancer qu'avec la plus grande circonspection, une discussion critique très serrée, des documents éprouvés, aussi comparables que possible et portant sur de longues séries d'observations.

En 1867, Baxendell signale une connexion entre les changements de l'aire des taches et ceux des températures terrestres ; il note une corrélation distincte et frappante du nombre des taches solaires, d'une part avec le rapport qui existe entre la différence du maximum moyen de la radiation solaire et le maximum moyen de la température de l'air, d'autre part, avec la température moyenne de l'air et l'évaporation.

Un peu plus tard, ayant étudié les pressions atmosphériques sur lesquelles nous allons bientôt revenir, il conclut que, sous l'influence de différents vents, la distribution de la température est en rapport intime avec les modifications de la surface du Soleil.

Vers 1870, Piazzi Smith et Stone trouvent que la réaction des fluctuations solaires sur la Terre n'est pas aussi limitée qu'il avait paru d'abord : le premier, dans une longue série d'observations d'Edimbourg, met en évidence une inégalité de période légèrement supérieure à 11 ans, qu'il rattache nettement à la période des taches solaires ; le second, pour le Cap, conclut que toute diminution des taches paraît systématiquement suivie d'une augmentation de la température moyenne annuelle.

Mais, malgré toutes les tentatives, la question reste presque stationnaire, on peut le dire, la nature exacte et la grandeur de cette influence restent si complètement ignorées que Wolf écrivait encore avec raison en 1872 : « La relation supposée par Herschel entre les taches et la température moyenne du globe reste encore en question ».

En examinant les chroniques de Zurich, Wolf remarque que les années riches en taches solaires ont été généralement plus sèches et plus fertiles que celles de caractère opposé qui, elles, sont plus tourmentées de tempêtes que les premières ; avec une autre série de documents, Gautier trouve le contraire pour Genève. Ces deux conclusions ne sont pas nécessairement contradictoires et pourraient être vraies simultanément : suivant les conditions orographiques et les courants locaux, l'évaporation peut, en effet, amener, ici la sécheresse, et plus loin la pluie. Nous avons déjà signalé (v. ci-dessus pp. 88 et 129) combien les phénomènes météorologiques sont capricieux et variables d'une à l'autre région, et nous allons voir dans un instant que ces remarques *locales* peuvent être très utiles à condition d'être fortement établies.

Dans leurs changements de niveau moyen annuel, les grands lacs américains donnent probablement la moyenne exacte de la quantité de pluie tombée sur une vaste région : l'humidité et les vents froids y amènent inévitablement la pluie.

Ainsi, les saisons pendant lesquelles l'évaporation et la précipitation ont été considérables se refléteraient, pour ainsi dire, dans le niveau des grands lacs ; et si celui-ci est en rapport avec le nombre des taches du Soleil, l'opinion d'une corrélation entre la pluie et l'activité solaire se verrait confirmée, ce qui serait à rapprocher des mesures limnimétriques dont nous avons déjà parlé (v. ci-dessus, p. 138). Etudiant le niveau des grands lacs depuis 1788, Dawson signale (1874) une correspondance remar-

quable dans les courbes représentatives, le niveau montant quand les
taches solaires augmentent, corrélation troublée cependant par une anomalie autour de 1850.

En ces matières, il est prudent de se rappeler, comme nous le disions
ci-dessus, p. 134, que les phénomènes sont fort complexes et que la corrélation n'est pas toujours nécessaire entre le niveau d'un lac et la hauteur
de la pluie ; en outre, agissant aussi sur la température, l'action du Soleil
nous ramène une fois de plus au processus rythmique de Tyndall (v. ci-
dessus, pp. 38 à 43).

Dès que Lamont eut reconnu la périodicité des variations magnétiques
(v. ci-dessus, p. 173), Glaisher (1851) s'efforça de mettre en évidence la
même période dans les températures : il trouve 14 ans de croissance et
14 de décroissance, en tout un cycle de 28 ans. Le résultat était encore sensiblement erroné mais c'est, à notre connaissance, la première tentative
sérieuse (1).

Avec Köppen, en 1873, le problème fait quelques progrès et l'on peut
conclure que les taches solaires manifestent leur action par une légère
diminution de la température terrestre : les années froides correspondent
ainsi à une abondance de taches et le maximum de température a lieu
dans les années de minimum de taches ; les variations autour de la moyenne
seraient respectivement de $-0^o,32$ et $+0^o,41$) ce qui donne à la température une amplitude de $0^o,73$ — amplitude un peu trop forte. Köppen signale
déjà que la régularité et l'importance de ces variations périodiques de la
température sont peu sensibles sous les tropiques : le maximum de température y arrive une année après le minimum des taches, deux ans après
seulement dans les autres zones terrestres. Les études de Blanford sont
un peu trop locales et le rôle des divers éléments météorologiques n'est
pas assez séparé. Enfin, les recherches postérieures montreront une meilleure correspondance dans les irrégularités des courbes représentatives
de la température moyenne de la Terre et de l'aire des taches.

Brückner était tellement convaincu des incontestables modifications
climatologiques qu'il avait déduites, et tellement sûr que de telles variations ne sauraient être causées que par une influence extérieure, qu'il
avait nettement soupçonné le rôle du Soleil : examinant les données de
Wolf sur les taches solaires, il avait voulu mettre en évidence l'existence
d'une oscillation analogue de 35 ans portant sur un cycle de trois périodes.
Sa tentative fut infructueuse, mais il ose affirmer cependant qu'une varia-

---

(1) Cf. : *Cosmos*, t. 1, p. 240.

tion analogue à celle qu'il cherche doit exister dans le Soleil, bien qu'elle
puisse être indépendante des taches ; et il finit par en conclure que les
variations des climats constituaient le premier symptôme d'une variation
à longue période dans le Soleil, période que l'on découvrirait plus tard. Et
nous avons indiqué que l'on a cru trouver une des traces de cette période
de 35 ans dans l'accroissement des arbres (v. ci-dessus, p. 139).

*
* *

Mais il ne suffit pas d'introduire brutalement les taches solaires :
quelle idée doit-on se faire de ces taches elles-mêmes ?

D'après les œuvres de Galilée, un savant napolitain, Loca Vale-
rio, avait observé que les rayons venant du centre du Soleil étaient
les plus puissants, *più gagliardi* (1) : la question, certes, était alors
insoluble. Le problème est repris au milieu du xixe siècle et passionne les physiciens : Secchi se livre à de nombreuses recherches relativement à la répartition de la chaleur sur la surface du Soleil et la constitution des taches (2) ; il admet aussi, et croit établir, que le rayonnement
calorifique du centre du disque est plus intense que celui des bords ; Roscoe
dit que l'action chimique est aussi plus grande pour le centre, et plus
grande au pôle sud qu'au pôle nord (??) (3).

Zantedeschi trouve aussi une diminution de chaleur à partir du centre,
mais voilà que l'équateur émet la même chaleur partout, ce qui complique étrangement !... (4).

Mais quel rôle exact attribuer aux taches ?

Dès le début, on s'imagine qu'elles agissent comme écran pour diminuer la radiation solaire ; puis les observations spectroscopiques semblent
indiquer, au contraire, que le Soleil est plus chaud quand le nombre des
taches augmente. Le résultat de Köppen est alors paradoxal. Vite il faut
une explication, qu'apporte Blanford dans un subtil raisonnement : quand
la radiation est plus forte, l'évaporation des mers est plus grande, ce qui
augmente les nuages (écran pour la chaleur solaire) et la pluie ; et l'évapo-

---

(1) D'après Volpicelli, *Cosmos*, t. 1, p. 190 ; pour les recherches de Secchi et
de Melloni, v. le même vol. pp. 351 et 655.

(2) V. notam., *Cosmos*, t. 2 (1852), pp. 482 ét 511.

(3) Cf. : *Cosmos*, t. 24 (1864). p. 598.

(4) Cf. : *Cosmos*, 2ᵉ s., t. 5 (1867), p. 625.

14

ration d'une plus grande quantité de pluie rafraîchit d'autant plus la surface et fait baisser la température *près du sol*. Hélas ! malgré tant de belles
raisons, il faudra bientôt revenir à la conception que les taches diminuent
la radiation solaire — et le paradoxe si élégamment expliqué n'exis-
tera même plus.

Ce petit fait montre assez la délicatesse de ces recherches et la prudence qu'il faut apporter dans les conclusions : un grand nombre d'études,
en outre, ont été faites avec une idée préconçue sur le résultat qu'*il fallait*
mettre en évidence et se trouvent par là mal dirigées, pour ne pas dire
très suspectes.

Nous avons eu déjà l'occasion (v. ci-dessus, p. 162) de mentionner les
opinions de Lockyer et de Savélief sur la température relative des taches,
et nous aurons encore à étudier, dans un instant, la grande variabilité
des hypothèses émises par les auteurs les plus sérieux, soit en étudiant
rapidement la radiation solaire, soit en examinant la répercussion des
taches sur la pluie ou la température : mais, dès maintenant, on peut
affirmer que la répartition de la lumière et de la chaleur à la surface du
Soleil reste encore une question des plus obscures.

Cependant, on doit suivre avec intérêt les longues études de Mémery
trouvant, tout du long de l'année, une recrudescence de température aux
plus grandes fréquences de taches, et retours des froids pour diminution
des taches en nombre et en étendue : ceci n'est pas inconciliable avec des
taches moins chaudes que le reste de la surface solaire, car l'action des
taches se fait sentir sur la haute atmosphère et sa répercussion sur les
couches basses est loin d'être instantanée. On a cherché aussi à définir le
caractère des saisons en fonction de l'activité solaire (Cf. *Nature*) : maxima
de taches amenant une prédominance d'hivers doux et d'étés chauds,
minima de taches correspondants à des hivers durs et des étés froids ; tous
les étés des années à minima ont été froids ; tous les étés de la cinquième
année après le minimum (donc, près du maximum) ont été chauds (???).

Il serait certainement intéressant, au point de vue climatologique,
d'avoir toute une série de remarques locales de cette espèce, à condition
qu'elles soient solidement étayées. Mais ce genre de recherches conduit
nécessairement à étudier une périodicité possible des été chauds ou des
été froids, des grands hivers, etc., problèmes encore extrêmement confus ;
puis, s'il y avait une sorte de périodicité, il y aurait quelque correspondance entre les saisons remarquables, l'une suivant l'autre en quelque sorte,
ce qui tendrait à faciliter la précision du temps à longue échéance. C'est
ainsi que Maurer dit que, dans les grandes périodes de chaleur relative,

les étés chauds sont suivis d'hivers doux ; et, dans les périodes froides, les hivers durs se produisent souvent après les étés froids.

De même, Fassig a recherché, depuis 1817, les relations possibles entre les températures des hivers et des étés : il conclut, pour sa part, qu'un été particulièrement chaud ou particulièrement froid n'a pas plus d'action qu'un été ordinaire sur la température de l'hiver suivant et que, d'une façon générale, il n'y a pas d'alternance et de période régulière dans les variations de la température atmosphérique. Pour les hivers rigoureux, en Angleterre, Watson trouve des millésimes terminés de deux façons distinctes : 0 et 1 pour le groupe des hivers généralement précoces, de novembre à janvier ; 4 et 5 pour les hivers tardifs, de janvier à mars — ce qui pourrait présenter quelque corrélation avec les remarques de Gabriel (v. plus loin *Etudes sur la pluie)* et les singularités successives des maxima et minima solaires. Dans cet ordre d'idées, on peut rappeler que Mémery, à maintes reprises, a soutenu l'opinion que les grands hivers et les étés exceptionnels étaient réglés par les taches solaires.

Nous avons déjà vu les difficultés multiples que l'on rencontre dans l'estimation des températures et la façon complexe dont agissent les influences locales d'habitat et de topographie (v. pp. 89 et suiv.), ainsi que les travaux qui tendaient à faire ressortir des périodicités dans l'apparition des hivers rigoureux ! Renou 41 ans, Pilgram 35 ans, Maze 25 ans (v. ci-dessus p. 135).

Cette dernière étude ne fut jamais abandonnée et, pour l'Europe Occidentale, Easton s'est efforcé de mettre en évidence une périodicité en classant les saisons froides depuis l'an 760 ; il utilise trois procédés, soit la méthode graphique, soit l'analyse harmonique, soit enfin la technique de sommation préconisée par Schmidt (v. ci-dessus, p. 152) et, combinant tous les résultats, conclut à une période de 89 ans identique à celle que l'on peut apprécier dans les nombres relatifs des taches solaires publiés par Wolfer(1). Et il est assez confiant dans ses études pour se livrer à des prévisions : « On peut conclure, écrit-il en 1905, que nous entrons maintenant dans une période qui ne donnera qu'un très petit nombre d'hivers froids », — il y en eut deux de suite, pendant la guerre, qui pouvaient hélas compter ! — tandis que son pronostic actuel est le suivant : « Dans la prochaine période de 22 ans (1917 à 1938) nous allons vers une chute considérable de la température moyenne de l'hiver, avec au moins deux hivers très froids, dont l'un rigoureux ».

______

(1) *Monthly Notices*, t. LXIV (1904), p. 226.

Au point de vue des rapports avec l'activité solaire, les conclusions valent d'être rapportées puisqu'elles apprécient l'action diminuée des taches conformément à l'opinion moderne : dans chaque période de 89 ans, la première moitié est plus froide que la seconde ; dans chaque intervalle de 44 ans 1 /2, à commencer en 759, la première moitié est plus froide que la seconde, et ainsi apparaît un sous-groupe de 22 ans 1/4, tantôt en excès, tantôt en défaut ; l'activité croissante et accélérée de la surface solaire correspond en général à un hiver froid et précoce, tandis qu'une activité affaiblie et retardée du Soleil correspond aux hivers tardifs et plus doux. Il n'y a pas, à proprement parler, contradiction entre 44 ans 1 /2 et les 41 ans, cycle assez élastique, signalés par Renou après une étude également minutieuse.

La radiation solaire a présenté, de 1920 à 1922, une chute extraordinaire qui, si nos connaissances étaient plus avancées, devrait permettre une prévision du temps : mais l'ensemble des conditions de la surface est trop complexe pour qu'il y ait lieu de rechercher une répercussion aussi simple qu'une baisse générale des températures, et Abbot montre, à cet égard, d'intéressantes répercussions *locales*.

*
* *

Puis la littérature abonde en remarques particulières, en travaux incomplets et superficiels où les auteurs, s'illusionnant eux-mêmes, croient trouver facilement par quelques comparaisons faciles la solution d'un problème terriblement complexe.

Flammarion s'en tient à l'idée simple que *l'activité* solaire est représentée par les taches et, par conséquent, que l'activité des taches correspond à une activité calorifique — et pourquoi ? d'où des déductions que les maxima des taches correspondent à des hivers doux et des étés chauds, tandis que les minima correspondent au contraire à une prépondérance d'hivers durs et d'étés froids (1898) ; il précise (1901) la correspondance entre la température et la surface tachée, comme l'avait indiqué Cornillon en 1895, résultat contraire à celui de Köppen ; puis, sur ces prémisses fragiles, il descend sans peine dans le détail du mécanisme et, étudiant la température des printemps (mars, avril, mai) pendant 17 ans, Flammarion la trouve parallèle à la surface tachée, ce qui ramène au Soleil plus chaud pendant les phases d'activité ; Mac Dowall trouve la même correspondance en ne prenant que le groupe de deux mois, février, mars... Et malgré l'affirmation facile *(B.S.A.Fr.*, 1901, p. 196): « Les concordances signalées par M. Flammarion entre les températures terrestres et les taches du Soleil ont reçu une sorte de complément fort curieux par une communication de MM. Lockyer... », la question reste obscure. Est-ce bientôt de désespoir que le *B. S. A. Fr.* (1904, p. 127) publie sans aucun commentaire les graphiques comparés des taches et de la température...

La pluie est-elle aussi en relation avec les taches ? La chose est fort aisée à savoir (*L'Astronomie*, 1894) : on prend des éléments compensés (comment ?) et l'on compare le nombre de jours de pluie *en été seulement* avec les taches ; le parallélisme est frappant et, pendant quatre cycles de taches, les maxima des jours de pluie suivent à peu de distance ceux des taches puis, après 1875... les deux courbes n'ont plus le moindre rapport.

Décidément, l'idée est ferme et de généralisation facile. « Dès la première édition de l'*Astronomie Populaire*, publiée en livraison en 1879, écrit, tout récemment, Flammarion (1), j'ai appelé l'attention sur ce fait que « la météorologie terrestre paraît soumise à des fluctuations du même « ordre que le cycle des taches solaires et que, dans nos climats, les années « de froid, de pluie et d'inondations paraissent correspondre à celles où « le Soleil est calme, sans éruptions et sans taches, tandis que les années « sèches et chaudes paraissent, au contraire, correspondre aux époques « de plus grande activité solaire ». Et il confirme cette opinion, bien entendu : or, nous savons déjà qu'il est inadmissible de confondre et de toujours mélanger le froid et la pluie, la chaleur et la sécheresse, et nous allons voir, en outre, que les recherches modernes minutieuses ne confirment nullement la simplicité de telles vues.

P. Polis a représenté graphiquement 64 années d'observations à Aix-la-Chapelle. Avant 1878, les températures moyennes annuelles et estivales décroissent avec une plus grande abondance des taches et augmentent avec une diminution des taches ; mêmes indications, moins nettes cependant, pour les températures d'hiver ; le nombre des orages est en raison inverse du nombre des taches ; la courbe des pluies est irrégulière, avec une tendance à la même correspondance que la précédente. Puis, à partir de 1878, le sens de tous les phénomènes est renversé ! !

Nous avons déjà vu que Dawson (ci-dessus, p. 208), trouve une anomalie vers 1850 pour la correspondance avec les taches solaires : voilà en-

---

(1) *Bull. de la Soc. Astr. de Fr.*, 1924, p. 245.

core deux exemples qui tendraient à faire croire que, vers 1875 à 1878, le Soleil a changé de tactique...

Eh bien ! non : tout cela n'apprend rien, ou pas grand chose et il faut oser le dire. Le problème, décidément, reste fort malaisé et nécessite des efforts plus importants, plus méthodiques et plus précis : parmi les travaux récents, nous aurons du moins à mentionner particulièrement les recherches simultanées de W. J. S. Lockyer sur la pluie et de Ch. Nordmann sur la température ; celles de Kunitomi et Takô sur les relations entre les taches solaires et la précipitation ; celles de Terada, Narumo et Horii sur la correspondance entre les facules et les trajectoires des cyclones.

LA RADIATION SOLAIRE

Nous avons vu à maintes reprises, et notamment page 193, comment toutes les recherches particulières se montraient impuissantes parce que l'action solaire ne se manifestait pas par un symptôme unique, soit les taches, soit les facules, soit les protubérances..., mais en réalité par tous, simultanément ; c'est donc la radiation solaire, elle-même, qu'il faudrait étudier, dont il faudrait connaître les variations, et l'on ne saurait y parvenir sans l'enregistrement continu que demande Deslandres de *toutes* les manifestations de l'activité du Soleil.

Certes, on met en évidence un cycle d'influence qui dépend d'abord de la rotation du Soleil sur lui-même, ou d'une demi-rotation solaire (v. ci-dessus, Zenger, p. 175), mais il y a bien plus que cette cause en quelque sorte mécanique. Le développement des multiples observations spectroscopiques sur les taches et les protubérances a mis en lumière, d'une façon indéniable, qu'il existe de grandes variations de température dans les différentes régions du Soleil et, peut être aussi, comme conséquence, dans la quantité totale de chaleur rayonnée vers la Terre : ces variations, telles qu'on les observe, viennent confirmer une fois de plus l'hypothèse qu'il existe un cycle de changements terrestres liés, non pas seulement au rôle du Soleil dans les phénomènes de rotation diurne et annuelle, mais aux modifications physiques de l'astre lui-même, exigeant peut-être plusieurs années pour leur évolution.

Or, il est bien naturel de penser que les perturbations dans l'intensité de la radiation solaire doivent avoir leur répercussion sur les phénomènes météorologiques observés à la surface du sol. Mais l'action se produit tout d'abord dans les autres régions de l'atmosphère : sa diffusion jusqu'aux couches superficielles où nous avons des instruments est lente et complexe, ce qui en rend la connaissance difficile. Une telle étude avait été entreprise déjà par Langley et, en étudiant bientôt les conséquences météorologiques de la pluie et de la température, nous allons voir combien les interprétations sont malaisées : on a plusieurs fois changé d'opinion, par exemple, avant de comprendre que les taches du Soleil en diminuaient le rayonnement total. Mais, précisément, parce que cette conception s'est trouvée opposée à celle du groupe des travaux genre Lockyer, tant au point de vue théorique que pour certaines réactions météorologiques, il est bon d'avoir, par d'autres méthodes, une confirmation des indications du bolomètre de Langley.

Considérant que la résistance électrique des plaques minces est sujette à la longue à de grandes variations, Fröhlich substitue au bolomètre une pile thermo-électrique, renfermée dans un large tuyau à double enveloppe, ayant une ouverture en forme d'entonnoir, et dans lequel circule un courant d'eau constant sous pression atmosphérique ; la face exposée de la pile est recouverte par une plaque de sel de roche et l'appareil peut tourner dans toutes les directions.

Pour mesurer la chaleur, on employa un écran creux, rempli de vapeur, dont l'une des faces était noircie à la fumée et l'autre face blanchie à la craie. Les mesures furent prises par des jours parfaitement clairs et pour des hauteurs de Soleil différentes ; on les représente par des courbes, les abscisses marquant les hauteurs de l'atmosphère, les ordonnées le degré de chaleur du Soleil, et, tant aux environs de Berlin que sur le Faulhorn, les mesures donnèrent généralement une ligne droite. Ces mesures diffèrent d'un à l'autre mois mais, comparées aux photographies journalières du Soleil, elles mettent bien en évidence qu'une moindre chaleur solaire correspond à la formation de nombreuses taches tandis que l'élévation de la chaleur coïncide avec la disparition presque complète des taches.

Il n'y a pas à tirer de conclusion définitive d'un groupe d'observations limité à quelques mois, mais, en ce qui concerne l'influence sur la température terrestre de la fréquence des taches, ces mesures confirment suffisamment le point de vue que nous venons d'exposer.

Il ne faut pas se dissimuler que toutes ces conclusions, et les calculs de Nordmann en particulier, supposent implicitement que l'intensité du rayonnement calorifique émis par le Soleil et reçu par la Terre est en moyenne constant ; or l'absorption par l'atmosphère terrestre est extrêmement capricieuse et nous pouvons retrouver ici l'influence de cycles dans la présence de nuages cosmiques ; de plus, la *constante solaire* elle-

même(1), c'est-à-dire l'intensité de la radiation solaire à la limite de notre
atmosphère, présente d'indubitables variations. En éliminant avec le
plus grand soin toutes les causes d'erreur, Langley s'est efforcé de déterminer les changements de la constante solaire et trouve que, en un an,
elle a diminué d'environ 10 % (1), entraînant une forte baisse de température à la surface de la Terre : pour 99 stations de l'hémisphère nord, il
trouve, cette même année, une baisse de 2° par rapport à la moyenne, et
cette baisse est encore plus forte si l'on élimine les stations soumises à
l'action régularisatrise des océans.

On conçoit difficilement une autre influence que celle du Soleil produisant une action aussi importante et simultanée sur un hémisphère: la
relation paraît établie avec la variation de la constante solaire, et cet élément nouveau va intervenir dans toutes les études relatives aux changements de climats — non sans les compliquer puisqu'il s'agit de variations
rapides très supérieures aux amplitudes de longues périodes. C'est ainsi,
par exemple, que les variations solaires sont beaucoup plus étendues qu'on
ne l'imagine d'ordinaire ; en 1912, Abbot et Fowle reconnaissent que
l'intensité du rayonnement solaire a subi une forte dépression, atteignant environ 20 % de la valeur normale, particulièrement dans la région
infra-rouge du spectre ; et il ne s'agit pas d'un caractère local, mais d'une
apparence générale de ciel brumeux sans nuages proprement dits.

*
* *

La surface tachée du disque, assurément, ne saurait légitimer une
telle amplitude, et l'on est ramené à chercher les origines dans les qualités
mêmes de notre atmosphère. Déjà, en 1902, Abbot avait admis que la
transparence de l'atmosphère était modifiée par les poussières projetées
dans l'espace lors des éruptions volcaniques, et cette idée fut ultérieurement développée par Dufour (de Lausanne), Kimball, Marchand, Hellmann (1913), etc. ; en 1911 et 1912, précisément, il y eut de nombreuses
éruptions volcaniques, aussi Abbot et Fowle ne craignent pas d'adopter
cette opinion que la cause *première* de la décroissance observée dans le
rayonnement solaire doit être recherchée dans la variation de transparence

------

(1) On trouvera un bon petit résumé des déterminations successives de la
constante solaire dans *Ciel et Terre*, t. VI, 1885-1886, p. 479.

(2) Nous allons voir ci-dessous que la variation est souvent beaucoup plus élevée.

atmosphérique due aux poussières volcaniques, et nous voici ramenés, d'une façon inéluctable, à l'influence météorologique du volcanisme que d'autres études tendaient à nous faire abandonner (v. ci-dessus, pp. 189 et suiv.).

La brume qui existe souvent dans l'atmosphère, constituant ce que l'on a appelé les « brouillards secs » affecte les quantités de chaleur et de lumière que reçoit la surface terrestre (1). Elle est composée de poussières: les unes, arrachées par le vent à la surface, transportées et brassées, fibres de plantes, pollen, etc., assez nombreuses pour que l'on ait trouvé dans l'ensemble de 25 à 34 % de matière organique combustible ; d'autres, provenant des éruptions volcaniques et dont la diffusion est fort lointaine ; de fumées terrestres et de causes extérieures, telle que la désagrégation des météorites.

Ces brumes peuvent persister pendant plusieurs jours et, par la dispersion de la lumière, ont une action sur le bleu du ciel comme sur la couleur des couchers de Soleil : on en a noté de remarquables en 1783 (éruptions d'Islande), en 1902 (Mont-Pelée) et en 1906 (Vésuve). Mais, outre son effet d'absorption sur la lumière et la chaleur solaires, cette poussière joue un rôle de premier ordre en météorologie : sa composition peut souvent indiquer la direction et l'origine du courant supérieur de l'atmosphère et, surtout, elle a une action comme noyau de condensation pour la formation des gouttes de pluie — pluie qui la ramène au sol (Cf : Davis, 1913).

Kimball avait déjà essayé de relier les variations de transparence de l'atmosphère avec l'importante éruption du volcan Katmai (en Alaska, en 1912) : il note une importante diminution de la radiation solaire et, aussi, un abaissement du pourcentage de polarisation de la lumière, nouvel élément encore peu étudié dans ses conséquences, mais qui deviendra certainement un facteur essentiel de la météorologie de demain. Par exemple, l'intensité de la radiation solaire de novembre 1912 n'est que 82% de la valeur du même mois de 1911 ; il y a accroissement marqué de la distance solaire du point neutre de Babinet et la même chose se produit, moins intense, pour le point d'Arago; et certaines corrélations sont mentionnées, soit avec des conditions météorologiques étendues, soit avec les observations de Pickering, en 1884, à la suite de l'éruption du Krakatoa. Mais le problème reste difficile au point de vue de la répercussion sur les tempé-

---

(1) Nous ne donnerons pas la bibliographie très étendue des études et observations sur les qualités et la transparence de l'atmosphère, mais, parmi les travaux les plus récents, on lira avec fruit et intérêt : Atmosphéric Collection (Météorological Officiel), in 4°. Londres, 1924.

ratures terrestres puisque, avec diverses remarques intéressantes, l'auteur conclut : « Après tout, cependant, nous nous attendions à une température moyenne de l'hémisphère plus basse que la normale ».

Si l'on veut généraliser des résultats comme ceux d'Abbot, Davis, Kimball, etc., il faut chercher à combiner l'influence des taches et celle des poussières volcaniques sur le rayonnement solaire : mais, ici, malgré de nombreuses analogies dans les courbes, il subsiste aussi de multiples discordances inexplicables. La conclusion d'ensemble est que, malgré tout, l'influence des poussières volcaniques mérite d'être prise en considération : on constate des corrélations formelles entre certains de ces brouillards et des modifications, notables et inexplicables autrement, des températures terrestres.

**

L'effet de la variation solaire sur les conditions terrestres est maintenant si bien établi et si marqué qu'il faudrait édifier des observatoires supplémentaires en vue des recherches sur le Soleil : ce serait « une grande pitié », dit Abbot (1922), si la chose n'était pas faite. Bien entendu, nos régions tempérées ne conviennent pas à l'enregistrement continu des phénomènes solaires comme le réclame Deslandres avec raison, et il faut avoir recours aux régions les moins nuageuses possibles : la *Smithsonian Institution* a fait œuvre utile dans cette voie en entretenant une station au Chili, et cet exemple devrait être imité pour trois ou quatre autres postes, tous munis d'instruments très comparables et, mieux encore si l'on peut, identiques.

La distribution de la radiation solaire, soit sur le disque, soit au point de vue global, varie non seulement d'année en année, mais de jour en jour, d'où deux groupes de questions à élucider : variations à longues périodes, variations à courtes périodes. Nombreux sont les auteurs qui se sont efforcés de mettre en évidence les relations entre les variations dans la radiation solaire, surtout à courte période, et les variations de température, de pression, ou des conditions magnétiques, à la surface de la Terre : notamment Arctowski, Bauer, Clayton, Helland-Hansen, Nansen, que nous avons déjà mentionnés et dont les résultats seront encore examinés plus loin.

Dans un travail récent et très complet, exécuté sous la direction de Abbot, on a entrepris des mesures systématiques en des lieux d'altitudes diverses, soit pour mesurer la radiation totale du Soleil avec le pyrhélio-mètre, soit pour connaître sa répartition, soit pour avoir les intensités des diverses longueurs d'onde à l'aide du spectro-bolomètre ; et, aussi, on s'est préoccupé d'en rechercher toutes les conséquences, notamment comme influence de cette radiation sur la météorologie ou le magnétisme terrestre.

Nous allons en indiquer rapidement quelques conclusions.

Abbot, Fowle et Aldrich concluent déjà que l'éclat n'est pas cons-tant du centre au bord de l'astre : ce contraste est le plus grand, avec une radiation plus intense, aux époques de grande activité solaire, de sorte que toutes les variations doivent dépendre du cycle général du Soleil. Puis il existe des variations de période très rapide, de jour en jour : et, contrai-rement aux précédentes, elles offrent de moins grands contrastes du centre au bord, lorsque la radiation augmente, toutes ces variations étant d'au-tant plus sensibles qu'on s'adresse à des rayons de plus courte longueur d'onde. La valeur moyenne de l'intensité de la radiation solaire, à l'exté-rieur de notre atmosphère et mesurée sur une période de taches solaires, est environ 1,94 calories par minute et par centimètre carré.

Le Soleil est une étoile variable à double variation : variation à longue période, associée aux variations de l'activité solaire telle qu'elle est recon-nue par les taches; variations de courtes périodes, irrégulières ou inconnues, de l'ordre de jours ou de semaines. Les variations solaires affectent le temps, et les auteurs vont jusqu'à penser qu'il en résultera bientôt des élé-ments de valeur pour la prévision du temps : ici, cependant, ils ne se dis-simulent pas les difficultés des choses, car l'effet d'une modification solaire n'est pas constant, suivant la saison, et aussi suivant le lieu d'observation, mais certains des diagrammes et courbes fournis sont fort suggestifs. A noter encore que la comparaison entre ces fluctuations et celles de la radia-tion met clairement en évidence une période de 25 jours dans les valeurs de la constante solaire ; mais d'autres calculs font apparaître aussi parfois 28 jours, 29 jours, 32 jours.

Clayton a recherché si ces variations à courte période de la radiation solaire avaient une action sur l'atmosphère terrestre que l'on puisse mettre en évidence, soit par la température, soit par la pression prise près du sol : il conclut à des variations corrélatives de la zone équatoriale, dont les courants supérieurs transportent les effets en quelques jours vers les hautes latitudes ; mais, là, interviennent la distribution des terres et des mers, les conditions topographiques, etc., et, si l'on doit en chaque lieu réunir les documents les plus précis, la loi générale des influences de la radiation solaire sera plus aisément mise en évidence dans une station continentale ou dans une station tropicale.

Et nous retrouvons ici la notion maintenant fondamentale que la température ne saurait être une fonction simple de l'activité solaire. On sait, en effet, qu'aucun facteur superficiel n'est plus sensible à la pluviosité que la température ; or si l'on admet que, sous l'influence d'une baisse importante de la température, une partie de la vapeur d'eau contenue dans l'atmosphère se condense et retourne au sol sous forme de précipitations, il y aura d'abord une réaction de la pluie sur la température ; puis on est conduit à penser que les mesures de la radiation solaire pourraient être utilisées pour la prévision du régime des pluies, et c'est ce que constate Clayton dans des études assez localisées, il est vrai.

Dans le programme des expériences d'Abbot, les données expérimentales sur la radiation solaire, obtenues au Chili, furent journellement télégraphiées à Buenos-Aires : on s'en servit pour d'importantes études de météorologie, et l'on *espère* les utiliser bientôt pour la prévision du temps... Il serait peut-être prématuré de voir, dans la mesure continue de la radiation solaire, un moyen de prévoir la pluie avec certitude plusieurs jours à l'avance, mais il est indéniable, cependant, que de tels travaux ont une portée considérable et méritent d'être poursuivis dans les diverses régions du globe : ce serait le moyen de vérifier jusqu'à quel point les causes secondaires mises en jeu par les mouvements atmosphériques, et les phénomènes tourbillonnaires qui les accompagnent, sont susceptibles de masquer la cause primordiale des changements de temps qui peut être recherchée principalement, sinon uniquement, dans la variabilité de la radiation solaire.

On voit que le physicien, avec le spectroscope, soit pour la radiation solaire, soit aussi pour la radiation du ciel lui-même, nous ouvre une nouvelle voie d'accès vers la connaissance de ces questions — dont la solution complète, une fois de plus, nous échappe toujours.

**
*

Mais, alors, il faut bien l'avouer, le problème s'étend encore et conduit à des résultats peu encourageants pour la connaissance que nous pouvons acquérir sur la variabilité des climats.

Car, jusqu'à présent, toutes ces études solaires ne nous fournissent guère que des éléments relatifs : radiation modifiée soit par des nuages cosmiques interplanétaires, soit par des nuages de poussières dans notre atmosphère ; brassage et modifications temporaires des couches d'air ; fluctuations brusques ou périodiques de certaines apparences superficielles du Soleil. Le tout, en vérité, ne constitue qu'un ensemble de petits faits épars.

Et, quand il se saisit de la question, le physicien entend la traiter d'une manière plus générale : il veut connaître l'origine même de la radiation solaire afin d'en estimer les variations possibles ou la diminution. Remarquant que la loi des poids atomiques de Proust n'était exacte qu'en première approximation, Jean Perrin s'est efforcé d'éclairer le mystère avec une des lois d'Einstein, à savoir que l'énergie est pesante, de sorte que la condensation atomique d'une nébuleuse présolaire d'hydrogène, pour s'arrêter au stade oxygène suffirait, au taux actuel, pour alimenter le rayonnement solaire pendant 85 milliards d'années !... Il est aisé, alors, de supposer que ce rayonnement soit constant pendant quelques milliards d'années.

Nous sommes loin des 25 millions d'années de lord Kelvin ! et quel espoir nous reste-t-il, sur des documents humains, d'étudier la variabilité des climats ?...

ETUDE DE LA TEMPÉRATURE

Nous avons vu déjà (ci-dessus, p. 157) que Herschel croyait à une correspondance entre les grandes chaleurs et une abondance de taches solaires; Gruithuisen et Wolf partageaient cette manière de voir, tandis que Arago, Gautier et Secchi soutinrent l'opinion contraire. Il n'y a pas lieu, en vérité, de nous étonner autrement de ces variations de conceptions puisque nous les retrouvons, longtemps après, dans l'idée que l'on se fait de la quantité relative de chaleur émise par les taches et qu'il faut parvenir à une période toute récente pour que l'opinion se stabilise à cet égard.

Après les travaux généraux de Köppen on admit, dans l'ensemble, une corrélation entre la fréquence des taches solaires et la température à la surface de la Terre.

A l'instigation de H. Poincaré, Nordmann a repris d'une manière globale l'étude limitée de Köppen, et d'une façon plus précise : il utilise des matériaux beaucoup plus étendus et plus sûrs, car c'est surtout depuis 1870 que les observations météorologiques se sont développées et systématisées ; des séries sensiblement plus longues, éliminant toutes celles qui ne comprennent pas au moins onze années d'observations, c'est-à-dire la durée moyenne d'une période complète des taches solaires.

Enfin, c'est le lieu de rappeler cette remarque de Humboldt que, dans ses voyages aux régions équatoriales, il pouvait presque régler sa montre sur la variation diurne du baromètre tant elle est régulière (1) ; tous les navigateurs ont pareillement noté, dans la saison des pluies, la régularité journalière des grandes précipitations et coups de vents. On

---

(1) Tilho a encore utilisé tout récemment cette régularité barométrique des régions équatoriales : *La Géographie*, t. XXXVI, n° 3, sept.-oct. 1921. p. 317.

serait, au reste, encore bien embarrassé pour expliquer avec précision les oscillations diurnes et régulières de la pression atmosphérique et leur décroissance de l'équateur aux pôles : action variable du Soleil sur le sol, dit Diaz-Covarrubias, explication bien frêle...

En étendant aux autres manifestations la régularité de la vague atmosphérique que révèle le baromètre, doit-on penser, et c'est aussi l'avis de Lockyer, qu'il existe des climats à la fois plus stables et plus sensibles que les nôtres ? plus propres à mettre en évidence les actions que nous étudions ? Nordmann l'admet, bien qu'aucun raisonnement rigoureux ne nous y oblige : il se limite donc aux stations tropicales pour la régularité de leur climat et introduit un plus grand nombre de stations, treize environ. On calcule alors pour chaque station la déviation de la température par rapport à la moyenne, en centièmes de degré, puis on fait la moyenne de ces diverses déviations pour toutes les stations et pour chaque année ; enfin, nous avons indiqué (1) comment le nombre adopté pour chaque année dépend des deux années voisines, antérieure et suivante, afin de régulariser les courbes — et il reste à comparer les résultats à une courbe du *nombre* des taches solaires compensée suivant le même procédé.

Au premier regard jeté sur les courbes, le parallélisme d'allure apparaît frappant : on voit l'accord entre les minima de température et les maxima des taches, comme entre les maxima de température et les minima des taches, que l'on peut résumer ainsi :

Minima de température	Maxima des taches	Maxima de température	Minima des taches
1870	1870	1881	1878
1884,5	1883	1889	1889
1893	1893	1900	1901

Une discussion plus complète montre que ce parallélisme se poursuit jusque dans les détails. On sait, par exemple, que la période des taches solaires ne se traduit pas par une courbe régulière et que l'intervalle entre un minimum et le maximum suivant est plus court que l'intervalle entre ce maximum et le minimum ultérieur : on observe un phénomène du même genre dans la courbe des températures. Si l'on appelle *riches en taches* ou *pauvres* les années pour lesquelles le nombre relatif de Wolf est > 60 ou < 15, on voit que ces deux groupes correspondent d'une façon très satis-

---

(1) V. ci-dessus p. 149.

faisante aux années à déviations négatives et positives pour la température ; et la correspondance est aussi parfaite que possible, car elle subsiste avec les amplitudes entre maxima et minima successifs, le maximum maximorum des taches correspondant au minimum minimorum de température — et inversement.

Une autre comparaison entre le nombre des taches et la diminution de température permet d'assigner, en quelque sorte, au point de vue de l'effet des taches sur les températures terrestres, une signification physique moyenne à ces unités arbitraires que sont les nombres de Wolf, en sorte que l'on ait sensiblement :

1 (nombre de Wolf) correspond à

$$0°,01 \times 0,5 = 0°,005 \text{ centigr.}$$

et l'écart maximum pour la température varie de —0°,19 (1870) à +0°,21 (1900) soit une amplitude de 0°,40, sensiblement inférieure, on le voit, à celle qu'avait indiquée Köppen, et qui peut dépasser au total 1° (v. ci-dessus, p. 142-143).

Les auteurs les plus nombreux considéraient pendant longtemps comme vaines de telles recherches et, contre la connexion possible des changements solaires et terrestres, on alléguait fréquemment la faible étendue couverte par les taches. Elliot écrivait : « Autant qu'on peut juger par la grandeur des taches, la variation cyclique de l'étendue de la surface du soleil libre de taches est très petite comparée à la surface elle-même ; par suite, d'après le principe mathématique, leur effet sur les éléments météorologiques du monde entier doit être très faible ». La cause peut être sans proportion avec l'effet: néanmoins, l'effet n'est pas très considérable, on le savait depuis longtemps par la difficulté de le mettre en évidence, mais toutes les recherches effectuées tendent bien à révéler une action.

Malgré la défiance légitime qu'il est bon de pratiquer vis-à-vis des explications théoriques *à posteriori*, Nordmann s'est préoccupé de savoir si la théorie permettait de prévoir les résultats relatifs à la température moyenne : les raisonnements suivants paraissent assez satisfaisants.

Hann admet, dans son traité de Climatologie, que la température moyenne à la surface de la Terre est d'environ 15° ; par ailleurs, Zenger a employé plusieurs méthodes diverses et concordantes qui indiquent que la température moyenne de la surface serait de —73° si le rayonnement solaire n'existait pas : ainsi, l'effet du rayonnement relève la température de 88°. Les mesures bolométriques de Langley montrent que le noyau

d'une tache n'émet que 54 % (1) de la chaleur envoyée par un élément
égal de la photosphère adjacente ; et si, lors d'un maximum des taches,
l'épaisseur de la couche absorbante de la chromosphère est augmentée,
on peut admettre que cette influence est balancée par une augmentation
parallèle des facules, qui rayonnent plus de chaleur que la photosphère.
Or la surface tachée, lors d'un maximum, ne dépasse guère 1/100e de la
surface totale du disque : on pourra donc admettre que le rayonnement
est diminué à ce moment d'environ 1/200e, ce qui correspond, en gros, à
une diminution de température de 88°/200 = 0°,44 — et l'accord est
très satisfaisant.

*
* *

Si brillante que soit cette étude, elle comporte tout d'abord de *graves*
critiques de méthode, comme nous le verrons au fur et à mesure de notre
développement, puis il faut nous arrêter un instant à examiner la quantité
même qu'il s'agit de déterminer.

Sans doute, il ne faut pas s'attarder à des travaux hâtifs comme ceux
qui signalent, à Greenwich, depuis 1841, un excès de mois chauds pour
les maxima de taches solaires, et un excès de mois froids pour les minima,
— résultat étrange et paraît-il *très accusé* (Cf: La Nature, 1899); mais nous
avons à maintes reprises signalé les difficultés que soulève la connaissance
des températures. Teisserenc de Bort (v. ci-dessus, p. 66) nous montre
combien est complexe la résultante de température près du sol, provenant d'actions thermo-dynamiques, d'actions dynamiques de brassages
très étendus dans les courants de dispersion; et d'échanges par rayonnement avec le sol : nous venons d'en avoir, à l'instant, la confirmation,
puisque l'étude de la radiation solaire conduit à cette conséquence que
la température à la surface n'est pas une fonction simple de l'activité du
Soleil.

Mais il y a plus encore : les travaux ultérieurs ont-ils tendance à confirmer un parallélisme aussi simple entre la température et les taches ?
n'entraînant, en somme, comme périodicités thermiques que celles des
taches elle-mêmes. Cela ne paraît pas. Etudiant aussi la quantité de chaleur reçue par la Terre en correspondance avec les taches, facules et protubérances, Loisel obtient des conclusions de même sens, certes, que celles

____

(1) Wilson trouve beaucoup moins que Langley comme rapport entre la radiation des taches et celle du centre du Soleil : il indique 0,356 (1894).

de Nordmann, mais la variation dans la température lui paraît plus forte
que celle qui résulterait simplement d'une variation de rayonnement dû
à la présence des taches ; les taches seraient alors accompagnées de phénomènes secondaires agissant aussi sur les températures terrestres.

Puis les travaux de Arctowski viennent troubler la question encore
bien davantage : l'insolation et la température présenteraient une oscillation de 25 mois, la vague de chaleur du Pérou ayant une avance de trois
mois sur celle de New-York— nous voici en plein mystère par rapport à la
simplicité de tout à l'heure ; pour les années de grande fréquence des
taches solaires, toute augmentation momentanée de taches produit une
augmentation (??) de la radiation solaire, tandis que pendant les années
de moindre fréquence, c'est l'inverse et une diminution temporaire de
l'étendue ou du nombre des taches produit une augmentation de la constante solaire...

La question paraît se compliquer à plaisir.

Enfin, le sens critique élémentaire veut que l'on ne perde pas de vue
la comparaison entre la faiblesse de l'effet mis en évidence et les difficultés
qui existent dans la détermination des températures. Nul mieux que
Duclaux n'a mis en lumière l'incertitude qui règne sur cet élément : la
température. La nuit, et par temps couvert, les déterminations présentent
quelque constance ; mais, dès que le soleil apparaît, la plus grande instabilité vient à régner ; on ne note guère que la température du réservoir
même du thermomètre, et cette température dépend de la capacité de ce
réservoir, de sa nature, du liquide employé..., et il est presque impossible
de comparer rigoureusement deux stations distantes d'une vingtaine de
mètres, sans aller jusqu'aux graves écarts que nous avons signalés ci-dessus (1). Même en frondant, on ne peut garantir la constance de la température à plus de 0º,2 ou 0º,3 ; à la suite d'expériences répétées, Eiffel dit même
que l'on ne peut normalement compter que sur la température à 0º,5 près,
et conseille de la noter à ½ degré — ce qui serait bien grave s'il s'agit,
ultérieurement, de déceler des variations par millièmes de degré !

Enfin, dès à présent, il est impossible de ne pas attirer l'attention
sur ce fait que la question est beaucoup moins simple qu'elle n'apparaît
tout d'abord. Bigelow a mis en évidence une variation d'*environ* trois ans
et une corrélation, non seulement avec les taches, mais aussi avec les protubérances ; de sorte que la période de trois ans et demi découverte par
Tacchini (v. ci-dessus, p. 167), lui paraît jouer un certain rôle dans les

---

(1) V. p. 91 et suiv.

variations de température ; puis il montre encore que le problème n'est pas *unique* et que l'action solaire se présente suivant plusieurs types, type direct, type indifférent et type inverse, et il en donne des exemples et des applications : ainsi, par exemple, la température augmente avec le nombre des taches sur la côte du Pacifique, n'est pas influencée dans l'Arizona — à opposer à Douglass (1) — et varie en sens inverse dans les états du « golfe ouest ».

A la suite d'observations faites sur l'Océan Atlantique Nord, Helland-Hansen et Nansen reconnaissent une concordance réelle entre ces variations de l'activité solaire et les éléments météorologiques, mais constatent qu'elle se manifeste tantôt dans un sens, tantôt dans le sens opposé, selon les zones de la planète où se font les observations ; et, d'après eux, l'explication de ce phénomène nous échappe complètement à l'heure actuelle.

Ceci suffit largement à faire planer les doutes les plus graves sur la composition des nombres provenant de plusieurs stations différentes.

La question se pose encore, même en se limitant à la zone équatoriale, de ne pas admettre ces résultats sans un contrôle très sévère. En effet, au cours d'un travail beaucoup plus étendu, Arctowski trouve, lui aussi (v. ci-dessus, p. 184), que, dans la zone visée, *la température n'est pas une fonction simple* (1909, p. 372) de la fréquence relative des taches : certainement, la température dépend des facteurs qui font varier les quantités de taches, mais d'autres facteurs non moins importants doivent entrer en ligne de compte — c'est bien ce que nous retrouverons en examinant la pression atmosphérique, avec la nécessité d'étudier la *qualité* de l'atmosphère, la teneur en vapeur d'eau, etc...

En tous cas, on le voit, la question se complique singulièrement !

*
* *

Mais nous savons aussi que l'amplitude diurne de la température est un élément essentiel pour caractériser le climat : les différences entre les maxima moyens et les minima moyens des observations journalières nous rénseignent sur la variabilité de la température due, d'une part, à la marche diurne et, d'autre part, à la variation interdiurne. Or, dans un cas comme dans l'autre, les écarts sont plus grands pour les stations con-

---

(1) V. ci-dessus p. 139.

tinentales que pour les stations maritimes : c'est loin des océans que la marche diurne de la température est la plus grande, et par conséquent aussi la différence des maxima et des minima diurnes ; et de même, comme Hann l'a démontré en 1875, c'est aussi pour ces stations que la différence des températures d'un jour à l'autre est en moyenne la plus considérable, et, par conséquent, aussi, les différences des maxima et minima journaliers dans le cas des journées pendant lesquelles la température a diminué ou augmenté progressivement.

La signification des différences des maxima et minima moyens est donc telle que dans le cas où, dans une suite d'années, ces différences sont allées en diminuant, nous pouvons dire que le régime de la station prise en considération est devenu de moins en moins continental et, dans le cas contraire, évidemment de plus en plus continental. C'est là un phénomène qui ne peut en aucune façon être considéré comme ayant un intérêt purement local et divers chercheurs, tels que Balfour Stewart, J. Liznar, Charles Chambers (cf. v. Bebber, t. I, p. 221) ont ainsi trouvé d'intéressantes relations entre les taches solaires et les amplitudes de la variation diurne de la température.

Reprenant la question, Arctowski trouve pour Bruxelles une courbe d'amplitude thermique qui dénote une variation de longue durée (au moins 70 ans), bien prononcée, et qui éclaire quelques anomalies des courbes relatives à d'autres éléments ; en outre, cet auteur montre qu'il ne faut pas s'étonner si les maxima et les minima des longues périodes des phénomènes météorologiques ne s'observent pas en même temps en des localités éloignées l'une de l'autre — nous aurons à retrouver ces sortes de balancements compensateurs. La température elle-même, en Belgique, paraît présenter des maxima en 1825 et 1865, des minima en 1845 et 1887.

Dans ses études très intéressantes sur les stations russes et sibériennes, Arctowski trouve une relation directe — et bien naturelle — entre l'amplitude de la température et la durée de l'insolation : c'est-à-dire que les variations de longue durée des amplitudes de la variation diurne de la température doivent être étudiées en même temps que les variations de la nébulosité ou la fréquence des jours de ciel couvert ; il reste, dans l'ensemble, à trouver la cause de la présence et de la formation pendant le jour des masses nuageuses, périodiquement plus ou moins fréquentes.

Les variations séculaires des variabilités interdiurnes de la température ont été prises en considération par Merecki et suggèrent l'hypothèse de changements dans la fréquence des dépressions atmosphériques, mais il nous faudra revenir sur cette question complexe lors de l'étude sur la pluie. Enfin, ces courbes d'amplitude thermique sont bien variables d'une à l'autre station, selon sa situation géographique : Varsovie et Moscou présentent des phénomènes inverses, les stations sibériennes offrent d'intéressantes singularités — et l'on sent bien que le problème doit être étudié géographiquement, en détail, par la constitution de cartes sur lesquelles nous aurons l'occasion de revenir. De plus, il n'y a *aucun doute* que ces travaux *condamnent absolument* la méthode suivie par Brückner (et notamment Nordmann) et qui consiste à faire la sommation des données de stations différentes.

Un autre élément très intéressant interviendrait, qui intègre l'action calorifique extérieure et nous rapproche des phénomènes agricoles : la température du sol. Là, encore, se rencontrent des vagues à longues périodes dont l'amplitude s'amortit avec la profondeur, mais sans périodicité précise.

*
* *

La question, on le voit, change constamment d'aspect.

La périodicité des taches concorde avec celle des orages magnétiques, perturbations ou manifestations électriques, aurores ou courants telluriques : soit. Mais comment savoir si l'intensité calorifique de la radiation solaire est constante ? du moins en moyenne, comme le supposent les calculs précédents : ou bien, outre les fluctuations comme celle de Langley, outre les modifications, soit à courte, soit à longue période dans la répartition de l'éclat entre le centre et les bords comme nous venons de l'indiquer, la radiation solaire totale éprouve-t-elle un rythme analogue à celui des manifestations de son activité mesurée ou appréciée par les taches ?

C'est ce que R. Savélief s'était efforcé déjà d'élucider en comparant les indications d'un actinomètre Crova à l'activité solaire représentée par les taches, et il lui avait semblé que la constante solaire augmentait avec le nombre des taches ; pour la chaleur reçue à la surface du sol, elle dépend bien de la constante solaire, mais aussi de la transparence calorifique de l'atmosphère, élément très variable selon les conditions météorologiques. Les mesures paraissent concordantes, l'intensité calorifique de la radiation augmenterait avec l'activité solaire appréciée par le nombre de taches — mais, ne nous y trompons pas, ce n'est encore qu'une *probabilité* et la question est loin d'être élucidée — et le phénomène serait en sens inverse de ceux qui viennent d'être étudiés.

Si intéressantes que soient toutes ces conclusions, elles comportent nécessairement quelques critiques. On ne conçoit pas comment une variation du rayonnement solaire produirait une action localisée aux zones équatoriales, et non ailleurs : l'auteur lui-même ne se dissimule pas que le phénomène a besoin d'être mis en évidence, également, dans les autres stations, si délicate que puisse être la discussion.

D'ailleurs, les dates mêmes fournies par Nordmann sont sujettes à caution. Nous avons vu (p. 159) combien le rythme solaire est complexe en ce qui concerne les taches : en gros, *en moyenne*, le maximum se présente quatre ans et demi après le minimum, tandis que la décroissance dure environ six ans et demi. Or Nordmann nous annonce un maximum de température en 1881, *trois ans* après le minimum des taches — c'est-à-dire, en fait, beaucoup plus près d'un *maximum* de taches, ou *pour le moins* à égale distance si l'on adopte la date de 1884,0 d'Ellis pour le maximum des taches (v. ci-dessus, p. 177).

Puis il n'y a pas tout à fait accord — il s'en faut, même — entre tous les auteurs : la période chaude 1851-1870 (Köppen et Brückner, p. 142) — ou bien même 1866-1870 — finit au moment précis (1870) où Nordmann place un *minimum de température* ; la période *froide* de Brückner (1871-1885) comprend le *maximum de température* (1881) de Nordmann, maximum de température qui ne correspondrait pas non plus au maximum des pluies, 1876-1880 (v. p. 145). Après quoi, par bonheur ! les documents ne sont plus relatifs aux mêmes époques.

Ces critiques sont trop graves pour ne pas faire remarquer, en toute impartialité, que les postes d'observations utilisés ne sont pas tout à fait comparables dans les deux cas ; mais, par contre, en vertu de la méthode employée elle-même, ce sont les conclusions de Brückner qui devraient avoir le plus de poids, puisque c'est lui qui a *sommé* le plus grand nombre de stations. Il y a bien là, décidément, un *vice essentiel* de calcul dans les travaux comme celui de Nordmann par la composition en une moyenne générale des séries d'observations en des points très différents : et la preuve c'est que, indiquant un procédé de discussion beaucoup plus court et précis, Angot a montré comment il fallait traiter *une seule station équatoriale* et les résultats qu'il obtient sont, précisément, *les plus probants que l'on possède* comme corrélation entre les taches solaires et les températures terrestres.

En résumé, on est ici sur la voie de la solution : elle sera obtenue par la discussion minutieuse de longues séries dans des stations distinctes, et chacun, comme le dit Rodriguez, doit avoir la modestie d'apporter une simple contribution, par des observations aussi systématiques et aussi complètes que possible (1), à une œuvre difficile et de longue haleine. Nous avons suffisamment montré que la discussion précise de la question est extrêmement délicate — nous y reviendrons encore dans un instant — et, par conséquent, ce progrès ne peut être attendu, bien au contraire, de la mise en lumière de coïncidences fortuites, de remarques singulières, résultant de travaux partiels, incomplets et relatifs à de courtes périodes, qui ne font que détourner l'attention des difficultés essentielles.

(1) Rizzo trouve ainsi un parallélisme frappant entre les taches solaires et la température à Turin.

BAROMÈTRE ; PHÉNOMÈNES DIVERS

Ce fut un souci lancinant chez les météorologistes, tout comme chez les économistes, que de découvrir dans les statistiques un rythme du temps, ramenant périodiquement les mêmes caractéristiques de climat et, au cours de ce qui précède, nous avons été entraînés déjà à mentionner diverses conclusions : de Stassano sur la pression (v. p. 188), plusieurs constatations barométriques (v. p. 204), les remarques de Baxendell et Blanford (v. pp. 207 et 209), ainsi que les idées ingénieuses de Bigelow (v. p. 227) sur les divers types d'influences solaires, qui ne devront pas être perdues de vue. Il est, dès à présent, une remarque à faire sur ces travaux : quelques-uns d'entre eux étudient la pression barométrique toute seule, et leurs conclusions ont certainement moins de poids que les remarques judicieuses qui ont été faites sur les variations de la pression en corrélation avec les anomalies dans les chutes de pluie — il est, en effet, bien légitime de s'efforcer de relier ces deux phénomènes si étroitement unis dans la prévision du temps.

Baxendell conclut, en 1871, pour les années voisines des maxima de taches solaires, que la pression (à Oxford) paraît plus grande pendant les vents de N.-E., plus petite pendant les vents de N.-W. ; les mêmes observations ont lieu pour les vents de N. et N.-E. au voisinage des minima. — Il faut il est vrai reconnaître que les observations qu'il utilise sont trop limitées. Pour les zones tropicales, la pression moyenne paraît diminuer aux époques de grande activité solaire (maxima de taches). Hornstein (1873) confirme les idées émises peut-être par Lamont pour la première fois d'une façon précise en établissant qu'il existe bien une corrélation entre les taches solaires et les maxima et minima barométriques ; mais, entraîné par son sujet, il va un peu loin lorsqu'il considère que, des marées atmosphériques, on peut déduire de façon suffisante la valeur même de la période de rotation du Soleil ! liaison bien étroite que l'auteur trouve en accord — bien entendu — avec la rotation indiquée par les taches, sans se demander s'il ne trouve pas comme résultat ce qu'il avait un peu supposé par avance...

Cette étude de la pression atmosphérique est bientôt reprise par C. Chambers qui indique, en 1875, que la « variation de la pression barométrique moyenne annuelle montre une périodicité dont la durée correspond sensiblement avec la période décennale des taches solaires ». Soit pendant l'été, soit pendant l'hiver, soit pour toute l'année, la marche du baromètre dans l'Inde présente un degré frappant de ressemblance avec la fréquence des taches solaires d'année en année : le rapport est le plus étroit en hiver parce que le temps de cette région est généralement très fixe en hiver, mais toutes les courbes s'accordent pour indiquer de *basses pressions* vers l'époque de *maximum des taches*, et de hautes pressions aux époques de minimum.

Enfin, il existe une remarque fort curieuse, c'est que la courbe barométrique est *en retard* sur celle des taches, surtout dans les années de maximum de taches, et ce retard n'est pas le même de l'Est à l'Ouest. Allan Broun confirme et étend quelque peu ces conclusions.

Pour interpréter les résultats de Köppen, N. Lockyer admet que le Soleil est plus chaud aux époques voisines du maximum des taches et reprend l'opinion non motivée de Herschel ; de même pour l'explication des observations de Chambers — et nous voilà en contradiction formelle avec les données plus précises de Langley et de Abbot.

Le problème va du reste se compliquer, au fur et à mesure de l'augmentation des documents. Chambers trouve que les fluctuations anormales du baromètre se manifestent sur une étendue d'autant plus grande qu'elles sont de plus longue durée, ce qui est bien naturel ; mais, déjà, comparant Batavia et Bombay, il note des courbes presque identiques avec cette différence remarquable que les courbes de Batavia indiquent un retard presque constant d'environ un mois sur celles de Bombay. Le travail est alors étendu à Sainte-Hélène, Maurice, Madras, Calcutta et Zi-Ka-Wei : toujours des courbes à grande ressemblance, mais dont le défaut de simultanéité s'accentue, les changements commençant leur apparition par l'ouest.

Faut-il donc assimiler le phénomène à celui de longues vagues atmos-

phériques qui, comme les cyclones des régions extra-tropicales, se déplaceraient lentement de l'ouest à l'est, et avec une vitesse variable ?

Il semble bien que l'action sur la pression soit aussi complexe et que son rythme dépende de la station envisagée (1).

« Quant à la variation de pression que nous avons à envisager, dit Blanford, elle a évidemment son siège dans les couches les plus élevées de l'atmosphère (probablement à celle de la formation des nuages). Cela résulte non seulement, dans l'état actuel, de l'excès relatif de la pression sur les stations élevées comparées aux plaines, mais aussi du fait établi par Gautier et Köppen que la variation de la température dans les couches inférieures est opposée à la variation de pression ».

Malheureusement, toutes les explications qui suivent, destinées à légitimer l'influence des taches au voisinage de leur maximum, rentrent nettement dans le cadre des explications après coup et n'apportent aucun caractère propre à la conviction.

Par contre, nous rentrons bien dans l'ordre d'idées *d'actions locales* quand cet auteur établit que « entre la Russie et la Sibérie occidentale, d'une part et, d'autre part, la région indo-malaisienne, existe une oscillation cyclonique et réciproque de la pression, telle que la pression est maximum sur la Sibérie Occidentale et la Russie vers l'époque du maximum des taches solaires et sur l'Indo-Malaisie vers l'époque des minima des taches ».

L'autorité qui s'attache au nom de N. Lockyer oblige à s'arrêter un instant sur les considérations qu'il a développées (2). Partant de ses seules observations et d'une rupture de régularité qu'il note en 1894 dans les raies spectrales, il veut les relier aux 25 dernières années d'observations météorologiques de l'Inde, à cause de la position sous les tropiques où il estime que le problème doit être considéré comme plus simple : il n'est pas seulement question, selon lui, de l'existence ou non des taches, mais de poussées de chaleur du soleil aux époques de croisement dans l'élargissement et le rétrécissement des deux groupes de raies, époques situées environ à mi-chemin de celles des maxima et des minima ; ces poussées positives ou négatives sont accompagnées de poussées de pluie sur l'Océan Indien et les terres voisines — donc en relation aussi avec les

---

(1) Ce n'est pas une raison suffisante pour en attribuer l'origine à une action de la lune : v. ci-dessus p. 196.

(2) Pour les progrès à attendre des recherches de Köppen, Meldrum (que nous allons voir notamment p. 240) et Lockyer, voir le très important article de Robert H. Scott.

famines ; puis il note un rapport entre la pluie et la pression (ce qui était à prévoir), la seconde étant un élément plus constant sur les différentes régions ; enfin, très partisan de l'action des protubérances, il retrouve avec elles, sur le baromètre de l'Inde, un écho des périodes de 11 et 3,7 ans (v. ci-dessus, p. 167).

La publication de détail fait ici défaut pour critiquer les nombres utilisés ; en tous cas, les périodes envisagées sont certainement trop courtes pour conduire à des conclusions formelles et les faits indiqués ne peuvent encore être considérés que comme des curiosités.

Il reste cependant à éclaircir, avec des documents plus étendus, les remarques très importantes de Chambers et Blanford. La longue série des pressions mesurées à Cordoba, dans l'Amérique du Sud, montre un effet aussi bien marqué que dans l'Inde, mais avec cette différence que les courbes sont interverties, c'est-à-dire que les années de haute pression dans l'Inde correspondent aux basses pressions de Cordoba. Poursuivant encore cette recherche, il apparaît que le globe peut être divisé grossièrement en deux parties : l'aire de l'Inde s'étend à l'Australie, l'Inde orientale, la Russie d'Asie, Maurice, l'Egypte, l'Est de l'Afrique et l'Europe, tandis que la région de Cordoba comprend non seulement le sud et le centre de l'Amérique, mais aussi les Etats-Unis et le Canada, s'étendant à l'ouest au delà de Honolulu.

W. et N. Lockyer, étudiant les pressions, trouvent leur vague barométrique de 38 ans autour de deux centres très opposés, les Indes et Cordoba, et cette alternance paraît s'étendre à la surface du globe tout entier et être, par conséquent, plus générale qu'il n'avait paru tout d'abord. Puis, aux Indes, on met en évidence une variation inverse de celle du cycle de taches solaires, et d'environ 11 ans, les hautes pressions correspondent aux petites taches ; enfin, en Australie et en Amérique du Sud, se révèlent entre les maxima de pression des périodes de 6 et 19 ans, mais on ne conçoit pas clairement comment le cycle solaire général de 11 ans entraîne la période de 19 ans, à moins de supposer que l'action solaire soit ici modifiée par quelque cause terrestre ce qui nous entraîne dans l'hypothèse pure...

*
* *

L'étude de la pression a été faite par Arctowski pour les séries d'observations de Bruxelles et Maestricht, avec son procédé de calcul particulier, et sans chercher à mettre immédiatement en évidence une relation étroite avec les taches solaires : dès 1770, on paraît près d'un maximum, en 1790, d'un minimum, maximum en 1825, maximum avant 1833 et minimum en 1843, maximum vers 1857 et minimum vers 1877 — mais la lente oscillation est sans rapport immédiat avec la fréquence des taches ; les maxima et minima de la courbe barométrique paraissent, en Belgique, en avance sur ceux des taches solaires, si l'on se laisse guider par la petite analogie des ondulations des courbes. Ce phénomène est, en somme, assez mystérieux puisque le même auteur trouve une variation inverse très nette entre la pluie et les taches, et que les comparaisons annuelles montrent clairement que les oscillations de la pression sont l'inverse de celles des quantités de pluie :. cette double liaison devrait donc entraîner une correspondance directe entre les taches et la pression — qui reste cependant imprécise.

En relation avec la hauteur barométrique, il est important d'étudier les variations dans le régime des vents, comme l'ont fait Tidblom et Arctowski et, à cet égard, on trouvera d'utiles documents dans les travaux cités par F. G. Hahn et H. Fritz. Pour les pressions, en particulier, le procédé de Arctowski consistant à étudier les écarts avec la normale paraît donner des résultats suggestifs : on peut tracer des aires d'hypo ou d'hyperpression, distribuées par zones qui se déplacent d'année en année, tout comme s'il s'agissait d'une propagation extrêmement lente d'immenses ondes atmosphériques ; et les plus grands écarts paraissent subir une oscillation dépendant du cycle des taches solaires.

D'ailleurs, en Belgique, c'est lorsque la température est plus basse qu'il pleut davantage ; et c'est quand la pression est plus élevée que la température l'est également : il y a donc matière instructive à comparer, quelle que soit leur construction, les diagrammes de Arctowski concernant la pression, la pluie, l'humidité et l'amplitude de la marche diurne de la température, ou l'insolation dans ses études sur le climat de la Russie.

Etudiant les chutes de pluie aux Etats-Unis depuis 1881, Ludwell Moore établit récemment (1922) l'existence d'un cycle de 8 ans : les maxima apparaissent dans les années 1882, 1890, 1898, 1906, 1914 et 1922 — c'est même presque trop beau comme régularité ; selon lui, ce cycle se retrouve dans les statistiques de la pression barométrique pour les Etats-Unis et l'Europe Centrale, dans les statistiques des récoltes de l'Angleterre et de la France, dans les prix de gros... on est un peu entraîné !

J. Hann avait mentionné, à juste raison, que la solution générale doit être recherchée dans la distribution des centres de hautes et de basses pressions, et il faut considérer comme importante, dans ce sens, l'observation ci-dessus (p. 236) des deux Lockyer sur la vague barométrique autour de deux centres. Mais, en même temps, il faut se garder des explications faciles qui ne sont que des défaites, et stériles : certes, le régime polaire est important, voire essentiel, mais, puisqu'on ne le connaît pas, il est un peu enfantin d'avancer qu'*il doit* conduire à des conclusions plus nettes (O. Pettersson) ; le thème est trop tentant pour ne pas être repris, et F. Eredia (1922) pense que l'examen des situations barométriques permettrait de prévoir les sécheresses d'Europe *si* l'on était en présence d'une connaissance plus précise et plus étendue de la météorologie des régions du Nord.

Tout cela est bien souhaitable, certes — mais inexistant encore.

Cette considération d'une vague barométrique, avec un mécanisme de compensation ou de balancement d'une à l'autre région, est résultée, pour la première fois, des travaux entrepris sur la climatologie des Indes, puis étendus par ailleurs : confirmée depuis par Bigelow, elle présente, à nos yeux, une importance essentielle et constitue un progrès important qui permettra aux chercheurs de spécifier les régions qui ont des changements similaires de pression. Une activité exceptionnelle du foyer Pacifique des dépressions à typhons peut correspondre à un calme relatif des dépressions de l'Atlantique, avec déplacement vers le Nord du maximum des Açores, tandis que ces régimes de dépressions commandent celui des condensations : Krebs a montré que la sécheresse de l'été de 1911, en Europe, fut, en quelque sorte, compensée par un véritable déluge en Annam, au Japon et dans une partie de la Chine — et ce sont de tels mécanismes simultanés dont il nous faudrait connaître la correspondance.

*
* *

L'histoire même du baromètre, considéré comme instrument météorologique essentiel, va nous montrer combien les études modernes de ses oscillations étaient indispensables. La régularité de ses variations diurnes à l'équateur fut rapidement remarquée, et, si l'on cite couramment Humboldt à ce propos (v. ci-dessus, p. 223), il eut de nombreux et illustres devanciers : à partir de 1722, ces oscillations furent assez régulièrement constatées, notamment par La Condamine, Godin, etc... (1) ; dès 1860,

---

(1) A ce point de vue historique, voir l'intéressant article de Boussingault. *Cosmos*, t. 10 (1857), pp. 582-588.

au cours de diverses communications, Durocher s'attache aux variations régulières du baromètre dans les régions équatoriales pour les interpréter comme des marées constantes imputables à l'action de la chaleur solaire ; travaux analogues de Ch. Sainte-Claire-Deville. Enfin, en 1872, J.-A. Broun fait la remarque très juste que si, aux tropiques, la variation du baromètre présente une période de 26 jours, cette variation ne saurait être limitée à *une* station et il y aurait intérêt à en faire une étude générale plus approfondie.

Si, pour d'autres éléments, le procédé est discutable, il est évident que l'on est tenté, pour les études barométriques, d'approuver les auteurs qui préconisent surtout les éléments recueillis dans la zone équatoriale : les variations barométriques qui correspondent aux changements de temps n'y atteignent guère que 2 à 3^{mm} alors qu'elles dépassent 10^{mm} dans les régions tempérées ; l'indication du baromètre doit donc être nécessairement complétée, pour la connaissance du temps, par celle de la quantité de vapeur d'eau de l'atmosphère.

Par contre, ces variations accidentelles viennent moins troubler les statistiques pour la connaissance des oscillations périodiques : c'est ainsi que la double oscillation journalière, qui dépasse 2^{mm} dans les régions tropicales, d'autant plus régulière qu'il y a moins de différence entre les longueurs du jour et de la nuit, offre une amplitude décroissante au fur et à mesure que la latitude augmente, pour rester bien inférieure à un millimètre dans nos climats. Selon Curtis, la cause première des oscillations diurnes du baromètre (1) est la radiation solaire, et leur amplitude est alors déterminée par la température des couches inférieures de l'atmosphère : les différentes phases des oscillations dépendent surtout de la situation géographique et des ambiances physiques du lieu d'observation, notamment de la distribution relative de la température sur les régions immédiatement voisines.

L'étude du baromètre comporte, il est vrai, une difficulté spéciale qu'il est indispensable de mettre en évidence.

Sans doute, dans les variations de la pression, certaines fluctuations périodiques se répètent avec une grande régularité et les oscillations quotidiennes, par exemple, se présentent partout où il y a alternance du jour et de la nuit : mais, plus cette succession est régulière, c'est-à-dire plus il y a égalité entre les jours et les nuits, plus il doit y avoir de régularité dans les oscillations quotidiennes. C'est ce qui se passe dans les régions

---

(1) V. aussi, ci-dessus. p. 224.

équatoriales, comme cela fut remarqué déjà depuis longtemps et ce qui tente certains auteurs, Tilho, Nordmann, même pour d'*autres* éléments tels que la température, à restreindre leurs recherches aux observations tropicales. Or, dans les climats tempérés, la hauteur barométrique varie considérablement avec les changements de temps et peut arriver à dépasser 20 millimètres ; au contraire, à Para, au nord du Brésil, les variations barométriques dues à l'influence du changement de temps sont beaucoup plus faibles, correspondent à peine à 2 et 3 millimètres : il est alors bien plus difficile d'estimer les écarts et de mettre en évidence une influence perturbatrice.

Et, ainsi, la très belle régularité des courbes barométriques de Para se trouve d'une étude et d'une interprétation fort difficiles. Peut-être intervient-il un autre élément, la constitution même de l'atmosphère dont la teneur en vapeur d'eau est très variable : si, de la pression barométrique, on retranchait le nombre de millimètres dus à la vapeur d'eau, on aurait peut-être un peu plus de régularité encore dans les variations quotidiennes, et plus de facilités pour en démêler les petites anomalies — mais le problème se complique une fois de plus singulièrement.

*
* *

C'est l'examen des phénomènes météorologiques de nature qualitative plutôt que quantitative qui a donné les premiers résultats nets. En dénombrant les naufrages et les cyclones de l'Océan Indien, Meldrum montre, en 1872, que leur fréquence est corrélative de celle des taches solaires ; d'après 21 années d'observations à l'île Maurice, il trouve aussi un rapport évident entre les maxima et minima du nombre des cyclones et ceux des taches solaires ; dans la même région, les tempêtes et pluies, de 1731 à 1873, sont trouvées plus fréquentes les années de maximum de taches — 17 tombent lors des maxima des taches et 7 seulement vers les minima. En 1873, Poey étudie les ouragans et tempêtes des Antilles et de l'Océan Indien, plus fréquents et plus violents aux périodes maxima qu'aux périodes minima des taches : sur douze maxima de tempêtes, dix coïncident avec les périodes maxima des taches, les deux autres ayant un retard inférieur à deux ans ; et la même correspondance existe pour les minima. Cruls, pour Rio-de-Janeiro, a montré une relation entre la variation annuelle du nombre des orages et celle des taches solaires.

Tout ceci confirme l'observation que nous avons faite sur l'intérêt

(v. ci-dessus, p. 137) qu'il y aurait à étudier, non pas seulement la quantité de pluie, mais aussi le *nombre des jours pluvieux*. Enfin, en 1877, Jeula et Hunter dressent une statistique des accidents survenus à des navires anglais couverts par une assurance : il y en a 17,5 % de plus pendant les deux années voisines d'un maximum des taches que pendant les deux années voisines du minimum du même cycle. Sans doute, on ne peut pas s'attarder à une influence lunaire aussi simple que celle qu'imagine Stewart en 1877 (v. ci-dessus, p. 196), mais on ne doit pas ignorer la partie historique de son travail pour la découverte de la période des taches, les relations entre les taches et les perturbations de la déclinaison magnétique, les aurores, les cyclones, — ainsi que les diagrammes divers et les courbes intéressantes qu'il fournit.

D'après les documents bavarois, von Bezold a donné de bonne heure (1876) une étude autorisée sur les époques des orages. Il construit, pour chaque année, la courbe des températures moyennes, puis celle des taches solaires et, à ces deux graphiques, compare la courbe du nombre annuel des orages : il conclut que les minima d'orages coïncident avec les maxima des taches, bien que, dans les détails, la courbe des orages suive encore mieux celle des températures. Conclusion générale : les températures élevées, aussi bien qu'une surface solaire libre de taches, causent pendant l'année un plus grand nombre d'orages que les conditions contraires.

Ce fait doit-il être rapproché du maximum d'intensité des aurores pour les maxima de taches ? ce qui signifierait beaucoup d'orages et peu d'aurores, et inversement ; est-ce le résultat d'une influence électrique directe entre le Soleil et la Terre ? On ne peut encore que *poser* de telles questions.

Continuant ce genre d'études, von Bezold étudie les incendies et dégâts causés par la foudre de 1833 à 1882 et constate que les sinistres ont triplé dans les dernières années, la marche annuelle offrant une série d'oscillations avec des maxima et des minima : un maximum absolu en juillet se décompose en deux, l'un en juin et l'autre, dans la seconde quinzaine de juillet, qui est toujours le plus important ; un maximum relatif, faible, en janvier. Si l'on classe les coups de foudre par périodes de cinq jours, on constate que leur nombre augmente ou diminue en même temps que la température monte ou s'abaisse ; si l'on compare aux taches du soleil, on voit que le minimum des coups de foudre correspond au maximum des taches ; enfin, dans les villes, il y a moitié moins d'accidents que dans les campagnes — ce qui confirme l'utilité des paratonnerres.

Tout cela est certainement fort curieux mais dépend peut-être de phénomènes sociaux plus encore que de lois météorologiques : les faits ne sont-ils pas mieux recueillis actuellement ? ce qui suffit à expliquer l'augmentation des sinistres. Et, surtout, le développement considérable des assurances n'augmente-t-il pas le nombre des déclarations ?

Cependant, dès le début de telles études, von Bezold, Marchand, Zenger, notent que les orages se reproduisent tous les 25 à 27 jours conformément à la rotation, réelle ou apparente, du Soleil ; en 1881, Raymond indique pour les orages de Provence une périodicité de 6 à 7 jours, quart de la précédente et, sur 198 cas étudiés, note 18 résultats négatifs, 20 douteux, soit au total 81 % de réussites relativement à la périodicité de 25 à 27 jours — ce qui reviendrait, il ne faut pas l'oublier, à pronostiquer à trois jours près ! En moyenne, Raymond trouve 26,1 jours entre deux pluies — 26,7 jours pour la rotation apparente du Soleil ; en moyenne, 6 j., 3 entre deux pluies ou orages consécutifs. — Ch. Sainte-Claire Deville avait déjà signalé une période de dix jours dans la région de Paris.

Tous ces résultats, d'ailleurs, se compliquent d'interférences entre des ondes de périodes différentes. Ceci est à rapprocher d'une affirmation double et curieuse de Lockyer (1903) : la courbe d'activité magnétique est à peu près la même que celle des protubérances *près de l'équateur* solaire ; les maxima d'orages coïncident avec une plus grande activité chromosphérique *près des pôles* du Soleil.

Nous en aurons fini avec des contributions de moindre importance en signalant une variation séculaire des orages de Plumandon, la période de 42 ans dans laquelle Maze (1893) fait bien rentrer les sécheresses, à rapprocher des 41 ans de Renou pour les grands hivers (v. ci-dessus, p. 135) ou des 44 ans et demi d'Easton (v. p. 212) ; l'abbé Gabriel, sur quarante années d'observations, trouve pour les orages du Calvados une périodicité de 35 ans, la même que pour les pluies (v. plus loin, p. 256), indiquant que nous sommes maintenant dans une période de minimum pour revenir sur la moyenne vers 1827, tandis que nous devons redouter des orages terribles et dévastateurs de 1830 à 1840 — la fréquence maxima revenant avec celle des pluies vers 1845. Attendons...

En vue d'une tout autre application, fort utile, Swinten avait annoncé une relation entre les taches solaires et les invasions de sauterelles, et Giard confirme que les grandes invasions de criquets surviennent toujours soit un an avant, soit un an après le minimum des taches, d'où il pourrait résulter un conseil précieux dans la lutte pour la destruction des œufs...

ÉLÉMENTS ÉCONOMIQUES

W. Herschel (v. ci-dessus, p. 157) ne se dissimulait pas la complexité
des phénomènes économiques et n'oubliait pas que le prix du blé peut
varier pour des raisons tout à fait indépendantes des conditions météorologiques, pluie ou température ; et, cependant, nous l'avons dit, il s'était
efforcé d'établir une correspondance entre le cours des céréales et la manifestation des taches solaires, dans le but de déceler une relation entre les
taches et la température. La base de son étude était médiocre, tant pour
les documents précis relatifs à la température que pour les renseignements exacts se rapportant à l'activité solaire : cependant, le petit tableau
qu'il donne paraît mettre en évidence que le blé serait plus cher lorsque
le Soleil a peu ou point de taches ; si le blé est plus cher, parce qu'il est
plus rare, si la chose résulte d'une année plus froide, on serait tenté de
conclure que les taches solaires correspondent à un accroissement de la
température terrestre.

Dès que l'on connut la périodicité des taches, Arago dressait un
tableau beaucoup plus complet que celui de Herschel dont la discussion
conduit à des résultats opposés : le prix du blé est plus élevé aux maxima
des taches, moindre aux minima ; et pour Paris, sur 26 ans, il trouve que
les années avec beaucoup de taches solaires donnent une température
moyenne inférieure de 0°,31 (1) à celles qui ont peu de taches, avec un
excédent de pluie très sensible, « mais en ces matières, conclut-il avec
prudence, il faut se garder de généraliser avant d'avoir un très grand nom-

---

(1) Avec un matériel beaucoup plus complet, Nordmann trouvera une amplitude de 0°,40 à l'équateur. (V. ci-dessus, p. 225).

bre d'observations. En donnant les détails qui précèdent, nous avons eu surtout pour but d'appeler l'attention sur des questions importantes en mettant en garde contre les conclusions hasardées ».

Etant devenu presque aveugle, Arago demanda à Barral de poursuivre cette étude, ce qui prouve assez qu'il en pressentait l'intérêt et l'utilité éventuelle ; et, après avoir fait très justement observer la complexité de la question de ce fait qu'il peut y avoir très belle récolte en un point et famine dans un pays voisin, Barral conclut formellement « il n'y a pas de relation, suivant moi, entre les taches du Soleil et la production du blé ».

Les phénomènes économiques sont complexes : avant de conclure, il faudra encore de longues statistiques comme celles qu'établit Bouchardat depuis le début du xviiie siècle, dans une étude intéressante où il essaye de relier les prix du blé, soit avec les famines et les disettes, soit avec la mortalité, les naissances ou les mariages.

Flammarion a, de même, repris et étendu le tableau d'Arago : « Nous donnons ce tableau par acquit de conscience, dit-il, car il n'y a évidemment rien à conclure », et il montre l'influence prépondérante sur le prix du blé des crises politiques contemporaines, guerre de Crimée, d'Autriche et Franco-Allemande. Puis, et ceci est plus curieux, l'auteur nie une correspondance des taches solaires, soit avec la température moyenne, soit avec la pluie annuelle de Paris, conclusion étrange et tout à fait opposée à celles que nous venons de citer ci-dessus.

Nous avons vu que les auteurs les plus nombreux admettent que les régions équatoriales sont mieux placées, plus régulièrement sensibles à l'action solaire, et tous les observateurs placés aux Indes ont été fort disposés à admettre un rapport entre les taches du Soleil et le prix des céréales. Fr. Chambers, afin de comparer le prix des céréales à la variation des taches solaires, a ainsi groupé par périodes de onze années les documents connus aux Indes depuis un siècle ; les singularités de ses tableaux sont assez intéressantes et mettent en évidence la succession des groupes de cinq années bonnes suivies de cinq années mauvaises, de sorte que, pour le même prix, l'on puisse se procurer environ 44 % de grains de plus dans une année bonne (grain pas cher) que dans dans une mauvaise.

Nous ne le suivrons pas ailleurs que sur le terrain des nombres observés : car, pour rendre les résultats plus nets, il *corrige* les nombres à cause de la guerre de Sécession, puis *adoucit* les courbes... Son travail, étendu à de nombreuses stations de la même région, reste très important.

Chambers ne pouvait pas clore son étude, soit sur les phénomènes météorologiques, soit sur les données économiques, sans se préoccuper d'anomalies aussi remarquables et aussi importantes que celles des famines terribles qui ravagent les Indes, et de leurs retours. En examinant les famines graves qui se sont produites depuis 1841, il constate que les famines générales sont normalement accompagnées, ou immédiatement précédées, par des vagues de hautes pressions : ces famines sont dues à peu près constamment à un déficit de pluies, et cette enquête prouve qu'il existe une relation intime entre les taches solaires, la pression et la pluie. Mais, répétons-le, la *forme* de cette relation sera purement locale.

Hunter, en 1876, confirme que, pour les Indes, famines et minima de pluie coïncident avec les années de minima des taches, et d'intéressantes études sont faites par Jevons, Shaw, Hooker, etc... pour chercher des relations entre les récoltes et la fréquence des taches solaires.

Il n'en reste pas moins que de tels travaux pourraient avoir des applications d'une importance essentielle. C'est ainsi que Chambers émet l'idée que l'approche des famines pourrait être prévue de deux manières :

1º Par l'observation de l'aire des taches solaires et le dépouillement des observations, afin d'avoir une première information rapide des changements de courants sur le Soleil ;

2º Par des observations barométriques à des stations très différentes en longitude et la communication *rapide* des résultats aux stations situées à l'Est.

Ces variations possibles du climat de l'Inde font penser aux variations de la banquise polaire et du courant Nord-Atlantique—Gulf-Stream qui, elles aussi, sont peut-être périodiques : ce sont là des faits du même ordre comme importance et nous sommes plus coutumiers, en Europe, avec le second et son retentissement sur le climat de la Scandinavie et de l'Irlande. Il s'agit d'un point connexe à notre étude et nous regrettons de ne pouvoir nous égarer dans cette voie latérale qui conduirait à analyser les nombreuses et importantes études de Nansen, Meinardus, Mecking, etc...

*
* *

Mais nul ne peut méconnaître l'intérêt des travaux que nous venons d'examiner, l'extrême importance des applications possibles d'une Climatologie ainsi comprise et étendue, et voilà que, pour la prévision des crises économiques, industriels et financiers vont avoir à tenir compte des indications de cette science : il ne s'agit pas d'une vue utopique et lointaine, mais d'un avenir beaucoup plus proche que l'on ne pense et les applications des avertissements météorologiques à toutes les transactions ont pris, aux Etats-Unis, une importance et un développement que nous négligeons trop à l'heure actuelle.

D'autres phénomènes peuvent se superposer à l'action périodique des taches solaires pour déterminer les caractères climatiques locaux : en étudiant les statistiques météorologiques aux Etats-Unis depuis 1790, Clough se croit fondé à dégager un cycle climatérique de période plus courte que celle des taches solaires et qui masque l'influence de celles-ci, cycle de 7 ans ; il rapproche de ce fait la constatation que les récoltes de céréales aux Etats-Unis varient également suivant un cycle qui est approximativement de 7 ans ; les années de maximum ont été 1871, 1877, 1884, 1889, 1897, 1905, 1914 et 1920, coïncidant avec les époques de précipitation pluviale maxima, ou tout au moins les suivant de près. Enfin, cet auteur rappelle à ce propos que le cycle bien connu des crises économiques est également de 7 ans environ, et qu'il y a certainement un rapport intime entre ces crises et les phénomènes météorologiques ci-dessus.

Il est d'autant plus vraisemblable que la météorologie soit en relation avec les grands événements économiques que l'on peut considérer les phénomènes de l'atmosphère comme liés, dans une certaine mesure, aux grands mouvements politiques : un parti politique qui occupe le pouvoir au cours d'une longue période de disette, en cycle de sécheresse par exemple, assistera fatalement à une crise dans les affaires ; le peuple le rendra responsable de ses malheurs et lui infligera une défaite électorale, et l'on doit voir ainsi les grandes oscillations politiques se produire après une série d'années sèches. Au contraire, un parti qui gouverne au cours d'une période normale sous le rapport de la pluie verra le commerce prospérer ; on peut être certain qu'il ne manquera pas de clamer bien haut que cette prospérité est due à sa bonne administration !...

Et c'est à ce point de vue très général que, après Wills, Maxwell Hall, etc... Clayton cherche les corrélations possibles entre la quantité de pluie tombée sur une vaste région et la marche des affaires.

Nous avons déjà vu ci-dessus, p. 120, que, pour de vastes étendues comme celles des Etats-Unis, on pouvait rechercher l'action des balancements météorologiques sur les conditions d'habitat, c'est-à-dire, en fin de compte, soit sur la natalité, soit sur les migrations. Les échanges de peuples peuvent, au reste, être encore plus généraux, car si une période d'années humides amène en Europe Centrale et Occidentale une série de récoltes médiocres, les Etats-Unis, pendant le même temps, qui s'accommodent mal de la sécheresse, en auront d'excellentes : et les populations agricoles, qu'attire l'abondance, auront ainsi la tentation d'émigrer en masses plus grandes pendant les périodes pluvieuses.

Existe-t-il vraiment, chez l'homme, un *instinct migrateur* ! Les auteurs modernes tendent à admettre que, même s'il existe, cet instinct n'est qu'un facteur secondaire dans les migrations incessantes de l'humanité, guidée surtout par des considérations de bien-être. Etudiant les migrations importantes, Penck (1890) considère qu'elles incitent l'habitant des terres continentales à quitter sa patrie pour s'emparer des territoires périphériques : il conclut nettement que la civilisation actuelle peut être qualifiée de « civilisation périphérique »; il y voit la conséquence directe des travaux de Brückner établissant que l'amplitude des variations de pluviosité est sensiblement plus considérable, précisément, dans les zones continentales.

Puis, entraîné par son sujet, Penck tente toute une série de prévisions pour les conditions économiques au début du xxe siècle mais... ne prévoit pas la guerre.

Récemment encore, Brückner (1912) comparaît aux précipitations le prix du blé et, surtout, l'état de l'émigration : bien qu'il y ait ici dans les centres des périodes des dates qui ne correspondent pas rigoureusement à celles que nous avons déjà indiquées pour les dernières époques chaudes et froides (v. ci-dessus, p. 142), il trouve une correspondance remarquable entre la pluie et l'émigration, troublée, de ci, de là, par quelques phénomènes d'ordre différent tels que la découverte des mines d'or, la guerre de Sécession, etc. ; et, si l'émigration vérifie le cycle de 35 ans, on pourrait selon lui voir là un élément historique digne d'être envisagé pour interpréter les invasions en Europe par les barbares... ?

Mais si la vie humaine est ainsi sous la dépendance générale de phénomènes astronomiques, on peut encore rechercher des influences physiologiques et psychologiques : les conquêtes intellectuelles, les créations des poètes, des artistes et des savants, les hauts faits d'un peuple dans le domaine de la guerre seraient-ils donc soumis à l'influence du climat et de la température ? c'est-à-dire aussi au retour périodique des taches du Soleil ?

Si l'on tient compte des mouvements des planètes principales, Jupiter, Saturne et Uranus, on peut introduire un cycle solaire général de 111 ans : d'après des statistiques faites sur toute la scène historique, ces 111 ans renferment deux périodes artistiques et scientifiques qui reviennent en moyenne tous les 27 ans. Pour l'histoire de France, Sasse a tracé une courbe ondulée qui répond exactement à la courbe des taches solaires et prouve que les époques de guerre et de paix ont été de 27 années ; et si l'on veut remarquer que, entre ces quatre subdivisions des 111 ans, il y a aussi dans cet intervalle des petites périodes moins importantes de 11 ans chacune, on obtient un chiffre de 22 ans pour le retour alternatif des périodes pendant lesquelles l'activité nerveuse des peuples pousse à la guerre ou aspire à la paix...

****

De pareilles extensions viendraient singulièrement compliquer la tâche du météorologiste et de l'astronome. Mais, pour l'histoire, on peut dire qu'elles sont fort prématurées : on oublie trop souvent que les événements historiques sont déclenchés ou créés par des hommes et sous la dépendance des qualités, des défauts ou des tares des individus ; personne ne voudrait innocenter le sinistre cabotin de la guerre « fraîche et joyeuse » à cause d'une influence des taches solaires...

Puis nous avons vu l'importance extrême du rôle que jouait notre propre atmosphère, par ses qualités, depuis les temps géologiques, en modifiant les conditions de réception des radiations solaires. Or, à cet égard, l'influence théorique de l'homme n'est pas négligeable : Arrhénius et Eckholm ont déjà signalé l'importance des variations de quantités de fumées industrielles rejetées dans l'atmosphère ; Besson (v. ci-dessus, p. 92) apprécie de même une diminution de la transparence de l'air dans une grande agglomération.

Partant de ce point de vue, Kassner étudie la périodicité des orages dans les grandes villes, suivant les jours de la semaine, et pense mettre en évidence un minimum le lundi et un maximum à partir du jeudi.

Il ne faut pas oublier, comme nous l'avons dit pp. 91 et suivantes, les difficultés considérables que l'on éprouve pour déterminer avec précision certains éléments climatiques comme la température, influencée par maintes conditions locales difficiles à démêler et c'est peut-être, en effet, par des observations qualitatives plus que quantitatives que l'on approchera la solution : à cet égard, on ne saurait trop retenir l'attention sur des travaux comme ceux de Chambers, Blanford, etc. Et, puisque nous avons parlé tant des qualités de l'atmosphère que des relations avec les taches solaires, nous devons encore mentionner les mesures du Dʳ Moffat qui intéresseraient vivement l'hygiène générale : étudiant la teneur en ozone, de 1850 à 1869, il trouve un maximum avec l'accroissement des taches solaires, et inversement, ce maximum de taches et d'ozone correspondant à des accroissements dans la pluie et dans la force du vent.

Certes, on ne saurait négliger ces tentatives multiples pour relier les phénomènes sociaux ou économiques aux fluctuations des manifestations météorologiques, ou même, vu de plus haut, aux variations de l'activité solaire. Mais les éléments doivent être discutés avec une critique très sévère si l'on ne veut pas être illusionné par quelques coïncidences fortuites.

De plus, le soleil lui-même vient compliquer la question puisque l'on accepte l'idée de vagues barométriques d'une interprétation difficile, d'une part, et que, d'autre part, les zones tachées ne sont pas seules à influencer notre atmosphère et certaines taches paraissent appartenir à des méridiens plus ou moins actifs du Soleil (1) ; Krebs étudiait, en 1912, le retour périodique de ces méridiens actifs avec leurs conséquences néfastes pour la météorologie terrestre. Dans cette voie, la science de l'atmosphère entrevoit la possibilité de prévisions cycloniques, dans le nord de l'hémisphère septentrional du globe, basées sur l'estimation de la marche de l'activité solaire, sans exclusion d'autres facteurs terrestres ; et les plus ardents des météorologistes se hasardent déjà, dans ce sens, à des prévisions définies à longue période.

Ainsi évoluent les idées : pour se distinguer sans doute des prévisions aléatoires des fabricants d'almanachs, les météorologistes ont écarté, dès le début, d'une façon très violente, l'idée de périodicité ; elle a encore des adversaires acharnés et, cependant, la question entre véritablement dans une voie nouvelle, scientifique, et du plus haut intérêt pour la transmission de la force à l'intérieur du système solaire.

---

(1) Il faut être très prudent en matière d'interprétation de l'activité du Soleil et, puisque nous avons eu l'occasion de critiquer l'abbé Moreux, nous sommes heureux de pouvoir ici nous associer pleinement à l'une de ses plus récentes conclusions (1923) : « Après coup, nous constatons des relations de cause à effet (activité solaire et magnétisme terrestre ou météorologie) mais la prévision des phénomènes solaires, même plusieurs jours à l'avance, nous demeure encore fermée. Un exemple typique nous est donné par les taches solaires qui, en gros, règlent les variations du magnétisme terrestre : eh bien ! nous sommes impuissants à prédire si telle ou telle grande tache bien visible sera inactive ou exercera une influence sur nos instruments ».

ÉTUDES SUR LA PLUIE

Il semble que l'on aurait évité bien des difficultés en s'adressant à la pluie au lieu de s'adresser à la température, parcè que, notamment, les hauteurs d'eau recueillies comportent des variations beaucoup plus étendues.

Mais, ici, on se heurte à l'inconvénient inverse de fluctuations désordonnées qui dissimulent également les causes perturbatrices (v. ci-dessus, notamment p. 129). D'autre part, nous avons vu (v. ci-dessus, pp. 94 et suiv.) que les vieilles observations sont trop douteuses, parfois nettement inexactes, et les données ne sont pas assez comparables pour que l'on ait pu tirer parti des comparaisons avec les minima et maxima des taches solaires, connus depuis 1611 ; d'ailleurs, avec précision, on ne peut réellement compter que sur les déterminations solaires postérieures à 1750. Et, de plus, en signalant les recherches de Clayton (v. ci-dessus, p. 221), nous avons mentionné qu'il est assez téméraire de vouloir étudier séparément la pluie et la température.

Enfin, nous avons vu également pp. 121 et 124 combien les conditions nécessaires à la formation de la pluie sont complexes, de sorte qu'il est bien probable que la hauteur d'eau tombée n'est pas un élément simple mais constitue, en réalité, le mélange de plusieurs facteurs différents : sans doute, à ce point de vue, il eut été prudent de ne pas trop s'y attacher mais, d'autre part, si l'on veut étudier les éléments *quantitatifs*, il faut bien s'arrêter cependant à ceux qui nous sont fournis directement par nos instruments !

Puis, aussi, entre en jeu un élément psychologique dont il est impossible de ne pas tenir compte. A la suite des expéditions africaines, la croyance générale était à une décroissance de la quantité d'eau à la surface des continents ; cette opinion était encore renforcée par l'observation dans les variations de débits des cours d'eau, attribuées aux pratiques modernes de l'abattage des forêts : en réaction, il en était résulté la vogue des reboisements ; le danger paraissait si grave que, ayant noté pendant un certain nombre d'années une diminution d'eau dans le Danube et autres grandes rivières, et l'attribuant sans discussion aux déboisements, l'Académie de Vienne poussait un cri d'alarme, en 1875, en demandant que l'on étudiât les moyens de remédier à une telle calamité.

Tel est, incontestablement, l'état d'esprit des auteurs qui se sont efforcés d'étudier, par exemple, la profondeur ou le débit des rivières en relation avec les précipitations atmosphériques. C'est ce que fait G. Wex pour cinq grands fleuves européens de la période 1800-1867 et, en 1873, il conclut que les années de maximum d'eau coïncident avec les époques de maxima des taches, avec même correspondance entre les minima — conclusion confirmée ultérieurement par Fritz. Etudiant les fluctuations des grands lacs américains, Dawson parvient à des conclusions analogues en 1874 (v. ci-dessus, p. 208).

On signale aussi pour les Etats-Unis que les pluies dépassent la moyenne quand l'aire des taches augmente, et diminuent dans le cas contraire (1). Ayant reconnu de son côté une périodicité dans les inondations de la Seine, Maze recherche une périodicité analogue pour les pluies à Paris : il trouve 6 ans, 12 ans encore plus nets, et 18 ans sans rapport avec le cycle de 19 ans signalé par d'aucuns ; enfin, à Toulouse, il note la même périodicité de six ans pour les maxima des pluies. Ceci est à rapprocher des études de Maze sur les cyclones et orages (v. pp. 146 et suiv.) et de sa période de 42 ans pour les sécheresses ; des travaux de Lockyer (v. ci-dessus, p. 193) trouvant une corrélation entre les taches solaires et les troubles sismiques comme les pluies aux Indes ; de la période de 8 ans que signale encore Moore pour la pluie aux Etats-Unis (v. ci-dessus, p. 237), etc., etc...

*
* *

Donc, en ce qui concerne la pluie elle-même, on se trouvait déjà en présence, vers 1875, d'une quantité de travaux importants parmi lesquels on peut citer ceux de R. H. Scott, G. W. Dawson, R I. I. Ellery, H. C.

_____

(1) *Assoc. Amér. pour l'avanc. des Sciences*, Congrès de Hartford (1875).

Russel, W.W. Hunter, Iélinck, Allan Broun, Hill, Archibald, etc., analysés d'ailleurs par Meldrum en 1878.

Or, dès le début de ses travaux sur la pression, Chambers fait remarquer que ses résultats paraissent en harmonie avec les variations décennales de la pluie dans l'Inde et qu'ils expliquent la variation inverse (comparée avec les taches solaires) de la pluie d'hiver au nord de l'Inde : les périodes de minimum des taches solaires tendent à prolonger les pressions élevées dans l'Inde, à provoquer une abondance anormale des pluies d'hiver et de chutes de neige sur les régions de l'Himalaya. Et, comme les cyclones sont généralement accompagnés de pluies torrentielles, Meldrum devait naturellement poursuivre son étude des tempêtes par celle de la quantité de pluie : sur les documents il est vrai fort limités de Port-Louis, Brisbane et Adélaïde, il met en évidence la périodicité prévue des taches solaires.

Son étude sur la pluie à Edimbourg montre une coïncidence beaucoup plus remarquable encore qu'à Madras entre les variations de la pluie et des taches solaires : les années de pluie maximum ou minimum coïncident avec celles des taches solaires pour les cycles moyens ; de part et d'autre, il y a gradation régulière du minimum au maximum et inversement ; enfin, il y a un décalage et le minimum de pluie arrive, en moyenne, dans l'année qui précède le maximum des taches.

Etendues à 54 stations de Grande-Bretagne (et à 84 stations américaines) ces recherches indiquent que la pluie a été de $1^{mm},90$ au-dessous de la moyenne ($2^{mm},39$ pour l'Amérique) dans les années de minimum des taches, et de $2^{mm},29$ (ou $2^{mm},87$) au-dessus de la moyenne quand les taches étaient au maximum.

En étendant ses recherches à 102 stations réparties un peu partout, Meldrum confirme et étend ses premières conclusions : 1° dans les diverses parties du monde, sauf peut-être en Asie où les observations ne sont pas assez nombreuses pour conclure, les pluies sont plus considérables dans les années qui correspondent aux maxima des taches solaires qu'aux époques de minima ; 2° de 1815 à 1872, cette remarque est sans exception en Europe où les stations sont les plus nombreuses ; 3° *en général*, les sommes annuelles de pluie croissent du minimum au maximum des taches, pour décroître ensuite jusqu'au prochain minimum.

Et, lorsqu'il reprend la question longtemps après (1902), Hann fournit les dates approximatives suivantes comme milieu des périodes :

humides..	1738	1775	1808	1843	1878	(1913)
sèches	1753	1788	1823	1859	1893	(1928)

Ces résultats, si intéressants qu'ils soient, incitent à la plus grande circonspection : que sont en effet de telles amplitudes — 2 à 3^{mm} selon Meldrum — devant les différences de 4 à 500^{mm} que l'on observe entre deux années consécutives d'une même station ! Et, cependant, entraîné par son sujet, Meldrum n'hésite pas à généraliser pour conclure que la quantité moyenne de pluie qui tombe annuellement sur la terre est légèrement plus grande les années de maxima que les années de minima des taches.

Avec une telle conclusion, nous restons d'accord avec Brückner : augmentation de la pluie et diminution de température se correspondent (aux maxima des taches), années chaudes et sèches (aux minima). C'est ce que trouve aussi Gonzaliez. Nordmann pense qu'il est aisé d'expliquer ce résultat de la manière suivante :

Les années de maxima de taches, les ondes hertziennes émanées du Soleil provoquent dans notre atmosphère la formation des rayons cathodiques des aurores boréales, en plus grande quantité que les années de minima ; d'autre part, on sait que les rayons cathodiques favorisent sur leur passage la condensation des vapeurs ; il s'ensuit que la vapeur d'eau atmosphérique doit, toutes choses égales d'ailleurs, se condenser plus abondamment sous forme de pluie les années de maxima des taches que les années de minima — ce qui est conforme aux faits établis par Meldrum, et que l'on *voulait* expliquer.

Puis un résultat de même sens : Souleyre note, sur les plateaux algériens, correspondance entre le minimum d'humidité et le minimum des taches ; le maximum des pluies et celui des taches ; mais il fait observer que cette correspondance est assez locale et ne s'étend pas à toute l'Algérie — voilà qui est bien singulier !

Mais, d'autre part, la courbe des pluies à Bruxelles, interprétée par Arctowski, montre bien la grande probabilité de l'existence d'une relation avec celle des taches solaires. Sans doute, on ne peut pas parler de proportionnalité, ni même dire que les variations de longue durée suivent exactement celles de la fréquence des taches mais, ce qui est certain, c'est que l'allure de la courbe de la pluie est inverse de celle des taches : c'est un résultat contradictoire avec tous ceux qui précèdent ; contradictoire car, la pluie suivant généralement le régime barométrique, ses maxima et minima devraient être en avance sur ces mêmes singularités de la courbe des taches ; contradictoire aussi parce que, les allures de la pluie et de la température étant inverses, ces taches nombreuses, en diminuant la pluie, devraient augmenter les températures ! — et nous étions bien fondés, à l'instant, pour conseiller la plus grande circonspection en ces matières.

**

Les travaux de Lockyer sur la pluie, par leur ampleur et leur continuité, méritent de retenir l'attention d'une manière un peu spéciale mais, avant d'entrer dans le détail, nous devons signaler trois points particuliers : l'auteur conclut que l'étude des pluies conduit à des conclusions moins nettes que celle de la température, ce qui confirme ce que nous venons de dire (ci-dessus, p. 250) sur la complexité de l'*élément pluie* ; de plus, lorsqu'il étudie les pluies de l'Océan Indien en relation avec les taches solaires, il interprète tout en donnant les taches comme indice de chaleur complémentaire ou en *excès* — ce qui est certainement controuvé d'après tous les travaux modernes ; enfin, il rapporte que l'on admettait depuis longtemps à Ceylan l'existence d'un cycle de onze années, cinq ou six années sèches, et cinq ou six années humides, et que l'on y avait même reconnu une période plus longue de 33 ans.

W. J. S. Lockyer a d'abord repris les résultats de Meldrum en1 874 pour mettre en évidence la même correspondance avec les observations très limitées du Cap et de Madras : il insiste pour provoquer de nouvelles recherches vers la connaissance d'un cycle météorologique et, dit-il, « si l'on ne doit pas le trouver dans les régions tempérées, il faut le chercher dans les régions glacées (1) ou dans les zones torrides » — double idée heureuse — et développe fort justement ce que doivent être les bases scientifiques de la météorologie de l'avenir. Mais son objectif ne tarde pas à être plus étendu et il se propose d'une façon encore plus générale de mettre en évidence, non seulement la période solaire de 11 ans envisagée jusqu'ici, mais encore de retrouver dans les cycles des taches solaires l'origine de la période de 35 ans de Brückner (2).

Depuis 1832, les études solaires comportent une précision et une continuité très supérieures à celles des documents antérieurs : à partir de 1852 les surfaces tachées sont mesurées à Greenwich et les observations sur les taches, discutées avec soin, montrent bien l'existence d'une période

______

(1) Voir ci-dessus, p. 238, la réserve critique *nécessaire*.

(2) A propos de la communication de Lockyer, et négligeant la priorité de Brückner, Hallauer revendique l'établissement de ce cycle de 35 ans dont il pense indiquer les causes, et base sur cette période toute une théorie des tempêtes périodiques.

d'environ 35 ans ; chaque période allant du minimum au maximum présente son caractère particulier et se distingue de celle qui la suit, comme de celle qui la précède ; quelques périodes ne sont pas seulement plus riches en tachés que d'autres, mais sont en rapport étroit avec des relèvements comparativement rapides depuis les minima jusqu'aux maxima de ces périodes. Par comparaison, Lockyer trace les courbes de pluie relatives à des stations très variées, Londres, Bruxelles, Bombay, Madras, Etats-Unis... ; toutes révèlent une variation à longue période, humides en 1815, 1845, 1878-1883, tandis que la pluie fait défaut en 1825-1830, 1860, 1893-1895.

Le rapport entre le cycle de Brückner et cette longue période de changements solaires de 35 ans se trouve bien établi et nous avons, ainsi, dans l'action solaire, l'origine d'une action simultanée sur tous les phénomènes météorologiques. Il y a correspondance réelle de ces deux phénomènes aux époques des minima des taches. 1843 et 1878, qui suivent les cycles de plus grandes surfaces tachées — le cycle de pluie de Brückner était aussi à son maximum (v. ci-dessus, pp. 143 et 144).

Nous sommes donc en présence de deux périodes de 35 ans, cause et effet : le maximum de pluies correspond au minimum des taches ; et les minima de pluies précèdent les maxima des taches. Tout récemment, Mémery parvient à des conclusions analogues. De plus, les courbes n'étant pas symétriques, la descente différant de la montée, on peut considérer que leur étude scientifique est fort loin d'être achevée bien que le début soit intéressant et encourageant.

Lockyer avait bien reconnu que chaque intervalle d'un cycle solaire, d'un minimum ou maximum suivant, avait sa personnalité et son caractère propre, mais c'est à Angot que l'on doit une précision très heureuse de la question. Lorsque Wolfer eut procédé à la révision des nombres relatifs des taches solaires depuis 1749, Angot fit remarquer une correspondance étroite : tout minimum caractérisé par un nombre relatif élevé est suivi d'un maximum à nombre également élevé et inversement, et, après l'observation d'un minimum de taches, on pourrait prévoir l'allure du maximum suivant. Le fait est assez important, et voici pourquoi : ce minimum de 1901,7 ayant été très faible (nombre relatif 3), la relation d'Angot permettrait de prévoir pour le maximum (vers 1905) un nombre faible de taches ne dépassant pas 70 à 80. Or Lockyer retrouve la période de Brückner, de 33 à 35 ans : le maximum devrait donc ressembler aux deux maxima très élevés de 1870 (139 taches), 1837 (138) — il est vrai que le précédent, 1804, est un des plus faibles que l'on connaisse, avec un nombre relatif de 48.

Ce maximum eut lieu en 1906,4 et le nombre relatif qui lui correspond est de 63,5 en 1905, 53,8 en 1906 — justifiant la règle d'Angot et laissant planer un doute sur la période solaire de 35 ans.

**

Les importants résultats magnétiques obtenus par W. Ellis ont servi de contrôle à tout ce travail de Lockyer pour montrer que les courbes relatives aux éléments magnétiques sont en complète harmonie avec celles des taches solaires : toute variation déterminée des courbes des taches doit avoir sa contre-partie dans les courbes magnétiques. Il est du plus haut intérêt de constater l'identité des périodes solaire et terrestre, de Lockyer et de Brückner, non seulement comme longueur, mais pour la parfaite harmonie des époques critiques de ces deux cycles et, malgré le petit échec offert par le maximum des taches de 1906, la concordance de ces deux périodes, en ce qui concerne la pluie, a été confirmée par nombre de recherches ultérieures : Archibald Douglas pour Londres (1903), H. Clough pour Washington (1905), Thos. W. Kingwill (1907) pour le dépouillement des annales chinoises de 620 à 1643, etc...

Charles Egeson a trouvé, lui aussi, non seulement une période similaire de 33 à 34 ans dans la chute de la pluie, la production des orages et la prédominance des vents d'ouest *en avril* pour Sydney, mais encore que les époques des maxima des deux derniers concordaient avec celles du cycle de 35 ans que l'on va déduire des taches du Soleil.

La périodicité de 35 ans de Brückner paraît assez généralement admise et, divisée en deux cycles de 17 ans, fournirait un groupement d'années sèches et un d'années humides : nous serions entrés, actuellement, dans une période d'années sèches.

Parmi les nombreux travaux correspondants, nous ne retiendrons, ici, que le plus récent, où l'abbé Gabriel étudie les documents du Calvados depuis 1873 : il s'agit d'un climat marin, plus régulier qu'un climat continental et, adoptant des périodes soit de 6 ans, soit de 10 ans, l'auteur groupe les années *exceptionnellement pluvieuses* — sans au reste définir son choix. Or, c'est là, précisément, où nous touchons du doigt le vice essentiel de presque toutes les recherches : un seul gros orage d'été suffit à troubler toutes les classifications ; et, en outre, l'auteur *choisit* les documents alors que la logique veut qu'ils entrent *tous* en jeu. Voyons cependant ses conclusions : de 1804 à 1920, on note 4 périodes pluvieuses de *dix* ans, 1804-1813, 1836-1846, 1872-1883, 1910-1919 ; et, déjà, ces 10 ans sont soit 10, soit 11, soit 12 années. Mais quelques-unes des remarques faites méritent de retenir l'attention :

1° Ces périodes commencent brusquement et finissent de même ;

2° Les périodes pluvieuses sont précédées et suivies d'une année sèche ;

3° Si l'on admet la période de 35 ans, cette durée de 10 ans environ correspond à 10 années pluvieuses avec 25 années de pluviosité moyenne — et possibilité de quelques années humides ou exceptionnellement sèches. Le cycle de 35 ans peut encore être en avance, ou en retard, de deux ou trois ans.

Par analogie avec 1815, 1848, 1884, l'auteur annonce 1922 pluvieux (1), puis une période sèche jusqu'en 1930 ; en 1940 reprise des pluies et période humide de 1945 à 1955. Mais il faut être *très* prudent en ces matières...

Ed. Richter avait également trouvé un cycle de 35 ans dans une recherche détaillée du mouvement des glaciers (2) ; il attire l'attention sur ce fait que les variations étaient, en général, d'accord avec les modifications climatériques de Brückner, bien que la période glaciaire en question soit accélérée pendant les phases humides et fraîches. Et les travaux de Richter doivent être rapprochés et comparés avec ceux de Meinardus sur les variations périodiques des glaces près de l'Islande.

*
* *

Voilà bien des coïncidences curieuses et troublantes pour la période moderne du XIXe siècle : phénomènes météorologiques, nombre des aurores et des orages magnétiques, montrent des variations d'une période voisine de 35 ans ; les époques cadrent bien avec celles des variations des taches solaires.

Peut-on considérer qu'une telle loi est établie d'une façon formelle ?

Assurément non, et d'autant moins que, en précisant la question, les travaux récents la montrent encore plus compliquée. En effet, il y a décalage entre les maxima et les minima des deux groupes de phénomènes,

---

(1) Il faut être très prudent en de telles prévisions : celles de Marchand pour 1891, fort bien raisonnées, ont été *au moins* médiocres...

(2) Nous avons vu, ci-dessus, p. 131, que ce n'est pas l'avis de Maurer.

ce que nous n'avions pas rencontré dans l'étude des températures ; puis, la conclusion est opposée à celle de Meldrum et, par suite, aux indications générales de Brückner, puisque les années à maximum de pluie (minimum des taches) doivent être les plus chaudes, et, à son tour, l'explication invoquée par Nordmann devient inutile.

Mais il ne faut pas se laisser griser, de très bonne foi, par le mirage d'une période exacte et générale. A la suite des travaux étendus de Brückner, de nombreux auteurs, nous venons de le voir, se sont efforcés de retrouver cette périodicité de 35 ans, de l'étendre et d'en renforcer la signification : le traitement même des nombres d'observation peut s'en être ressenti. Or tous les résultats obtenus ne sont pas convergents et, après l'aspect que nous venons de présenter, il nous faut mentionner des recherches récentes dont les conclusions sont hautement instructives.

Pour diverses stations russes, Eugen Heintz montre que, même pour des postes assez rapprochés, les dates d'apparition des maxima de pluie diffèrent, ainsi que les amplitudes, et qu'il en est probablement de même pour les durées des périodes des variations ; Eug. Romer et Hann parviennent à des considérations analogues.

Puis, d'une part, Clough tend plutôt à mettre en évidence un cycle pluvieux de sept années (v. ci-dessus, p. 246), tandis que Moore présente une périodicité très générale de huit ans, avec les conséquences les plus étendues à la pluie, la pression, et divers phénomènes économiques (v. ci-dessus, p. 237) ; et, d'autre part, il paraît impossible de dégager entièrement les précipitations des grands balancements que l'on entrevoit pour les pressions (v. ci-dessus, p. 153).

Dans l'étude minutieuse de la pluie à Varsovie, Arctowski trouve une variation de longue durée avec maximum vers 1850 et minimum vers 1895 ; mais une autre onde caractéristique avec minima accentués en 1862 et 1886 est en quelque sorte enchâssée dans la première, et si une période de 55 ans — déjà signalée ailleurs — était applicable à la pluie de Varsovie, elle serait, en tous cas, grandement troublée par la coexistence d'autres cycles de périodes plus courtes, et peut-être aussi de plus longue durée.

Enfin, à Bruxelles, la marche du phénomène n'a presque rien de commun avec la courbe de Varsovie. Or si, pour la pluie, les maxima et minima des variations ne s'observent pas partout simultanément, il doit être interdit de combiner ensemble plusieurs stations ; et si la cause est commune, si les cycles de la pluie ne sont qu'une répercussion des cycles de l'activité solaire, il faut admettre qu'ils se manifestent avec des retards plus ou moins grands dans les différentes régions du globe ; il y a donc des sortes de balancements comme pour les pressions.

On peut imaginer, avec Arctowski, des oscillations de courte durée agissant sur les bords des masses continentales, et qui ne seront pas ressenties plus loin ; ailleurs, des périodes plus longues se manifesteront ; ailleurs encore, d'autres variations plus lentes et beaucoup plus accentuées — et même, plus loin, des zones ou des régions à grande stabilité climatique ; on aurait des pénétrations plus ou moins profondes selon la période, un peu comme pour les vagues thermiques dans le sol.

Mais en faisant des sommations on efface alors la réelle apparence des choses, pour arriver à un terme moyen de la longueur des périodes, terme qui n'aura, en réalité, aucune signification, la durée même qu'il représentera devant dépendre de la combinaison des variations prises en considération ; ce qui fait dire formellement à l'auteur (1908, p. 325) : « Ainsi je pense que la période de trente-cinq ans, que Brückner s'est efforcé d'établir pour la variation des climats, n'a aucune existence réelle ; je pense que cette période globale n'est qu'un mélange de périodes » — ce que rend possible l'irrégularité même des valeurs successives de la période en question (1).

Easton était arrivé à la conclusion analogue que les variations sont tout autres que Brückner ne les a admises et qu'il n'a mis en évidence que le résultat purement accidentel dû à la combinaison de certaines variations locales.

Il semble bien que le mécanisme du phénomène se complique étrangement car si, à l'aide de nombreuses tables et courbes, Alter (1922) trouve bien dans la pluie le cycle des taches solaires, les balancements compensateurs d'une à l'autre région sont tels que les phénomènes y deviennent juste inverses : minimum de pluie avec maximum de taches dans les aires continentales ; minimum de pluie correspondant au minimum de taches pour les aires purement marines. La pluie et les taches ne seraient donc pas en relation directe ; ce seraient deux conséquences parallèles d'une cause inconnue... ?

En étudiant la température, et surtout sa variation d'amplitude diurne, nous avons vu ses relations avec l'insolation et l'introduction naturelle d'une hypothèse sur la variation de fréquence des dépressions atmosphériques : il semble qu'il doive y avoir une gradation logique entre l'insolation, la nébulosité, la pluie et les dépressions. Or les phénomènes

---

(1) On retombe dans les graves difficultés que nous avons signalées ci-dessus, à partir de la p. 147 et, plus particulièrement, p. 151.

sont plus complexes qu'on ne pouvait l'imaginer : d'une part, la variation séculaire de la nébulosité proprement dite ne correspond ni à celle des marches diurnes de la température, ni à celle des quantités d'eau tombée (Arctowski, 1908, p. 311) ; d'autre part, les courbes thermiques se montrent capricieuses et il ne peut être question de simultanéités dans les apparitions des maxima et des minima de sorte que, là aussi, le phénomène doit être étudié station par station, et région par région.

Peut-être encore, s'il n'y a pas de relations directes entre les variations des divers éléments météorologiques, faut-il abandonner la classification annuelle un peu arbitraire pour élucider à part ce qui se passe pour chaque saison, les différentes périodes de la position de la Terre sur son orbite n'ayant pas nécessairement la même sensibilité aux influences cosmiques qu'il s'agit de mettre en évidence; il est possible que les courbes des marches annuelles varient et que le jeu des saisons soit changeant.

En tous cas, dès à présent, on ne peut accepter l'opinion de Blanford lorsqu'il dit avec assurance : « Parmi les variations les mieux établies en météorologie terrestre qui suivent le cycle des taches solaires, sont celles des cyclones et de la pluie générale sur le globe, qui impliquent toutes deux une variation correspondante sur l'évaporation et la condensation des vapeurs ». Aussi bien les remarques très localisées de Bresch (sur 25 ans) montrent la confusion de la question, et si les manifestations orageuses qu'il signale présentent un minimum près du maximum des taches solaires, ces minima sont bien relatifs !...

Puis les études les plus probantes ne mettent en jeu que le cycle général des taches, sans faire intervenir le détail de leurs mouvements dont le mécanisme, nous l'avons vu, est assez complexe ; et, après les protubérances, c'est surtout aux facules qu'il faudrait attacher le rôle principal selon les recherches modernes : Terada, Narumo et Horii trouvent une influence des facules sur les trajectoires des cyclones, surtout lorsque les facules sud sont prédominantes ; Kunitomi et Tako établissent que taches et facules n'ont d'action sur la précipitation que lorsqu'elles sont près du méridien central, action moindre si ces manifestations solaires sont équatoriales et maximum pour leur présence dans les « zones tempérées » du Soleil.

La question ne cesse de se compliquer...

* *

Nous venons de voir, à partir de la page 250, que la pluie constituait un élément fort complexe dont, selon Lockyer, on tirait des conclusions moins nettes que de l'étude des températures : or, déjà, pour les températures, de bons auteurs obtiennent des résultats opposés ! (v. ci-dessus, p. 231). Que cela doit-il être pour la pluie ?... c'est ce qu'il nous faut examiner rapidement.

Forel (p. 131) nous donne une période froide et humide de 1800 à 1815 ; Köppen et Brückner (p. 142) la placent de 1806 à 1820, avec maximum de pluie (p. 144), de 1806 à 1825 ; or 1825 est un maximum de température en Belgique (p. 229) ; Hann (p. 252) place le centre de la période humide en 1808 et celui de la période sèche en 1823 ; Lockyer situe une période humide en 1815 (p. 255), et Gabriel (p. 257) la place de 1804 à 1813. Avec les renvois aux mêmes pages, Lévine (p. 130) donne une période de minimum barométrique à Paris, de 1821 à 1836 ; c'est pour Köppen-Brückner la période chaude 1821-1835, avec maximum en 1821-1825, minimum de pluies en 1823 et, plus généralement, de 1826 à 1840 ou en 1831-1835 ; à noter (p. 159) que c'est une époque contradictoire de maximum de taches solaires (1836) et il y a, en outre, désordre absolu avec les dates de 1825 et 1833 indiquées par Arctowski (p. 237) comme maximum de taches et de pression ; 1823, période sèche de Hann ; 1825-1830, période sèche de Lockyer.

Il fait froid et humide, pour Forel, de 1830 à 1845 ; froid pour Köppen-Brückner de 1836 à 1850, et de préférence en 1836-1840, mais cela chevauche avec les pluies, en pénurie 1831-1840, et en excès 1840-1855 — notées avec un minimum en 1831-1835 ; les taches solaires sont au minimum en 1843, alors qu'un minimum de pression en 1840 devrait fournir le temps d'un maximum de surface tachée (p. 128) ; Arctowski, d'ailleurs, note bien à ce moment minimum de pression et minimum de taches (p. 237); les lacs américains (p. 208) signalent une anomalie du Soleil en 1850 ; Hann donne humide autour de 1843 et Lockyer en 1845, Gabriel en 1836-1846 ; la pluie est maximum à Varsovie en 1850 (p. 258) et la température minimum en Belgique en 1845.

Continuons cependant, car, avec un peu d'attention, tout cela ne laisse pas d'être instructif.

Köppen et Brückner nous indiquent chaud en 1851-1870, surtout en 1866-1870 ; les pluies sont minima en 1856-1870 et surtout en 1861-1865, mais le minimum des taches solaires est en 1856 ou en 1867 avec un maximum en 1859, ou même 1860 ; or la pluie est maximum en Belgique en 1865 ; la période est sèche pour Hann en 1859, en 1860 pour Lockyer. Forel croit humide la période 1875-1880 ; Brückner estime froid le cycle 1871-1885 avec minimum en 1881-1885 ; maximum de pluies en 1871-1885, surtout en 1878 ou de 1876 à 1880 ; minimum solaire en 1879 ce qui est contradictoire, et maximum de taches vers 1884 ; les époques de Nordmann (p. 224) sont à cheval, froid en 1870 et 1884,5 et chaud en 1881 ; modification du soleil (?) en 1875 et 1878 (v. p. 214) ; pluie maximum aux Etats-Unis en 1882 (Moore, p. 237) ; minimum de pression et de taches pour Arctowski en 1877 (p. 237) ; humide pour Hann en 1878, en 1878-1883 pour Lockyer, en 1872-1883 pour Gabriel ; et la température va être minimum en Belgique en 1887 (p. 229) ! Nous avons noté un minimum de pluies en 1893, avec maximum des taches solaires en 1894 *(minimum de température Nordmann* en 1893, tandis que le maximum précédent remonte à 1889) ; modification du soleil en 1894 d'après Lockyer (v. p. 235) ; pluies maximum aux Etats-Unis, à cheval, en 1890 et 1893 (Moore) ; sécheresse de Hann en 1893, et pour Lockyer en 1893-1895 ; minimum de pluie en Belgique en 1887 et à Varsovie en 1895.

Même en nous restreignant aux documents contemporains, plus on examine les nombres fournis, plus on trouve des singularités entre les divers éléments, pression, pluie ou température, trop heureux quand on ne tombe pas sur de flagrantes oppositions. Pour le même pays, les Etats-Unis, tantôt les maxima de récoltes et de pluies coïncident (1914), tantôt ils diffèrent de un an (1889-90), 1897-98, 1905-06), tantôt de deux ans... (pp. 237 et 246) ; les grandes pêches sont en écart de 2, 3 ou 4 ans avec les dates de pluviosité de Brückner (p. 138).

Il ne servirait de rien de prolonger outre mesure ces parallèles : en recopiant toutes les dates que nous avons fournies, chacun peut se livrer à ce petit jeu et relever telles ou telles anomalies qui peuvent être utiles selon la nature du but poursuivi ou du résultat particulier qu'il s'agit de mettre en évidence.

A quoi bon comparer, soit les résultats du xviiie siècle, soit ceux du xxe ? Les premiers sont trop aléatoires. Les seconds devraient être plus précis : mais les mêmes comparaisons laissent planer les mêmes doutes et nous montrent un vice grave de tous ces travaux, celui de ne pas être relatifs aux mêmes périodes. Chacun utilise le plus possible les documents récents : sachant où le bât le blesse, il n'insiste pas sur l'époque commune, à cheval avec les prédecesseurs, accusant l'imprécision des documents, et ne s'appesantit avec plaisir que sur la période ultra-moderne, la plus digne de foi, la plus convaincante... jusqu'au travail qui paraîtra dix ou douze ans après, laissant entrevoir une nouvelle discordance, sinon un désaccord de plus.

Nous en avons dit assez pour que chacun, dès à présent, puisse étayer son jugement.

* * *

Après tant d'efforts et de contradictions, il ne paraît pas rester grand chose, du moins au point de vue quantitatif, car, du point de vue qualitatif, la périodicité de 35 ans retrouvée soit par Brückner, soit par Lockyer, conserve un grand attrait et, dans cette voie, nous pouvons encore citer les travaux de Merecki, de Kremser, et la discussion de Hellmann sur la variation de la pluie en Allemagne.

Dans un article plein de suggestions intéressantes, Arctowski a montré comment il fallait fouiller les matériaux des observations pour voir quelles sont les données certaines que peuvent nous fournir les chiffres accumulés dans les innombrables recueils, tout en reconnaissant les défauts graves d'homogénéité et de continuité des séries d'observations : il montre ce que l'on pourrait tenter sur la pression, pour le chemin total parcouru par le vent et qui donne une idée du travail accompli, l'insolation ou l'évaporation, c'est-à-dire pour des éléments généralement négligés ou peu étudiés et qui, d'après son étude rapide, paraissent, en effet, susceptibles de fournir des indications plus précises que celles du thermomètre ou du pluviomètre.

Tout récemment encore, W. König entreprenait de mettre la grande période de 35 ans en évidence sur les pluies observées à Berlin dans la période 1848-1914 ; *ses efforts furent vains*, ce qui vient à l'encontre de l'opinion de Brückner, qui présenta sa période comme caractéristique d'une variation de climat de l'Europe Centrale et Occidentale. Mais en appliquant la méthode de Schmidt pour mettre en évidence les variations à longue période, la courbe obtenue montre une parfaite connexité de marche avec celle que Schmidt lui-même a donnée pour la fréquence et l'intensité des taches solaires : cette fois, c'est une période d'environ 70 ans à laquelle correspondrait la longue oscillation des deux phénomènes. On retrouve, chose singulière, des décalages comme chez Lockyer : le maximum des pluies (1860) précède le maximum des taches, le minimum des pluies (1895) est en retard très sensible sur le minimum des taches.

Mais, nouvelle déception, le résultat est opposé à celui de Lockyer et nous ramène à celui de Meldrum : maximum de taches correspond au maximum de pluie.

Nous avons déjà dit combien il était téméraire d'étudier de si longues périodes. Ici, du moins, pouvons-nous conserver l'espoir qu'il s'agirait d'un multiple des 35 années, multiple plus simple et de meilleure représentation des phénomènes ? Ce n'est pas l'avis de König lui-même qui conclut que cette nouvelle oscillation à période encore incertaine n'a aucun rapport avec la première...

RÉSUMÉ CRITIQUE

Cette revue rapide des études antérieures montre suffisamment que ce problème passionnant est loin d'être épuisé : on peut même dire, d'un certain point de vue, qu'il commence seulement à être assez précisé pour se bien poser. Certes, il peut être très sévère, peut-être même exagéré, de dire comme Arctowski (v. p. 259) que la période de 35 ans n'a aucune existence réelle mais, d'autre part, le scepticisme des uns se trouve renforcé en voyant se succéder les interprétations contradictoires des mêmes phénomènes : nous devons être poussés à la prudence par l'incroyable complexité des faits, et il est très significatif d'assister aux remous de l'opinion au sujet de l'influence des taches solaires et de leur rôle possible dans les températures terrestres.

La critique est en outre très instructive puisqu'elle précise les errements dans lesquels il ne faut plus tomber désormais : travaux trop particuliers, périodes exactes et prévisions du temps.

Nous allons examiner un instant ces trois points particuliers :

TRAVAUX SPÉCIAUX

A vouloir tirer parti de documents incomplets, sans critique suffisante, et bâtis sur des remarques très particulières, nous voyons Flammarion présenter des opinions flottantes et contradictoires (1). Il nie

---

(1) A comparer avec ce que nous avons déjà dit ci-dessus, pp. 90, 96, 212, 213 et 244.

d'abord l'action des taches, soit sur la pluie, soit sur la température, disant avec netteté (1886, p. 467) :

« Il en est de même de la température moyenne de chaque année. Sans remonter bien haut, deux périodes de taches solaires, soit une vingtaine d'années suffisent pour montrer qu'il n'y eut aucun rapport entre les deux ordres de faits ».

C'est précisément ce *sans remonter bien haut* qui condamne la méthode de travail.

L'opinion se précise encore après l'observation, pendant cinq ou six ans (1891) de températures moyennes en Europe inférieures à la normale : la cause de ce refroidissement « ne réside pas dans le Soleil ni dans ses taches » et pourquoi ? parce que le minimum de cette baisse est en France et en Allemagne et que les différences vont en s'affaiblissant, en s'écartant de cette zone centrale, alors que rien ne démontre — on pourrait même dire au contraire — qu'une influence solaire doit se présenter comme uniforme et générale.

Bientôt après (*B.S.A.F.* 1906, p. 131) on approuve Dowall lorsqu'il indique que le nombre des jours très froids, soit pour l'année, soit pour le printemps seulement, est en raison inverse du nombre des taches; on fait des remarques sur les pluies et les températures de l'été. Alors, Flammarion est tout aussi précis lorsqu'il note des correspondances remarquables entre les taches et les températures, l'état des hivers, des étés et des printemps ; il trouve ailleurs une confirmation des règles qu'il a posées... pour retomber bientôt dans le doute (1909, p. 338) : « Le mois de juin 1909 a été très froid et extrêmement pluvieux en France, bourrasques, tempêtes et averses continuelles. En même temps, une chaleur excessive régnait aux Etats-Unis et les décès causés par la chaleur ont été nombreux. Comment donc fonder des hypothèses sur la température d'une contrée comparée à l'activité solaire ? Il faudrait connaître l'ensemble simultané des températures du globe. Et l'on voit combien la question est complexe ».

Remarque bien particulière, sur *un* mois et le résultat ne saurait en être autre, car l'étude des travaux méthodiques nous a montré comment la question, désormais, devait être posée : sur des stations bien observées, les influences solaires paraissent opposées, les vagues barométriques présentent une sorte de balancement compensateur.

Au rebours de la citation qui précède, il ne faut plus rechercher l'*ensemble simultané* d'un élément météorologique à la surface du globe, ensemble qui cache toutes les particularités intéressantes par une compensation médiocre : la solution n'est pas prête *parce que* l'on manque de

séries d'observations assez longues, homogènes, soumises à une critique
très sévère, et sur des stations assez nombreuses ; notre rôle *actuel* doit
être plus modeste et se limiter à *préparer* les éléments de la solution en
apportant des statistiques (1) correctes et précises, sans chercher à conclure hâtivement sur des travaux particuliers.

Bien entendu, il est très loin de notre pensée de vouloir insinuer que
les travaux spéciaux sont sans intérêt ou inutiles ; mais ils sont peut-être
plus difficiles encore que le problème général car, nous l'avons vu dès le
début, il est fort malaisé *de définir* les questions et personne n'est d'accord
sur ce qu'il faut entendre, en toute rigueur, par hiver doux, normal, froid,
très froid — de même pour tous les caractères des diverses saisons.

Cependant, Hellmann, puis Maurer, font de curieuses recherches
pour retrouver la période de Brückner dans les hivers rigoureux ; ils aboutissent à un cycle grossier du même genre et à des règles de correspondances
entre les saisons qui sortent de notre cadre (2). Enfin, Dove a signalé l'apparition alternative des hivers rigoureux et des étés exceptionnellement
chauds aux Etats-Unis et en Europe, et divers auteurs ont repris cette
voie intéressante qui peut nous renseigner sur les balancements climatiques qui se présentent à différentes occasions.

Après avoir longuement étudié les correspondances possibles entre
les taches solaires et les phénomènes météorologiques, Mémery a attiré
l'attention depuis 1907 sur ce fait curieux que, pour la pluviosité, il faut
faire une distinction entre l'hiver et les autres saisons, de manière à effectuer séparément les comparaisons : pour Bordeaux, il trouve que les taches
coïncident de préférence avec de fortes pluies en hiver, des pluies faibles
et rares au printemps et à l'automne — et c'est l'inverse pour l'absence
des taches. De telles particularités ne sont pas impossibles et, si le problème se complique encore par la subdivision des documents et leur examen plus détaillé, il semble qu'il puisse y avoir là la source de recherches
longues et délicates, mais fécondes ; d'ailleurs, Mémery (1923) persiste
à mentionner la singularité de l'élévation de la température avec l'augmentation des surfaces tachées...

Les pluies, nous l'avons dit, sont d'une étude malaisée car les écarts
des périodes possibles avec la moyenne sont *très petits* par rapport aux

---

(1) On peut citer dans cet ordre d'idées les graphiques soignés avec lesquels
Bodart espère mettre en évidence l'action de certains méridiens solaires sur les
éléments météorologiques.

(2) L'hiver doux est suivi d'un été chaud ; l'été chaud entraîne probablement
un hiver rigoureux ; plus un hiver est froid, plus l'été sera frais ; etc...

variations accidentelles d'une année à l'autre ; les pluies d'été sont peut-être les plus difficiles, car *une seule* peut présenter un apport d'eau considérable venant transformer toutes les données antérieures. Et, cependant ? les travaux de Macdowall sur les pluies d'été (juillet et août) à Rothesay, et leurs relations avec les taches solaires, semblent bien donner raison à Mémery sur l'utilité de travaux très spéciaux. Traçant des courbes comparées de 1802 à 1919, les nombres observés étant groupés par cinq années consécutives pour adoucir les courbes, la ressemblance est très grande de 1820 à 1870 et la pluie varie comme les taches : mais si l'on étudie les chutes d'eau correspondantes pour Greenwich, il n'y a plus guère de correspondance. Au contraire, les maxima de taches de 1870 et 1909-1911 sont accompagnés de minima de pluies à Rothesay : sans insister sur les détails, on doit noter que le rôle du Soleil est nettement inversé en 1804 et en 1870.

Ces recherches particulières sont difficiles à bien conduire : il semble, cependant, qu'elles puissent être fécondes.

PÉRIODES EXACTES

La seconde erreur, avons-nous dit, est celle des périodes exactes.

Chaque chercheur, en effet, poursuit la connaissance d'une périodicité rigoureuse et, ainsi, le choix est grand puisque nous voyons proposer tour à tour : 6 à 7 jours pour les retours d'orages ou 6 j., 3 entre deux pluies ou deux orages consécutifs (Raymond, p. 242) ; 12,6, 12,59 ou 13,4 jours, 26, 27 ou 30 jours pour les phénomènes les plus divers (Zenger et autres, pp.175 et 202) avec des relations possibles avec la 1/2 rotation solaire ; 25,1 jour et 26,5 jours pour la rotation du Soleil, soit à l'équateur, soit à la latitude de 30° (p. 164) ; 24,55 jours pour la rotation vraie du Soleil et 26,7 jours pour sa révolution synodique ; pour les phénomènes magnétiques (p. 175) des périodes de 24,541 jours (Spörer), 26 (Broun) ou 26,33 (Hornstein) ; les taches solaires qui se balancent d'un hémisphère à l'autre tous les 25 jours (p. 165) tandis que Maunder trouve 26,7 jours pour les perturbations (p. 179) ; de grandes perturbations magnétiques tous les 30 jours (p. 176) ; Raymond trouve 26,1 jours entre deux pluies, von Bezold, Marchand et Zenger 25 à 27 jours comme périodicité d'orages (p. 242) ; Broun établit une oscillation du baromètre de 26 jours aux tropiques (p. 239) ; 25, 28, 29 ou 32 jours pour les variations de la radiation solaire (Abbot, p. 220) ; 25 mois pour l'oscillation des températures et de l'insolation (Arctowski,

p. 227) ; 3 ans (Bigelow), 3,7 années pour le cycle des protubérances (pp. 146 et 167) ; 3,983 ans comme période des tremblements de terre (Turner, p. 192), à rapprocher d'une période de 8 à 9 ans pour le magnétisme (?), d'après Espin ; des groupes de 3 ou 4 ans pour aboutir à une période de 25 ans des grands hivers (Maze, p. 135) ; 9, 12 encore plus net, 18, 42 ans pour les inondations et les sécheresses (Maze, pp. 146, 242 et 251) ; 7 ans pour la température sur le continent américain (Schott, p. 143) et 7 ans aussi pour les crises économiques (p. 146 et Clough, p. 246) ; 7 et 10 ans (Zenger) ; 8 ans pour la pluie aux Etats-Unis avec application très générale à la pluie, la pression et aux phénomènes économiques (Moore, pp. 237 et 251) ; 10, 11 ou 12 ans — ou même 6 ans seulement (Gabriel, p. 256) ; 11 à 12 ans pour les taches solaires avec diverses propositions précises 11a, 111 + 0,307 (p.157) ; 11,155 Wolf (p. 174) ou 11,2 ans, 10 1/3 (Wolf), 10,43 (Lamont, p. 174), 11,4 ans ; 11,42 ans pour le magnétisme et 11,57 ans pour les taches (Ellis, p. 177); 11,860 ans Duponchel (p. 157); 12 à 13 ans, ou bien aussi 22 ans pour la variation de polarité des taches solaires (Hale, p. 186) ; 22 ans pour le cycle de température sur l'Atlantique (Schott, p. 143) ; 22,2 années, en relation avec deux rotations de taches (p. 159) ; on a signalé l'importance d'un cycle de 22 1/2 années ; 22 1/4, 44 1/2 et 89 ans, en relation avec le cycle solaire de Wolfer (Easton, p. 212); 22, 27 et 111 ans pour les statistiques historiques (Sasse, p. 247) ; 11,4 années, 21 et 33 ans pour la croissance des arbres (Douglas, p. 189) ; Glaisher mentionne une oscillation de 28 ans dans les températures (p. 208) ; 30 à 40 ans (en moyenne 35,6) pour les lacs des Alpes, et 34 à 36 ans pour le niveau de la Caspienne (p. 133) ; 33 à 34 ans pour Egeson (p. 256) ; 35 ans pour les pluies et les tremblements de terre (O'Keilly, p. 193); Greenwich confirme une période de 35 ans dans les surfaces tachées (v. p. 254) ; 35 ans pour les grands hivers (Pilgram, pp. 135 et 211) ; 35 ans pour Gabriel, avec retard possible de 2 à 3 ans (pp. 242 et 257) ; 35 ans pour la période solaire (Lockyer, p. 254) ; 35 ans pour Brückner, en deux groupes de 17 années (p. 256) ; en résumé, pour Köppen-Brückner (p. 145), 34,8 ans ± 0,7, retrouvée par Richter sur les glaciers mais, il est vrai, avec une élasticité de 20 à 50 ans ; 35,5 années (Secchi et Wolf) ; 36 ans pour la périodicité des vendanges et de 33 à 36 ans pour l'abondance des pêches (p. 138) ; 36 ans aussi pour l'oscillation thermique de Köppen-Brückner (p. 143) ; 38 ans pour la vague barométrique (Lockyer) ; 41 ans pour le retour des grands hivers et des étés exceptionnels (Renou, pp. 135 et 211) ; 55 ans pour la pluie (Arctowski, pp. 258) ; 55,5 années, puis 166 ou 178 ans pour les taches solaires (Wolf, pp. 159 et 160) ; 70 ans (König, p. 263) et peut-être aussi pour Arctowski (p. 229) ; 96 ans avec trois périodes remarquables de 15 ans (Lévine, pp. 130 et 148) ; 99 ans ou 186 ans, avec relations lunaires, pour Garrigou-Lagrange, Dechevrens, etc. (p. 128).

Chaque fois que l'on lit un travail, l'esprit est flatté, tenté par les arguments présentés en faveur d'une période. Mais tout varie nécessairement selon le point de vue adopté et, quand on se donne la peine de faire un petit relevé des nombres proposés, si l'on songe de plus que tous les multiples de ces nombres peuvent être régulièrement introduits, on reste fort inquiet...

Et ce n'est pas tout : Lockyer et Russell annoncent une période de 19 ans dans la moyenne des pressions atmosphériques de l'Australie et de l'Amérique du Sud ; Lockyer signale aussi des périodes barométriques de 6 et 19 ans en Amérique, de 11 et 37 ans aux Indes (p. 236), confirmant uniquement le fait connu que le balancement de pression dépend de la station étudiée (p. 235) ; le même auteur indique une période de 33 ans dans les pluies de Ceylan (p. 254) ; pour la succession des bonnes et des mauvaises années, Douglas propose 21 et 33 ans ; Marvin (p. 132) parle de fluctuations dans la pluie fort capricieuses, entre 50 et 100 ans ; dans les manifestations de la foudre et de la grêle, von Bezold met en évidence une période de 90 ans ; récemment, Easton tend à faire ressortir la probabilité d'une période de 89 ans, ou huit cycles solaires (p. 211) ; Van Salverda prétend que l'activité solaire a une action d'ensemble sur la température terrestre, avec période de 55 ans et maximum important tous les 110 ans, comme la période que W. Reis attribue aux inondations du Rhin ; pour les grands hivers, Köppen note une oscillation de 130 ans; Danjon, établissant le cycle solaire à 10,87, y confirme par les éclipses de Lune une période de 136 ans (p. 275) — sans compter les hivers plus ou moins chauds, qui ont peur de certains millésimes (p. 211) !...

Quelle variété de périodes ! qui suffirait à aiguiser le scepticisme.

Puis, en présence d'une période, l'auteur y croit de plus en plus, comme à une réalité absolue ; il cherche à en compléter le mécanisme : ainsi Souleyre, croyant que la période solaire est de 11 ans,1, trouve qu'un de ses multiples, 55 ans,5 constitue une période importante ; or voilà que la période moyenne des taches de Wolf est de 11 ans,9 (et non 11,1), ce qui fait perdre toute espèce de sens au cycle rêvé de 55 ans 5.

***

Et, en effet, chacun s'est grisé facilement par l'élégance mathématique d'une période, sans se demander si la nature était aussi simple et comment il y fallait appliquer l'analyse. Nous le savons aujourd'hui d'une façon précise (voir ci-dessus, p. 151) : au point de vue de l'analyse harmonique il est *impossible* de définir les périodes (1) d'un phénomène météorologique et l'on peut en obtenir une représentation satisfaisante en choissant *à l'avance* les périodes que l'on y désire voir figurer. En y regardant de plus près, c'est bien là une conséquence expérimentale que l'on aurait pu déduire des observations et, pour la mettre en évidence, il suffit d'examiner avec plus d'attention l'évolution des déterminations relatives au Soleil.

Schwabe trouve la périodicité de 11 à 12 ans ; on la fixe bientôt avec plus de précision à 11,1 ans — exactement $11,111 \pm 0,307$! — puis 11,2 ans, et l'on est satisfait de constater une corrélation entre cette période et celles, de même durée, qui se manifestent dans plusieurs phénomènes météorologiques concernant les stations de l'hémisphère nord, pression, température ou quantité de précipitation. Mais, bientôt, on indique, avec tout autant de précision, 11,4 ; 11,42 ; 11,57 — avec des multiples étranges de 22 ; 22,2 ; 22,25...

Or, en étudiant de plus près encore l'activité solaire, Wolfer met en évidence son irrégularité: les nombres observés, eux-mêmes, ne permettraient pas de dégager une période précise ; si l'on prend des moyennes, la périodicité reste irrégulière et, pour que les choses deviennent manifestes, il faut encore introduire des nombres *compensés*. Après toute cette cuisine, il apparaît une période de 11,9 ans — les maxima et minima des taches présentent parfois, bien entendu, d'importants écarts par rapport aux observations proprement dites.

Par exemple, au début du siècle, les nombres annuels, *réels, observés* sont pour les taches, en :

	1803	1804	1805
	42,1	47,5	42,2

---

(1) Cette remarque prend une gravité exceptionnelle lorsque, comme von Bezold, Van der Stok, Wagner..., on veut trouver dans les phénomènes météorologiques, par analogie avec le magnétisme, des périodes dépendant du Soleil ou de la Lune : on n'a, alors, que l'embarras entre des nombres variant de 26 à 29 jours, et dont aucun, malgré les apparences, n'aura plus de réalité que les autres.

Le maximum observé est donc, très nettement, en 1804 : après une double égalisation, l'époque adoptée par Wolfer, 1805,2, est assez écartée de la réalité.

Nous avons vu que les méthodes de calculs, les combinaisons de chiffres, les compensations, adoucissements des courbes, ont été appliqués aussi, et de façons très diverses, aux observations météorologiques dont les écarts sont toujours déconcertants ; parfois même les périodes qu'il y avait espoir de mettre en évidence ont été introduites à l'avance dans les groupements propres à obtenir des nombres *moyens* : quelle est la légitimité de tous ces procédés ? Certaines de ces variations séculaires se présentent nettement comme une onde asymétrique et même comme la superposition d'ondes de différents ordres de grandeur, et le caractère profond du phénomène disparaît quand on adoucit trop les courbes.

Il est bien évident qu'après avoir fait subir aux nombres observés des traitements aussi variés et imprécis, nous sommes hors d'état d'indiquer la confiance qu'il faut attacher au résultat, son erreur probable en un mot : et lorsque Newcomb reprend la question sur les documents étendus de 1615 à 1893, spécifiant que la période moderne mérite un poids double, il n'y a pas lieu de s'étonner qu'il trouve une période beaucoup plus courte, $11,132 \pm 0,018$ ans.

Mais notre scepticisme a lieu de rester aiguisé car ce nombre, lui-même, n'est que la moyenne entre quatre périodes différentes. Période de 11 ans, 095 pour les maxima ; de 11,152 pour les minima ; de 11,129 pour le milieu d'apparition des taches et de 11,079 pour les disparitions.

Etrange, mystérieux Soleil ! Au reste, les taches elles-mêmes interviennent-elles par les maxima et minima ? C'est bien douteux puisque Meldrum précise (v. p. 252) que le minimum des pluies *précède* d'un an le maximum des taches : et pourquoi ? Angot indique bien que c'est le minimum des taches qui est le plus important puisqu'il *impose* son caractère au maximum suivant (v. p. 255).

Enfin, et ceci est aussi fort troublant, le Soleil paraît avoir des à-coups : Macdowall note un désaccord brusque en 1804 et en 1870 (v. p. 268); on observe une anomalie aussi étrange en 1850 (v. p. 208) ; le Soleil changerait de tactique entre 1875 et 1878 (v. p. 214) ; Lockyer indique qu'il se trouve mal en 1894 (v. p .235) ; Abbot signale le fléchissement de sa radiation en 1911 et vers 1920-1922 (p. 212)... il faut en somme lui attribuer des spasmes fréquents pour comprendre ce que nous sommes impuissants à expliquer.

Et, dans d'autres directions, le mystère ne s'éclaircit guère, exemple :

Düner avait trouvé pour la vitesse équatoriale du Soleil, 1995 kilom. $\pm$ 30 ; Hohn· indique 1920 $\pm$ 23, sortant des limites prévues ; par la même méthode (déplacement des raies) Belopolski obtient 2070 kilomètres et la rotation des taches ne voudrait que 2010 km.

Quoiqu'il en soit, cet intervalle de 11,132 est divisé en deux parties inégales, 4,62 ans entre un minimum et le maximum suivant, et 6,51 ans entre un maximum et un minimum.

A. Schuster examine, bientôt après, la périodicité des taches solaires en vue de fixer, soit l'intervalle moyen de deux maxima· consécutifs, soit les sous-périodes qui peuvent influencer sur l'allure du phénomène : il trouve ainsi 4,81 ; 8,38 et 11,125 ans, avec la formule 1903,73 $+$ 4,79 n pour représenter les époques des minima, ce qui donne un minimum vers le 1er juillet 1908.

Examinons à présent les résultats obtenus, à propos du Soleil, en vue de confirmer des indications comme celles de Brückner pour un retour approximatif tous les 33 ans dans les maxima de la courbe des pluies pour l'ensemble du globe. D'abord, si les pluies reviennent à peu près tous les 33 ans, la vraie période déduite pour les climats par *l'ensemble* des phénomènes étudiés est 34,8 $\pm$ 0,7 ; lorsque Lockyer étudie les changements à longue période des taches solaires, il conclut avec précision à un intervalle de 34,4 ans et l'accord paraît satisfaisant ; mais, peu après, Schuster indique 33,375 ans, période sensiblement différente, d'une part, et, qui plus est, n'est pas un multiple exact (contrairement à ce qui est indiqué B. S. A. F. 1908) des sous-périodes du même auteur.

Il ne nous paraît donc pas exagéré de dire que si la notion de périodicité rigoureuse hante les divers auteurs, la période elle-même reste fuyante et nous échappe comme la théorie permettait de le prévoir.

On doit alors se demander comment ont opéré les auteurs les plus consciencieux pour mettre en évidence des relations entre les phénomènes météorologiques et ceux de l'activité solaire, quelles dates furent adoptées pour les époques des maxima et minima des taches. Ces dates sont différentes selon le mode de calcul adopté à partir des nombres observés : Ellis adopte 1870,6 ; 1884,0 ; 1894,0 pour dates des maxima, Nordmann accepte 1870, 1883, 1893, tandis que Newcomb donne 1871,52 ; 1882,65 ; 1893,78 ; il y a plus d'un an d'écart pour le minimum solaire de 1890 entre Ellis et Nordmann — un an et demi avec Schuster, qui donne 1888,5 — et souvent près d'un an entre les minima d'Ellis et de Newcomb. Et des écarts de 1 an 1/2 (1882,65 à 1884,0 et 1870 à 1871,52) laissent un peu rêveur sur la précision de tant de résultats, surtout quand Newcomb promet de connaître la période moyenne à $\pm$ 0,018 année près...

Il nous paraît tout à fait inutile de recommencer ici, pour les dates solaires ou celles des perturbations magnétiques, une comparaison fastidieuse comme celle que nous avons indiquée ci-dessus, p. 261. Le lecteur, je l'espère, est suffisamment informé.

$$*{}^{*}_{*}$$

Toutes ces causes d'erreur, toutes ces divergences, montrent assez l'intérêt très vif qui s'attache aux études solaires et l'utilité d'étudier l'activité du corps central de notre système par les procédés les plus divers et les moyens les plus détournés : dans cet ordre d'idées, dès 1869, Birt avait proposé avec raison une étude systématique des variations séculaires des teintes de la Lune, et nous allons nous arrêter un instant aux statistiques effectuées très heureusement par Danjon sur l'éclairement variable de la lune pendant les éclipses, et les relations possibles avec les taches solaires.

Le passage par un maximum d'activité solaire n'est signalé, ici, par aucune particularité.

Au contraire, dans la suite des éclipses, le passage par un minimum solaire correspond à une diminution considérable et brusque de luminosité, ayant le caractère d'une discontinuité, avec les particularités suivantes : dans les deux années qui suivent un minimum d'activité solaire, l'ombre de la terre est très sombre, grise ou peu colorée ; puis, au fur et à mesure que l'on s'éloigne de ce minimum, la lune reste de plus en plus éclairée au cours des éclipses, et sa coloration est de plus en plus rouge ; enfin, dans les trois ou quatre années qui précèdent le minimum suivant, la lune éclipsée se montre très fortement éclairée, en rouge cuivre ou orange. Toutes les observations sont ici représentées par une période de 10,87 ans, avec une erreur moyenne de un an, période sensiblement plus courte que celles que nous avons eu à signaler jusqu'alors, fournissant pour dates des minima successifs : $t = 1584,8 + 10,87\ E$.

En outre, les résidus mettent en évidence une période de 136 ans, de sorte que, à l'époque t, on peut ajouter à chaque fois la correction

$$1^{a},7 \sin 2\pi\ \frac{t-1608}{136}$$

et les erreurs tombent alors à $0^{a},4$.

En résumé, la période est 10,87 ans, mais l'inégalité de 136 ans peut avancer ou reculer les minima réels de $1^a,7$ et l'intervalle entre deux minima consécutifs peut varier de $10^a,0$ à $11^a,8$, ce qui nous rapproche des valeurs précédentes, tout en précisant l'extrême complexité de la notion de période à faire intervenir pour de tels phénomènes. Nordmann, Newcomb et Danjon prennent alors pour dates des minima de l'activité solaire 1878 ; 1878,03 et 1878,16 — l'accord est satisfaisant ; 1889 ; 1889,16 et 1889,86 — l'accord est déjà un peu plus inquiétant ; 1901 ; 1900,29 et 1901,89 — et ce désaccord est intolérable quand on songe que les erreurs devraient tomber à l'ordre de 0,4 : sinon, pourquoi tant de précision ?

C'est peut-être bien à cause de cet intolérable désaccord que nous devons attacher plus d'attention au travail tout récent dans lequel Willard J. Fisher, après avoir fait une critique assez sévère des indications fournies par Danjon (1), reprend tous les documents publiés sur les éclipses de Lune, de 1860 à 1922, soit par des professionnels, soit par des amateurs. Jusque-là, on ne tenait compte d'aucune des théories de l'éclairement des surfaces éclipsées : Fisher imagine une échelle d'éclairement en trois degrés, et s'efforce de l'appliquer ; il tient compte, notamment, de l'épaisseur d'air traversé par les rayons lumineux, sans que les conclusions à en tirer soient bien probantes.

Les résultats annoncés, eux aussi, sont assez déconcertants. La position de l'orbite de la Lune aurait de l'importance, l'ombre étant plus éclairée quand la Lune évite le centre de l'ombre du côté sud — étrange ! — plutôt que du côté nord ; l'effet d'une brume atmosphérique due aux poussières volcaniques est manifeste et vient obscurcir l'éclipse (Krakatoa et Montagne Pelée) — ce qui est bien d'accord avec tout ce que nous avons vu plus haut ; les éclipses d'hiver sont les plus brillantes et c'est au printemps qu'elles sont les plus sombres — anomalie dont l'origine reste mystérieuse. Et voici qui vient contredire les auteurs précédents : il n'y a pas de relation entre l'éclairement des éclipses et le cycle solaire, et Fisher doute même « qu'un effet de l'activité solaire puisse jamais être dégagé des effets des poussières dans les comptes rendus d'avant 1880 qui, plus encore que les comptes rendus récents, présentent de grandes lacunes et des exposés peu détaillés ».

Alors ?...

Alors nous ne savons pas grand'chose, si ce n'est que, à l'avenir, les

---

(1) Danjon a répondu à ces critiques dans les *C. R. de l'Acad. des Sc.*, t. 178 (1924), p. 1266.

éclipses de Lune devront être étudiées avec d'autant plus de soin... que l'éclipse la plus récente, du 14 août 1924, est venue contredire les plus savantes prédictions ! !

LA PRÉVISION DU TEMPS

Examinons enfin comment on a été conduit à appliquer de telles recherches à la prévision du temps, et dans quelle mesure une telle application est légitime.

Les relations entre l'activité solaire superficielle et le système magnétique du globe terrestre ont été mises facilement en évidence. Il était logique d'admettre que le Soleil réglait d'une manière analogue les éléments météorologiques, et la prévision du temps serait grandement facilitée si, dans l'ensemble variable et complexe des phénomènes de l'atmosphère, l'on pouvait dégager des éléments à variations périodiques, se reproduisant au bout de périodes connues ; aux points de vue si divers des applications, la connaissance exacte des périodes futures d'humidité ou de sécheresse serait de la plus haute importance.

Lorsque l'on pourra prévoir ces cycles avec quelque certitude, les conséquences pratiques seront incalculables. L'abondance des pluies favorise la poussée de l'herbe : et si les éleveurs transforment en prairies d'excellentes terres arables, cette transformation, avantageuse pendant les périodes humides, est sans intérêt pendant les années normales, pour devenir désastreuse pendant les périodes exceptionnellement sèches. Pour l'industrie, le débit des sources et des rivières est d'une importance capitale : en se basant sur de mauvaises périodes, on peut être exposé à de graves mécomptes dans les fournitures d'eau potable ou le rendement des chutes — et, ainsi, une fois de plus, les études climatologiques apparaissent avec une importance considérable pour la vie à la surface du globe.

L'étude de plus en plus attentive de la question fut entreprise : les vieilles observations dépouillées avec passion et, sans parvenir à des conclusions catégoriques, les premières recherches fournirent de curieux résultats ; il semblait bien que la période undécennale des taches solaires eut une corrélation sur la terre, et, en général, on constatait entre tous les phénomènes, solaires et météorologiques, des rapports beaucoup plus étroits qu'on n'eût pu le soupçonner auparavant. Si les éléments météorologiques devaient subir des fluctuations analogues à celles des manifestations de l'activité solaire, et présenter un caractère périodique assez net, il était de la plus haute importance, pour la science météorologique, d'élucider le plus tôt possible la question des longues périodes de variation dans le temps : sans se préoccuper même de rechercher les causes profondes de tels phénomènes, il était urgent de connaître ces périodes d'une façon expérimentale, car la météorologie ne saurait se borner à accumuler des observations ; l'étude des cycles doit être basée sur la connaissance approfondie, tant des courants du Soleil que de ceux de la Terre, et N. Lockyer dit fort justement : « On demandera les seconds aux progrès de la météorologie considérée comme une science physique, et non pas seulement comme une statistique du temps ».

Nous avons déjà vu (ci-dessus, p. 202) que Coulvier-Gravier s'était livré à de longues recherches afin d'utiliser la fréquence des étoiles filantes pour la prévision du temps : mais ce phénomène astronomique était vraiment introduit un peu arbitrairement, et les résultats n'ont fait que confirmer la valeur des critiques émises, notamment par Quételet et Radau (1). Cependant, Hoskins fait des efforts très intéressants (2) pour la prévision du temps à long terme en utilisant les caractéristiques des décades successives ; de Tastes ne craint pas d'effectuer des pronostics à longue échéance en vue des applications agricoles, non sans quelques succès (3), et Brunham (4) se livre aussi à d'intéressantes prévisions à long terme sur les caractères généraux des saisons.

Dès le début de telles recherches, Roche étudie les anomalies de la température dans la courbe annuelle et, pour ce qui nous intéresse actuellement, s'exprime ainsi (1879, p. 500) :

« Au point de vue de la météorologie pratique, la connaissance de la courbe des températures, la détermination des jours critiques correspondant aux irrégularités de cette courbe, ne peuvent manquer de servir à la prévision du temps. Non que l'on puisse en déduire un système de prédictions absolues destinées à se réaliser invariablement dans chaque année, car les diverses courbes annuelles s'écartent notablement de la courbe moyenne qui résulte de leur combinaison, mais, associé aux autres don-

---

(1) Parcourir à cet égard la collection du *Cosmos* et notam. t. XVIII (1861), p. 591 ; t. XIX (1861), p. 30 ; t. XX (1862), pp. 521, 577 et 628.

(2) S. Elliott Hoskins, Méthode d'analyse pour aider à découvrir l'influence que peuvent avoir les états de l'atmosphère passés et présents sur les états futurs. *Proc. of the R. Soc.* : trad. dans *Les Mondes*, t. XVI (1868), pp. 150-154.

(3) Cf. : *Les Mondes*, t. XXIII (1870), p. 509.

(4) Cf. : *Symon's Meteorological Magazine*, 1871.

nées que l'on a pour prédire le temps, cet élément devra les compléter ou les rectifier. De plus, la courbe offre dans sa marche certains traits assez prononcés et assez constants pour qu'il soit permis d'en annoncer le retour comme très probable à un jour déterminé ».

Il n'y a rien à reprendre, aujourd'hui, à la justesse et à la sagacité de ce jugement : nous avons vu que les travaux ultérieurs ont mis en évidence bien des singularités curieuses mais, au fond, aucune loi certaine sur laquelle il soit permis de s'appuyer avec confiance et la prudence conseille une fois de plus de se livrer comme Roche à des études minutieuses, localisées, sans hâte de conclusions téméraires (1).

Malgré tout, de nombreux auteurs restent très affirmatifs sur la possibilité d'utiliser de pareilles périodes dans la prédiction du temps à longue échéance : puis, il est si tentant de faire des prévisions qui étonnent le public, de livrer à son admiration des pronostics lointains ! Hélas ! ! les résultats ne sont pas à la hauteur de l'enthousiasme.

Zenger se lance dans cette voie dès 1892, en liant la prédiction du temps à l'activité solaire, et prédit l'année 1894 d'après les conditions météorologiques de l'année 1886 ; Gonzaliez (1899) est très affirmatif ; Marchand, lui-même, météorologiste si avisé, s'y est laissé prendre à maintes reprises — comme l'abbé Gabriel (v. ci-dessus, p. 257) ; Clayton, féru d'influences lunaires, trouve des périodes harmoniques pour la pluie (1900) ; Ducla base la prévision du temps sur les variations d'attraction d'aiguilles aimantées (1901) ; Marchand (1909) revient sur la prévision du temps en se basant sur les phénomènes solaires *critiques* et annonce la possibilité d'une proportion de réussites de 75 % ; Krebs fait des prévisions que les faits contredisent ; à diverses occasions, l'abbé Moreux annonce pour 1911 un maximum de pluies et minimum de taches, en erreur absolue (2).

---

(1) Il n'est pas impossible que des procédés graphiques comme ceux de de Saussure (Cf. Jean Bertrand) puissent être employés d'une manière avantageuse, soit pour la prévision du temps, soit pour l'utilisation des longues séries d'observations quand on veut aboutir à la connaissance de balancements dans les pressions (ou autres éléments) comme ceux que nous avons signalés. Ces méthodes n'ont jamais été utilisées régulièrement et il y aurait peut-être là quelque procédé fécond à éprouver.

(2) Il est encore plus grave, il est vrai, de s'attribuer à maintes reprises la découverte personnelle des périodes de 11 et de 55 ans et de parler des débats qu'il a fallu "livrer pour *imposer* sa conclusion " (Cf. — L'*Express de Lyon*, 24 octobre 1921). La science ne peut qu'être retardée par des apologies personnelles où l'on passe sous silence tous les insuccès pour louer sans cesse les réussites, et la presse quotidienne assume une lourde responsabilité dans la légèreté de ses infor

Chambers, Nodon, prévoient sur maints symptômes le mauvais temps pour l'éclipse d'avril 1922, et les événements leur donnent un démenti éclatant. Enfin, Meunier (J.), pour aboutir à la prévision du temps, note dans les pluies une certaine périodicité dont la durée serait de 26 à 27 jours, en spécifiant qu'il n'est aucun rapport de cause à effet avec le changement de phase de la Lune comme a pu le penser le vulgaire, ce qui est opposé à la conception de vagues barométriques luni-solaires développées très habilement par Garrigou-Lagrange au cours de diverses publications (v. ci-dessus, p. 128).

Il ne faut pas négliger, dans les efforts du même ordre, les tentatives que nous avons eu l'occasion de mentionner déjà rapidement : celles de Mémery (v. ci-dessus à partir de la p. 210), pour relier les températures terrestres aux manifestations des taches solaires ; celles de Clayton pour prévoir les pluies par les variations de la radiation (v. ci-dessus, p. 221) ; non plus que les grands balancements climatiques que l'on peut espérer relier aux fluctuations de l'activité du Soleil (v. ci-dessus, p. 249).

Considérant que la pression barométrique doit résulter de vagues, de marées analogues à celles de l'Océan et affirmant que le calcul harmonique s'impose et est légitime, ce qui est pour le moins douteux (v. ci-dessus, pp. 151 et 271), Lévine considère que la prévision du temps à longue échéance deviendra possible avec la connaissance des grandes périodicités et s'exprime à cet égard avec précision (1919) : « Pour que la météorologie puisse s'engager dans cette voie féconde, il est nécessaire de s'assurer d'abord que la pression, envisagée au point de vue purement local, est bien un phénomène périodique et, dans l'affirmative, de voir si cette période n'excède pas les limites de nos observations barométriques. Cette période (il trouve 96 ans) est appelée à remplir auprès de la météorologie le rôle dévolu au Saros des Chaldéens pour la marée océanique, c'est-à-dire à former le cadre approximatif dans lequel on pourrait appliquer l'analyse harmonique ».

---

mations ; à ce sujet, je ne saurais trop recommander aux friands d'anecdotes scientifiques l'entrefilet paru dans le *Nouvelliste* du 27 et le *Salut Public* du 29 avril 1921.

Du reste, cela paraît un système chez l'abbé Moreux de mélanger un peu toutes choses pour qu'il devienne difficile de retrouver les paternités : parlant des lois de périodicité atmosphérique *(Salut Public, 1er juillet 1924),* il dit : « Pour les régions équatoriales ces lois sont connues » — ce qui est un peu... prématuré ; il attribue cette fois à Brückner la période de 35 ans et ajoute : « Dès 1902, j'ai pu rattacher ce cycle à l'activité solaire ». On peut vraiment rire de pareille prétention... car il n'y a pas naïveté.

C'est un beau rêve — mais ce n'est *encore* qu'un rêve : car Angot a bien mis en évidence combien de telles études étaient compliquées par l'extrême amplitude des variations accidentelles des éléments météorologiques (v. ci-dessus, pp. 110 et 129), combien il est peu rationnel, pour ne pas dire téméraire, d'admettre l'existence d'une variation périodique dont l'amplitude n'est pas supérieure à l'erreur probable des nombres qui ont servi à l'établir ; et, passant à l'application de la prévision du temps, dit formellement (1923) :

« A l'année 1910, extrêmement pluvieuse, a succédé la sécheresse remarquable de 1911 ; à la sécheresse sans précédent de 1921, la pluie, presque sans précédents aussi, de 1922. Ces deux exemples typiques montrent combien sont illusoires pour l'agriculture les tentatives de prévision du temps fondées sur l'hypothèse de cycles alternativement secs et humides. Même si ces cycles avaient une existence réelle, les variations qu'ils comportent seraient insignifiantes devant celles que nous voyons se produire accidentellement entre deux années consécutives ».

Ainsi, l'opinion d'Angot, auteur des plus autorisés, se confirme de jour en jour : dans son *Traité de météorologie* (1916, p. 404), il était encore plus sévère dans la forme en écrivant à propos des prévisions à long terme : « Les auteurs de ces prophéties sont les premières dupes de leur propre crédulité, quand ils ne cherchent pas simplement à exploiter la crédulité du public ».

Tout cela, certes, n'est pas très encourageant.

*
* *

Les accidents de la circulation générale de l'atmosphère, auxquels nous sommes redevables des changements de temps, ont fait, au cours du siècle dernier, l'objet de nombreuses recherches sans que l'on soit parvenu, jusqu'à présent, à déterminer d'une manière précise les conditions dans lesquelles ils prennent naissance et les lois qui président à leur évolution. De la distribution des éléments météorologiques, du sens actuel de leurs variations, l'on tire des indices au point de vue de l'évolution probable des caractères du temps : mais toutes ces cartes synoptiques laissent encore fort ingrate la tâche de ceux qui sont chargés de prévoir le temps, et il y a lieu de rechercher, aujourd'hui, dans une voie toute différente, des indications complémentaires propres à faciliter, soit la prévision du temps avec un intervalle notable à l'avance, soit les caractéristiques générales des périodes à venir.

Il faut d'ailleurs reconnaître, à la base, que les problèmes qui se posent aux météorologistes sont d'ordre trop complexe pour que l'on puisse prétendre les résoudre sans y consacrer un temps considérable, un travail assidu et de larges crédits.

Il en résulte que, malgré les efforts qui ont été faits en vue de la perfectionner, la prévision du temps en est encore à la période de balbutiement, mais, sans fonder des espoirs exagérés sur les résultats auxquels peuvent conduire ces recherches difficiles, on ne peut qu'être reconnaissant à ceux qui les ont entreprises pour les faits intéressants qu'ils ont pu mettre en évidence : et, dans cet ordre d'idées, il faut retenir au premier plan les tentatives de prévision du temps par l'état de la scintillation stellaire, déjà préconisées par Liandier, de Portal et Poey ; les recherches de Montigny sur l'augmentation de la scintillation pendant les aurores et l'application des qualités de la scintillation au pronostic des changements de temps (ci-dessus, pp. 193, 202 à 204) ; de Brillouin sur les taches solaires et la formation des cirrus (ci-dessus, p. 205) ; de Lockyer sur la prévision du temps par la connaissance d'une vague barométrique (ci-dessus, p. 236); de Langley et Clayton sur l'influence de la variation de la radiation solaire (ci-dessus, pp. 217, 220 et 230).

Enfin, les efforts de l'abbé Loisier (1) pour prédire le temps par l'observation des taches sont bien dirigés mais, malheureusement, le succès n'est pas toujours digne d'une persévérance aussi méthodique.

Mais c'est peut-être aussi en étendant aux applications météorologiques le fait que les radiations ultra-violettes déchargent l'électricité négative des corps que Brillouin a indiqué un des mécanismes les plus féconds (1897), bien qu'assez peu étudié. Si, à un moment quelconque, il existe dans l'atmosphère un champ électrique, les aiguilles de glace des cirrus s'électriseront par influence, positivement à un bout, négativement à l'autre ; or les extrémités négatives des aiguilles de glace qui recevront les radiations solaires ultra-violettes seront déchargées et, perdant progressivement toute leur charge négative, ces aiguilles resteront électrisées positivement. Ainsi, l'état neutre ou négatif des cirrus est instable ; tout cirrus éclairé par le Soleil devient positif.

Il est alors aisé de compléter le mécanisme électrique de l'atmosphère. L'ensemble des nuages reste positif. La charge négative est déposée dans

---

(1) Cf. : *Mém. de l'Acad. de Dijon. Bull.*, 1924, p. 12.

l'air environnant, brassée, communiquée au sol par les feuilles, les pointes d'herbe, etc. : le sol est donc chargé négativement par échange avec l'air, mais la lenteur de la convection de l'air chargé négativement explique les deux ou trois jours que met parfois le temps à s'établir orageux, avant que l'orage lui-même ne soit déclenché. En mer, le mécanisme sera différent : l'air reste négatif, les cumulus deviennent négatifs par la condensation.

Ceci est assurément à rapprocher de la thèse de Birkeland (1913) montrant tout l'intérêt qui s'attache à l'observation des bandes de cirrus en même temps qu'à l'enregistrement magnétique (1), et, en tous cas, il serait utile d'observer d'une façon continue les variations de l'éclat ultraviolet du Soleil pour généraliser les observations que Deslandres avait entreprises systématiquement à cet égard, et d'en assurer une publication très rapide afin qu'elles puissent être utilisées par les météorologistes.

Et voilà qui fait un peu renaître notre espoir...

*
* *

Ainsi, dans l'état actuel de nos connaissances, on peut dire que l'étude des grandes périodicités proprement dites de la météorologie ne saurait encore servir de base à une prédiction sérieuse du temps. Ceci ne veut pas dire que la prévision à longue échéance des caractéristiques des saisons soit absolument hors de notre portée : mais c'est par d'autres voies qu'il faut s'efforcer d'accéder près de la solution. Lorsque Hildebrandsson signale les corrélations et compensations climatiques avec le rôle prépondérant des régions arctiques, le minimum barométrique permanent en Islande et le maximum des Açores, les régimes inverses des pluies d'hiver en ces deux centres, d'une à l'autre année, tels que la connaissance d'un des régimes pluvieux permette de prévoir l'autre — et en fournit d'autres exemples — on est bien sur la voie d'une solution partielle.

Pour les pressions, d'ailleurs, nous avons eu l'occasion de mentionner d'autres compensations qui méritent d'être approfondies. Enfin, étudiant les zones d'excès de température (pléions), et de déficit (antipléions), Arctowski montre que ces zones se déplacent d'une année à l'autre, en se déformant, mais sans faire de sauts brusques, comme de grandes vagues positives et négatives animées d'un mouvement de déplacement ; leurs

---

(1) J'ai moi-même fourni une observation importante à cet égard.

variations générales semblent être des phénomènes d'ordre supérieur, indépendants d'accidents de surface tels que les montagnes et en relation intime avec la circulation générale de l'atmosphère.

C'est probablement dans la poursuite de telles études que l'on trouvera les éléments qui permettront de prévoir, à longue échéance, les variations climatiques et leurs caractéristiques.

CONCLUSIONS

SITUATION ASTRONOMIQUE GÉNÉRALE

L'étude des taches du Soleil, seules envisagées à l'origine, est rapidement devenue insuffisante pour nous renseigner complètement sur les changements magnétiques et atmosphériques solaires : il est hors de doute que les protubérances interviennent comme un des facteurs principaux et, par suite, l'instigation des variations terrestres doit être recherchée dans toutes les modifications de la surface du Soleil et même dans la couronne.

Bientôt, alors, il devient indispensable d'introduire le Soleil non pas dans son ensemble mais en descendant au mécanisme de ses diverses zones ; nous avons vu, pour les taches, la façon dont les phénomènes se produisent sur chaque hémisphère, et même sur quelques régions de ces hémisphères ; à certaines époques, pareillement, les protubérances ne se montrent que dans trois zones d'un hémisphère. Et l'on voit ainsi la complication extrême que révèlent les recherches modernes sur le Soleil quand on veut les diriger vers les applications à la météorologie terrestre, puisque les facules et leur régime doivent être aussi envisagées (v. ci-dessus, p. 260).

Puis, si l'on a trouvé des relations très curieuses, comme celles qui existent entre les taches et le niveau des lacs (v. ci-dessus, p. 134) — à rapprocher de l'étude antérieure très soignée de Stabrowski sur les seiches — il faut bien reconnaître que le soleil présente de très étranges manifestations ; alors que les divers phénomènes offrent une parfaite continuité lors des passages aux maxima d'activité, il se produit vers le minimum une coupure générale : brusquement, les taches reviennent aux hautes latitudes ; brusquement, la polarité des taches change, avec un cycle que Hale fixe à 12 ou 13 ans (v. ci-dessus, p. 186) ; et, enfin, Danjon observe encore cette coupure dans les teintes des éclipses de Lune (v. ci-dessus, p. 274).

Nous n'avons, il faut bien le reconnaître, aucune idée précise sur ce qui peut bien se passer ainsi autour d'un minimum.

Mais, parallèlement à cette complexité du régime solaire, les auteurs récents ne veulent plus se contenter de la simple constatation de parallélisme entre les manifestations des atmosphères de la Terre et du Soleil : c'est à la connaissance des causes profondes qu'ils entendent aboutir et, pour cela, il leur faut à la fois comprendre la nature et la cause première des taches.

Pour A. Wilson, dès 1773, les manifestations qui produisent les taches ont leur siège au-dessous du niveau général de la surface solaire ; pour Kirchhoff, ces taches sont au-dessus de la photosphère ; Faye les assimile à des ouvertures dans la photosphère ; Warren de la Rue inaugure et développe les applications de la photographie et, avec Stewart, Benj. Lœwy, etc., revient à la conception de Wilson. En même temps, Wolf, Carrington, Fritz, Loomis, de la Rue, Stewart, Tait, Benj. Lœwy, et d'autres, s'attachent passionnément à découvrir la cause des taches et défendent l'hypothèse d'une relation entre leur fréquence et les figurations planétaires : ils signalent quelques inégalités dont les périodes ramèneraient certaines configurations dans le système solaire.

Wolf et Carrington reconnaissent l'influence des configurations planétaires sur les taches du Soleil ; en 1859, Wolf donne une formule pour représenter la fréquence des taches en tenant compte de Vénus, Terre, Jupiter et Saturne ; Henshall (Cf. Radau) met en évidence l'influence de Mercure, ce qui permettrait de supposer à cette planète une constitution métallique (?) très favorable aux réactions électromagnétiques qui paraissent déterminer la naissance des taches, les qualités magnétiques de Mercure suppléant alors à sa faible masse ; Balfour Stewart et G. P. Tait reviennent sur les relations entre les taches et les configurations planétaires(1); Chacornac voit l'origine des taches et facules dans les phénomènes volcaniques produits, dans l'atmosphère solaire, par des marées dues à l'influence des planètes — hypothèse insuffisante.

W. de la Rue, Balfour Stewart et Benj. Lœwy (2) sont, à diverses reprises, favorables à des relations entre les taches du Soleil et les mouve-

---

(1) Cf. : *Les Mondes*, t. 3 (1863), p. 563.

(2) Pour les analyses des travaux de ces trois auteurs on consultera notamment avec fruit *Cosmos*, 2ᵉ s., t. 5 (1867), pp. 17, 81 et 118 ; ainsi que *Les Mondes*, t. 15 (1867), p. 650.

ments planétaires (Cf. Stewart) : dès 1865, sans dire que Vénus soit la cause des taches du Soleil, ils concluent du moins que *les variations* des taches paraissent liées à la position de cette planète ou, si l'on ne veut pas admettre l'influence de ce corps, dépendre du moins de certaines longitudes écliptiques. Ici, ils affirmeront que « la surface moyenne des taches atteint son maximum dans la portion du Soleil directement opposée à Vénus et son minimum sur la portion du Soleil qui regarde cette planète », de sorte que l'allure moyenne des taches dépendrait des positions relatives de la Terre et de Vénus, ce dont il est difficile d'apercevoir la raison théorique ; là, d'après les observations de 1832 à 1868, ils pensent prouver qu'il y a un accroissement d'activité dans la production des taches solaires quand Jupiter et Vénus, ou Mars et Mercure, sont angulairement peu éloignés l'un de l'autre dans le ciel et, par conséquent, que leur action a lieu dans le même sens et qu'il y a décroissance au contraire quand ces planètes sont à près de 180° l'une de l'autre — mais pourquoi tels accouplement de planètes et non d'autres ?

Pour Broun aussi (1870), les perturbations magnétiques sont liées aux phénomènes électriques qui accompagnent la formation des taches, production électrique qui est due, *au moins en partie*, à l'action des planètes.

En 1877, Stewart est encore plus affirmatif en disant :

« A première vue, nous sommes étonnés qu'une planète, telle que Vénus, qui se rapproche de la Terre plus qu'elle ne le fait jamais du Soleil, puisse être accusée de manifestations aussi énormes d'énergie que celles qui ont lieu à la surface du Soleil. Mais le merveilleux disparaîtra si nous nous disons qu'il peut y avoir deux espèces de causes ou d'antécédents. C'est ainsi que nous pouvons dire : le forgeron est la cause du coup que son marteau frappe sur l'enclume, et ici la force du coup dépend de celle de l'ouvrier ; mais nous pouvons dire aussi que l'homme qui presse la détente d'un fusil ou d'un canon est la cause du mouvement de la balle ou du boulet, et ici il n'y a pas de relation entre la force de l'effet et celle de sa cause.

« Or, quelque mystérieuse que puisse être la manière dont Vénus et Mercure affectent le Soleil, nous pouvons affirmer qu'elle ne ressemble pas au procédé du forgeron ; ces planètes n'assènent pas de coup violent au Soleil, de coup qui puisse produire un effet prodigieux ; elles presseraient plutôt la détente et provoqueraient ainsi subitement un changement considérable ».

Lorsque Vénus traverse l'équateur solaire, les taches ont une ten-

dance à se grouper près de l'équateur, tandis qu'elles s'en éloignent lorsque
la planète passe dans l'un ou l'autre hémisphère ; tel est le résultat de 1867
de de la Rue, Stewart et Lœwy. Ce résultat fut retrouvé par Arctowski
(1916) mais en invoquant un retard de cinq rotations solaires (??) et selon le mécanisme suivant : recherchant l'action de la Terre sur un déplacement de la latitude moyenne des taches, il conclut à une simple action
de masse de sorte que l'effet de Vénus devrait être double de celui de la
Terre — ce qui préciserait le phénomène annoncé. Une telle influence est,
d'ailleurs, fort discutée par Kostitzin. De pareilles actions avaient été,
peu avant, admises et étudiées par Schuster.

A propos des relations entre les planètes et les taches solaires, Duponchel s'était efforcé aussi, dès 1881, de rattacher la période des taches
à la rotation de Jupiter, ce qui accorderait à cette planète une action
directrice prépondérante bien invraisemblable ; ou bien, plus généralement, par des relations entre les taches solaires et les mouvements planétaires, il entend donner une formule qui représente les observations des
taches pour une durée de trois siècles...

Mais on est là sur un terrain mouvant, côtoyant l'astrologie et rien
de décisif ne s'impose encore.

Les recherches étaient poursuivies en même temps, plus ardentes
que jamais, sur un terrain plus solide et, surtout aussi, avec un matériel
d'observation beaucoup plus riche, une documentation plus sûre et plus
complète. A Greenwich, on constate que la surface des taches croit en
moyenne à mesure qu'elles s'approchent du méridien central, pour décroître dans la même proportion en s'en éloignant ; Mrs Maunder établit que
la surface tachée lorsque la Terre est près de son périhélie (novembre,
décembre et janvier) est inférieure à celle qui correspond au voisinage de
l'aphélie (mai, juin et juillet) et, par de minutieuses statistiques, met en
évidence une action de la Terre sur le Soleil — ce qui confirment les recherches de Evershed, Royds, Ayyar, L. Rodès, etc. Les taches qui se forment
sur la partie invisible sont plus nombreuses que celles qui apparaissent
vis-à-vis de la Terre ; entre $\pm$ 70° du méridien central, il y a un tiers de
grosses taches de moins que si elles étaient réparties au hasard ; à l'est
du méridien central, les taches formées dépassent de 25 % celles qui naissent à l'ouest ; et, la Terre se trouvant tantôt au nord, tantôt au sud de
l'équateur solaire, c'est à chaque fois l'hémisphère contraire qui présente
un excédent de taches de 5 à 6 % — ce qui paraît détruire la constatation
de Newcomb sur une prédominance constante de l'hémisphère sud du'
Soleil...

Mémery revient (1923) sur une remarque assez curieuse qu'il avait déjà faite : si, sur plusieurs périodes solaires, on établit la moyenne des taches pour chaque jour de l'année, on obtient une courbe qui, au lieu d'être sensiblement uniforme, présente des sortes de vagues périodiques ; et même, alors qu'autour du 8 août on a les nombres relatifs les plus élevés de l'année, par contraste, autour du 24 août, se présentent les minima absolus. Aussi, ce même auteur propose-t-il (1924) de traiter les surfaces tachées en additionnant les éléments pour les mêmes jours de l'année, comme on le fait pour les éléments météorologiques : il trouve ainsi des oscillations, maxima et minima à certaines dates, et y voit l'origine possible d'une explication valable et plus simple des Saints de glace, été de la Saint-Martin, etc... puisque l'on devrait aboutir en fin de compte à une ligne droite si la période solaire n'est pas commensurable avec l'année.

Mais ceci n'est ni rigoureux, ni suffisant — et Mémery ne l'ignore pas. Comment reconnaître si un phénomène est dû à la présence ou à l'absence de taches ? alors que les moyennes mélangent les jours où le Soleil a présenté des taches avec ceux où il n'y en a pas eu : et le travail s'accroît sans cesse s'il faut comparer, *chaque jour*, les variations des phénomènes solaires avec les variations des éléments atmosphériques pour le plus grand nombre possible de stations terrestres.

Puis, quelle comparaison effectuer ? S'agit-il de la surface totale des taches, ou de leur apparition au bord ? de leur passage au méridien central, ou à tout autre méridien ? Nous avons vu déjà des remarques très diverses avec ces différents points de vue. Enfin, la surface tachée n'est encore qu'*un* des éléments : forme et latitude des taches interviennent ; et, surtout, les taches paraissent agir sur nos températures dans leurs périodes de croissance, beaucoup plus qu'au cours de leurs phases décroissantes...

Il est encore trop tôt pour porter un jugement définitif : combinaison remarquable de plusieurs ondes des divers cycles solaires ? ou mise en évidence formelle de l'action de la Terre, et de sa position sur son orbite, sur la production des taches ?

Le sujet reste passionnant, et est loin d'être épuisé.

LA SITUATION DE LA MÉTÉOROLOGIE

De ce dernier point de vue, la Terre agirait sur le Soleil pour en atténuer les taches. Et pourquoi pas les autres planètes ? Est-ce à cause de notre forte densité ? de notre régime électrique ou magnétique ?... Le problème, on le voit, se complique étrangement et nous sommes en plein mystère : action du Soleil sur la Terre ? action de la Terre sur le Soleil ? Conséquences simultanées d'une troisième cause plus générale ?

Or donc, et malgré d'aussi redoutables énigmes, pour se faire une idée de la *Variabilité des Climats*, il faut au moins connaître *le sens* des phénomènes d'évolution à la surface de notre planète et c'est au physicien que l'on s'adresse tout d'abord : lord Kelvin (v. ci-des. pp. 52 et 222) nous indique quelque 25 millions d'années pour que le refroidissement progressif permette à la Terre sa situation actuelle.

Veut-on aller plus loin et envisager l'apparition de la matière vivante ? Il ne suffit pas alors de dire que la Terre devint assez froide pour que la vie y fut possible : nous avons vu qu'il faudrait connaître toute l'histoire de la composition de notre atmosphère, sur laquelle réagiront ultérieurement les végétaux ; ses variations sont aussi certaines qu'importantes (v. ci-dessus, p. 85) et les êtres vivants eux-mêmes peuvent être considérés comme des réactifs du milieu (v. ci-dessus, p. 100). Mais le mystère est assez profond. Sir David Brewster est sans doute le premier qui ait signalé la présence de l'acide carbonique dans les cavités de certains cristaux ; Théodore Simmler indique qu'il pourrait même peut-être s'y rencontrer à l'état liquide (1) ; et nous avons mentionné la présence des gaz dans les roches basaltiques (v. ci-dessus, p. 19).

Bien frêles coups de sonde dans le passé que tous ces renseignements, et J. Duclaux est sans doute le seul pour avoir conçu un mécanisme chimique propre à faire comprendre l'origine et le maintien de la vie.

Et comment allons-nous nous efforcer de vérifier *expérimentalement* la légitimité de tels calculs ?

En étudiant pendant 25 ans la formation des deltas dans le lac des Quatre-Cantons, Albert Heim (1894) apprécie la vitesse du phénomène et fixe à 16.000 ans environ — entre 10.000 et 50.000 — l'âge absolu de la période post-glaciaire, c'est-à-dire la plus voisine de nous. Penck et Brückner concluent plus récemment à 20.000 ans. Par l'observation du transport des alluvions dans les Alpes, Collet obtient 12.000 ans.

Certes, il s'agit du procédé connu sous le nom d'*extrapolation*, procédé souvent légitime ; l'est-il dans ce cas ? La vitesse des phénomènes observés est-elle *rigoureusement* constante ? est-il permis — ou trop hardi — d'extrapoler de 25 à 10.000 ou à 25 millions ? Que dirait-on du voyageur qui, d'après la direction de 25 centimètres d'un sentier concluerait à son extré-

____

(1) Cf. : *Ann. de Pogg.*, 1858 ; anal. dans *Cosmos*, t. XIV (1859), p. 150.

mité cent mètres ou 250 kilomètres plus loin ! Est-ce bien de la simple hardiesse ?... ou de la témérité et ne serait-il pas indispensable que ces indications fussent confirmées par plusieurs méthodes *très différentes* ?

Et voilà que, après examen approfondi de la radiation solaire (v. ci-dessus, p. 222), le physicien nous réclame 85 milliards d'années, ce qui repousse l'extrémité de notre sentier à quelques 850.000 kilomètres !...

On a pensé être plus heureux en s'adressant à un phénomène très lent et progressif, comme celui de la sédimentation, pour y trouver la fixation de l'unité de temps géologique (v. ci-dessus, p. 21). Tant que la sédimentation se continue dans des conditions normales, il n'y a pas de trop grandes difficultés : mais si, à cause des mouvements de l'écorce, ou par suite de changements dans les facteurs climatiques, il y a interruption ou modification dans la sédimentation, on se trouve en présence de stratifications, et la complexité dans l'appréciation du temps augmenté singulièrement ; par l'expérience, en effet, nous avons une petite idée sur un cycle de sédimentation — alors qu'une stratification nous échappe bien davantage.

Puis, que valent tous les témoignages que nous avons rapportés ? et les divers auteurs ne sont-ils pas entraînés plus loin que ne l'exige une critique sévère ? Prenons-en deux exemples. Nous avons dit que, à l'époque houillière, la présence de tissu en palissade supposait une atmosphère assez transparente pour que les feuilles fussent soumises à l'action directe de la lumière (v. ci-dessus, p. 23) : or ces feuilles ne sont connues que par des traces et non par des coupes, d'où déjà une partie d'hypothèse ; puis, à cette époque, il y avait beaucoup de cryptogames, qui n'ont presque jamais de tissu en palissade mais bien du tissu chlorophyllien uniforme, cas qui se présente actuellement ; alors ? En second lieu, nous avons vu abandonner successivement les vieilles théories des tremblements de terre, comme tout à fait désuètes : or, en montrant les aspects de la sismologie moderne, van de Putte classe les volcans en trois catégories, effondrements, affleurements et explosions, ce qui nous fait revenir aux plus antiques théories sur les mouvements de l'écorce (v. ci-dessus, p. 189).

La théorie générale des cataclysmes de Cuvier peut encore aujourd'hui se légitimer partiellement dans l'histoire du globe, et sans contredire en rien la conception d'un équilibre isostatique de l'enveloppe terrestre : des périodes sensiblement uniformes ont été séparées, au cours du refroidissement, par des variations subites ou du moins rapides (v. ci-dessus, pp. 10 et 35). Les phénomènes, à diverses reprises, se seraient reproduits dans le même ordre : une période de tranquillité relative pendant laquelle les continents s'affaissent par rapport aux mers, les eaux envahissent les terres basses qui se recouvrent de sédiments abondants ; puis, marche inverse, les continents se soulèvent et les composantes horizontales du mouvement engendrent les phénomènes de plissement.

Suivant un rythme de cette nature, périodes de bouleversements suivies d'ères tranquilles, le géologue anglais Joly assigne au cycle complet une durée d'environ 40 à 50 millions d'années, ce qui ferait à peu près 25 millions d'années pour une période de repos comme celle que nous traversons. Mais, aussi, il devient impossible d'accepter, sur le refroidissement progressif de la Terre, des idées aussi simples que celles que nous avons indiquées (ci-dessus, pp. 19-20) ; car le refroidissement ne se produit pas *sous* les continents qui constituent une sorte de manteau protecteur, mais bien, principalement, par les aires marines — nouvelle complication pour apprécier le mécanisme d'un phénomène déjà assez confus.

Une fois de plus, nous voici ramenés en arrière pour apprécier l'influence des causes géographiques sur la série des périodes diluviennes (v. ci-dessus, p. 85) : influences atmosphériques (v. ci-dessus, p. 63 et suiv.) et ses variations ; rôle capital des courants marins que nous avons pressenti à partir de la page 68 et résultats un peu paradoxaux de Eckholm quand il cherche à en tenir compte (v. ci-dessus, pp. 64, 70 et 185) ; modifications dans la teneur de la mer (v. ci-dessus, p. 70) ; différences dans le refroidissement par rayonnement, plus rapide sur les océans que sur les terres (v. ci-dessus, p. 72) ; rôle des lacs eux-mêmes comme régulateurs de climats ; etc., en somme, il faut bien le dire, nombre de facteurs dont nous pressentons l'importance sans pouvoir les mesurer exactement.

Ainsi, en fait, et par la météorologie en particulier, nos instruments sont encore incapables de nous fournir la plus grossière approximation sur l'amplitude des époques géologiques.

Faut-il donc, pour cela, se décourager ? et dire avec Esclangon (1906): « Il faut avouer, en effet, malgré l'opinion de météorologistes trop ardents, que la Météorologie est encore actuellement composée de faits sans liens entre eux, présentant le spectacle d'un désordre extrême et sur lequel la science moderne n'a pu trouver de prise sérieuse ».

C'est là un scepticisme exagéré et stérile.

*
* *

Car si le problème de la radiation solaire domine la Météorologie moderne, le météorologiste ne peut plus, seul, envisager la question dans son ensemble : il faut qu'il ait recours, 'pour l'histoire de la Terre, aux offices de l'astronome et du géologue, du physicien et du naturaliste.

La marche de l'insolation à la surface de la Terre, les relations entre cette insolation et la température de la surface et de l'atmosphère, constituent assurément un problème fondamental, soit pour la Météorologie, soit pour la seule Climatologie : et les recherches sur les variations séculaires de cette insolation conduisent nécessairement aux études paléoclimatiques et à la considération des époques glaciaires. Mais l'insolation dépend de la transmission des radiations solaires et, outre l'influence variable de notre atmosphère qui intervient, nous avons déjà vu (ci-dessus, p. 48) que les conditions de réception de la chaleur sont fort complexes et difficiles à estimer.

Si l'on veut étudier théoriquement, mathématiquement pour ainsi dire, l'étude de la radiation, on est obligé, comme Milankovitch, de faire subir au problème de grandes simplifications : pour les températures moyennes annuelles théoriques, négliger les courants aériens et marins — ce que nous savons devoir être inadmissible ; pour la répartition de la température en altitude, supposer un équilibre mécanique et thermique, et négliger les actions thermodynamiques — ce qui est impossible d'après les travaux de Teisserenc de Bort. Néanmoins, l'auteur apporte d'intéressants résultats et fixe l'âge de la croûte terrestre à un minimum de 122 millions d'années.

Dans une œuvre qui offre un grand intérêt pour la critique des diverses hypothèses qui ont été émises, Brooks étudie plus spécialement les conditions du refroidissement de la Terre : il conclut que le phénomène ne fut pas progressif et met en évidence diverses crises glaciaires, la dernière ayant duré environ 30.000 ans et se trouvant terminée depuis seulement 15 à 20.000 ans (1) — chiffre peut-être un peu faible. Et, revenant plus particulièrement sur la dernière grande période glaciaire, Spitaler montre qu'elle ne se compose pas d'une seule période de formation des glaciers mais, au contraire, d'une succession d'époques glaciaires et interglaciaires, avec des stades d'oscillation, grandes oscillations de températures qui peuvent affecter jusqu'aux zones tropicales, réfutant ainsi l'objection que l'on a toujours opposée à la théorie astronomique des époques glaciaires, à savoir qu'une formation glaciaire est impossible dans la zone équato-

---

(²) **A** rapprocher de ce qu'indiquent Heim, Penck et Collet, v. ci-dessus pp. 52 et 289.

riale parce qu'une telle formation doit se produire alternativement sur les deux hémisphères ; il reste bien entendu que les grandes formations glaciaires ne dépendent ni d'un défaut de radiation solaire, ni d'un hiver long et rigoureux, mais d'un été frais qui favorise la descente des torrents glaciaires ; les courbes que fournit l'auteur facilitent la classification des périodes de glaciation et tendent à écarter les doutes qui subsistent encore sur les dépôts glaciaires et interglaciaires ; enfin, admettant que les résultats de Farland suffisent à autoriser une division du temps au cours de la grande période glaciaire, Spitaler conclut que des périodes froides et chaudes se succèdent suivant un cycle de un million d'années — et, *si des modifications tectoniques ne l'arrêtent pas*, ce qui paraît avoir été le cas dans les périodes terrestres antérieures, une nouvelle période glaciaire commencera dans 480.000 ans !... (1).

Tout cela, assurément, reste bien conjectural et, ici non plus, nous ne devons pas oublier la variété extrême dans les périodes qui ont été proposées : nous avons vu parler de cycles de 26.000 ans (v. ci-dessus, p. 57) ; puis Drayson élève la période à 32.000 ans pour un cycle chaud et froid, que Péroche porte à 43.400 ans (v. ci-dessus, pp. 52 et 50)... tandis que Rémond nous affirme que l'homme se démène sur la terre depuis 1.200.000 ans ! (v. ci-dessus, p. 54).

Mais, si problématiques que soient encore toutes ces recherches, le météorologiste d'aujourd'hui ne peut plus les ignorer.

Puis il ne s'agit encore ici, en gros, que de la façon dont la chaleur solaire est reçue par notre planète : une fois reçue, il faudrait savoir comment elle est répartie, comment elle circule, se distribue et se perd — nous revenons, de nouveau, aux rôles de l'atmosphère et des eaux.

Pour l'atmosphère, nous sommes trop ignorants de la nature des échanges dans les régions supérieures pour pouvoir dès aujourd'hui en parler utilement.

Pour les eaux elles-mêmes, nous avons vu dès la page 86 que, depuis le milieu du xixe siècle, les meilleurs auteurs se préoccupaient du rôle des courants, de l'influence des glaces erratiques et de leurs mouvements du fond vers la surface. Mais ici, malheureusement, les recherches scientifiques furent entravées par une idée préconçue que, dans une longue et très intéressante étude sur l'océan glacial et les expéditions projetées au pôle nord, Charles Grad résumait avec précision : « L'existence d'une mer libre de glace pendant une partie de l'année au moins est certaine et seule

---

(1) L'auteur précise : après l'année 1850 !

compatible avec celle des grands courants, allant du nord au sud dans les hautes latitudes. Cette circonstance présente une singulière facilité pour l'accès du pôle nord... » (1). Nous avons eu l'occasion de mentionner les origines de cette erreur grossière (v. ci-dessus, p. 49) et d'indiquer comment Angot a su la réfuter entièrement.

Elie de Beaumont eut une vue beaucoup plus précise (2) : il pense avec raison qu'il serait très important d'étudier les mouvements et les variations annuelles de la couche de glace des régions polaires, les modifications dans ses limites — en un mot son régime complet. Le Verrier en avait prescrit l'étude aux météorologistes pour une enquête systématique, mais... rien ne fut effectué et nous allons en voir (p. suiv.) la cause dans le scepticisme ironique de certains savants. Cependant, Bréguet fournissait peu après une idée curieuse : en conformité avec des suggestions de Faraday, il pensait qu'une baisse barométrique et la présence de nuages dans les régions polaires étaient les conditions *favorables* dans lesquelles se produisent les aurores — voie peu exploitée et qui eût pu être féconde. Il fallut attendre assez longtemps pour voir entreprendre l'étude systématique des mouvements des glaces et de la distribution de la banquise (v. ci-dessus, p. 70) ; des variations de la banquise en relation avec l'état des courants de l'océan (v. ci-dessus, p. 245) ; peut-être aussi, comme le veut Pettersson (v. ci-dessus, p. 69), faut-il tenir compte des mécanismes complexes que les mouvements des glaces déterminent pour la transformation et le transport de l'énergie. Et si tout cela, selon d'heureuses suggestions, avait été entrepris plus tôt, nous n'en serions pas aujourd'hui réduits aux mirages les plus fallacieux, Hildebrandsson se retranchant derrière le régime arctique (v. ci-dessus, p. 282), Pettersson promettant les plus beaux résultats des connaissances polaires (v. ci-dessus, p. 238), en un mot, chaque spécialiste disant aux autres : « Indiquez-moi ce qui se passe aux pôles et je vous expliquerai le reste ». (v. ci-dessus, p. 70).

Quoi qu'il en soit de ces retards fâcheux, toutes les considérations que nous venons d'indiquer doivent être à la base des préoccupations du météorologiste moderne.

---

(1) *Cosmos*, 3ᵉ série, t. II (15 février 1868), p. 3.
(2) Cf. : *Cosmos*, 3ᵉ série, t. II (8 février 1868), p. 12.

**

Si le problème d'indiquer le temps à l'avance est peut-être le plus complexe et le plus difficile que l'homme puisse se proposer, il faut bien reconnaître que, par leurs doutes autoritaires, les milieux scientifiques portent la lourde responsabilité d'en avoir retardé la solution. « Jamais, écrivait Arago, quels que puissent être les progrès des Sciences, les savants de bonne foi et soucieux de leur réputation ne se hasarderont à prédire le temps » (1). Et des savants aussi considérables que Biot et Regnault faisaient chorus (v. ci-dessus, p. 200) pour ridiculiser les efforts sincères. Les vulgarisateurs n'avaient qu'à développer ce thème facile et l'on peut être légèrement stupéfait lorsque, à propos de prévision du temps à longue échéance, on voit Flammarion écrire « ... la théorie et l'observation s'accordent pour établir que, dans l'état actuel de nos connaissances, la prédiction du temps est une chimère » (2). Quelle *théorie?*...

De la sorte, l'organisation de la Météorologie fut nettement retardée de vingt-cinq ans *en France* (3), et elle n'existait pas encore lorsque Robert H. Scott donnait une lecture très intéressante sur les progrès de la prévision du temps, rapportant et commentant sévèrement le sarcasme d'Arago (4). Cependant, il est juste de reconnaître que, parmi les précurseurs intelligents, nul plus que l'abbé Moigno ne bataillait en faveur de la Météorologie (5) : à propos de postes météorologiques en Algérie, il déplorait qu'il n'y eût aucun service central bien organisé en France, comparable à ceux de l'étranger et « sollicitait à genoux cette création » (6).

La Météorologie eut à souffrir, surtout, du problème de la prévision du temps, problème assurément passionnant, car l'homme n'était pas encore outillé pour l'aborder avec grandes chances de succès : mais il était impossible de reculer devant l'obstacle, de se dérober, en considérant l'importance des intérêts en jeu, la protection de la vie des marins, etc.. ;

---

(1) *Ann. du Bur. des Longit.*, 1846, p. 376.
(2) *Cosmos*, t. 24 (1864), p, 60.
(3) V. à cet égard un article très intéressant dans *Cosmos*, t. I, pp. 377 et 528.
(4) *Instit. roy. de Gr. Bretagne*, 14 février, 1873.
(5) Pour se rendre compte de cette action bienfaisante, il faut parcourir la collection de *Cosmos* et *Les Mondes*, notamm. *Cosmos*, t. IV (1854), pp. 158, 531 et 695.
(6) Cf.: *Cosmos*, t. II, 8 mai 1853, p. 553. Je suis heureux de trouver cette occasion pour rendre hommage à ce journaliste courageux, fécond et utile, et surtout sincère et passionné pour la Science.

et, poussée par la nécessité immédiate, la Météorologie fit d'utiles progrès, notamment dans le développement de nos connaissances sur la haute atmosphère, grâce aux sondages par ballons et cerfs-volants.

Certes, certains savants préconisaient avant tout l'étude du baromètre pour la prévision du temps, et l'on ne peut qu'applaudir aux recherches désintéressées de Babinet, Coulvier-Gravier, Montigny, Crahay, Dove, etc... (1) ; reconnaître les efforts souvent couronnés de succès de Fitz-Roy (2) ou Scott (3) pour faire progresser l'art météorologique. Hélas ! il n'en était pas partout de même : l'Académie, trop souvent, couvrait de son autorité les travaux sensationnels du maréchal Vaillant, qui se piquait de Météorologie alors qu'il n'était qu'un intarissable bavard (4).

Mais, bientôt, au Congrès d'Innsbrück (1905), tous les météorologistes les plus éminents sentaient le besoin d'études comme celle que nous avons tentée, en applaudissant à la conclusion suivante :

« Mais ce qui paraît aujourd'hui le problème capital, et tout à la fois le plus obscur de la météorologie, c'est celui de la variation périodique des éléments météorologiques et de leur relation avec l'activité solaire. L'expédition antarctique britannique a observé le recul des glaciers qui entourent le pôle sud ; les glaciers arctiques, les glaciers alpins sont en retrait. L'Afrique et l'Asie centrale se dessèchent. Est-ce un reflux qui sera suivi d'un nouveau flux ? Est-ce un recul définitif ? A quels phénomènes météorologiques se rattache le phénomène géographique, et comment les faits météorologiques eux-mêmes dépendent-ils des faits astronomiques ? Tel est le grand problème, dont la solution, qui intéresse à un si haut degré l'avenir de l'homme sur la Terre, ne pourra être obtenue qu'au prix de longues années de collaboration active entre hommes de bonne volonté de tous les pays, et entre savants adonnés à des recherches spéciales dans des sciences diverses, physique, astronomie, géographie, qui doivent être plus que jamais soucieux de coordonner leurs efforts » (5).

Nous voyons là, résumées magistralement, un grand nombre des opinions que nous nous sommes efforcés de mettre en lumière au cours de cette trop longue étude, et qui nous ont décidé à la tenter : et si l'on a bien

---

(1) Cf. : *Cosmos*, t. II (1853), p. 571.

(2) Fitz-Roy, Prévision du temps, *The Pop. Sc. Rev.*, mai 1867 ; trad. av. des annot. dans *Les Mondes*, t. XV (1867), pp. 152-160.

(3) V. un intéressant article à cet égard dans *Les Mondes*, t. XXIII (1870), pp. 147-150.

(4) Cf. notamm. : *Les Mondes*, t. IV (1864), pp. 351 et 674 ; t. V (1864), p. 332.

(5) BERNARD BRUNHES, *La Géographie*, t. 13 (1906), p. 133.

voulu suivre cet exposé, réfléchir à la faiblesse des effets invoqués, peser toutes les causes d'erreurs ou d'illusions, on reconnaîtra peut-être que le plus sage à l'heure actuelle pour le météorologiste est d'étudier avec un grand esprit critique les séries d'observations de chaque station, d'accumuler des documents précis, tout dépouillés, *bien préparés*, etc... Si l'on avait toujours continué des études aussi minutieuses que celles qui avaient été entreprises au début — comme, par exemple, celle de Reslhuber sur la pression — on serait aujourd'hui en possession de documents de confiance, portant sur un siècle d'observations et les conclusions y gagneraient en précision.

*
* *

Malheureusement, il faut bien le dire, tant d'efforts persévérants risquent d'être perdus : la jeune génération, grisée par la navigation aérienne qui frappe plus l'imagination de la foule, méprise trop souvent la Climatologie qui entraîne cependant des applications d'une portée beaucoup plus haute, mais nécessite de plus longs travaux et ne comporte pas un profit immédiat aussi brillant.

Et, d'ailleurs, au fur et à mesure que se développent les tentatives de Météorologie scientifique, deux qualités rares deviennent indispensables dans les recherches : l'érudition et le bon sens. Nous voulons le montrer par deux exemples.

L'érudition. Schereschewski et Wehrlé, ayant publié en 1923 une méthode aussi nouvelle que sensationnelle, sont bientôt contraints d'avouer que le cyclone typique avait été étudié déjà avant eux : en leur répondant, Vincent dit : « J'ai montré par des citations qu'il y a incohérence » (1), et indique que les lois données sont identiques à celles déjà publiées en 1877 — 46 ans auparavant ; Guilbert les accuse honnêtement de plagiat, en ajoutant : « Une telle accumulation de mots étranges, insolites, ne saurait en imposer, même aux savants étrangers à la Météorologie (2) ». Et voilà qui établit suffisamment ma première proposition.

Le bon sens. Car si la prévision du temps est un exercice difficile, il faut du moins le tenter de bonne foi : le météorologiste doit se contrôler sans cesse avec rigueur et ne pas chercher constamment à légitimer, par des atténuations progressives, ce qu'il avait indiqué. J'irai même plus loin : en

---

(1) *Rev. Scientif.*, 1924, p. 335.
(2) *Rev. Scientif.*, 1924, p. 399.

ces matières, une critique sévère des erreurs est plus instructive et plus
féconde que l'examen des succès, car la bonne prévision peut être souvent
un effet du hasard. Il faut donc sincèrement publier ses prévisions et en
prendre la responsabilité et, du point de vue scientifique, on reste confondu
quand on voit que telle n'est pas la méthode employée à l'Office National
Météorologique. « En effet, les cartes qu'on y trace, *pour le lendemain*, et les
prévisions transcrites, également *pour le lendemain*, ne sont lithographiées
que ce même *lendemain*, c'est-à-dire quand les résultats des cartes et prévisions sont connus » (1). Et, devant une protestation indirecte et imprécise, le même critique s'explique. « Sans doute, il est plus facile de publier,
dans le *Bulletin d'Etudes de l'Office National*, des prévisions... après l'événement. On nous accuse ici d'insinuations : pas du tout. Nous avions énoncé
un jugement formel : des prévisions imprimées après coup n'ont pas d'au-
thenticité. Mais puisqu'on semble rechercher d'autres affirmations, nous
préciserons davantage. Il est exact que des corrections ont été faites au
Bulletin d'Etudes et c'est pourquoi ce bulletin ne peut faire foi, puisque de
semblables corrections restent toujours possibles » (2).

Mais, ici, se révèle la différence profonde qui existe entre l'astronomie
et la météorologie. Certainement, l'observation ne constitue pas en général un but scientifique : ce n'est qu'un moyen, qui doit être complété par
l'expérience orientée. En astronomie, il est souvent facile d'expérimenter
devant des phénomènes qui se reproduisent ; en météorologie, on doit
saisir les phénomènes au vol et il est impossible de répéter l'expérience
dans des conditions comparables sur des apparences aussi fugitives, et il
était certainement indispensable, au début, de tout observer dans l'espoir
qu'un jour ces observations trouveraient leur utilité. Assurément, il faut
éviter l'écueil d'une telle méthode, la routine qui nous ferait indéfiniment
accumuler des nombres sans but précis et, dès 1820, Brandes mentionnait
avec raison qu' « il faut autant que possible se proposer des questions
déterminées et se mettre à réunir les observations capables d'en fournir
la solution ».

Reprenant avec vivacité le parallèle entre les deux sciences, A. Schuster critique l'état actuel de la météorologie « faite de routine... ; il n'y
a pas grande exagération à dire que la météorologie a progressé malgré
les observations, et non à cause des observations », — et propose assurément un plan assez judicieux de collaboration visant des buts parfaitement déterminés. J. Vincent donne, à ce propos, une étude historique inté-

---

(1) (2) G. GUILBERT, *Rev. Scientif.*, 1924, pp. 400 et 604.

ressante pour indiquer les problèmes qui doivent être élucidés en dehors
des longues statistiques, et nul mieux que Duclaux n'a montré comment les
moyennes peuvent cacher la seule partie féconde et instructive d'un phénomène. Mais c'est là question d'espèce : pour d'autres problèmes, les
longues et multiples observations sont indispensables et il est très regrettable qu'une vaste enquête n'ait pas été poursuivie sur l'ensemble des
phénomènes géophysiques — peut-être sur un plan comme celui qu'ont
proposé E. Lagrange et E. van den Broek (cf. A. Marique) ; le matériel
acquis de la sorte, soigneusement mis en œuvre, aurait sans doute permis
déjà de déblayer bien des questions et de préciser des points obscurs.

***

Il y a lieu d'insister un instant sur ce que nous avons appelé des
documents *bien préparés* : il ne suffit pas, en effet, que tous les nombres
d'observation soient imprimés, constituant des montagnes de chiffres où
il devient impossible de se reconnaître, pour le plus grand dommage des
études météorologiques ; il faut que ces documents soient classés, que les
moyennes soient effectuées, que les nombres soient groupés de façons précises tout prêts, en un mot, pour être utilisés — en vue des recherches
diverses.

Dès le début, les recherches sérieuses de Climatologie ne furent guère
encouragées, notamment par suite d'une incompréhension totale du rôle
et de la valeur indispensable des documents, comme nous l'avons vu dans
le cas du maréchal Vaillant (v. ci-dessus, p. 89). Puis l'organisation faisait
défaut, et Radau pouvait écrire, dès 1862 : « On fait déjà aujourd'hui tant
d'observations météorologiques qu'il est à peine possible de les discuter et
de les utiliser toutes » (1).

Et malgré les efforts dévoués et éclairés de Angot, le mal ne fit ultérieurement que s'aggraver avec la multiplicité des stations, surtout faute
de crédits suffisants. Cependant, il y aurait quelque chose à faire, il y aurait
même beaucoup à faire et une œuvre fort utile : certes, nous l'avons vu
(p. 88), il faut tout d'abord s'adresser à des documents certains et continus, bien contrôlés, si l'on en veut tirer un profit fécond, quitte à simplifier
et à centraliser leur utilisation par un procédé analogue à celui que propose
Lévine (v. ci-dessus, p. 132) ; puis il faut, comme je l'ai indiqué page 113,

____

(1) *Cosmos*, t. XX (1862), p. 358.

procéder à un dépouillement systématique du trésor de nos Archives et les mettre en œuvre par des discussions systématiques comme celles qu'a effectuées Arctowski (v. ci-dessus, p. 263).

Or, au fond, un des plus grands problèmes se réduit à deux facteurs : d'une part, l'étude de la variation de la radiation solaire et, d'autre part, celle des changements d'ordre météorologique que cette variation entraîne dans les différentes régions du globe.

Et lorsque les climatologistes donnent des cartes avec les valeurs dites normales qu'ils se sont efforcés d'obtenir, leurs moyennes sont basées sur le plus grand nombre possible d'observations et dissimulent les singularités et les oscillations des phénomènes : la carte n'est alors qu'une image difforme de la nature, une représentation pétrifiée ou statique de phénomènes incessamment changeants, impropre par conséquent à l'étude visée. Pour remédier à cette difficulté, Arctowski a très justement proposé d'aborder la partie purement météorologique du problème par la constitution de cartes climatologiques *annuelles*, tracées aussi correctement que possible pour de grands espaces du globe : leur succession permettrait de suivre les modifications générales de l'atmosphère.

Reprenant les cartes avec lesquelles Hildebrandsson figurait les écarts mensuels de pression à la surface du globe, et les étendant à des périodes annuelles et quinquennales, Arctowski cherche à mettre en évidence l'existence d'une sorte de respiration des masses continentales, dont les maxima d'aspiration des centres d'action anticycloniques s'observeraient à des intervalles de quelques dizaines d'années. Et, de même qu'Otto Pettersson avait imaginé que les deux pôles étaient les centres d'action principaux des phénomènes d'ordre climatologique et océanographique, il semble réellement résulter de tels diagrammes que les variations arctiques ont une influence incomparablement plus grande que celles des régions désertiques ou océaniques et continentales.

Puis, quel est le mécanisme intime de la variation séculaire des climats telle que les documents météorologiques semblent nous la révéler ? S'il s'agit de pulsations plus ou moins profondes, ayant l'air de déplacer plus ou moins les stations intéressées vers un régime continental ou marin, augmentant ou diminuant par conséquent les gradients, le problème est relativement simple et doit être abordé de front par l'étude méthodique de toutes les stations et la constitution de cartes comparatives. Mais la question semble encore plus compliquée : il paraît y avoir des ondes ayant différentes origines, se propageant de proche en proche à la surface de la terre, avec des combinaisons de phénomènes analogues aux phénomènes d'interférence ; la solution du problème sera alors beaucoup plus complexe, assurément plus difficile, que l'analyse des marées ; et l'étude des stations particulières, qui doit toujours être effectuée à la base, ne sera pas le commencement de la solution car elle ne fera qu'apporter les nombres nécescessaires, comme l'heure et l'amplitude de la marée, avec lesquels on devra s'efforcer de trouver une méthode de calcul convenable.

Il est certain que cette enquête systématique est malaisée et nécessitera des efforts continus ; mais il nous est impossible, pour l'avenir de l'humanité, de nous désintéresser d'une question qui paraît bien liée, d'une manière assez mystérieuse, avec divers cycles économiques comme les résultats des vendanges, de la pêche ou des récoltes (v. ci-dessus, notam. pp. 138 et 156), des éléments ethniques comme ceux des migrations ou de la natalité (v. ci-dessus, pp. 27 et 29), ou de simples fluctuations des habitants vers les lieux favorables à la culture (v. ci-dessus, p. 120), la marche des affaires et, peut-être aussi, les grands mouvements politiques (v. ci-dessus, pp. 245 à 247).

Ainsi donc, avant d'aborder le problème solaire sous la forme la plus générale, on peut se contenter d'assurer les bases de départ en discutant avec soin des cas particuliers. « Pour le moment, dit Arctowski (1908, p. 89), le problème n'est pas de rechercher les preuves de l'existence d'une certaine corrélation entre les variations de l'activité solaire et celles des phénomènes atmosphériques, car, si vraiment cette corrélation existe, comme cela paraît être certain, elle ressortira tout naturellement de la discussion des faits d'observation. Le problème actuel réside, au contraire, dans la recherche d'une méthode permettant de manipuler les chiffres de telle sorte qu'ils nous mènent à la compréhension des lois suivant lesquelles les phénomènes atmosphériques varient avec le cours des années ».

L'étude de Arctowski sur le climat de Varsovie est un excellent modèle de travaux limités : les observations remontent à 1760 et, depuis 1825, elles présentent l'avantage d'avoir été poursuivies à l'Observatoire où elles se font encore de nos jours ; les conditions générales de l'Observatoire ont été peu modifiées par le développement de la ville elle-même et, par là, cette série d'observations est plus constante et plus homogène que celles de Greenwich, Paris ou Bruxelles, où l'influence de la cité voisine est considérable et progressivement variable. Néanmoins, l'influence de la cité se fait encore sentir lentement sur la marche de la température : au premier abord, il semble possible d'éliminer l'influence de la ville, mais de telles corrections sont toujours délicates et aléatoires, en sorte que l'auteur, après examen de la question, exprime (p. 315) « la conviction qu'en cherchant à corriger les chiffres résultant des observations — chiffres qui ont d'ailleurs déjà subi certaines corrections — on introduirait inévitablement des considérations arbitraires et l'on fausserait tout simplement les résultats ».

* *
*

Les travaux locaux très soignés que nous préconisons, les nombres bien préparés, constituent la première phase, indispensable, de cette vaste étude de Climatologie : et, dans ce sens, nous avons vu, précisément, page 281, que les documents les plus probants qui aient été apportés, pour une corrélation entre les taches solaires et les températures terrestres, l'ont été par Angot avec *une seule station équatoriale*, discutée avec le plus grand soin (1).

Sans doute, à l'heure actuelle, la littérature météorologique renferme déjà des études très importantes et nous avons eu de nombreuses occasions de le mettre en évidence ; sans doute, il n'y a pas grand'chose à reprendre à des travaux comme ceux de Abbot sur les relations entre les taches solaires et la rotation du Soleil, de E. et A. S. D. Maunder sur le rôle du passage des groupes de taches au méridien central, de Terada et Liu sur les relations entre l'activité solaire et la pression atmosphérique, de Nukiyama et Mukai ou de Nakamura sur la fréquence des tremblements de terre et la distribution barométrique, de Trowbridge sur les aurores et perturbations magnétiques — et de tant d'autres moins étendus. Mais toutes ces recherches auraient une portée bien autrement générale si elles pouvaient être basées sur des séries d'observations très longues et parfaitement homogènes, et le lecteur assez patient pour nous avoir suivi l'accordera assurément volontiers.

Certes, si soignés qu'ils soient, les documents locaux ne constituent pas un procédé parfait : en limitant les recherches aux régions continentales et civilisées, on néglige la plus vaste partie du globe, celle que recouvrent les mers, et il faut assurément s'efforcer d'y recueillir progressivement des éléments propres à reconnaître le grand rôle régulateur de l'Océan si l'on veut étudier les conditions physiques de l'atmosphère et les lois générales de ses mouvements ; de plus, certains balancements compensateurs se produisent, de telle sorte par exemple qu'un été chaud dans la

---

(1) V. ci-dessus, p. 15, pour l'intérêt des postes peu nombreux mais bien outillés.

région arctique libérera de nombreuses glaces qui, entraînées, apporteront sur des zones étendues l'élément d'un abaissement général de température ; enfin, des recherches comme celles de Brillouin tendraient à ne laisser à la statistique qu'un rôle secondaire.

Tout cela est fort bien. Mais il n'en reste pas moins que toutes les conclusions actuelles sont précaires, précisément, parce que les nombres d'observations sont trop imprécis, ou trop peu nombreux. Nous devons donc améliorer nos statistiques par une discussion critique et apporter, dans ce problème si touffu, des éléments précis — en laissant à nos successeurs le soin de conclure.

Tel est le but modeste et limité que nous voulons prochainement nous efforcer d'atteindre par la publication des documents lyonnais.

BIBLIOGRAPHIE PRINCIPALE

Abbot (C.-G) et F.-E. Fowle, Volcanoes and climats, *Smith. Miscell. Collect.*, t. IX, n° 29.

Abbot (C.-G.), *Month. Weat. Rev.*, t. XXX (1902), p. 172.

— (Variation de la constante solaire), *Amer. Journ. of Science*, t. XXV (1908), p. 532 ; anal. dans *Ciel et Terre*, t. XXIX (1908-1909), p. 148. Voir aussi *Rev. Scientif.*, 1913, p. 498.

— La variabilité du Soleil, *Ann. of the Astrophys. Obs. of the Smiths. Inst.*, t. III ; anal. par A. Bc. dans *Rev. Scientif.*, 1914², p. 215.

— The larges opportunities for Research on the relations of Solar and Terrestrial Radiation, *Nat. Acad. Sc. Proc.*, Washington, t. VI (févr. 1920), pp. 82-95 ; anal. dans *Journ. of the Brit. Astr. Assoc.* t. XXXII (1921-1922), n° 2, p. 76.

— New observations on the variability of the Sun., *Nat. Acad. Sc. Proc.*, Washington, t. VI (1920), pp. 674-678 ; anal. dans *Bull. Astron.*, t. III (1921), p. 158.

Abbot (C.-G.), F. E. Fowle et L.-B. Aldrich, Répartition de la radiation solaire, *Annals of the Astroph. Obs. of the Smith. Inst.*, t. IV (1922) ; anal. dans *Rev. Scientif.*, 1923, p. 524.

Abbot (C.-G.) et ses collègues, *The Solar prelude of an unusual Winter.*, *Proced. Nat. Acad. of Sciences*, t. 9 (1923), p. 194.

Abria, Observations sur les variations horaires de l'aiguille aimantée, *Mém. de la Soc. des Sc. Phys. et Nat.*, Bordeaux, t. 8, pp. 81-84.

Ackermann (Eug.), Les variations de la pression barométrique sous l'équateur, *Rev. Scientif.*, 1900¹, p. 725.

Adanson, V. Doumet.

Agassiz (M. — et ses travaux), par Auguste Laugel, *Rev. des Deux Mondes*, septembre 1857.

Agassiz (L.), On verra un bon exposé de ses travaux dans la nécrologie que lui consacre Théodore Lyman, *Rev. Scientif.*, 1874², p. 313.

et dans le numéro de mars 1898 de *Americ. Naturalist*, qui lui est entièrement consacré.

AIRY, Inégalités du magnétisme terrestre, *Proc. Roy. Soc.*, n° 56 (1863) ; anal. dans *Cosmos*, t. 23 (1863), p. 204 et t. 24 (1864), pp. 86 et 240.

AITKEN (John), La circulation des eaux dans l'Atlantique boréal, *Bull. de la Soc. de Géogr.*, t. 7 (1874), p. 527.

ALDRICH, v. Abbott.

ALLEN (Henri F.), L'action glaciaire au Copper River. Alaska, *C. Rendus des Séances de la Soc. de Géogr.*, 1886, pp. 516-518.

ALLIX (André), Observations sur la sculpture du relief par les glaces, *C.R. de l'Acad. des Sc.*, t. 174 (1922), pp. 233 et 689.

ALMEIDA (Camena d'), Rapport entre les climats et la hauteur maxima des montagnes, *Rev. de Géogr.*, avril 1889 ; anal. dans *Rev. Scientif.*, 1889, p. 536.

ALTER (Dinsmore), A rainfall period equal to one-ninth the sun-spot period, *The kansas Univ. Sc. Bull.*, 1922, pp. 17-100 ; brève anal., *La Géographie*, t. 40 (1923), p. 235.

ANDERSSON (Gunnar), Die Veränderungen des Klimas seit den maximum der letzten Eiszeit.

— Svenska Vaxtvärldens historia i Korthet framställd, Stockholm, 2ᵉ édit., 1896.

— Studier ôfver Finlands torfmossar och fossila Kvartârflora, *Bull. de la Commiss. Géolog. de Finlande*, n° 8, Helsingfors, 1898.

— Om Hasseln i Norrland, *Svenska Turistfören, Arsskrift*, 1900 ; anal. par Charles Rabot dans *La Géographie*, t. 3 (1901), p. 144.

ANDRADE (J. d' — Corvo), v. Corvo.

ANGENHEISTER (G.), Erdmagnetische Störungen und Sonnentätigkeit, *Terrestrial Magnetism*, t. 28 (1923), p. 45.

ANGOT (Alfred), *Ann. du Bur. Centr. Météor.*, passim.

— Sur le régime des vents et l'évaporation dans la région des chotts algériens, *C. R. de l'Acad. des Sc.*, t. LXXXV (1877), pp. 396 et 512.

— Influence de l'altitude sur les phénomènes de végétation, *C. R. de l'Ac. des Sc.*, t. XCVI (1883), p. 1253.

— Sur la répartition de la chaleur solaire à la surface du globe, *Ass. fr. p. l'Avanc. des Sc.*, 1884¹, p. 173.

— Sur les époques de vendanges en France, *C. R. de l'Ac. des Sc.*, t. CI (1885), p. 840 ; *Ann. du Bur. Centr. Météor.*, p. 1883, t. I, in-4°, 1885 ; résumé dans *Ass. fr. p. l'Avan. des Sc.*, 1885¹, p. 119.

— Sur la représentation des phénomènes météorologiques par des séries harmoniques, *Ass. fr. p. l'Avanc. des Sc.*, 1889¹, p. 281.

— Sur la relation de l'activité solaire avec la variation diurne de la déclinaison magnétique, *C. R. de l'Acad. des Sc.*, t. CXXXII (1901), p. 254.

— Sur la valeur des moyennes en météorologie et sur la variabilité des températures en France, *C. R. de l'Ac. des Sc.*, t. CXXXVI (1903), p. 1186.

ANGOT (Alfred), Sur les variations simultanées des taches solaires et des températures terrestres, *C. R. de l'Acad. des Sc.*, t. CXXXVI (1903), p. 1245.

— Sur une relation entre les minima et les maxima des taches solaires, *C. R. de l'Acad. des Sc.*, t. CXXXIX (1904), p. 256 ; partiel. reprod. dans *Ciel et Terre*, t. XXV (1904-1905), p. 446.

— Caractères météorologiques de l'année 1922 dans la région de Paris, *C. R. de l'Acad. d'Agric.*, t. IX, n° 5, 14 février 1923, p. 138.

AOUST (Virlet d'), *C. R. des Séances de la Soc. de Géogr.*, 1885, p. 132.

— Note sur les tremblements de terre partiels et superficiels de la surface du globe, *C. Rendus des Séances de la Soc. de Géogr.*, 1886, pp. 444-450.

ARAGO (F.), [Sur les variations de climat], *Ann. du Bur. des Long.*, 1825, et 1834.

ARBOS (Ph.), Les Variations du lac Tanganyka, *La Géographie*, t. 28 (1913), p. 135. Courte indication d'après un travail allemand.

— La légende du Dévoluy, *Rec. des Trav. de l'Inst. de Géogr. Alpine*, Grenoble, fasc. II (1919).

ARCHIBALD (Douglas), Cf. R. B. Le Cycle de 35 ans, *La Nature*, 1904, p. 119.

ARCTOWSKY (Henryk), Sur les périodes de l'aurore boréale, *C. R. de l'Acad. des Sc.*, t. CXXXII (1901), p. 651.

— Variations de longue durée de divers phénomènes météorologiques, *Bull. de la Soc. belge d'Astr.*, t. XII (1907), p. 328.

— Recherches sur la périodicité des phénomènes météorologiques à Bruxelles, *Bull. de la Soc. belge d'Astr.*, t. XIII (1908), p. 54.

— Notice sur les variations de longue durée des amplitudes moyennes de la marche diurne de la température en Russie, *Bull. de la Soc. belge d'Astr.*, t. XIII (1908), p. 89.

— La question des climats de l'époque glaciaire, *Bull. de la Soc. belge d'Astr.*, t. XIII (1908), p. 226.

— L'histoire des glaciers, *Ciel et terre*, t. XXIX (1908-1909), p. 134.

— Les variations séculaires du climat de Varsovie, Prac. *Matemat. fizycz*, t. 19 (1908), pp. 183-206, in-8, Varsovie ; et *Bull. de la Soc. belge d'Astr.*, t. XIII (1908), p. 301.

— Les variations des climats, *C. R. de. l'Acad. des Sc.*, t. CXLVII (1908), p. 1488 ; reprod. dans *Bull. de la Soc. belge d'Astron.*, t. XIII (1908), p. 398.

— Variation de la répartition de la pression atmosphérique à la surface du globe, *Bull. de la Soc. belge d'Astr.*, t. XIV (1909), p. 161.

— L'enchaînement des variations climatiques, *Bull. de la Soc. belge d'Ast.*, t. XIV (1909), pp. 339, 423 ; long. anal. par Gaston Daune dans *La Géographie*, t. 22 (1910), p. 434.

— Les anomalies de la répartition de la pression atmosphérique aux Etats-Unis, *Bull. de la Soc. belge d'Astr.*, t. XV (1910), p. 200

ARCTOWSKY (Henryk), La dynamique des anomalies climatiques, *Prac. Matematyczno-Fizycznych*, t. 21 (1910), pp. 179-196, in-8, Varsovie.

— Studies on Climata and Crops ; Corn Crops in the United States, *Amer. Geogr. Soc.*, t. XLIV (1912) ; anal. rapide dans *Bull. de la Soc. belge d'Astr.*, t. XVIII (1913), p. 31.

— [Les variations du climat de New-York], *Amer. Geogr. Soc.*, t. 45 ; long. anal. par P. Sallior, *La Nature*, 1914[1], p. 351.

— De l'influence de la Terre sur la fréquence et la latitude héliographique moyenne des taches solaires, *C. R. de. l'Acad. des Sc.*, t. CLXII (1916), p. 593.

— Sur les fluctuations de la constante solaire, *C. R. de l'Acad. des Sc.*, t. CLXIII (1916), p. 665.

— Sur une corrélation entre les orages magnétiques et la pluie, *C. R. de l'Acad. des Sc.*, t. CLXIV (1917), p. 227.

ARRHÉNIUS (Svante), Ueber den Einfluss des Atmosphärischen Kohlensäure gehalt auf die Temperatur der Erdobenflache, *Bihang k. Sv. Vetensk. Akad.*, t. 22, n° 1 (1896), Copenhague.

— [A propos de l'acide carbonique], *Philos. Magaz.*, avril 1896 ; anal. dans *Ciel et Terre*, t. XVIII (1897-1898), p. 600, *Rev. Scientif.*, 1897[1], p. 280, et dans *La Nature*, 1897[1], p. 366.

— *Météor. Zeitschr.*, 1896, p. 258 ; anal. dans *Bull. de la Soc. belge d'Astr.*, t. I (1895-1896), p. 264.

— Les oscillations séculaires de la température à la surface du globe terrestre, *Rev. gén. des Sc.*, t. X (1899), p. 337 ; reprod. par *Ciel et Terre*, t. XX (1899-1900), pp. 389 et 411.

— Un changement à longue période des taches solaires, *Rev. gén. des Sc.*, t. XII (1901), p. 941.

ASSIER (Adolphe d'), Périodicité des époques glaciaires, leur influence perturbatrice sur l'évolution de l'humanité, *Rev. Scientif.*, 1879[2], p. 77.

— Les époques glaciaires et leur périodicité, *Rev. Scientif.*, 1887[2], p. 554.

AURIC (A.), Sur la théorie des taches solaires, *Rev. Scientif.*, 1919, p. 527.

— Sur un perfectionnement à apporter aux Statistiques, *Bull. de la Soc. Astr. de Fr.*, 1921, p. 399.

AYYAR (S. Sitarama), v. Royds.

AZZI, L'influence des phénomènes météorologiques sur la végétation, communic. à l'*Acad. d'Agric.* ; anal. par Fr. dans *Revue Scientif.*, 1920, p. 115.

BAILLARD (abbé), Sur l'origine commune des comètes, des étoiles filantes et des aurores boréales, *Les Mondes*, t. 13 (1867); pp. 606-609.

BALCELLI, v. Cirrera.

BALLORE (Montessus de), v. Montessus.

BARRAL, Situation actuelle de l'Agriculture en France, *Rev. Scientif.*, 1866[1], p. 510.

BARROIS (Charles), Traces de l'époque glaciaire sur les côtes de Bretagne, XVe *réunion des délégués des Soc. Sav. à la Sorbonne* (avril 1877) ; anal. dans *La Nature*, 1877[1], p. 380.

BAUDOT (capitaine), *Bull. de la Soc. Géogr. de Lyon*, 1881.

BAUDRY (Edmond), *C. R. des Séances de la Soc. de Géogr.*, 1885, p. 248.

BAUER (Louis-A.), *Amer. Assoc. of the advanc. of Sc.*, Address on retiring v. Pres...B (Physics), Minneapolis, 29 déc. 1910 ; reprod. par *Science*, N. S., t. XXXIII (1911), p. 337 ; anal. brève de E. L. dans *Bull. de la Soc. belge d'Astr.*, t. XVI (1911), p. 176.

— Some of the chief problems in terrestrial magnetism and electricity (Variat. de l'axe de la Terre), *Proc. Nat. Acad. Sc.*, Washington, oct. 1920, pp. 572-580.

— Corrélations between Solar activity and Atmospheric Electricity, *Terrest. magnetism*, t. 29 (1924), p. 23.

BAUERMANN (H.), Le rôle de la glace dans les changements géologiques, *Assoc. brit. p. l'Avanc. des Sc.*, Norwich, 1870.

BAXENDELL (Joseph), *Mem. of the Manch. Lit. and Phil. Soc.*, 2e s., t. IV, p. 128.

— Sur une inégalité diurne dans la direction et la vitesse du vent, paraissant se rattacher aux variations diurnes de la déclinaison magnétique, *Les Mondes*, t. 21 (1869), pp. 266-268.

— Connexion entre les changements de temps et les périodes des taches solaires, *The Mechanic's Magazine*, 18 mai 1872 ; anal. dans *Les Mondes*, t. 28 (1872), p. 297.

— Connexion entre les changements de temps et les périodes des taches solaires, *Soc. littér. et philos. de Manchester*, 1873.

BEAUMONT (Elie de), Recherches sur quelques-unes des révolutions du globe, 1 v. in-8°, Paris, 1830.

— Notices sur les systèmes de Montagnes, 3 v. in-18, Paris, 1852.

— Rapport sur les progrès de la Stratigraphie, 1 v. gr. in-8°, av. cartes, Paris, 1869.

BEBBER (van), Handbuch d. Ausüb. Witterungskunde.

BECQUEREL, Des climats et de l'influence qu'exercent les sols boisés et non boisés, 1 vol. in-8°, Paris, 1852 ; anal. dans *Cosmos*, t. II, p. 180.

— Des forêts et de leur influence sur les climats, *C. R. de l'Acad. des Sc.*, t. LX (1865), p. 1049 ; entr. dans *Les Mondes*, t. VIII (1865), pp. 398-400.

— Note additionnelle relative à l'extrait du Mémoire « Des forêts et de leur influence sur les climats », insérée dans le *Compte rendu* de la séance du 22 mai 1865, *C. R. de l'Acad. des Sc.*, t. LX (1865), p. 1329 ; anal. dans *Cosmos*, 2e s., t. I (1865), pp. 654-657.

— Mémoire sur la carte des orages à grêle dans les départements du Loiret et de Loir-et-Cher, *C. R. de l'Ac. des Sc.*, t. LXI (1865), p. 813 ; anal. dans *Cosmos*, 2e s., t. II (1865), p. 556.

— Mémoires sur les zones d'orages à grêle dans le département du

Loiret, *C. R. de l'Acad. des Sc.*, t. LXIV (1867), p. 683 ; anal.
    dans *Cosmos*, 2e s., t. V (1867), p. 386.
BECQUEREL (E. et Edm.), Des quantités d'eau tombée près et loin des
    bois, *C. R. de l'Acad. des Sc.*, t. LXVIII (1869), p. 789 ; anal.
    dans *Les Mondes*, t. XIX (1869), p. 583.
— Observations relatives à une communication de M. Colladon, con-
    cernant les effets de la foudre sur les arbres, *C. R. de l'Ac. des Sc.*,
    t. LXXV (1872), pp. 1086 ; anal. dans *Les Mondes*, t. XXIX
    (1872), pp. 456 et 501.
BELLAIR (Georges), Les facteurs climatériques de la fructification des
    arbres, *La Nature*, 1923, supplément, p. 129.
BELLEMIN (Mlle Eugénie), *C. R. de l'Acad. des Sc.*, t. CLXXVII (1923).
    p. 1316.
BELLOC (Emile) et Charles RABOT, Les études glaciaires en France et à
    l'étranger, *Ass. fr. p. l'Avanc. des Sc.*, 1902[2], p. 558.
BELOPOLSKI, Observatoire de Poulkovo : *Mitteilungen*, t. I (1906), p. 85.
BÉNÉVENT (E.), La pluviosité de la France du Sud-Est, Grenoble, 1913 ;
    anal. par Ph. Arbos, dans *La Géographie*, t. 28 (1913), p. 390.
BERGER, Forêts et climats (influence sur la température), *Les Mondes*,
    t. IX (1865), pp. 647-651.
BERGSMA, Observations de la déclinaison magnétique, faites à Batavia
    et à Buitenzorg, pendant l'éclipse de soleil du 12 décembre 1871.
    C. R. de l'Acad. des Sc., t. LXXIV (1872), p. 1465; anal. dans *Les
    Mondes*, t. XXVIII (1872), p. 278.
BERRY (E.-W.), The upper cretaceous Floras of the World, *Maryl. Geolog.
    Survey*, 1916 ; anal. par P. L. dans *Rev. Scientif.*, 1916, p. 627.
BERTRAND (Alexandre), Lettres sur les révolutions du globe, 6e éd., par
    J. Bertrand, Paris, Hetzel, in-8º, cette édition, sans date, est de
    1863.
BERTRAND (J.), Le rythme des climats, *Bull. de la Soc. belge d'Astr.*, t. IX
    (1904), pp. 129 et 173.
— L'interpolation en Météorographie, *Bull. de la Soc. belge d'Astr.*,
    t. X (1905), p. 174.
BESSON (Louis), Diminution de la transparence de l'air à Paris, *C. R. de
    l'Ac. des Sc.*, t. CLXX (1920), p. 123.
BEZOLD (G. von), Sur la distribution des orages en Bavière, *Ann. de Pogg.*,
    t. 136 (1869) ; anal. dans *Les Mondes*, t. XX (1869), p. 583, et *Cos-
    mos*, 3e s., t. V (1869), pp. 559-561.
— Les taches solaires et les orages, anal. dans *La Nature*, 1876[1], p. 78.
— Statistique des coups de foudre en Bavière ; anal. dans *La Na-
    ture*, 1885[2], p. 275.
— *Bull. de l'Acad. des Sc. de Berlin*, t. XXXV (1888).
BIGELOW (F.-H.), *Amer. Météorol. Journ.*, 1894.
— *Amér. Journ. of Science*, 1894, 1908 et 1910.
— *Month. Weather Rev.*, 1903, 1904.
BILLIARD (Raymond), La vigne dans l'Antiquité, in-4º, Lyon, 1913 ; anal.
    par Pierre Clerget, dans *La Géographie*, t. 31 (1916-1917), p. 52.

BIRKELAND (Kr.), Les taches du Soleil et les Planètes, *C. R. de l'Acad. des Sc.*, t. CXXXIII (1901), p. 726.

— Remarques sur les essais faits par Hale pour déterminer le magnétisme général du Soleil, *C. R. de l'Acad. des Sc.*, t. CLVII (1913), p. 393.

— *Rev. gén. des Sc.*, 15 août 1913, p. 576.

BIRT, Rapport sur les variations séculaires des teintes de la Lune, *Assoc. brit. p. l'avanc. des Sc.*, Exeter, 1869 ; anal. dans *Les Mondes*, t. XXI (1869), p. 403.

BISCHOF, Die Gestalt der Erde und des Meeres Fläche ; anal. dans *Bull. de la Soc. de Géogr.*, t. XV (1868), p. 522.

BLANC (E.), Le dessèchement du Sahara et l'avenir des oasis, *Ass. fr. p. l'avanc. des Sc.*, 1889[1], p. 386 ; 1889[2], p. 836.

BLANCHARD (Raphaël) et Jules RICHARD, Sur les crustacés des Sebkhas et des chotts d'Algérie, *C. R. de l'Acad. des Sc.*, t. CXI (1890), p. 118.

BLANCHET, Observations sur le projet de création d'une mer intérieure dans le midi de l'Algérie, *C. R. de l'Acad. des Sc.*, t. LXXXI (1875), p. 232.

BLANFORD, *Bengal Asiat. Soc. Journ.*, t. LXV, part. II (1875), p. 22.

— *Nature*, t. XXI (1880), p. 480 ; t. XLIII (23 avr. 1891), p. 583.

BLANGSTED, v. Hansen.

BLANKENHORN, Veränderungen der Klimas ; anal. par R. Dv. dans *Rev. Scientif.*, 1914, p. 724.

BODART (Gabriel), Le Soleil et l'atmosphère terrestre, *Bull. de la Soc. Astr. de Fr.*, 1918, p. 62.

BONAPARTE (Prince Roland), Les variations périodiques des glaciers français, *Ass. fr. p. l'avanc. des Sc.*, 1892[1], p. 206, 330.

BONNET (Ed.), Contribution à la flore tertiaire du Maroc septentrional, *C. R. de l'Acad. des Sc.*, t. CXLII (1906), p. 912.

BONNIER (Gaston), Remarques sur les variations des limites de la région méditerranéenne, *La Géographie*, t. I (1900), pp. 261-266.

BORRE (de), Phénomènes périodiques, *Acad. des Sc. de Bruxelles*, 1871 ; anal. dans *Les Mondes*, t. XXVII (1872), p. 386.

BORT, v. Teisserenc.

BOSLER (J.), Les théories modernes du Soleil, Paris, 1910, *passim*.

BOUCHARDAT, Du blé au point de vue de l'hygiène publique, *Rev. Scientif.*, 1866[2], p. 777.

BOUÉ, *Acad. des Sc. de Vienne*, 1865.

BOUQUET DE LA GRYE (A.), Sur l'étude des températures de la mer, *C. R. de l'Acad. des Sc.*, t. CXLIX (1909), p. 499.

BOURLOT (J.), Esquisse d'une étude sur les variations de latitude et de climat dans la région française et sur leur cause, *Les Mondes*, t. IX (1865), pp. 339-342.

— Variations du climat dans la région française, *La Nature*, 1875[2], p. 1.

BOUTQUIN (A.), L'Asie centrale (longue suite d'articles), *Ciel et Terre*, t. XXIX et XXX, 1909 et 1910.

BOUTQUIN (A.), Météorologie et physique de l'atmosphère, *Bull. de la Soc. belge d'Astr.*, t. XIX (1914), p. 204.
BOWIE (W.), Effect of topography and isostatic compensation upon the intensity of gravity, *C. and Geodatic Survey*, Washington, 1912.
— Investigation of Gravity and isostasy, *C. and Geodatic Survey*, Washington, 1917.
— Voir aussi : *Journ. of Géol.*, Chicago, 1917, p. 422.
— V. Hayford.
BRANCO, Wirkungen und Ursachen der Erdbeben, Berlin, 1902, p. 67.
BRANDES, *Beiträge zur Witterungskunde*, Leipzig, 1820, p. 334.
BRAZIER (C. E.), L'agitation magnétique au Parc Saint-Maur et au Val-Joyeux et ses relations avec l'activité solaire, *C. R. de l'Acad. des Sc.*, t. CLXXVI (1923), p. 1821.
— Étude statistique de l'agitation magnétique au Parc Saint-Maur et au Val-Joyeux et de ses relations avec l'activité solaire. *Ann. de l'Inst. de Phys. du Globe*. t. II (1924), pp. 98-106.
BRÉGUET (Alf. Niaudet-), Explication des aurores polaires, *Les Mondes*, t. XXVIII (1872), p. 382.
BRESCH (F.), Les taches solaires et les manifestations orageuses, *Bull. de la Soc. Astr. de Fr.*, 1902, p. 195.
BRETON (Philippe), Remarques sur les opinions courantes concernant l'influence de la Lune sur le temps, *Les Mondes*, t. IV (1864), pp. 310-312.
BRILLOUIN (Marcel), Les taches solaires et le temps, *C. R. de l'Ac. des Sc.*, t. CXXIII (1896), p. 484 ; reprod. dans *Bull. de la Soc. belge d'Astr.*, t. I (1895-1896), p. 259.
— Origine, variations et perturbations de l'électricité atmosphérique, *Ass. fr. p. l'avanc. des Sc.*, 1897[2], p. 257.
BRIOT, *Nouvelles études sur l'économie Alpestre*, 1907.
BRIQUET (A.), Sur la succession des cycles d'érosion... et sur la genèse des formes du relief..., *C. R. de l'Acad. des Sc.*, 11 et 25 juillet 1910 ; anal. par Paul Lemoine dans *La Géographie*, t. 22 (1910), p. 418.
BROCA, Les races fossiles de l'Europe occidentale, *Ass. fr. p. l'Avanc. des Sc.*, 1877, p. 10.
BROOKS (C. E. P.), The secular variation of Climat, *Geogr. Rev.*, t. II (janv. 1921), pp. 120 et 135 ; voir aussi *Meteor. Mag.*, Londres, t. XVI (1921), n° 665, pp. 113-117 ; extraits dans *Nature*, n° 2697 (1921), p. 599.
— The evolution of Climate (Préface G. C. Simpson), in-8°, Londres, 1922.
— Variations in the levels of the central African Lakes Victoria and Albert, *Météorolog. Office.*, *Geophys. Mem.*, n° 20 ; anal. dans *Bull. de la Soc. belge d'Astr.*, 1923, p. 283.
— The Evolution of Climate, I v., in-8°, Londres ; anal. par L. Houllevigue dans *Scientia*, 1924, p. 55
BROUN (J. Allan), *Nature*, t. XIX, p. 6.
— Sur la connexion entre les phénomènes météorologiques et les va-

riations du magnétisme terrestre, *C. R. de l'Acad. des Sc.*, t. LIII (1861), p. 628.

BROUN (J. Allan), Sur la connexion entre les bourrasques et les variations magnétiques, *C. R. de l'Acad. des Sc.*, t. LVI (1863), p. 540 ; reprod. dans *Cosmos*, t. XXIII (1868), p. 389.

— Observations magnétiques faites à Makerstown (Ecosse) et à Trevandrum, près du cap Comorin, *C. R. de l'Acad. des Sc.*, t. LXXI (1870), p. 56 ; anal. dans *Les Mondes*, t. XXIII (1870), p. 499.

— Note sur la variation diurne lunaire et sur la variation séculaire de la déclinaison magnétique, *C. R. de l'Acad. des Sc.*, t. LXXIII (1871), p. 105 ; anal. dans *Les Mondes*, t. XXIV (1871), p. 722.

— Sur la simultanéité des variations barométriques entre les tropiques, *C. R. de l'Acad. des Sc.*, t. LXXV (1872), p. 16 ; anal. dans *Les Mondes*, t. XXVIII (1872), p. 449. Cette note comporte diverses indications bibliographiques.

— Sur la simultanéité des variations barométriques entre les tropiques, *C. R. de l'Acad. des Sc.*, t. LXXV (1872), p. 121 ; anal. dans *Les Mondes*, t. XXVIII (1872), p. 583.

— Sur la variation diurne lunaire de la déclinaison magnétique, in-4°, 1873, extrait des *Transact. Philos.*, 1872.

— Sur la période de 26 jours de la force magnétique de la terre, *Proced. de la R. Soc.*, 1873.

— Sur la simultanéité des variations barométriques dans les hautes latitudes des deux hémisphères, *C. R. de l'Acad. des Sc.*, t. LXXVI (1873), p. 542 ; anal. dans *Les Mondes*, t. XXX (1873), p. 482.

— Sur les variations barométriques et leurs rapports avec les variations magnétiques, *C. R. de l'Acad. des Sc.*, t. LXXVI (1873), p. 695 ; anal. dans *Les Mondes*, t. XXX (1873), p. 570.

— Sur les variations semi-diurnes du baromètre, *C. R. de l'Acad. des Sc.*, t. LXXVI (1873), p. 1534 ; anal. dans *Les Mondes*, t. XXXI (1873), p. 402.

BRÜCKNER (Dr Eduard), Klimaschwankungen seit 1700 nebst Bermerkungen über die Klimaschwankungen der Diluvialzeit, *Geogr. Abhandlungen*, Bd. IV, Heft II, in-8°, Vienne-Olmütz, Hölzel, 1890, analysé par W. Kremzer, *Meteor. Zeitschr.*, 1890, p. 220 ; F. Waldo, *Amer. Journ. of Science*, févr. 1891 et *Ciel et Terre*, t. XII (1891-1892), pp. 193 et 225 ; de Lapparent, La pluie et le beau temps, *Le Correspondant*, 1904. V. Penck.

— Klimaschwankungen und Völkerwanderungen, *Sitz. d. K. Akair. d. Wiss.*, 1912 ; anal. par Etienne Clouzot dans *La Géographie*, t. XXVII (1913), p. 485.

— V. aussi Penck.

BRÜCKNER (E.) et E. MURET, Les variations périodiques des glaciers, XIIe Rapport, 1906, in-8°, Berlin, 1908 ; *Ann. de Glaciologie*, t. II, mars 1908.

BRUNHES (Bernard), Sur la direction de l'aimantation permanente dans une argile métamorphique de Pontfarein (Cantal), *C. R. de l'Acad. des Sc.*, t. CXLI (1905), p. 567.

BRUNHES (Jean), L'allure réelle des eaux et des vents enregistrée par les sables, *La Géographie*, t. XIV (1906), pp. 193-210 ; analyse de divers travaux, notamment ceux de Jules Girard.

— Climats, cultures et élevages, *Revue du Mois*, 10 juillet 1910.

BUFFAULT (Paul), L'influence de la forêt sur le régime des eaux, *Rev. gén. des Sc.*, 1924, pp. 261-265.

BUFFAULT (Pierre), Forêts et Gaves du pays d'Aspe, *Bull. de la Soc. de Géogr. commerc.*, à *Bordeaux*, t. XXV (1903), nᵒˢ 21 à 24 et t. XXVI (1904), nᵒˢ 1 à 6 ; anal. par Charles Rabot, dans *La Géographie*, t. II (1905), pp. 207-209.

BUIST, *Assoc. brit. p. l'Avanc. des Sc.*, Hull, 1853 ; anal. dans *Cosmos*, t. III, p. 568.

BURCKHARDT (C.), Les climats de l'époque jurassique, *Bull. Soc. Alzate*, t. XXI ; anal. dans *Rev. Scientif.*, 1912¹, p. 562.

BUREAU. La végétation à l'époque houillère, *Rev. Scientif.* 1867¹, p. 122.

BURRARD, On the origin of Mountain ranges, *Geogr. Journ.*, 1920 (II), p. 47 et 1921 (I), pp. 199-219.

BUYS-BALLOT, Sur le climat de l'isthme de Suez, *C. R. de l'Ac. des Sc.*, t. LXVIII (1869), p. 1225 ; anal. dans *Les Mondes*, t. XX (1869), p. 144.

BYERS, [Sur l'altitude du grand lac Salé], *Scientif. Amer.*, 1904.

CAMENA d'ALMEIDA, v. Almeida.

CAMPAGNE (A.), Les forêts pyrénéennes, Paris, 1 vol. in-8°, 1912 ; anal. par Charles Rabot dans *La Géographie*, t. XXXII (1918), p. 24.

CAMUS (F.), *Bull. Soc. botanique*, 1903.

CAPON, Influence du Soleil sur le magnétisme terrestre, *the Observatory*, t. XXXVII (1907), p. 341 ; anal. par A. Bc. dans *Rev. Scientif.* 1916, p. 241.

CARPENTER (W.-H.), Sur la température et la vie animale dans les profondeurs de la mer, lect. à l'*Instit. roy. de Grande-Bretagne* ; trad. dans *Rev. Scientif.*, 1869², p. 498.

CARRET (Dʳ Jules), Déplacement de l'axe polaire, *Bull. de la Soc. de Géogr.*, t. XII (1876), p. 473.

— *Le déplacement polaire, preuve de la variation de l'axe terrestre*, Paris, in-12, 1877.

— Détérioration du climat de la Savoie et variations des climats dans l'Europe Occidentale, *Ass. fr. p. l'Avanc. des Sc.*, 1879, p. 519.

CARRINGTON (R. C.), On Certain Phenomena in the Motions of Solar Spots; Notice on his labours at the Redhill Observatory during the past year ; Description of a singular appearance in the sun on sept. 1, 1859, *M. Notisce*, t. XIX (1859), pp. 81 et 141 ; t. XX, p. 13; anal. dans *Cosmos*, t. XIV (1859), p. 271.

— Description of a singular Appearance seen in the Sun on september 1, *Month. Notices*, t. XX (1860), p. 13.

Castilhon (L.), *Des dernières révolutions du globe, ou conjectures physiques sur les causes de la dégradation actuelle des tremblements de terre et sur la vraisemblance de leur cessation prochaine*, in-12, 1771.

Cazalis, v. Fondouce.

Chacornac, Sur la périodicité des taches solaires, *C. R. de l'Acad. des Sc.*, t. LXIV (1867), p. 1196.

Chambers (Ch.), Action magnétique du Soleil sur la terre, *Proc. Roy. Soc.*, 1863 ; anal. dans *Cosmos*, t. XXIII (1863), p. 203.

— *Meteorology*, Bombay Presidency, Sect. 26, 1875, p. 12.

— *Nature*, t. XVIII, pp. 565 et 567 ; t. XXIII, p. 109.

Chapel, Sur la coïncidence des perturbations atmosphériques avec la rencontre des Perséides, *C. R. de l'Acad. des Sc.*, t. CXI (1890), p. 871.

Chapelas, Etoiles filantes, leurs relations avec l'atmosphère ; oscillations barométriques, *C. R. de l'Acad. des Sc.*, t. LVII (1863), p. 864 ; *extr.* dans *Les Mondes*, t. II (1863), pp. 469-472.

Charpentier, Pour la genèse des théories glaciaires de Charpentier, on trouvera une curieuse anecdote dans *Les Mondes*, t. IX (1865), p. 177.

Chase (Pliny-Earle), Sur les nombreux rapports entre la gravité et le magnétisme, *Soc. Philos. Amér.*, 21 oct. 1864 ; anal. dans *Les Mondes*, t. XVI (1868), pp. 587-590.

Chauveau (A. B.), Sur la variation diurne de l'électricité atmosphérique, *Ass. fr. p. l'Avanc. des Sc.*, 1899,[1] p. 244.

Cheux, *Ciel et Terre*, t. XXI (1900-1901), p. 424.

Chree (C.), Les orages magnétiques, *Instit. of Electric. Engineers*, 1er mai 1919 ; anal. par A. Bc. dans *Rev. Scientif.*, 1919, p. 693.

— Absolute daily range of magnetic declination at Kew, 1858 to 1900, *Meteorolog. Office, Geophys. Mem.*, n° 22 ; anal. par E. L. dans *Bull. de la Soc. belge d'Astr.*, 1923, p. 285.

Chudeau, L'Hydrographie ancienne du Sahara, *Rev. Scientif.*, 1921[1], p. 193.

Cirrera et Balcelli, Etude des rapports entre l'activité solaire et les variations magnétiques et électriques enregistrées à Tortosa (Espagne), *C. R. de l'Acad. des Sc.*, t. CXLIV (1907), p. 959 ; t. CXLV (1907), p. 862 ; anal. dans *La Nature*, 1908[1], supplément, p. 26.

Cirrera, L'éclipse partielle du soleil du 28 juin observée à l'Observatoire de l'Ebre (Espagne), *C. R. de l'Acad. des Sc.*, t. CXLVII (1908), p. 111.

Clayton (H. Helm), *Amer. Acad. of Arts and Sc.*, anal. par D. L., La périodicité dans les phénomènes météorologiques, *La Nature*, 1900[1], p. 275.

— The influence of rainfall on commerce and politics, *Popul. Sc. Month*, déc. 1901 ; anal. dans *Rev. Scientif.*, 1903[1], p. 378.

— Effect of short period variations of Solar radiations on the earth's atmosphere, *Rapp. de la Smiths Instit.*, t. LXVII, n° 3 ; anal. dans *Bull. de la Soc. Astr. de Fr.*, 1917, p. 365.

CLAYTON (H. Helm) Variation in Solar radiation and the Weather, *Smiths, Miscel. coll.*, t. LXXI, n° 3 (1920).
— Le temps qu'il fait et les variations de la radiation solaire, note de C. E. B. dans *Rev. Scientif.*, 1921, p. 178.
— World Weather including a discussion of the influence of variations of solar radiation on the weather and of the meteorology of the sun, 1 vol. in-8° av. cartes, New-York, 1923.
CLIFFORD, Note sur le refroidissement séculaire et la figure de la Terre, *Assoc. brit. p. l'Avanc. des Sc.*, 1871 ; anal. dans *Les Mondes*, t. XXVI (1871), p. 179.
CLOS (Dr J. A.), *Echo du Monde Savant*, n° 652 (184) ; résumé dans *Ass. fr. p. l'Avanc. des Sc.*, 1901[1], p. 110.
CLOUGH, Les périodes climatériques et les crises économiques, *Month. Weather Rev.* ; anal. dans *La Nature*, 14 mai 1921.
COLEMAN (A. P.), The Cower huronian ice-age, *The Journ. of Geol.*, t. XVI (1908) ; anal. par L. Pervinquière, dans *La Géographie*, t. XVII (1908), p. 480.
— Les conditions climatériques à l'époque précambrienne, *Brit. Assoc. of the Advance of Sc.*, Australie, 1914 ,p. 359 ; anal. par P. L. dans *Rev. Scientif.*, 1915, p. 595.
COLLET (L.-W.), Sur l'âge absolu de la période post-glaciaire, *Arch. des Sc. phys. et Nat.*, oct.-nov. 1923 ; anal. dans *Rev. Gén. des Sc.*, 1924, p. 130.
COLLINS (Jérôme J.), De la marche des tempêtes qui traversent l'Océan Atlantique et de la possibilité d'annoncer leur arrivée en Europe, *Ass. fr. p. l'Avanc. des Sc.*, 1878, p. 512.
COLORIA (Giovanni), Influence des phases lunaires sur les hauteurs du baromètre, *Les Mondes*, t. XXII (1870), p. 87.
COMBES (Paul), Les êtres vivants considérés comme réactifs géographiques, *La Nature*, 1897[1], p. 390.
COMBES (Raoul), L'éclairement optimum pour le développement des végétaux, *C. R. de l'Acad. des Sc.*, t. CL (1910), p. 1701.
CONTEJEAN (Ch.), Les climats d'autrefois, *Rev. Scientif.*, 1871[2], p. 26.
COOK, Acide carbonique de l'atmosphère. *La Nature*, 1883[2], p. 59.
CORNET, Conditions climatériques de l'époque houillière, Mons 1913 ; anal. par P. L., dans *Rev. Scientif.*, 1913[2], p. 404.
CORNILLON (Hipp.), Cf. Température et taches solaires, *Bull. de la Soc. Astr. de Fr.*, 1895, p. 355.
CORTAMBERT (E.), Densité des forces intellectuelles des diverses parties de la France ; distribution géographique des personnages célèbres, *Bull. de la Soc. de Géogr.*, t. X (1875), p. 200.
CORTIE (Rev. A.-L.), Orages magnétiques et taches solaires, *Astrophys. Journ.*, t. XVI, n° 4 ; anal. dans *Rev. Scientif.*, 1903[1], p. 121.
— Variation in latitude of the greater sumpot disturbances, *Month. Notices, R. Astron. Soc.*, t. LXIV (1904), p. 762, *The Observatory*, décembre 1912.

CORTIE (Rev. A.-L.), Les taches solaires et les orages magnétiques. *Engineering*, 6 oct. 1916 ; anal. par A. Bc. dans *Rev. Scientif.*, 1917, p. 401.

— Sun-spots Areas and Terrestrial Magnetic Horizontal Ranges and Disturbances, 1921, *The Observatory*, mars 1922, p. 84.

— Solar and terrestrial magnetic phenomena, *Month. Nat. R. Astron. Soc.*, t. LXXXIII (1923), p. 204.

CORVO (J. d'Andrade), Des lignes isogoniques au XVIe siècle, in-8°, Lisbonne, 1881.

COSSON (Dr E.), Mer intérieure en Algérie, avec observations de W. de Fonvielle, *Bull. de la Soc. de Géogr.*, t. XVIII (1879), p. 203.

— Note sur le projet de création en Algérie d'une mer dite intérieure, *Bull. de la Soc. de Géogr.*, t. XIX (1880), pp. 34-54 ; renfermant une importante bibliographie de la question.

— (A propos du projet du commandant Roudaire de la création d'une mer intérieure dans les chotts tunisiens), *C. R. de l'Acad. des Sc.*, t. XCII (1881), p. 1387 ; t. XCVI (1883), p. 1191 ; t. IC (1884), p. 119.

— Sur le projet de création en Algérie et en Tunisie d'une mer dite intérieure, *Ass. fr. p. l'Avanc. des Sc.*, 1884[1], pp. 57 et 260.

COULVIER-GRAVIER, Phénomènes observés avant et pendant la tourmente atmosphérique du milieu d'octobre, *C. R. de l'Acad. des Sc.*, t. LV (1862), p. 678 ; anal. dans *Cosmos*, t. XXI (1862), p. 484.

— Pluies réparties par jour, par mois, par années pendant une période de 25 ans ; hauteurs de la Seine au Pont-Royal durant la même période. — Statistique des jours d'orage pendant une période de 25 années. — Lettre accompagnant l'envoi de courbes représentant diverses circonstances et diverses périodes d'apparition des étoiles filantes, *C. R. de l'Ac. des Sc.*, t. LX (1865), pp. 545, 615 et 980 ; anal. dans *Cosmos*, 2e s., t. I (1865), pp. 334, 356 et 526.

COUMBARY, Notice sur l'accomplissement des prédictions de tremblements de terre faites par les observatoires de Paris et d'Alger, *C. R. de l'Acad. des Sc.*, t. LXXIV (1872), p. 719 ; extr. dans *Les Mondes*, t. XXVII (1872), p. 496.

COUPIN (Henri), Influence de l'homme sur la végétation, *La Nature*, 11 novembre 1922.

COURTY (G.), Note relative à des influences solaires vraisemblablement radioactives sur les êtres vivants, *Ass. fr. p. l'Avanc. des Sc.*, 1911[2], p. 528.

COVARRUBIAS, v. Diaz.

CROLL (James), *Climate and time*, Londres, 1866 ; c'est dans ce travail que Croll a utilisé les variations des éléments séculaires des orbites des planètes, donnés par Le Verrier dans la *Conn. des Temps* pour 1843 ; on en trouvera une bonne analyse de W. de Fonvielle dans *Cosmos*, 2e s., t. III (1866), pp. 360-363.

— *Philos. Magaz.*, 1884, pp. 88, 103 et 270.

CROLL (James), *Stellar evolution, and its relations to geological times*, in-18, Londres, 1889.

CROVA (A.), Sur l'absorption par l'atmosphère des radiations solaires, *Ass. fr. p. l'Avanc. des Sc.*, 1887,[1] p. 194.

CRULS, Sur la variation du nombre annuel des orages à Rio-Janeiro, *C. R. de l'Acad. des Sc.*, t. XCIII (1881), p. 642.

CULVERWELL, *Geolog. Magaz.*, 1895.

CURTIS, *R. Meteor. Soc.*, 1899 ; anal. dans *Bull. de la Soc. belge d'Astr.*, t. V (1900), p. 64.

DANJON, Sur la périodicité du Soleil, *C. R. de l'Acad. des Sc.*, t. CLXXI, (1920), pp. 1127 et 1207 ; t. CLXXVIII (1924), p. 1266 ; *Bull. de la Soc. Astr. de Fr.*, 1921, p. 261.

DANTON (D.), Géogénie ; *Etude sur l'origine et la formation de la terre*, in-8°, Angers, 1866 ; anal. par Camille Flammarion dans *Cosmos*, 2e s., t. IV (1866), pp. 678-682.

DAUBRÉE (A.), *Les eaux souterraines aux époques anciennes*, in-8°, Paris, 1 v., 1887.

DAUBRÉE (Lucien), Statistique et Atlas des forêts de France, Paris, 1912 ; anal. par Charles Rabot dans *La Géographie*, t. XXXII (1918), p. 23.

DAVIS (R. O. S.), La brume de l'atmosphère supérieure, *Bull. Mount. Weath Observ.*, t. V, part. V, p. 313.

DAVIS (W. M.), Relation of geography to geology, *Bull. of the Geolog. Soc. of America*, t. XXIII (1912), pp. 93-123 ; anal. dans *La Géographie*, t. XXVI (1912), p. 56.

DAVY, v. Marié.

DAWSON (G.), Niveau des grands lacs américains et taches solaires, *La Nature*, 1874,[2] p. 123.

DECHEVRENS (Marc S. J.), Perturbations magnétiques et tremblements de terre en Chine, *La Nature*, 1882,[2] p. 70.

— La radiation terrestre par ciel découvert est-elle la principale cause du refroidissement de l'air ? *Bull. de la Soc. belge d'Astr.*, t. XI (1906), p. 241.

— Les ondes hertziennes atmosphériques, *Ass. fr. p. l'Avanc. des Sc.*, 1914, p. 314.

— Sur les points du globe où il se produit une marée électrique, dérivée de la marée océanique, observe-t-on une marée magnétique ? *Terrestrial Magnetism*, t. XXIII (1918), p. 37-39 et 145-147 ; t. XXIV (1919), p. 33-38 et 175.

DELAIRE (A.), Les chotts tunisiens et la mer intérieure en Algérie, extr. du *Correspondant*, av. carte, in-8°, Paris, 1881.

DELAUNEY, L'art de faire parler les statistiques, *C. R. de l'Acad. des Sc.*, t. CVIII (1889), p. 909.

— Les périodes météorologiques, *Rev. Marit. et Colon.*, janv. 1890.

— *Influences sismiques*, gr. in-8°, Paris, 1913.

DELAVAUD (Louis), *les Côtes de la Charente-Inférieure et leurs modifications anciennes et actuelles*, in-8°, Rochefort, 1880.

DELESSE, Lithologie des mers de l'Ancien Monde, *Bull. de la Soc. de Géogr.*,
   t. XVIII (1869), pp. 239-245, 290-293.
—   *Bull. de la Soc. de Géogr.*, t. XX (1870), p. 95.
—   *Lithologie du fond des mers*, 2 vol. in-8º et atlas, Paris, 1872; extrait
   dans *Bull. de la Soc. de Géogr.*, t. III (1872), pp. 7-16, 114-115 ;
   anal. par Jules Girard, *Bull. de la Soc. de Géogr.*, t. IV (1872),
   pp. 424-434.
—   *Bull. de la Soc. de Géogr.*, t. V (1873), p. 432.
DELESSE et de LAPPARENT, *Rev. de Géologie*, t. VII (1871).
DELFORTRIE (E.), *Etude des phénomènes géologiques qui se produisent
   depuis des siècles sur le littoral des départements de la Vendée et
   de la Charente-Inférieure*, in-8º, Bordeaux, 1876.
DEMANGEON (A.) [Appauvrissement des Sources], *La Géographie*, 1907.
DEMONTZEY (P.), Le reboisement des montagnes et l'extinction des tor-
   rents, *Ass. fr. p. l'Avanc. des Sc.*, 1891[1], p. 79.
DESAINS, La chaleur rayonnante, *Rev. Scientif.*, 1868[1], p. 482.
DESCOMBES (P.), Les perturbations climatériques et le déboisement, *Ass.
   Fr. p. l'Avanc. des Sc.*, 1910[4], p. 1.
—   Le péril du déboisement, *P.-Verb. de la Soc. des Sc. Phys. et Natur.*,
   Bordeaux, 1910, p. 2-5.
—   Les pluies, les condensations occultes et le reboisement rationnel,
   Bull. de la Soc. des Sc. Phys. et Nat., Bordeaux, 6º s., t. V, pp.429-
   443.
—   Le reboisement et le développement économique de la France.
   Bull. de la Soc. des Sc. Phys. et Nat., Bordeaux, 7º sér., t. II
   (1918), pp. 103-218.
DESCROIX (Léon), Sur la discussion mathématique des séries d'observa-
   tions météorologiques, *Cosmos*, 13 août 1898, et *Bull. de la Soc.
   belge d'Astr.*, t. V (1900), p. 211.
DESJARDINS (Ernest), La Gaule romaine; rapport de Vidal-Lablache, *Bull.
   de la Soc. de Géogr.*, t. XVII (1879), pp. 179-190.
DESLANDRES (Henri), Recherches nouvelles sur l'atmosphère solaire, *C.
   R. de l'Acad. des Sc.*, t. CXIII (1891), p. 307.
—   Premiers résultats des recherches faites sur la reconnaissance de
   la couronne solaire en dehors des éclipses avec l'aide des rayons
   calorifiques, *C. R. de l'Acad., des Sc.*, t. CXXXI (1900), p. 658 ;
   reprod. dans *Bull. de la Soc. belge d'Astr.*, t. V (1900), p. 269.
—   Relation entre les taches solaires et le magnétisme terrestre, utilisé
   de l'enregistrement continu des éléments variables du Soleil,
   C. R. de l'Acad. des Sc., t. CXXXVII (1903), p. 821.
—   Relation des protubérances avec les filaments et alignements des
   couches supérieures de l'atmosphère solaire, *C. R. de l'Acad. des
   Sc.*, t. CLV (1912), p. 531.
DEVILLE (Ch. Ste-Claire), De l'oscillation barométrique diurne aux An-
   tilles et dans les contrées voisines, *C. R. de l'Acad. des Sc.*,
   t. L (1860), p. 264 ; anal. dans *Cosmos*, t. XVI (1860), p. 158.
—   Remarques à l'occasion d'une communication de M. Fouqué sur

l'éruption de l'Etna du 31 janvier 1865, *C. R. de l'Acad. des Sc.*, t. LX (1865), p. 555 ; extr. dans *Les Mondes*, t. VII (1865), pp. 577-579.

DEVILLE (Ch. Ste-Claire), Des perturbations périodiques de la température dans les mois de février, mai, août et novembre, *C. R. de l'Acad. des Sc.*, t. LX (1865), p. 696 ; anal. dans *Les Mondes*, t. VII (1865), p. 671.

— Sur les variations périodiques de la température dans les mois de février, mai, août et novembre, *C. R. de l'Acad. des Sc.*, t. LXII p. 1149.

— Sur les variations périodiques de la température dans les mois de février, mai, août et novembre, *C. R. de l'Acad. des Sc.*, t. LXII (1865), p. 1209 ; anal. dans *Les Mondes*, t. II (1866), p. 263.

— Sur les variations périodiques de la température, *C. R. de l'Acad. des Sc.*, t. LXIV (1867), p. 933 ; anal. dans *Les Mondes*, t. XIV (1867), p. 131.

— Des variations comparées de la température et de la pression atmosphériques, *C. R. de l'Acad. des Sc.*, t. LXVII (1868), p. 574.

DIAMILLA, v. Müller.

DIAZ-COVARRUBIAS (François), *Recherches relatives à l'influence de la chaleur solaire sur la figure générale de la terre*, in-8°, Paris, 1881.

DICKSON, Les causes des périodes glaciaires, *Géogr. Journ.*, nov. 1901.

DIENNE (Comte de), *Histoire du dessèchement des lacs et marais en France avant 1788*, 1 v. in-8°, Paris, 1891.

DIERCKX (H.), La périodicité du phénomène des protubérances solaires, *Gazette Astronomique* (Anvers), t. X (1923), p. 25.

DIEULAFAIT, Évaporation des eaux marines et des eaux douces dans le delta du Rhône et à Constantine, *C. R. de l'Acad. des Sc.*, t. XCVII (1883), p. 500.

D. M., Pluies et inondations, *La Nature*, 26 nov. 1896, p. 411.

DONAU, v. Pervinquière.

DOUGLASS, *Month. Weather Rev.*, juin 1909 ; anal. par P. Poskin dans *Bull. de la Soc. belge d'Astr.*, t. XV (1910), p. 201.

— *Bull. of the Amer. Geogr. Soc.*, mai 1914 ; anal. dans *Rev. gén. des Sc.*, t. XXVI (1915), p. 299.

DOUMET-ADANSON, Mode d'observation des moyennes températures d'une région, 16e *Réun. des Soc. Sav. à la Sorbonne*, avril 1878 ; anal. dans *La Nature* 1878, p. 379.

— Sur le régime des eaux qui alimentent les oasis du sud de la Tunisie, *Ass. fr. p. l'Avanc. des Sc.*, 1884,[1] p. 72.

DOUVILLÉ (Robert), La théorie de Svante Arrhénius et quelques données récentes de la Physique et de la Géologie, *La Nature*, 1911, p. 266.

DOVE, Ueber die nicht periodischen Veränderungen der Temperaturvertheilungen auf der oberfläche der Erde.

— Distribution de la chaleur à la surface de la Terre, Cf. *C. R. de l'Acad. des Sc.*, t. XLI (1855), p. 360.

DOWALL, v. Macdowall.

DRAGO (Aw. Raffaele), *Résumé de la théorie du R. P. Angelo Secchi sur la relation entre les phénomènes météorologiques et les variations du magnétisme terrestre*, in-8°, 32 p., Genève et Florence, 1869.

DRU (L.), *De l'influence de l'introduction de la mer intérieure sur le régime des nappes artésiennes de la région des Chotts*, in-4°, 1882.

DRYGALSKI (F. von), La glaciation des mers, les conditions de son développement et les faits observés, *Arch. des Sc. Phys. et Nat.*, t.XXX (1910), p. 356 ; anal. par Charles Rabot dans *La Géographie*, t. XXIV (1911), p. 176.

DUCLA, [L'aiguille aimantée et la prévision du temps] ; anal. par J. Derôme *La Nature*, 1901 ², p. 123.

DUCLAUX (Emile), *Cours de Physique et de Météorologie*, gr. in-8°, Paris, 1891.

DUCLAUX (Jacques), L'origine et le maintien de la vie, *Scientia*, 1924, pp. 179-190.

DUFOUR (Charles), Note relative à des perturbations magnétiques observées par de Saussure, au col du Géant, avant le terrible orage de 1788, *C. R. de l'Acad. des Sc.*, t. LXX (1870), p. 1373 ; anal. dans *Les Mondes*, t. XXIII (1870), p. 548.
— Sur le retrait des glaciers, *Ass. fr. p. l'Avanc. des Sc.*, 1880, p. 449.
— L'insolation en Suisse, p. 29.
— Scintillation des étoiles et prévision du temps, *Bull. Soc. Astr. Fr.*, 1894, p. 162.

DUFOUR (L.), Notes sur le problème de la variation des climats, *Bull. de la Soc. Vaud. des Sc. Nat.*, t. X (1870) et *Archives de Genève* (décembre 1870) ; anal. dans *Les Mondes*, t. XXV (1871), pp. 110-112.

DUGAGE, v. Roulleaux.

DUPAIGNE (Albert), *Les Montagnes*, 1 v. gr. in-8° Tours, 1874 ; anal. par W. Hüber dans *Bull. de la Soc. de Géogr.*, t. VII (1874), p. 514.

DUPIN (E.), *Essai sur la recherche des origines géologiques du globe terrestre*, in-8°, Aurillac, 1898.

DUPONCHEL, Explication des divers phénomènes de déformation et de dislocation de l'écorce solide du globe terrestre, par le fait de l'inégale attraction du Soleil à la surface de ses deux hémisphères, anal. dans *Bull. de la Soc. de Géog.*, t. XIV (1877), p. 186.
— Sur la concordance de la courbe des taches solaires avec les actions résultant du mouvement excentrique des grosses planètes, *C. R. de l'Acad. des Sc.*, t. XCIII (1881), p. 827.
— Relations entre les planètes et les taches solaires, *La Nature*, 1882, p. 18.
— La circulation de l'énergie solaire, *Rev. Scientif.*, 1883¹, pp. 105 et 136.
— Les variations de la température terrestre et leurs causes cosmiques, *Rev. Scientif.*, 1884 ², p. 769.
— Adresse un mémoire sur les taches solaires et leurs relations avec les mouvements planétaires, *C. R. de l'Acad. des Sc.*, t. CVIII (1889), p. 312.

DUPONCHEL, Les taches solaires et les variations de la température, *Rev. Scientif.*, 1897[2], p. 783.

DURAND (J.), Les forêts pétrifiées de l'Arizona. *La Nature*, 1907, p. 113[1].

DURAND-GRÉVILLE (E.), Les aurores boréales d'après les publications récentes, *Rev. Scientif.*, 1895[2], p. 557 et 1896[1], p. 558.

DUBOCHER (J.), Mémoire sur la limite des neiges perpétuelles et sur les phénomènes diluviens *(Mémoire présenté à l'Académie des Sciences*, mars, 1843).

— Observations sur les variations de la hauteur barométrique dans l'Amérique centrale, *C. R. de l'Acad. des Sc.*, t. L (1860), p. 378 ; anal. dans *Cosmos*, t. XVI (1860), p. 244.

DUVEYRIER (Henri), Explorations de chotts, *Bull. de la Soc. de Géogr.*, t. IX (1875, pp. 94, 203, 303, 329, 438, 482).

EASTON (C.), *Petermann's Geogr. Mitteil.*, 1905, et *Konikl. Akad. d. Wetensch. te Amsterdam*, 1905, p. 155.

— Périodicité de la température de l'hiver dans l'Europe Occidentale depuis l'an 760, *Proced. Ac. Sc.*, Amsterdam, t. XX, n° 8 ; long. anal. dans *Bull. de l'Obs. de Lyon*, 1920, p. 6.

EBLÉ (Louis), Déviations de la verticale et marées de l'écorce terrestre, *Ann. du Bureau Central Météorol.*, t. I (1913) et *Bulletin Géodésique* (Conseil International de Recherches n° 2, gr. in-8°, Toulouse, 1923, p. 144).

ECKHOLM (Nils), Sveriges temperatur förhallanden jünförder med det öfriga Europas ; Om Klimatch ändringar i geologisk och historisk tid samt deras orsaker, *Ymer*, 3 et 4, Stockholm, 1899 ; anal. long. par Egnel dans *La Géographie*, t. II (1900), pp. 199-208.

— (Variation du climat de la terre aux époques géologiques), notamm. dans *Quaterly Jonn. roy. meteor., Soc.* ; anal. dans *Annuaire Soc. Météor. de Fr.*, 1900, reprod. dans *Rev. Scientif.*, 1900[2], p. 469.

EDDINGTON (A. S.), Astronomie et géologie, Confér. à la *Soc. Géol. de Londres*, 21 nov. 1922 ; trad. dans *Rev. Scientif.*, 1923[1], p. 321.

EDLUND, Sur la formation de la glace dans la mer, *Ann. de Pogg.*, t. CXXI, p. 513 ; anal. dans *Les Mondes*, t. VI (1864), pp. 545-547.

ELLIOT (Sir John), Report on the Meteorology of India, 1877, p. 2.

— (Rapport sur les sécheresses aux Indes), anal. par *Ciel et Terre* et *Rev. Scientif.*, 1903[2], p. 343.

ELLIS, *Proc. roy. Soc.*, 1879, *Philis. Trans.*, 1880, Pt II, p. 541.

— On the relation betwen the diurnal Range of Magnetic Declination and horizontal Force and the Period of Solar spot frequency, *Proc., Roy. Soc.*, t. LXIII (1898), p. 64 ; anal. dans *the Observavatory*, 1898, n° 267 ; anal. traduite dans *Bull. de la Soc. belge d'Astr.*, t. III (1898), p. 343.

— Sunspots and magnetic distrubance, *Monthly Notices*, 1901, p. 537.

— The aurora and magnetic disturbance, *Monthly Notices*, 1904, p. 228.

EREDIA (F.), [La prédiction de la sécheresse en Europe], *Elettrotecnica*, t. IX (1922), p. 746.

ESCLANGON (Ernest), État actuel de la Météorologie : le problème de la prévision du temps, *Bull. de la Soc. des Sc. Ph. et Nat.*, Bordeaux, 6e s., t. IV (1906), pp. 49-66.

ESPIN (T.), [Périodicité en tremblements de terre et éruptions] ; Cf. *La Nature*, 1902[2], p. 191.

EVANS (John), Le changement des climats et le déplacement des pôles, *Assoc. britannique p. l'Avanc. des Sc.*, Dublin, 1878 ; anal. dans *Rev. Scientif.*, 1878[2], p. 521.

EVERSHED (J.) et P. R. CHIDAMBARA-AYYAR, *Kodaïkanal Observatory Bull.*, n° LXVII (1921).

EYMARD (—), voir Mayer.

FABRICIUS (Jean), *De maculis in Sole visio et earum cum Sole revolutione narratio*, Wittemberg, in-4°, MDCXI.

FASSIG, La non-périodicité des températures, *Month Weather Rev.*, décembre 1900.

FAYE, Sur les dernières communications de M. Broun et sur une note de M. Jenkins relatives aux taches du Soleil et au magnétisme terrestre, *C. R. de l'Acad. des Sc.*, t. LXXXVI (1878), p. 520.
— Taches du Soleil et magnétisme, *ibid.*, p. 909.
— Remarques à l'occasion d'une lettre de M. Wolf, de Zurich, sur la période des variations diurnes de la boussole de déclinaison, *ibid.*, p. 1043.
— Note en réponse à M. Broun sur la prétendue identité des périodes des taches solaires et de la variation diurne de la boussole de déclinaison, *ibid.*, p. 1102.

FÉLICE, v. Marco.

FÉNYI (J.), Deux éruptions observées sur le Soleil en septembre 1888, *C. R. de l'Acad. des Sc.*, t. CVIII (1889), p. 889.
— Die periodicität des protuberanzen, *Public. de Haynald-Obs.*, Heft XI, Kalocsa, 1922.

FERRARI (Ciro), *Ann. de l'Inst. Météor.* italien, 1885 ; analysé dans *Das Wetter*, décembre 1885 et *Ciel et Terre*, t. VI (1885-1886), p. 46.
— Les phénomènes périodiques de la végétation, *Nuova Antologia*, t. II, fasc. 8 ; traduction dans *Ciel et Terre*, t. VII (1886-1887), pp. 169-200.

FIÉVEZ (Charles), L'observation du Soleil, *Bull. de la Soc. belge d'Astron.*, t. VII (1902), p. 257.
— Les causes des tremblements de terre, *Bull. de la Soc. belge d'Astr.*, 1924, pp. 70-73.

FILIPOV (Cap. N. M.), Les variations de niveau de la mer Caspienne. *Soc. imp. russe de Géogr.*, 1 v. in-8°, Saint-Pétersbourg, 1890.

FINDLAY (A.-G.), Sur la prétendue influence du Gulf-Stream sur le climat du N.-O. de l'Europe, *Ass. brit. p. l'Avanc. des Sc.*, Exeter, 1869 ; anal. dans *Les Mondes*, t. XXIV (1870-71), p. 26.

FINES (Dr), La Climatologie du Roussillon, *Assoc. franç. pour l'Avanc. des Sc.*, La Rochelle, 1882.

FISHRR (Willard J.), The Brightness of Lunar Eclipses, 1860-1922, *Smiths. Misc. Collect.*, t. LXXVI, n° 9. Washington. 1924.

FLAMEL, Le froid et la chaleur sur la Terre, *La Nature*, 1897[1], 86.

FLAMMARION (Camille), Les taches solaires, la température et le prix du blé, *L'Astronomie*, 1884, p. 180 ; 1886, p. 454.

— L'abaissement de la température en Europe, *Bull. de la Soc. Astr. de France*, 1891, p. 116.

— Correspondance entre les taches solaires, le magnétisme, la température, la végétation et le retour des oiseaux migrateurs, *Bull. de la Soc. Astr. de Fr.*, 1898, p. 414.

— La température du printemps comparée aux taches solaires, *Bull. de la Soc. Astr. de Fr.*, 1901, p. 131.

— L'augmentation séculaire de la pluie à Paris, *Bull. de la Soc. Astr. de Fr.*, 1910, p. 543 ; 1912, p. 406.

— Températures, taches et facules solaires, *Bull. de la Soc. Astr. de Fr.*, 1909, p. 338.

— Le minimum actuel des taches solaires, la pluviosité et les intempéries. *Bull. de la Soc. Astr. Fr.*, 1924, pp. 242-248.

FLEURIOT DE LANGLE, Mélange de Géographie et d'ethnographie, Migrations africaines, *Bull. de la Soc. de Géogr.*, t. XVIII (1879), pp. 341, 438.

FLICHE (P.), Sur les bois siliciés de la Tunisie et de l'Algérie, *C. R. de l'Acad. des Sc.*, t. CVII (1888), p. 569 ; t. CIX (1889), p. 873.

FOISSAC (Dr F.), *De l'influence des climats sur l'homme et des agents physiques sur le moral*, Paris, 1867, 2 v. in-8°.

FOLGHERAITER, Cf. J. Derôme, Variations séculaires de l'inclinaison magnétique dans l'antiquité, *La Nature*, 1900[1], p. 90.

FONDOUCE (P. Cazalis de), Recherches sur la géologie de l'Egypte d'après les travaux les plus récents, notamment ceux de M. Figari-Bey, et le canal maritime de Suez ; Cf. *C. R. de l'Acad. des Sc.*, t. LXVII (1868), p. 672 ; anal. dans *Les Mondes*, t. XVIII (1868), pp. 153 et 185.

FONVIELLE (W. de), Du temps en géologie (avec un exposé de la théorie de Babinet sur la période glaciaire), *Cosmos*, 2e sér., t. IV (1866), pp. 68-71.

— Sur l'hypothèse du Soleil aimanté, *C. R. de l'Acad. des Sc.*, t. LXXIV (1872), p. 1091 ; anal. dans *Les Mondes*, t. XXVIII (1872), p. 84.

— Sur l'hypothèse du Soleil aimanté, *C. R. de l'Acad. des Sc.*, t. LXXIV (1872), p. 1181 ; curieuse appréciation dans *Les Mondes*, t. XXVIII (1872), p. 79.

FOREL (Dr F.-A.), *Première étude sur les seiches du lac Léman*, av. 5 pl., in-8°, Lausanne, 1873.

— *Deuxième étude sur les seiches du lac Léman*, in-8°, Lausanne, 1875.

— *Les seiches, vagues d'oscillation fixe des lacs*, in-8°,

— *La formule des seiches*, in-8°.

Forel (Dr F.-A.), *Essai monographique sur les seiches du lac Léman*, in-8°, Genève, 1877.

— *Contribution à l'étude de la limnimétrie du lac Léman*, in-8°, Lausanne, 1877.

— *Première et deuxième études sur les seiches du lac Léman*, 2 br. in-8°, 1873-1876.

— *Essai monographique sur les seiches du lac Léman*, in-8°, Genève, 1877.

— Seiches et vibrations des lacs et de la mer, *Ass. fr. p. l'Avanc. des Sc.*, 1879, p. 493.

Forel (F.-A.) et Magenbach, La température interne des glaciers, *C. R. de l'Ac. des Sc.*, t. CV (1887), p. 859 ; anal. dans *La Nature*, 1888[1], p. 74.

Forel (Dr F. A.), Sur les seiches du lac Léman, *Ass. fr. p. l'Avanc. des Sc.* 1893[1], p. 204.

— La commission internationale des glaciers, *C. R. de l'Ac. des Sc.*, t. CXXI (1895), p. 300 ; anal. dans *Rev. Scientif.*, 1895[2], p. 212.

— Les variations périodiques des glaciers, *Rev. Scientif.*, 1895[2], p. 433.

— *Actes de la Soc. helv. des Sc. Nat.*, 1900.

— Les seiches des lacs, *VIIe Congr. intern.-de Géogr.*, pp. 255-258, in-8°, Berlin, 1900.

Forel (A.-F.) et Ed. Sarasin, Les oscillations des lacs, *Congr. intern. de physique*, in-8°, Paris, 1900.

Forman, Effet du Climat, *Bull. Rens. Agric. Instr. Intern.*, 1917, art. 521 ; anal. par Pierre Larue, *Rev. Scient.*, 1-8 nov. 1919, p. 662.

Fortin (A.), Les taches solaires et les orages, *Rev. Scient.*, 1890[2], p. 223.

Fouqué, Sur les tremblements de terre, *C. Rendus des Séances de la Soc. de Géogr.*, 1885, p. 69.

Fowle, v. Abbott.

F. R., L'influence des phénomènes météorologiques sur la végétation, *Rev. Scient.*, 28 févr. 1920, p. 115.

Frankland (E.), Sur la cause physique de la période glaciaire, *Ann. de Pogg.* (1864), anal. dans *Cosmos*, 2e s., t. I (1865), p. 102.

Fritsch (Ch.), Sur les époques comparées de la feuillaison et de la floraison à Bruxelles, à Stettin et à Vienne, extr. dans *Les Mondes*, t. VIII (1865), pp. 755-757.

— Epoques de floraison, *Acad. imp. des Sc. de Vienne*, 15 juin 1871 ; anal. dans *Les Mondes*, t. XXVII (1872), p. 604.

Fritsche (Dr H.), *Die Elemente der Erdmagnetismus für die Epochen*, 1600, 1650, ch..., 1 v. in-8° autogr., St-Pétersbourg, 1899.

— *Die secularen Aenderungen der Erdmagnetischen Elemente*, Riga, 1910, 28 p. autogr.

Fritz (Hermann), *Natuurkund. Vesh.*, III, Haarlem, 1878, pp. 185 et suiv.

Fröhlich (Relation entre les taches du Soleil et la température de la terre), *Soc. Physique* de Berlin, 19 octobre 1883 ; *Amer. Journ. of Science*, janv. 1884 ; *Ciel et Terre*, t. V (1884-1885), p. 69.

FRON (E.), Sur la prévision de certains tremblements de terre, *C. R. de l'Acad. des Sc.*, t. LXXIV (1872), p. 331.
— Note sur les mouvements atmosphériques qui ont accompagné les aurores boréales des 25 et 26 août 1872, *C. R. de l'Acad. des Sc.*, t. LXXV (1872), p. 590 ; anal. dans *Les Mondes*, t. XXIX (1872), p. 82.
— Sur les mouvements atmosphériques qui ont accompagné les aurores du 2 au 6 septembre 1872, *C. R. de l'Acad. des Sc.*, t. LXXV (1872), p. 687 ; anal. dans *Les Mondes*, t. XXIX (1872), p. 144.
FUCHS (Edmond), Note sur l'isthme de Ghabès et l'extrémité orientale de la dépression saharienne. *Bull. de la Soc. de Géogr.*, t. XIV (1877), pp. 248-276.
GABBA (Luigi), L'escurzione diurna della declinazione magnetica a Milano in rapporto alla frequenza delle macchie solari, *Publ. d. R. oss. astr. di Berra-Milano*, passim, notam. 1916 et 1922 ; anal. par E. L., dans *Bull. de la Soc. belge d'Astr.*, 1923, p. 287.
GABRIEL (abbé J.), La périodicité des époques humides et des sécheresses. *La Nature*, 13 mai 1922, p. 291.
— Note sur la périodicité des orages, *Comm. Météor. du Calvados, Bull. trim.*, oct.-déc., 1923.
GADOUD (Mlle M.), Les forêts en Dauphiné à la fin du XVIIe siècle et de nos jours, *Rec. des Trav. de l'Inst. de Géogr. alpine*, t. V (1917). Grenoble ; anal. par Charles Rabot, dans *La Géographie*, t. XXXII (1918), p. 24-25.
GAGEL (C.), Das Klima der Diluvialzeit, *Z. d. deuts. Geolog. Gesells., Monastb.*, 1923, p. 25-33.
GAGNEBIN (Elie), La dérive des continents selon la théorie d'Alfred Wegener, *Rev. Gén. des Sc.*, 1922, p. 293.
GANNETT (Henry), Certain relations of rainfall and temperature to tree growth, *Bull. of the Amer. Geogr. Soc.*, t. XXXVIII (1906), p. 424 ; anal. par L. Laloy dans *La Géographie*, t. XV (1907), p. 206.
GARNIER (Jules), Les dunes du Sahara, *C. R. de la Soc. de Géogr.*, 1891, p. 114.
GARRIGOU-LAGRANGE, L'action luni-solaire et les grands mouvements atmosphériques, *Ass. fr. p. l'Avanc. des Sc.*, 1894[1], p. 138 ; 1895[1], p. 262 ; 1895[2], p. 492.
— Relations nouvelles entre les mouvements barométriques sur l'hémisphère nord et les mouvements en déclinaison du Soleil et de la Lune, *C. R. de l'Acad. des Sc.*, t. CXX (1895), p. 342.
— Sur les ondes barométriques lunaires et la variation séculaire du climat de Paris, *C. R. de l'Acad. des Sc.*, t. CXXII (1896), pp. 666 et 759 ; anal. dans *Rev. Scientif.*, 1896[1], p. 405.
— L'action du Soleil et de la Lune sur l'atmosphère et les anomalies de la pression, *Ass. fr. p. l'Avanc. des Sc.*, 1897[1], p. 270 ; 1898[1], p. 138.
— Sur les caractères des saisons et des années successives, *C. R. de*

l'Acad. des Sc., t. CXXVI (1898), p. 829 et *Ass. fr. p. l'Avanc. des Sc.*, 1898[1], p. 139.

GARRIGOU-LAGRANGE. De l'influence du mouvement de la terre sur les oscillations de l'atmosphère, *C. R. de l'Acad. des Sc.*, t. CXXVI (1898), p. 1173.

— De l'utilité qu'il y aurait à établir une connexion plus étroite entre les études météorologiques d'une part et les études hydrologiques d'autre part, *Ass. fr. p. l'avanc. des Sc.*, 1909 (Rapports), p. XXXVI.

GATTEFOSSÉ (R.-M.), *La vérité sur l'Atlantide*, in-8°, Lyon, 1923.

GAUDRY, Le climat de la période quaternaire en France, *C. R. Acad. des Sc.*, 23 août 1894.

GAUTIER (A.), Travaux et faits astronomiques récents, *Rev. Scientif.*, 1871[2], p. 619.

GAUTIER (E.-F.), Etudes sahariennes, *Ann. de Géogr.*, 1907, pp. 46 et 116.

GAVARRET, Source de la chaleur des climats, *Rev. Scientif.*, 1866,[1] p. 252.

GEIKIE (Archibald), (le Temps géologique), discours à la *Soc. britann. p. l'Avanc. des Sc.*, Douvres, 1899 ; reprod. dans *Rev. Scient.*, 1899[2], p. 481.

GENOCCHI (A.), Sur l'intensité de la chaleur du Soleil dans les régions polaires, *C. R. de l'Acad. des Sc.*, t. LXXIV (1872), p. 1521 ; extr. dans *Les Mondes*, t. XXVIII (1872), p. 362.

GENTIL (Louis), Sur les vestiges de glaciation quaternaire dans la région de Telouet (Haut Atlas marocain), *C. R. de l'Acad. des Sc.*, t. CLXXVIII (1924), p. 31.

GERMAIN (Louis), L'Atlantide, *Rev. Scientif.*, 1924, n°s 15 et 16.

GIARD, [Taches solaires et invasions de sauterelles], *Soc. de Biologie*, 1901 ; anal. par Capitan, *La Nature*, 1901[2], p. 74.

GIRARD (J.), Les dénivellations séculaires, *La Nature*, 1874[2], p. 127.

— Les transformations de la configuration littorale par les travaux des animaux, *La Nature*, 1875[2], p. 96.

— Considérations sur les transformations littorales, *Bull. de la Soc. de Géogr.*, t. XV (1878), p. 452-462.

— L'affaissement du sol des Pays-Bas, *Bull. de la Soc. de Géogr.*, t. XVIII (1879), pp. 374-381.

— *Les côtes de France, leurs transformations séculaires*, 1 vol. in-16, Paris, 1881, 12 cartes.

— Les déformations de l'écorce terrestre, *Rev. Géograph.*, in-8°, 1883.

— *Recherches sur l'instabilité des continents et du niveau des mers*, 1886, 1 v., in-8°, Paris ; anal. dans les *C. R. des Séances de la Soc. de Géogr.*, 1886, p. 280.

— Les tremblements de terre, *Rev. de Géogr.*, 1888.

— Les dénivellations de la surface de la Terre, *Rev. de Géogr.*, 1891.

— Influence des vents dominants sur les phénomènes d'érosion, *C. R. de la Soc. de Géogr.*, 1897, p. 273.

GIRARDIN (A.), Le modelé du plateau suisse à travers les quatre glaciations, *Rev. de Géogr.*, t. I (1906-1907), pp. 339-371, Paris, in-8°.

GIRARDIN (Paul) et NUSSBAUM (Fritz), Sur les formations glaciaires de la Chaux-d'Arlier, *C. R. de l'Ac. des Sc.*, t. CXLIV (1907), p. 1073.

GIRARDIN (Paul), Les formations fluvio-glaciaires du bas-Dauphiné, *La Géographie*, t. XXVII (1913), pp. 203-207.

GIRAUD (J.), Le problème du Tanganyika, *La Géographie*, t. III (1901), pp. 29-32.

— L'érosion glaciaire d'après M. W. M. Davis, *La Géographie*, t. III (1901), pp. 47-50.

GIRAUD (Pierre), Etude sur les pluies, *Bull. de la Soc. scient. et litt. des Basses-Alpes,* 1891 ; résumé dans *Ass. fr. p. l'Avanc. des Sc.,* 1891, p. 199 ; 1891[2], p. 355.

GLADSTONE, *Assoc. brit. p. l'Avanc. des Sc.*, 1854; anal. dans *Cosmos*, t. VI (1855), p. 214.

GLAISHER, Sur la température moyenne de chaque jour de l'année... *Assoc. Météor. d'Angleterre*, 15 février 1865 ; très longue analyse de W. de Fonvielle dans *Cosmos*, 2e s., t. V (1867), pp. 581, 627 et 676 ; et *Les Mondes*, t. VII (1865), pp. 377 et 610.

GLANGEAUD (Ph.), Les origines de la houille, *La Nature*, 1897[2], 21.

— L'avenir de la Terre, *La Nature*, 1898[2], 146.

GLANVILLE (Rev. W. E.), Variations de Climat, *Pop. Astron.*, t. XXXI (1923), n° 8, p. 166.

GOCKEL (A.), (Le courant vertical d'électricité atmosphérique et sa relation avec le magnétisme terrestre et les courants telluriques). *LXXXIIIe Congrès des Naturalistes et Médecins allemands*, Carlsruhe ; anal. dans *Rev. Scientif.*, 1912, p. 561.

GONSE (Louis), A propos de la mer intérieure de l'Algérie, *La Nature*, 1874[2], p. 374.

GONZALIEZ (J.-M.), L'activité solaire et la Prévision du temps, *Bull. de la Soc. Astr. de Fr.*, 1899, p. 491.

GORBATCHEV (Peter Philip.), Concerning the relation between the duration, intensity, an the periodicity of rainfall, *Month. Weath. Rev.*, juin 1923, pp. 305-309.

GRAD (Charles), Sur le développement des glaces polaires et l'extension du Gulf-Stream dans le Nord, *Les Mondes*, t. XI (1866), pp. 526-529.

— Sur la formation des glaciers, Cf. *Cosmos*, 2e s., t. V (1867), pp. 48-51.

GRAD (Ch.) et A. DUPRÉ, Observations sur la constitution et le mouvement des glaciers, *Cosmos*, 3e s., t. V (1869), pp. 563 et 588.

GRAD (Charles), Examen de la théorie des systèmes de montagnes, *Bull. de la Soc. de Géogr.*, t. I (1871), pp. 161-217.

— Notice sur les glaciers du Groënland, *Bull. de la Soc. de Géogr.*, t. II (1871), pp. 109-127.

— Considérations sur la géologie et le régime des eaux du Sahara algérien, *Bull. de la Soc. de Géogr.*, t. IV (1872), pp. 571-600.

— La limite des neiges persistantes et la lisière des glaces fixes à la surface du globe, *Ass. fr. p. l'avanc. des Sc.*, 1875, p. 413.

— Les variations de climat du Sahara, *La Nature*, 1877[1], p. 19.

GRAD (Charles), Les forêts pétrifiées de l'Egypte, *Ass. fr. p. l'Avanc. des Sc.*, 1886[2], p. 417.

GRANDAY, Influence directe des comètes sur les vendanges, *Bull. de la Soc. Météor. de Fr.* (1864) ; Cf. *Les Mondes*, t. V (1864), p. 270.

GRANÖ (J.-G.), *Die Eiszeit in der Mongolei und Sudsiberien*, 1 v. in-8°, phot. et cartes, Helsingfors, 1910 ; long. anal. de A. Allix dans *La Géographie*, t. XXV (1912), pp. 431-437.

GRAVIER (Gabriel), Création d'Observatoires circumpolaires, *Bull. de la Soc. de Géogr.*, t. XIV (1877), pp. 277-296.

GRAVIER, v. Coulvier-Gravier.

GRÉGOIRE (Ach.), *Bull. de la Soc. belge géol.*, 27 avril 1909 ; anal. dans *Rev. Scientif.*, 1909[2], p. 78.

GREGORY (J.-W.), [La Terre se dessèche-t-elle ?], *Géogr. Journ.*; anal. dans *La Nature*, 1914, p. 430.

GRENANDER (S.), Les variations annuelles de la température dans les lacs suédois, *Bull. géol. Instr. of Upsala*, t. VI, part. 1 (1904), pp. 160-168.

GRIESBACH (Ch.-L.), Tremblements de terre et éruptions volcaniques, *Soc. de Géogr. de Vienne*, 23 mars 1869 ; extr. dans *Les Mondes*, t. XX (1869), pp. 396-400.

GRIGULL, Cf. Les taches solaires et l'activité volcanique (par G. V. B.), *Bull. de la Soc. belge d'Astr.*, t. XI (1906), p. 262.

GRISEBACH (A.), *Die vegetation der Erde, nach ihrer klimatischen Anordnung*, 2 v. in-8°, Leipzig, 1872 ; anal. par Ch. Grad dans *Bull. de la Soc. de Géogr.*, t. VII (1874), p. 410.

— *La végétation du globe d'après sa disposition suivant les climats*, traduct. P. de Tchihatchef, Paris, 1875, in-8°.

GRYE (de la), v. Bouquet.

GUILBERT (Gabriel), La diminution des pluies, *Ass. fr. p. l'Avanc. des Sc.*, 1908, p. 412.

GUILLEMIN (Amédée), Des variations de climat et de leurs causes, *La Nature*, 1888[1], pp. 342, 374 et 394 (Bon exposé du problème).

GUINIER (Ph.), Contribution à l'histoire de la végétation dans le bassin du lac d'Annecy, etc., *Bull. de l'herbier Boissier*, nov. 1908 ; anal. dans *La Géographie*, t. XX (1909), p. 120.

GUY (Alfred), *Le Sahara et la cause des variations que subit son climat depuis les temps historiques*, in-8°, Oran, 1890.

GUYOT (Arnold), *Géographie physique comparée, considérée dans ses rapports avec l'histoire de l'humanité*, 1 v. in-8°, Paris, 1888.

HABENICHT, Etude sur le relief général du globe ; Cf. courte indic. au *Bull. de la Soc. de Géogr.*, par Delesse, t. IX (1875), p. 554.

HAEDENKAMP, *Ann. de Pogg.*, 1858, fasc. 10.

HAHN (F.-G.), *Beziehungen d. Sonnenfleckenperiode zu met. Erscheinungen*, Leipzig, 1877, pp. 99 et suiv.

HAHN, Die Anomalien der Witterung auf Island..., *Akad. Anzeiger*, n° 1 (1904) ; long. anal. par P. Humbert dans *La Géographie*, t. X (1904), pp. 119-122.

HALE (G.-E.), [Le magnétisme et les taches solaires) ; cf. Renaudot, *La
    Nature*, 1910², p. 827.
 — Sur la nature des taches du Soleil, *Proc. Roy. Soc.*, Londres, janv.
    1919 ; anal. par A. Bc., dans *Rev. Scientif.*, 1919, p. 239.
 — The Law of Sun-Spot polarity, *Nat. Acad. of Sciences*, n° 86 (1924) ;
    Nature, 1924 ; voir l'article de *La Nature* (Supplément), 1924,
    p. 97.
HALLAUER, Sur le cycle de 35 ans, *Rev. de Viticulture*, 31 mai 1898, d'après:
    Sur un cycle de variations périodiques du Soleil, *Rev. gén. des Sc.*,
    t. XIII (1902), p. 2.
HALM (J.), Ueber eine neue theorie zur Erklärung der Periodicität der
    Solaren Erscheinungen, *Astr. Nachr.*, t. CLVI (1901), p. 38 ;
    anal. dans *Rev. Scientif.*, 1902¹, p. 728.
HAMMER, (Variation de l'axe de la Terre), *Petermann's mitt.*, 1920, p. 56.
 — (A propos de l'isostasie). *Pertermann's Mitt*, 1921, p. 226.
HANN (J.), *Sitzungsb, Ak. d. Wiss. Wien*, Bd. 71 (1875, II abt., p. 571.
 — *Handbuch der Klimatologie*, 3 vol. in-8°, Stuttgart, 1897.
 — Ueber die Swankungen der Niederschlagsmengen in grösseren
    Zeitraümen, *Meteor. Zeitschr.*, février 1902 ; anal. par Charles
    Rabot, les Variations dans les précipitations atmosphériques,
    La Nature, 1902¹, p. 870.
 — Die Schwankungen der Niederschlagsmengen in grösseren Zeitraü-
    men, *Sitzungsb. Ak. d. Wiss.*, Wien, 1902 ; anal. dans *Ciel et
    Terre*, t. XXIII (1902-1908), p. 133 et *Rev. Scientif.*, 1902,¹ p.471.
 — *Sitzungs. der math.-naturwiss. Klasse d. k. ak.*, de Win, CXIII,
    Wien, 1904.
 — *Lehrbuch der Meteorologie*, in-8°, Leipzig, 1901 ; 2e édit., 1905.
HANSEN, v. Helland.
HANSEN-BLANGSTED, L'Atlantide, *Ass. fr. p. l'Avanc. des Sc.*, 1884, p. 258;
    1884², p. 544.
HANSKY (A.), Sur la photographie de la couronne solaire au sommet du
    Mont-Blanc, *C. R. de l'Acad. des Sc.*, t. CXL (1905), p. 768 ; anal.
    dans *Bull. de la Soc. belge d'Astr.*, t. X (1905), p. 101.
HANSTEEN, *Bull. Ac. roy. Belg.*, Sciences, 2e s., t. VI (1859), p. 452.
 — Variations séculaires du magnétisme terrestre, *Cosmos*, 2e s., t. I
    (1865), p. 320.
HARLÉ, La pression atmosphérique aux époques géologiques. *Soc. Géol. de
    Fr.*, 24 avril 1911 ; anal. dans *Rev. Scientif.*, 1911, p. 776.
HARMER (F.-W.), Influence of Winds upon Climate during the Pleistocene
    Epoch, *Quart. Journ. of the Geol. Soc.*, t. LVII (1901), pp. 405-
    476.
HAUET (G.), Les taches du Soleil et leur influence sur le globe terrestre,
    Bull. de la Soc. belge d'Astr., t. XV (1910), p. 156.
HAUG (Emile), *Traité de Géologie*, Paris 1907 et suiv., notam., p. 1902.
HAUTREUX (A.), Climat girondin et débâcles glaciaires, *Bull. de la Soc.
    Sc. Phys. et Natur.*, Bordeaux, 6e s., t. V, pp. 339-354.

HAYFORD (J.-F.), The figure of the earth and isostasy from measurements, in the United States, *C. and Geodetic Survey*, Washington, 1909.
— Supplementary investigation in 1909 of the figure of the earth and isostasy, *C. and Geodetic Survey*, Washington, 1910.

HAYFORD (J.-F.) et W. BOWIE, The effect topography and isostatic compensation up on the intensity of gravity, *C. and Geodetic Survey*. Washington, 1912.

HEBERDEN, *Philos. Trans.*, t. LIX, p. 359 ; reprod. par Symons, *British Rainfall*, 1869.

HEER (O.), La flore polaire à l'époque miocène, *Cosmos*, 3ᵉ s., t. II, 18 janvier, 1868, pp. 8-11.

HEINTZ (Eugen), Ueber Niederschlagsschwankungen im europäischen Russland, *Rep. f, Met.*, XVII, n° 2.

HELLAND-HANSEN (B.) et F. NANSEN, Temperature variations in the North Atlantic Ocean andin the atmosphere, introductory studies in the causes of climatological variations. Washington, *Smiths. Inst.*, 1920 ; analyses dans *La Géographie*, t. XXXV (1921), p. 400 et XXXVII (1922), p. 132.

HELLMANN (G.), *Sitzungsb. Berl. Akad.*, t. XIV (1885), p. 205.
— *Die Niederschlage in den Norddentschen Stromgebieten*, Bd I, pp. 334-347.
— (Influence de la ville sur la température), *Rapp. de la Soc. allem. de Météor.*, pour 1894 ; anal. dans *Rev. Scientif.*, 1894², p. 217.
— *Meteor. Zeitschs.*, janvier 1913.

HENKING, Der Aalfang in den Lagunen von Comacchio und Venedig, *Mitt. des deuts. Seefischerei-Vereins*, n° 8, Berlin, 1908.

HENNESSY, *Assoc. britann. p. l'avanc. des Sc.*, Bristol, 1875.
— Sur les températures moyennes des hémisphères boréal et austral de la terre, *C. R. de l'Acad. des Sc.*, t. VC (1882), p. 471.

HENRY (Alfred), Cf. Influence des grands lacs sur les précipitations, *Rev. Scientif.*, 1900¹, p. 312.
— Sunspots and terrestrial temperatures in the United States, *Month. Weath. rev.*, mai, 1923, pp. 243-249.

HERSCHEL (Sir W.), *Philos. Transact.*, 1801, p. 265.

HESS (Hans), Die präglaziale Alpenoberfläche, *Peterm. Mitt.*, t. LIX (1913), pp. 281-288 ; anal. par Jules Blache dans *La Géographie*, t. XXIX (1914), p. 283.

HETTNER (Alfred), Die Klimate der Erde, *Geogr. Zeitsche.*, t. XVII (1911), Leipzig, in-8°.

HILDEBRANDSSON (Hildebrand), *Acad. des Sc.*, Stockholm, janvier, 1897.

HOBBS, (Anticyclone polaire), Characteristics of Enisting glaciers, New-York, 1911 ; *Proc. Am. Philos. Soc.*, 1915, pp. 185-225 et 1921, pp. 34-42 ; *Nature*, 22 juillet 1920.
— (A propos de l'isostasie), *Journ. of Geol.*, Chicago, 1916, p. 690.
— *Earth evolution and its facial expression* (Déplacements continentaux), New-York, 1921.

Hobbs, Sur l'anticyclone polaire, traduct. française, *Rev. de Géogr. Alpine,* octobre, 1922.

Hodgson, On a curious appearance seen in the Sun, *Month. Notices,* t. XX (1860), p. 15.

Hooker (R.-H.), Correlation of the Weather and Crops, *Journ. roy. Statistical Soc.,* mars 1907.

Horii (Yosic), v. Terada.

Hornstein (Ch.), Périodicité des variations magnétiques, *Acad. imp. des Sc. de Vienne,* 15 juin 1871 ; anal. dans *Les Mondes,* t. XXVII (1872), p. 687.

— Fluctuations barométriques diurnes, *Acad. imp. des Sc. de Vienne* (17 avril 1873) ; anal. dans *Les Mondes,* t. XXXI (1873), p. 249, dans *Rev. Scientif.,* 1873,[1] p. 881.

Horton (Robert E.), Rainfall interpolation, *Month. Weath. Rev.,* juin 1923 pp. 291-304.

Horwitz (L.), Sur la variabilité des précipitations en Suisse, *Bull. de la Soc. vaudoise des Sc. Nat.,* Lausanne, 1912 ; anal. par E. Bénévent, dans *La Géographie,* t. XXIX (1914), p. 282.

Houzeau (J.-C.), Le climat de l'Europe ancienne, *Ciel et Terre,* t. IX (1888-1889), p. 1.

Howchin (Walter), Australia glaciation, *Journ. of Geology,* 1912, pp. 193-217 ; anal. par Paul Lemoine dans *La Géographie,* t. XXVII (1913), p. 221.

Howorth (Sir Henry), *The Glacial Nightmare and the Flood,* 2 vol. in-8°, Londres, 1893 ; anal. dans *Rev. Scientif.,* 1893[2], p. 84.

Hubert (Henry), Progression du dessèchement dans les régions sénégalaises, *Ann. de Géogr.,* t. XXVI (1917), n° 143 ; anal. par Charles Rabot dans *La Géographie,* t. XXXII (1918), p. 111.

— Le dessèchement progressif en Afrique Occidentale, *Bull. Com. Et. Hist., Scient., A. O. F.,* 1920, n° 4.

Humphreys (W.-J.), La poussière volcanique et autres facteurs dans la production des changements climatériques et leur relation possible avec les périodes glaciaires, *Bull. of the Mount Weath. Obs.,* t. VI, part. I, pp. 1-34.

Hunt, v. Sterry.

Hunter (W.W.), Sunspots and famines, *The Nineteenth Century,* 1877.

Huntington (Ellsworth), The Earth and the Sun. New-Haven et Londres, 1923 ; anal. dans *The Observatory* (1924). p. 87.

Hutton (Capit.), Sur les phénomènes d'élévation et de dépression de la surface de la terre, *Philos. Mag.,* déc. 1872 ; anal. dans *Les Mondes,* t. 30 (1873), p. 669.

Ifft (G.N.), [Réchauffement du Pôle], *Monthly Weather Rev.,* nov. 1922 ; anal. dans *La Géographie,* t. XL (1923), p. 232.

Inglada Ors (Vicente), *La Sismologia. Sus métodos. El estado actual de sus problemas fundamentales,* in-8°, Madrid, 1923.

Issel (Arturo), *Le oscillazioni lente del Suolo,* in-8°, Genova, 1883.

Jaekel (Dr Otto), Nouvelle théorie de la cause des périodes glaciaires,

Rapp. mens. de la Soc, géolog. allemande, 1905, p. 229 ; anal. dans *La Nature*, 1907, supplément, p. 114.

JEANNEL (D^r), Du déboisement considéré comme cause de dépopulation ; moyens d'y remédier, *Ass. fr. p. l'Avanc. des Sc.*, 1891[1], p. 838 ; 1891[2], p. 1021.

— Du déboisement considéré comme cause de la détérioration des climats, de la misère et de la dépopulation, *Conf. à la Soc. d'Agric. du Var*, in-8°, Toulon, 1891.

JEVONS (W.S.), Commercial crisis and Sun-Spots, *Nature*, t. XIX (1879), pp. 33 et 588 ; t. XXVI (1882), p. 226.

J. G., Les variations ou niveau du lac Mälar, *C. R. des Séances de la Soc. de Géogr.*, 1899, p. 141.

JOLEAUD (J.), Découverte de l'Aquitanien dans la partie moyenne de la vallée du Rhône, *C. R. de l'Acad. des Sc.*, t. CXLIV (1907), p. 845.

— L'origine des continents et la théorie de Wegener, *La Nature*, 1923[2], p. 326.

JOLY (A.), L'érosion par l'eau et par le vent dans les steppes de la province d'Alger, *Bull. de la Soc. Géogr. d'Alger*, 1904.

— Les grands mouvements de la croûte terrestre, *Philos. Mag.*, 1924; anal. par P. Reclus, dans *La Géographie*, t. XLI (1924), pp. 202-205.

KELVIN (Sir W. Thomson, lord), Sur le refroidissement séculaire du Soleil, *Les Mondes*, t. III (1863), pp. 473-477.

— L'âge de la terre, *Revue des Cours Publics*, 26 déc. 1868; longs extr. dans *Les Mondes*, t. XIX (1869), pp. 198-207.

— L'âge de la terre, *Philos. Mag.*, anal. dans *Journ. de Phys.* (1899); reprod. dans *Revue Scientif.*, 1899[2], p. 119.

KILIAN (W.), L'érosion glaciaire et la formation des terrasses, *La Géographie*, t. XIV (1906), pp. 261-274.

KIMBALL (H.-H.), Abnormal variations in insolation, *Month. Weat. Rev.*, 1903, n° 5.

— [Radiation solaire et polarisation de la lumière], *Month. Weath. Rev.* janv. 1913, et *Bull. Mount. Weath. Obs.*, t. V, part. V, p. 295.

KLOSSOVSKY, La vie physique de notre planète devant les lumières de la science contemporaine, *Rev. Scientif.*, 1899[2], pp. 289, 364, 424 et 511.

KLUTE, Ueber die Ursachen der letzten Eisgeit, *Geogr. Zeitschr.*, 1921, pp. 199-203.

KNOCHE (Walter), Die équivalente Temperature in einheitlicher Ausdruck der Klimatischen Faktoren « Lufttemperatur » und « Luftfenchtigkeit », *Meteor. Zeitschr.*, 1907, heft X, pp. 433-444.

KÖNIG (W.), *Meteor. Zeitschr.*, mai, 1914, p. 241.

KÖPPEN, *Meteor. Zeitschr.*, t. VIII (1873), pp. 241, 257 et 273 ; t. XV (1880) p. 279 ; t. XVI (1881), pp. 140 et 183.

— *Meteor. Zeitschr.*, mai 1884. Traduct. de Harding dans *Quat. Journ. of the Meteor. Soc.*, oct. 1885 ; reprod. dans *Ciel et Terre*, t. VII (1886-1887), pp. 300 et 337.

Köppen (W.), Ueber Anderungen der Geographischen Breiten und des Klimas in geologischer Zeit, *Geogr. Annal.*, 1920, Heft IV, pp. 285-299.
— Polwanderungen, verschiebungen der Kontinente und Klimageschichte, *Perterm. Geogr. Mitteil.*, 1921, pp. 1-8 et 58-68.
— Ursachen und Wirkungen der Kontinentenverschilbunge und Polwanderung, *Peterm. Geogr. Mitteil.*, 1921, pp. 145-149 et 191-194.

Kostitzin (V.), Sur la périodicité de l'activité solaire et l'influence des planètes, *C. R. de l'Acad. des Sc.*, t. CLXIII (1916), p. 202.

Kovessi (François), Loi de l'accroissement en volume dans les arbres, *C. R. de l'Acad. des Sc.*, t. CXLII (1906), p. 1430.

Krassner, La périodicité des orages, *Das Wetter*, 1896 ; anal. dans *Rev. Scientif.*, 1897[1], p. 56.

Krebs (W.), Klimaschwankungen, *Zeitsch. f. Socialwinenschaft*, Bd XI (1908).
— Les faibles précipitations européennes de l'été 1911 et les pluies diluviennes en Asie Orientale, *Bull. de la Soc. belge d'Astr.*, t. XVI (1911), p. 437.
— Geophysikalisches besonders Klimatische Beziehungen der Aalzüchterei, *Der Fischerböte*, mars 1911. Voir aussi *Bull. de la Soc. belge d'Astr.*, t. XIX (1914), p. 166.

Kremser (W.), Ueber die Schwankungen der Lufttemperatur in Norddeutschland von 1851 bis 1900, *Meteor. Zeitschr.*, Hann-Band, Brannschwig, 1906, p. 287.

Krichewsky (S.), A method of Curve Fitting, *Physic. Depart. Paper*, n° 8, Le Caire, 1922.

Krogness (O.), *Ann. der Physik*, t. L (1916), pp. 850-900.

Kunitomi (Sin'iti) et Hikotar Takô, On the Correlation between the fluctuation of the Sunspots Area and the Terrestrial Precipitation, *Bull. of the central meteorolog. observ. of Japan*, t. III, n°8 (1921), pp. 95-125 ; anal. par les auteurs dans *Jap. Journ. of Astron. and. geophys.*, t. I, n° 7 (1924) p. 37.

Laborde (abbé), Sur les aurores boréales, les orages et les trombes, *Les Mondes*, t. XXIX (1872), pp. 280-286.

Lacroix (A.), Sur la découverte d'un gisement d'empreintes végétales dans les cendres volcaniques anciennes de l'île de Phira (Santorin), *C. R. de l'Acad. des Sc.*, t. CXXIII (1896), p. 656.

Lagrange, v. Garrigou.

Lagrange (E.), Les périodes glaciaires et les variations de climat, *Ciel et Terre*, t. VI (1885-1886), pp. 289 et 313.
— Influence de la rotation du Soleil sur la Météorologie du globe, *Ciel et Terre*, t. X (1889-1890), p. 157.
— Les perturbations magnétiques du 31 octobre 1903, *Bull. de la Soc. belge d'Astr.*, t. VIII (1903), p. 370.
— La perturbation magnétique du 9-10 février 1907, *Bull. de la Soc. belge d'Astr.*, t. XII (1907), p. 96.

LAGRANGE (E.), La loi de Marchand, *Bull. de la Soc. belge d'Astr.*, t. XIII (1908), p. 27.

— Le magnétisme terrestre, son étude et ses progrès, *Bull. de la Soc. belge d'Astr.*, t. XX, (1920), p. 25.

E. L., La perturbation magnétique du 31 oct.-1er nov. 1903, *Bull. de la Soc. belge d'Astr.*, t. VIII (1903), p. 370.

— Tremblements de terre et phénomènes météorologiques, *Bull. de la Soc. belge d'Astr.*, t. XIII (1908), p. 44.

— Les centres d'actions météorologiques, *Ciel et Terre*, t. XXX (1909-1910), p. 446.

— Les observations thermométriques en météorologie, *Ciel et Terre*, t. XXX (1909-1910), p. 447.

— Les variations climatiques et leurs corrélations simultanées, *Bull. de la Soc. belge d'Ast.*, t. XV (1910), p. 263.

— Les cycles solaires de R. Wolf (11,9 ans), et de E. Brückner (34,8 ± 0,7 ans) et la pêche dans les lagunes de Comacchio et de Venise de 1798 à 1898, *Bull. de la Soc. belge d'Astr.*, t. XVII (1912), p. 79.

— La période annuelle de la fréquence des orages magnétiques et des aurores, *Bull. de la Soc. belge d'Astr.*, t. XVIII (1913), p. 84.

— Taches solaires, protubérances et perturbations magnétiques terrestres, *Bull. de la Soc. belge d'Astr.*, t. XIX (1914), p. 70.

— La pluie à Berlin et les taches solaires (exposé de la méthode de Schmidt), *Bull. de la Soc. belge d'Astr.*, t. XIX (1914), p. 195.

— La variation diurne de la déclinaison à Kew et la période Schwabe-Wolf, *Bull. de la Soc. belge d'Astr.*, 1923, p. 285.

— La déclinaison magnétique à Milan, 1836-1920 et la période Schwabe Wolf, *Bull. de la Soc. belge d'Astr.*, 1923, p. 287.

LALLEMAND (Ch.), L'avenir des continents, *Bull. de la Soc. Astr. de Fr.*, mai 1908.

— Les Marées de l'écorce et l'élasticité du globe terrestre ; les Mouvements luni-solaires de la verticale ; les marées du géoïde dans l'hypothèse d'une absolue rigidité de la Terre, *C. R. de l'Acad. des Sc.*, t. CXLIX, 1909 (pp. 836 et 888.

— Mouvements et déformations de la croûte terrestre, etc., *Annuaire du Bur. des Longit.*, 1909 ; anal. par Lucien Rudaux, dans *La Géographie*, t. XIX (1909), p. 455.

LALOY (Dr L.), La mer d'Aral, *La Géographie*, t. XI (1905), p. 459; 1908 et t. XX (1909), p. 42 ; analyses des travaux de L. Berg et A. Woiekow.

LAMBERT (Gustave), Lois de l'insolation, *Cosmos*, 2e s., t. V (1867), pp. 156-158.

LAMEY (abbé), Structure et mouvement des taches solaires. *Les Mondes*, t. XXVI (1871), p. 655.

LAMONT, *Poggendorff's Annalen*, décembre 1851.

— *Ac. des Sc. de Bavière*, 1865.

LANCASTER (A.), Notre climat change-t-il ? *Annuaire popul. de la Belgique pour* 1887 ; *Ciel et Terre*, t. IX (1888-1889), p. 534.

LANGLEY (S. P.), (Méthode du Bolomètre). Cf. *Ciel et Terre*, t. II (1881-1882), p. 198.

— On a possible variation of the Solar radiation and its probable effect on terrestrial temperature, *The Astrophys. Journ.*, t. XIX, pp. 305-321, juin 1904 ; anal. dans *Ciel et Terre* t. XXV (1904-1905), p. 323.

LAPPARENT (A. de), Le déplacement de l'axe des pôles, *Rev. des Quest. Scientif.*, Louvain, 1877.

— De la mesure du temps par les phénomènes de sédimentation, *Bull. de la Soc. Géolog. de Fr.*, 1890.

— Les anciens glaciers, *Correspondant*, 1892.

— L'enseignement du Muséum et la question des anciens glaciers, *Rev. Scientif.*, 1892², p. 175.

— *Rev. des Quest. Scientif.*, Bruxelles, octobre 1893 et *C. Rendus de la Soc. de Géogr.*, 1894, p. 21.

— La distribution des conditions physiques à la surface du globe, *Bull. de la Soc. de Géogr.*, 1895, p. 149.

— Le Pamir et les glaciers, *C. Rendus de la Soc. de Géogr.*, 1897, p. 193.

— Les anciens glaciers et les causes actuelles, *La Nature*, 1897, p. 354.

— Soulèvements et affaissements, *Rev. des Quest. Scientif.*, 1898.

— *Traité de Géologie*, 4e édit., 3 v. gr. in-8º, Paris, 1900.

— Sur la découverte d'un oursin d'âge crétacé dans le Sahara oriental, *C. R. de l'Ac. des Sc.*, t. CXXXII (1901), p. 388 ; anal. dans *La Nature*, 1901¹, p. 207.

— Sur les traces de la mer lutétienne au Soudan, *C. R. de l'Ac. des Sc.*, t. CXXXVI (1903), p. 1118.

— Sur de nouvelles trouvailles géologiques au Soudan, *C. R. de l'Ac. des Sc.*, t. CXXXIX (1904), p. 1186.

— Sur l'extension des mers crétacées en Afrique, *C. R. de l'Ac. des Sc.*, t. CXL (1905), p. 849.

— Les époques glaciaires dans le massif alpin et la région pyrénéenne, *La Géographie*, t. XIII (1906), pp. 417-424 ; analyse de divers travaux, notamment les études d'Albert Penck. V. aussi Delesse.

LARGEAU, *Bull. de la Soc. de Géogr.*, t. X (1875), p. 217.

LABUE (Pierre), Le Climat de montagne, *Ass. fr. p. l'Avanc. des Sc.*, Le Hâvre (1914).

LAUGIER (P.-A.-E.), Remarques à l'occasion d'une communication de M. Le Verrier relative aux observations météorologiques faites à l'Observatoire de Paris, *C. R. de l'Ac. des Sc.*, t. XXXVIII (1854), p. 799.

LAURIOL, Sur les oscillations rythmées du lac Léman, *Ass. fr. p. l'Avanc. des Sc.*, 1885¹, p. 333.

LEBEUF, *Bull. Météor. de l'Observ. de Besançon*, 1915 à 1920, 2e partie ; *P. V. Soc. Météor. de Fr.*, 6 juin, 1922.

LECARME (Louis), La formation des continents, *Le Salut Public* (Lyon), 2 février 1924.

LEITER (H.), Die Frage der Klimaänderung während geschichtticher Zeit in Nord Afrika, *Abkand. der K.K. Géogr. Gesellsch.*, Vienne, t. 8 (1909), pp. 1-148 ; anal. de Paul Lemoine dans *La Géographie*, t. XX (1909), p. 253.

LEMOINE (Paul), Les mouvements du sol du Littoral de la France, *La Géographie*, t. XIX (1909), pp. 62 et 442, analyses de divers travaux.

— Conclusions d'ordre géographique tirées de l'étude des mollusques d'Afrique, *La Géographie*, t. XIX (1909), pp. 877-883.

— Les oscillations des rivages dans la Loire-Inférieure, *La Géographie*, t. XXII (1910), p. 419 ; analyse renfermant diverses indications bibliographiques.

— Les gisements de tourbe littorale de l'Ouest de la France et les oscillations du sol, *La Géographie*, t. XXV (1912), p. 438 ; c'est une analyse des travaux de J. Welsch avec d'autres indications bibliographiques.

LENOBLE (F.), La légende du déboisement des Alpes, *Rev. de Géogr. Alpine*, t. XI (1923), p. 5-113 ; bonne analyse de E. Bénévent dans *La Géographie*, t. XL (1923), p. 324.

LENTHÉRIC (Ch.), Les villes mortes du golfe de Lyon ; anal. par Cortambert dans *Bull. de la Soc. de Géogr.*, t. XIII (1877), p. 186.

LE ROY MABILLE, Lequel des deux a raison, ou de Cuvier ou de sir Charles Lyell ? *Les Mondes*, t. XXXII (1873), pp. 328-843.

LESPIAULT (G.), Des déboisements américains et de leur influence météorologique, *Pr. Verb. de la Soc. des Sc. Ph. et Nat.* de Bordeaux, t. V (1883), p. 875.

— Des déboisements américains et de leur influence météorologique, *Bull. de la Soc. des Sc. Ph. et Nat.*, Bordeaux, 2e s., t. V, pp. XIV, XVII, XXII, XXIX, 875-385.

LESSEPS (de), Longue suite de notes approuvant le projet du commandant Roudaire pour l'établissement d'une mer intérieure dans les chotts tunisiens et algériens, *C. R. de l'Acad. des Sc.*, t. LXXIX (1874), p. 87 ; t. LXXXVIII (1879), p. 1344 ; t. XCI (1880), p. 583 ; t. XCII (1881), p. 1309 ; t. XCVI (1883), pp. 616 et 1274 ; t. IC (1884), pp. 9 et 121 ; t. CIII (1886), p. 311 ; t. CIV (1887), pp. 105 et 272. — V. aussi *Bull. de la Soc. de Géogr.*, t. VIII (1874), p. 103 ; *C. R. des Séances de la Soc. de Géogr.*, 1884, p. 500.

LETOURNEUX (A.), Sur le projet de mer intérieure africaine, *Ass. fr. p. l'Avanc. des Sc.*, 1884[1], p. 261 ; 1884[2], p. 546.

LÉVINE (J.), Périodicité des vagues atmosphériques, *C. R. de l'Acad. des Sc.*, t. CLXVIII (1919), p. 566 ; reprod. dans *Bull. de la Soc. Astr. Fr.*, 1919, p. 364.

— Les perturbations du magnétisme terrestre, *La Nature*, 24 juin 1922, p. 894.

Lévine (J.), Sur les taches solaires, *C. R. de l'Acad. des Sc.*, t. CLXXVIII (1924), p. 1365.

Lévy (Albert), v. Marié-Davy.

Leyst (Ernest), *Influence des planètes sur les phénomènes du magnétisme terrestre*, 1 v. in-8°, Moscou, 1897.

Liandier, Sur les ondes atmosphériques des hautes régions, et le rapport qu'elles peuvent avoir avec le trajet des étoiles filantes, *C. R. de l'Acad. des Sc.*, t. LVII (1863), p. 908 ; anal. dans *Les Mondes*, t. II (1863), p. 489.

— Notice sur la coïncidence du passage de la Lune au méridien avec les mouvements de la colonne barométrique, *C. R. de l'Acad. des Sc.*, t. LXIV (1867), p. 629 ; anal. dans *Cosmos*, 2e sér., t. V (1867), p. 332.

Libert (Lucien), La lumière zodiacale et les aurores boréales, *La Nature*, 1902, p. 198.

Linder, Sur les variations séculaires du magnétisme terrestre, *C. R. de l'Acad. des Sc.*, t. LXIX (1869), p. 621.

Lion (Moïse), Sur la variation d'intensité de l'aiguille magnétique horizontale sous l'influence de l'éclipse du 28 juillet 1851, *C. R. de l'Acad. des Sc.,*, t. XXXIII (1851), p. 129 ; on trouvera l'historique et la suite de cette étude dans *Cosmos*, t. II (1852), p. 409.

— Histoire des observations relatives de l'action des conjonctions écliptiques sur les éléments du magnétisme terrestre, *C. R. de l'Acad. des Sc,*. t. LXXIII (1871), p. 1230 ; anal. dans *Les Mondes*, t. XXVI (1871), p. 596.

Liu (J.-Y.), v. Terada.

Lockyer (Sir N.), *Proced. Roy. Soc.*, 11 oct. 1866 ; 20 oct. 1868 ; 1886, p. 353.

— *Solar Physics*, 1874, pp. 421 et 425.

— [Taches solaires et pluies dans l'Océan indien], *Nature* ; anal. par G. Guéroult, *La Nature*, 1901[1], p. 246, et 1902[2], p. 30.

— [Action solaire sur les phénomènes météorologiques], *Proced. Roy. Soc.*, 19 juin, 1902 ; anal. dans *Rev. Scientif.*, 1902, n° 7, p. 215 ; reprod. dans *Bull. de la Soc. belge d'Astr.*, t. VII (1902), p. 275.

— Voir aussi : *Proced. Roy. Soc.*, 1904 et 1906 ; *Solar Physics Comittee*, 1902, 1904, 1906, 1908 ; A discussion of Australian Meteorology, 1909.

— Les relations entre les protubérances solaires et le magnétisme terrestre, *C. R. de l'Acad. des Sc.*, t. CXXXV (1902), p. 364 ; anal. dans *Rev. Scientif.*, 1902[2], p. 341.

— Simultanéité des changements solaires et terrestres, *Nature*, t. LXIX (1904), p. 351 ; *Ciel et Terre*, t. XXV (1904-1905), pp. 128, 169 et 209.

Lockyer (N. et W.). A probable cause of the yearly variation of magnetic Storms and aurora, *Month. Notice*, supplément du t. LX.

— Diverses communications à la *Roy. Soc.* (notamm. *Proced.*, A. 78, p. 48), sur les variations barométriques de longue durée, sur les changements de l'activité solaire et les phénomènes météorologiques, les relations entre l'activité solaire et les variations de la température et de la pluie dans la région environnant l'Océan Indien *(Proc. R. Soc.,* 22 nov., 1900), sont analysées dans : *Bull. de la Soc. belge d'Astr.,* t. VI (1901), p. 124 ; t. XII (1907), p. 30 ; *Ciel et Terre,* t. XXVII (1906-1907), p. 358 ; *Rev. Scientif.,* 1901[1], p. 345 et 1907[1], p. 404 ; *La Nature,* 1903[1], p. 30.

LOCKYER (N. et W.), Variations solaires et météorologiques à courte période, *C. R. de l'Acad. des Sc.,* t. CXXXV (1902), p. 361 ; anal. dans *Rev. Scientif.,* 1902[2], p. 341. Voir aussi, d'après *Nature, Rev. Scientif.,* 1904[1], p. 438.

LOCKYER (Sir W.-J.-S.), The Solar Activity 1833-1900, *Proc. Roy. Soc.,* t. LXVIII (1901), pp. 285-300, anal. dans *Rev. géné. des Sc.,* 1901, p. 941 ; *Bull. de la Soc. Astr. de Fr.,* 1901, p. 432 et 1904, p. 220.

— Die Sonnenthätigheit, *Meteor. Zeitschr.,* 1902, p. 59.

— *Zur 35 Jährigen Periode, Meteor. Zeitschr.,* 1903, p. 423.

— *Nature,* t. LXIV, p. 196 ; 6 février 1902, n° 1749, 7 mai 1903 ; trad. dans *Ciel et Terre,* t. XXIV (1903-1904), p. 203 ; anal. dans *Rev. Gén. des Sc.,* 1903, p. 1125 ; très bonne analyse de H. de P. dans *La Nature,* 1903[2], p. 86 [Le cycle solaire et météorologique].

— Sunspot variations in latitude (1861-1902), *Month. Notices,* 1904 ; *Proc. Roy. Soc.,* t. LXXIII, p. 142 ; anal. dans *Journ. de Phys.,* 1905, p. 270 et *Rev. Scientif.,* 1905[2], p. 345.

LŒWY, v. Rue.

LOISEL (J.), Cycles solaires et météorologiques, *La Nature,* 1911[1], p. 418.

— Éruptions volcaniques et températures terrestres, *La Nature,* 1914[1], p. 188.

LOISIER (abbé), La prévision du temps par l'observation des taches solaires ; cf. *Mém. de l'Acad. de Dijon, Bulletin,* 1924, p. 12.

LOMBARDI (Elie), *Sur les traces de la période glaciaire dans l'Afrique Centrale,* in-4°, Milan, 1866.

LOMBARDINI (Elie), *Traces de la période glaciaire dans l'Afrique Centrale* 2e appendice à l'essai sur l'hydrologie du Nil), in-4°, 1882.

LOOMIS, *Amer. Journ. of Science,* t. L (1874), p. 167.

LOUKASCHEWITSCH (Joseph), *Sur le mécanisme de l'écorce terrestre et l'origine des continents,* in-8°, 60 p., St-Pétersbourg, 1911.

LUCAS (Henry), Détermination de la température moyenne de l'année par une seule observation diurne du thermomètre, *Les Mondes,* t. XXII (1879), p. 239.

LUVINI, Sur les variations du magnétisme terrestre en relation avec les taches du soleil, *C. R. de l'Acad. des Sc.,* 29 avril 1889, t. CVIII, p. 909.

LYELL (Charles), *Principes de Géologie, à partir de 1830.*

— *Manuel de Géologie élémentaire ou changements anciens de la Terre et de ses habitants tels qu'ils sont représentés par les mouvements géologiques* (trad. Hugard), 2 v. in-8°, 1856.

MABILLE, v. Le Roy.

MABILLON (L.), Traduction du rapport du « Committee on Solar Physics »,
    Ciel et Terre, t. IV (1883-1884), pp. 169, 202.

MAC DOWALL, Sunspots and Weather, *Engl. Mechan. and World of Sc.*,
    19 avril 1901, Trad. dans *Bull. de la Soc. Astr. de Fr.*, 1901, p. 278.
— Taches solaires et température de l'air, *C. R. de l'Acad. des Sc.*, t.
    CXXXVI (1903), p. 1292.
— Les températures et les taches solaires, *Bull. de la Soc. Astr. de Fr.*,
    1906, pp. 129 et 198.
— *Meteorol. Zeitschr.*, t. 24 (1907), p. 514.
— Sunspots and Summer Rainfall, *The Meteorol. Magaz.*, n° 677,
    t. 57 (1922), p. 133.

MAC NAB, Refroidissement des étés, *Soc. botan. d'Edimbourg* ; Cf. *La Na-
    ture*, 1874, p. 158.

MAGENBACH, v. Forel.

MAISTRE (JULES), De l'influence des forêts sur les cours d'eau, *Les Mon-
    des*, t. 8 (1865), pp. 735-739.
— De l'influence des forêts sur les sources et les cours d'eau ; anal. de
    F. Vallès, dans *Les Mondes*, t. X (1866), pp. 134-159.

MANGEOT (Stéphane), Rapport statistique sur les tremblements de terre
    et les ouragans dans l'Indo-Chine, *Archiv. des Miss. Scientif.*,
    Paris, 1880.

MANGON (Hervé), Influence des tremblements de terre sur les troubles
    contenus dans les eaux du puits artésien de Passy, *Soc. Philom.*,
    1863 ; extrait dans *Les Mondes*, t. II (1863), pp. 199-201.

MANSON (Marsden), *Philos. Soc.*, Washington, 12 nov. 1904 ; anal. dans
    Ciel et Terre, t. XXVI (1905-1906) p. 72 et *Rev. Scientif.*, 1905[1],
    p. 249.

MANZI (Michel), Le livre de l'Atlantide, in-8°, 4 cartes, Paris, 1922 ; anal.
    par Jean Gattefossé dans *La Géographie*, t. XL (1923), p. 594.

MAQUENNE, L'azote atmosphérique et la végétation, *Ass. fr. p. l'Avanc.
    des Sc.*, 1891[1], p. 60.

MARCHAL, Qu'est-ce que la météorologie ? *Bull. de la Soc. belge d'Astr.*, t.
    III (1898), p. 33.

MARCHAND (Eug.), Note sur la distribution de la chaleur solaire sur les
    différents points du globe terrestre dans les jours d'équinoxe et
    de solstice, *Ass. fr. p. l'Avanc. des Sc.*, 1879, p. 489.
— Simultanéité entre certains phénomènes solaires et les perturba-
    tions du magnétisme terrestre, *C. R. de l'Acad. des Sc.*, t. CIV
    (1887), p. 133.
— Observations du Soleil faites à l'Observatoire de Lyon (*Equatorial*
    Brünner) pendant le premier semestre de 1892[1], *C. R. de l'Acad.
    des Sc.*, t. CXV (1892), p. 219.
— *Congrès International de Météorologie*, Paris, 1900.
— Les périodes d'agitation sismique en juillet, août, septembre 1904,
    dans les Pyrénées centrales, *Bull. de la Soc. Ramond*, Toulouse,
    1904.

MARCHAND (Eug.), *Ann. de la Soc. Météor. de Fr.*, 1905, pp. 40-45.
— Les tremblements de terre et la pluie, *Annuaire de la Soc. Météor.*,
   1906 ; anal. dans *Bull. de la Soc. Astr. de Fr.*, 1906, p. 509 et
   reprod, par *Rev. Scientif.*, 1907[1], p. 22.
— *Relation des tremblements de terre avec les phénomènes solaires*, Ba-
   gnères-de-Bigorre, 1909.
— Une loi générale sur les relations des phénomènes solaires avec
   ceux de la physique du globe terrestre, *Ass. fr. p. l'Avanc. des
   Sc.*, 1908, p. 373 ; 1909, p. 387 (Bons exposés de la question avec
   bibliographie intéressante).
MARCHI (Luigi de). Tremblements de Terre, *Scientia*, t. XXXV (1924),
   pp. 157-168.
MARCO-FÉLICE, Explication de l'influence de la Lune sur la Terre, *Les
   Mondes*, t. XVI (1868), pp. 14-17; et *C. R. de l'Acad. des Sc.*,
   t. LXV (1867), p. 1084.
— Le magnétisme des planètes, *Les Mondes*, t. XVIII (1868,) p. 39.
MAREK (Dr Richard), Waldgrenzstudien in dem österreichen Alpen, *Mitt.
   Geogr. Gesellsch.*, Vienne, 1905, Heft. 8 et 9.
— Beiträge zur Klimatographie der oberen Waldgrenze in den Ost-
   alpen, *Peterm. Mitt.*, 1910, II ; anal. par L.-F. Teissier dans *La
   Géographie*, t. XXII (1910), p. 126.
MARIÉ-DAVY, Causes de la diversité des climats, *Rev. Scientif.*, 1868[1], p. 97.
MARIÉ-DAVY et LÉVY (Albert), Des variations du temps et des change-
   ments de proportion de l'acide carbonique de l'air, *C. R. de
   l'Acad. des Sc.*, t. XCI (1880), p. 39.
MARIQUE (A.), Considérations sur les phénomènes et les lois en général,
   Bull. de la Soc. belge d'Astr., t. VIII (1903), p. 74.
MARSHAM (Robert), Variations du climat étudiées pendant 140 ans, *Tran-
   sact. of the Norfolk and Norwich Natur. Soc.* ; anal. dans *La Na-
   ture*, 1877[1], p. 63.
MARTEL (E.-A.), Sur les exagérations des théories glaciaires, *C. R. de
   l'Acad. des Sc.*, t. CLII (1911), p. 1800.
— Un chronomètre de l'érosion torrentielle, *La Nature*, 1924,[1] p. 287.
MARTIN (David), Faits nouveaux ou peu connus relatifs à la période gla-
   ciaire, *Ass. fr. p. l'Avanc. des S.*, 1902[1], p. 217 ; 1902[2], p. 561.
MARTONNE (E. de), L'érosion glaciaire, analyse de plusieurs notes par Paul
   Lemoine, dans *La Géographie*, t. XXI (1910), p. 273.
MARVIN (Charles F.), Solar radiation intensities and terrestrial Weather,
   Month. Weath. Rev., avril 1923, pp. 186-188.
— Concerning normals, secular trends and climatic changes, *Month.
   Weather Rev.*, août 1923, pp. 383-390.
MARVIN (C.) et H. ROSSBOLLEY, notam. : *Month. Weath. Rev.*, t. XLIX,
   n° 3 et nov. 1916, p. 637.
MASCARI (A.), *Mem. d. Soc. degli Spettroscopisti italiani*, passim.
— A Summary of the Solar Observations made in 1896, *The Astro-
   phys. Journ.*, t. VI.
— Sur l'existence indépendante des deux phénomènes solaires, fa-

cules et protubérances, *Bull. de la Soc. belge d'Astr.*, t. VIII (1903) p. 38.

Mascart (E.). Sur la relation de certaines perturbations magnétiques avec les tremblements de terre, *C. R. de l'Acad. des Sc.*, t. CIX (1889), p. 660.

Mascart (Jean), La formation des cirrus et le magnétisme terrestre, *La Nature*, 1913², p. 338.

— Deux grands hivers consécutifs, *C. R. de l'Acad. d'Agric.*, 23 oct. 1918.

— Quantité de chaleur reçue par la Terre au cours des saisons, *C. R. de l'Acad. des Sc.*, t. CLXXVI (1923), p. 123.

Mason (S.), Les climats du dattier africain, anal. par P. La., dans *Rev. Scientif.*, 1917, p. 533.

Masqueray (E.), Le Gulf-Stream, *Bull. de la Soc. de Géogr.*, t. IV (1872), pp. 369-395.

Maunder (Mrs A. S. D.), An apparent influence of the Earth on the number and area of Sunspots in the cycle 1889-1901, *Month. Notices*, t. LXVII, p. 474.

Maunder (E.-Walter), Note on the distribution on Sun Spots in heliographie latitude, *Month. Notices*, t. LXIV (1904), p. 747.

— The great magnetic Storms and their association with Sun-spots, as recorded at the royal observatory Greenwich, *Month. Notices*, t. LXIV (1904), p. 205 ; anal. dans *Ciel et Terre*, t. XXVI (1905-1906), p. 51.

— And their association with Sun-spots, *Month. Notices*, t. LXV (1905-1906),pp. 2, 538 et 666 ; anal. dans *Ciel et Terre*, t. XXVI (1905-1906), p. 51 et reprod. par *Rev. Scientif.*, 1906², p. 150.

Maunder (E. Walter) et A. S. D. Maunder, The rotation period of the Sun as derived from Magnetic Storms, *Month. Not.*, t. LXXXIV (1924), pp. 610-615.

Maunnoir (Charles), Rapports annuels sur les progrès de la géographie, études magistrales que l'on trouve chaque année dans le *Bulletin de la Soc.* et dont il est indispensable de suivre le développement pour voir l'évolution de la Géographie dans la seconde moitié du XIXe siècle ; notamment 1869 et 1874.

Maurer (J.), (La périodicité des étés chauds et des étés froids), *Météor. Zeitschr.*, t. XIV (1897), p. 263 ; anal. dans *Rev. Scientif*, 1897², p. 377 et 1899¹, p. 665.

— [Températures et précipitations atmosphériques], *Géogr. Zeitschr.*, Iéna ; anal. dans *La Nature*, 1914¹, supplément, p. 162.

Maury (J.), Géographie physique de la mer (trad. Terquem), 1858.

Mayer-Eymar, Défense du Saharien comme nom du dernier étage géologique, *C. R. de l'Acad. des Sc.*, t. CXIX (1894), p. 814.

Maze (abbé), De la périodicité des grandes pluies à Paris, *Le Cosmos*, t. V (1886), p. 89 ; résumés dans *Ass. fr. p. l'Avanc. des Sc.*, 1886¹, p. 124 ; cf. *Ciel et Terre*, t. VIII (1887-1888), p. 21.

Maze (abbé), Sur une double série de sécheresses périodiques, *Ass. fr. p. l'Avanc. des Sc.*, 1887, p. 223.
— Sur les sécheresses périodiques, *Le Cosmos*, 30 août 1890 ; résumé dans *Ass. fr. p. l'Avanc. des Sc.*, 1890[1], p. 182.
— La sécheresse et la période décennale, *Ass. fr. p. l'Avanc. des Sc.*, 1893[1], p. 208.
— Les cent cinquante derniers hivers à Paris, *Ass. fr. p. l'Avanc. des Sc.*, 1897[1], p. 272.
Meinardus (Wilh.), Einige Beziehungen zwischen der Witterung und den Ernte-Erträgen in Nord-Deutschland, *Verhandl. d. VII intern. Geogr. Kongr.*, Berlin, 1899.
— Periodische Schwankungen der Eistrift bei Island, *Ann. d. Hydrogr.* 1906, pp. 148, 227 et 278.
Meldrum (Charles), *Nature*, t. VI (1872), p. 357, *Assoc. brit. p. l'Avanc. des Sc.*, 1872 ; anal. dans *Rev. Scientif.*, 1872, p. 485.
— Star-Shower Seen at Mauritius, *Month. Notius*, t. XXXIII (1873), p. 131 ; *Proc. Roy. Soc.*, Londres, 1873.
— (Sur la relation qui existe entre la périodicité des cyclones et des pluies, et la périodicité des taches solaires), *Ass. brit. p. l'Avanc. des Sc.*, Bradford, 1873 ; anal. dans *Rev. Scientif.*, 1874[1], p. 688 ; Cf. *La Nature*, 1874[1], p. 42 et 1878[2], p. 79.
— *Notes sur la forme des cyclones dans l'Océan Indien*, Paris, in-8°, 1874.
— *Annal. Report of the Mauritius observatory*, 1875.
— *Month. Notices* de la Soc. Météor. de l'Ile Maurice, déc. 1878.
Melloni, Sur l'aimantation des roches volcaniques, *C. R. de l'Acad. des Sc.*, t. XXXVII (1853), pp. 229 et 966 ; anal. dans *Cosmos*, t. III (1853), pp. 273 et 808.
Mémery (Henri), Les grands hivers; les grands étés; coïncidences remarquables avec les périodes solaires, *Ass. fr. p. l'Avanc. des Sc.*, 1909, p. 393.
— Contribution à l'étude de l'action probable des phénomènes solaires sur les phénomènes météorologiques, *Ass. fr. p. l'Avanc. des S.* 1907[1], p. 187.
— Contribution à l'étude des variations périodiques de la température, *Assoc. fr. p. l'Avanc. des Sc.*, Strasbourg, 1921 et *Bull. de la Soc. Astr. de Bordeaux*, avril 1921.
— Sur certaines périodicités des taches solaires, indépendantes de la période undécennale, *Ass. fr. p. l'Avanc. des Sc.*, Bordeaux, 1923.
— Les variations périodiques annuelles des taches solaires et de la température, *Bull. de la Soc. Astr. de Bordeaux*, 1924, pp. 7-12.
Mercanton (P.-L.), Etat magnétique de quelques terres cuites préhistoriques. *C. R. de l'Acad. des Sc.*, t. CLXVI (1918), p. 681.
Merecki (R.), *Rozprawy Akad. w. Krakowie*, t. XXV (1899), p. 329.
— Wplyw zmiennej dzialalnosci slonca na nieokresowe ruchy atmosfery ziemstiiej, *Prace matem. fizye*, Warszawa, t. XIV (1903), t. XVI (1905).

MERGET, Echanges gazeux entre les plantes et l'atmosphère, *Ass. fr. p. l'Avanc. des Sc.*, 1875, p. 725.

MERLIN (E.), La répartition des taches solaires en latitudes héliographiques, *Bull. de la Soc. belge d'Astr.*, t. XII (1907), p. 179.

MEUNIER (Jean), Variations de la pression et de la température et leurs relations avec les phénomènes cosmiques, *Ass. fr. p. l'Av. des Sc.*, 1914, p. 323.

MEUNIER (Stanislas), L'origine de l'atmosphère, *La Nature*, 1879[1], pp. 1 et 18.

— L'enseignement du Museum et la question des anciens glaciers *Rev. Scientif.*, 1892[2], p. 177.

— *Soc. belge de Géolog.* et *Rev. Scientif.*, février 1897.

— Les anciens glaciers, *La Nature*, 1897[1], pp. 200 et 398.

— La cause de la disparition des anciens glaciers, *Ass. fr. p. l'Avanc. des Sc.*, 1901[2], p. 362.

— *Histoire géologique de la pluie*, 1 v. in-8°, Paris, 1921.

MICHEZ, Influence de la Lune, *Trans. de l'Inst. de Bologne* ; anal. dans *La Nature*, 1873, p. 47.

MILANKOVITCH (M.), Théorie mathématique des phénomènes thermiques produits par la radiation solaire, 1 v. in-8°, Paris, 1920 ; anal. par H. Grouiller dans *Scientia*, 1924, p. 53.

MILHAM (W. I.), (Les variations thermiques par une nuit froide à l'intérieur du même village), *Month. Weather Rev.*, t. XXXIII, n° 7 ; anal. dans *Rev. Scientif.*, 1906[1], p. 811.

MILLIS (John), The Glacial Period and Drayson's Hypothisis, *Popul. Astr.* t. XXIX (1921), p. 608.

MILLOT, Hypothèse au sujet de la cause de l'époque glaciaire, *La Nature*, 1884[1], p. 379.

MILNE (John), (Relations entre les tremblements de terre et les phénomènes magnétiques et électriques), *Seismolog. Magaz.*, 1894 ; anal. dans Rev. Scientif., 1894[2], p. 313.

— [Eruptions et tremblements de terre], *Nature* ; anal. dans *La Nature*, 1902[2], p. 63.

MODAT, Les populations primitives de l'Adrar Mauritanien, *Bull. Com. Et. Hist. Scient.*, *A. O. F.*, 1919, n° 4.

MOFFAT (Dr), Les taches du Soleil et l'ozone ; anal. dans *La Nature*, 1876[1], p. 206.

MONOD (Th.), Le problème du dessèchement dans la région du Cap Blanc (Sahara Occidental), *Rev. Gén. des Sc.*, 1923, p. 450.

MONTESSUS DE BALLORE, *La Science sismologique*, Paris, p. 247.

— Etude critique des lois de répartition saisonnière des séismes, *Arch. des Sc. Phys. et Nat.*, t. XXII (1889), p. 409 ; t. XXV (1891), p. 504.

— Sur la répartition saisonnière des séismes, *C. R. de l'Acad. des Sc.*, t. CXII (1891), p. 500.

— Sur les prétendues lois de répartition mensuelle des tremblements de terre, *C. R. de l'Acad. des Sc.*, t. CXLIII (1906), p. 146.

MONTESSUS DE BALLORE, Variations des latitudes et tremblements de terre, *C. R. de l'Acad. des Sc.*, t. CXLVII (1908), p. 655.
— *La Sismologie moderne ; les Tremblements de Terre*, 1 v. in-12, Paris, 1912.
— L'état actuel de la sismologie, *La Nature*, 11 nov. 1922.
— *Ethnographie sismique et volcanique*, in-8°, Paris, 1923 ; anal. par Léon Aufrère dans *La Géographie*, t. XLI (1924), p. 111.
MONTIGNY (Ch.), Sur l'accroissement d'intensité de la scintillation des étoiles pendant les aurores boréales, *C. R. de l'Acad. des Sc.*, t. XCVI (1883), p. 572.
— La scintillation des étoiles dans ses rapports avec les phénomènes météorologiques, *Ciel et Terre*, t. VI (1885-1886), p. 198.
— De l'accord entre les indications des couleurs dans la scintillation des étoiles et les variations atmosphériques, *Ciel et Terre*, t. VI (1885-1886), p. 337.
(Dans ces deux dernières publications on trouve la bibliographie essentielle des nombreux travaux antérieurs de l'auteur sur la scintillation).
MOORE (Henry Ludwell), Un cycle météorologique de 8 ans, *Monthly Weath. Rev.* ; anal. dans *La Nature*, 18 nov. 1922.
MOREUX (abbé Th.), *Introduction à la Météorologie de l'Avenir*, Paris, 1910.
— Notre climat va-t-il changer ? *Scientifica*, 1923, p. 117.
MORGAN (de), Le climat de la Touraine à l'époque miocène, *Bull. Soc. géol. de Fr.*, 1916, pp. 21-40 ; anal. par P.-L. dans *Rev. Scientif.*, 1917, p. 209.
— Etude sur les premiers temps de l'humanité, *La Géographie*, t. XXXIX (1923), n° 3, p. 281.
MOUREAUX (Th.), *Ann. du Bur. Centr. Météor.*, Paris, passim ; notam. 1888 et 1894.
— Magnétisme terrestre et tremblements de terre, *C. R. de l'Acad. des Sc.*, 20 octobre 1889.
— Aurore boréale et perturbation magnétique, *La Nature*, 1898[2], p. 275.
MOUTU (Jules), Influence des forêts sur le climat et le régime des sources, *Les Mondes*, t. XIII (1867), pp. 289-299.
MOYE (Marcel), *Météorologie populaire*, Paris, 1912, *passim*.
— Les conditions de la vie dans l'Univers, *Bull. de la Soc. belge d'Astr.*, t. X (1905), pp. 85, 120, 152, 197, et 286 ; t. XI (1906), p. 23 ; t. XII (1907), p. 209.
MÜHRY (A.), *Petermann's Mittheilungen*, 1874.
MUKAI (Masayuki), v. Nukiyama.
MÜLLER (Diamilla), Influence de l'éclipse solaire sur le magnétisme terrestre, *Gazetta officiale del Regno d'Italia*, 1871.
— Communication relative à l'aurore boréale du 4 février, *C. R. de l'Acad. des Sc.* t. LXXIV (1872), p. 548.
MÜLLER (G.) (Variations à longue période de l'intensité solaire), *Astr. Nachr.*, n° 4728 ; anal. par G. F. dans *Rev. Scientif.*, 1914[2], p. 184.

Murchison (Sir Roderick I.), (La Géographie et la Géologie), *Soc. de Géogr. de Londres*, traduct. dans *Rev. Scientif.*, 1869, p. 817 et 1870, p. 13.

Muret, v. Brückner.

Nakamura (Saemontaro), On the Effect of Barometric Distribution on the Earthquake in the Western Part of Wakayama Prefecture, *Journ. Meteor. Soc. Japan.*, t. XXXXI (1922), p. 420-426 ; anal. dans *Jap. Journ. of. Astron. and Geophys.*, t I, n° 7 (1924), p. 49.

Nansen, v. Helland.

Narumo (Minoru), v. Terada.

Nathorst, Sur la valeur des flores fossiles des régions arctiques comme preuve des climats géologiques, *XIe Congr. Géol. Intern.* ; anal. par R. Dv. dans *Rev. Scientif.*, 1918[1], p. 562.

Naudin (Ch.), Le refroidissement du climat de l'Europe, *Rev. des Sc. natur. appliq.*, 1891 ; anal. dans *Rev. Scientif.*, 1891[1], p. 685.

Négris (Ph.), Sur les alternatives des époques glaciaires et interglaciaires durant la période quaternaire, *C. R. de l'Acad. des Sc.*, t. CLXX (1920), p. 1191.

— Considérations sur les temps glaciaires, *C. R. de l'Acad. des Sc.*, t. CLXXI (1920), p. 728.

— L'Atlantis et la régression quaternaire, *C. R. de l'Acad. des Sc.*, t. CLXXIII, (1921), p. 1884.

— L'Atlantis et la régression quaternaire, *C. R. de l'Acad. des Sc.*, t. CLXXIV (1922), p. 47.

— Phases glaciaires en Grèce, leur relation avec le morcellement de l'Egéis, *C. R. de l'Acad. des Sc.*, t. CLXXIV (1922), p. 404.
Pour les idées actuelles sur l'isostasie on peut encore suivre les notes aux *C. Rendus* de Cayeux, Gorceix, Guébhard, Romieux, Zeil, etc.

— L'Atlantide, *Rev. Scientif.*, 1922[2], p. 614.

— Sur l'invraisemblance d'une dérive des continents, *C. R. de l'Acad. des Sc.*, t. CLXXVIII (1924), pp. 1195 et 1876.

— Nouvelle objection à la théorie de Wegener concernant la dérive des continents, *C. R. de l'Ac. des Sc.*, t. CLXXVIII (1924), p. 1731 et t. CLXXIX (1924), p. 60.

Nehring (A.), *Arch. f. Anthrop.* X, pp. 359-398, et XI, pp. 1-24 ; *Jahrb. d. K. K. Geol. Reichs. austalt.*, t. XXIX, part. 3 ; *Zeitschr. d. deut. geol. Gesells*, 1880, p. 468 ; *Jahrb. f. Mineral.*, 1878-1882.

Neumayer (Georges), Observations correspondantes des perturbations magnétiques et des aurores polaires en Europe et en Australie, *Les Mondes*, t. III (1868), p. 447.

Newcomb (S.), *The Astrophys. Journ.*, 1901. La période des taches solaires, *Bull. de la Soc. Astr. de Fr.*, 1901, p. 355.

— *Trans. of the Amer. Philos. Soc.*, Philadelphie, t. XXI (1908).

New South Wales : *Physical Geography and Climate*, in-8°, Sydney, 1884.

Niaudet (-Bréguet), v. Bréguet.

Nicklès (J.), Sur l'origine du magnétisme terrestre, *Anver. Journ. of Sciences* (1854) ; reprod. dans *Cosmos*, t. XXIII (1868), p. 459.

Nordmann (Ch.), Théoric électro-magnétique des aurores boréales et des variations et perturbations du magnétisme terrestre, *C. R. de l'Acad. des Sc.*, t. CXXXIV (1902), p. 591.

— La cause de la période annuelle des aurores boréales, *C.R. de l'Acad. des Sc.*, t. CXXXIV (1902), p. 750 ; anal. dans *Rev. Scientif.*, 1902[1], p. 499.

— Recherches sur le rôle des ondes hertziennes en Astronomie physique, *Rev. gén. des Sc.*, 1902, p. 379.

— La période des taches solaires et les variations des températures moyennes annuelles de la Terre, *C. R. de l'Acad. des Sc.*, t. CXXXVI (1903), p. 1047 et *Rev. Gén. des Sc.*, 1903, p. 803 ; anal. dans *Bull. de la Soc. belge d'Astr.*, t. VIII (1903), p. 315.

— Le rayonnement hertzien du Soleil et l'influence de l'activité solaire sur le magnétisme terrestre, *Journ. de Phys.*, 1904, p. 97 ; anal. dans *Rev. Scientif.*, 1904, p. 535.

— V. aussi : Trouvelot.

Nukiyama (Daizô) et Masayuki Mukai, Some Relations between Frequency of Earthquakes and Atmospheric Pressure, *Japan. Journ. of Astr. and Geophys.*, t. I, n° 2, (1922), pp. 49-54 ; anal. par T. Terada, *ibid*, t. I, n° 7 (1924), p. 48.

Nussbaum, voir Girardin.

Oddone (E.), Tremblements de terre et taches solaires, *Bull. de la Soc. belge d'Astr.*, t. XII (1907), p. 305.

Ogilvie (Alan G.), Observations et théories récentes sur la structure et sur le mouvement des glaciers alpins, *La Géographie*, t. 27 (1913), pp. 331-347. Renferme une intéressante bibliographie, surtout au point de vue des glaciers comme agents d'érosion.

Ohly (Classification des sols, basée sur le climat), *Intern. Mitteil. f. Bodenkunde*, 1913, Heft V ; anal. par P. LA. dans *Rev. Scientif.*, 1914[1], p. 374.

O'Keilly, Cf. *Bull. de la Soc. belge d'Astr.*, t. III (1898), p. 317.

Oldham (R. D.), On tidal Periodicity of the Earthquakes of Assam, *Journ. of the Asiatic Soc. of Bengale*, t. 71, part. II (1902), p. 139 ; anal. par L. Laloy dans *La Géographie*, t. VIII (1903), p. 153.

Ors (Vicomte Inglada), v. Inglada.

Parville (Henri de), Relation entre l'apparition des aurores et le mouvement de la Lune, *C. R. de l'Acad. des Sc.*, t. LXXIV (1872), p. 723.

Pecsi (Dr A.), Les lignes de fracture de la croûte terrestre, *La Géographie*, t. XXIV (1911), pp. 31-40.

Pellegrini, v. Smider.

Pelseneer, *Bull. de la Cl. des Sc. de l'Ac. de Belg.*, 1905, n° 12 ; long. anal. dans *Revue des Idées*, 15 août 1906 et *La Nature*, 1906[2], p. 242.

Penck (Dr Albrecht), *La période glaciaire dans les Pyrénées* (traduct L. Brœmer), 1 v. in-8°, Toulouse, 1885.

— Les Klima Schwankungen de Brückner terminent le t. IV de l'ouvrage suivant : *Geographische Abhandlungen*, Vienne, 1890.

— C. Rendus des Séances de la Soc. de Géographie, 1890, p. 403.

PENCK (Dr Albrecht), Les époques glaciaires en Australie, *Zeitschr. d. Gesells. f. Erdkunde*, Berlin, t. XXXV (1900), p. 289 ; anal. par L. Laloy dans *La Géographie*, t III (1901), p. 530.

— *Les Alpes à l'époque glaciaire*, 1907.

— *Sitzungsb. d. K. preuss. akad. d. Win.*, mars, 1910 ; reprod. dans *Zeitschr. d. Gesells. f. Erdkunde*, 1910, no 3 ; anal. dans *Bull. de la Soc. belge d'Astr.*, t. XV (1910), p. 514, et dans *La Géographie*, v. Rudaux.

PENCK (Alb.) et Ed. BRÜCKNER, *Die Alpen im Eiszeitalter*, Leipzig (1901-1906), IV, in-8°, nombr. pls ; longue anal. de Joseph Révil dans *La Géographie*, t. XXII (1910), pp. 173-182.

PÉROCHE (Jules), La précession des équinoxes au point de vue des phénomènes glaciaires et torrides, *Réun. des Soc. Sav. à la Sorbonne* (avril 1876) ; anal. dans *La Nature*, 1876 ; p. 412.

— *Les phénomènes glaciaires et torrides, causes auxquelles doivent être attribuées la précession des équinoxes et les oscillations polaires*, Paris, in-8°, 1877.

— Le mouvement de nos températures et la précession des équinoxes, *Rev. Scientif.*, 1904,[1] p. 579.

PERREY (Alexis), Mémoire sur les rapports qui peuvent exister entre la fréquence des tremblements de terre et l'âge de la lune, *C. R. de l'Acad. des Sc.*, t. XXXVI (1853), p. 587 ; Elie de Beaumont en fit un rapport très intéressant, également dans les *C. R.*, t. XXXVIII (1854), p. 1038. Le travail est anal. par *Cosmos*, t. IV (1854), pp. 25 et 725, et le rapport par *Cosmos*, t. V (1854), p. 403.

— Sur la fréquence des tremblements de terre relativement à l'âge de la lune pendant la seconde moitié du XVIIIe siècle et sur la fréquence du phénomène relativement au passage de la lune au méridien, *C. R. de l'Acad. des Sc.*, t. LII (1861), p. 146.

— *Propositions sur les tremblements de terre et les volcans*, Paris, 1863 ; extrait dans *Les Mondes*, t. I (1863), pp. 462-465.

— Sur la fréquence des tremblements de terre relativement à l'âge de la Lune, *C. R. de l'Acad. des Sc.*, t. LXXXI (1875), p. 690.

— Théorie sur les tremblements de terre, *C. Rendus des Séances de la Soc. de Géogr.*, 1885, pp. 70, 132, 133.

PERRIER (G.), Où en est la Géodésie ? *Bull. de la Soc. Astr. de Fr.*, 1923, p. 433. On y trouve un exposé, du point de vue géodésique, des idées sur l'isostasie et la théorie de Wegener.

PERRIN (Jean), La chaleur solaire, *Revue du Mois (vient de paraître)*, octobre 1923.

PERROT, Sur la cause des orages et des trombes, *C. R. de l'Acad. des Sc.*, t. LX (1865), p. 1252 ; extr. dans *Les Mondes*, t. VIII (1865), pp. 272-274.

PERRY (Rev. S. J.), Conférence sur l'histoire du magnétisme terrestre, *Les Mondes*, t. XXX (1873), pp. 418 et 468.

PERVINQUIÈRE (L.) et Cᵗ DONAU, Les changements de climat récents et l'archéologie de la frontière tuniso-tripolitaine, *Bull. Géogr.*

Histor., 1912, n° 8 ; anal. par R. Dv. dans *Revue Scientif.*, 1914[1], p. 372.

PESCHEL (Oscar), *Neue Probleme der Vergleichender Geographie*, 1868.

PETERMANN, *Mittheilungen*, t. XVI (1870), n[bs] VI-VII.

PETTERSSON (Otto), The influence of ice-melting upon oceanic circulation, *The Scottish geogr. Mag.*, t. XIX (1903), p. 523 ; anal. par L. Laloy dans *La Géographie*, t. VIII (1903), pp. 333-835.

— On the influence of ice-melting upon océanic circulation, Second paper, *The Geogr. Journ.*, t. XXX (1907), p. 273 ; anal. par L. Laloy, dans *La Géographie*, t. XVI (1907), p. 419.

— Ur svenska hydrogr. biolog. Kommin. Skrifter, Göteborg, 1905.

— On the influence of ice-melting upon oceanic circulation, *The Geograph. Journ.*, t. XXIV (1904), p. 285 ; long. anal. de L. Laloy, dans *La Géographie*, t. XII (1905), pp. 173-177.

PHILIPPI (E.), Ueber das Problem der Schichtung und über Schichtbildung am Boden der heutigen Meere, *Zeitschr. de dent. geolog. Gesells*, t. XL (1908), p. 846 ; anal. par L. Laloy dans *La Géographie*, t. XIX (1909), p. 152.

PHILIPPON (A.), *Das Mittelmeergebiet, seine geographische und kulturelle Eigenart*, in-8°, Leipzig, 1904 ; long. anal. par L. Laloy dans *La Géographie*, t. X (1904), pp. 31-35.

PIETTE (Ed.), Les causes des grandes extensions glaciaires aux temps pléistocènes, *Bull. et Mém. de la Soc. d'Anthrop.*, Paris, 6e s., t. III, fasc. I (1902).

PITARD et PROUST, *Les îles Canaries, Flore de l'archipel*, 1 v., Paris, 1908 ; anal. par Paul Lemoine sous le titre « La flore des Canaries, et la théorie de l'Atlantide », dans *La Géographie*, t. XX (1909), p. 44.

P. L., L'influence des époques glaciaires anciennes sur la répartition des formes animales actuelles, *Rev. Scient.*, 1909[1], p. 146.

PLINY-EARLE, v. Chase.

PLUMANDON (J. R.), Variation séculaire de l'activité orageuse, *Ass. fr. p. l'Avanc. des Sc.*, 1908, p. 388.

POEY (André), Sur la loi de l'évolution similaire des phénomènes météorologiques, *C. R. de l'Acad. des Sc.*, t. LXXIII (1871), p. 844.

— Lettre à M. le Secrétaire Perpétuel sur les rapports entre les taches solaires et les ouragans des Antilles, de l'Atlantique Nord et de l'Océan Indien Sud, *C. R. de l'Acad. des Sc.*, t. LXXVII (1873), p. 1222.

— Rapports entre les taches solaires, les orages à Paris et à Fécamp, les tempêtes et les coups de vent dans l'Atlantique Nord, *C. R. de l'Acad. des Sc.*, t. LXXVII (1873), p. 1348.

— Adresse une note intitulée : « Rapport entre les éruptions volcaniques, les tremblements de terre, etc..., et les taches solaires ». *C. R. de l'Acad. des Sc.*, t. CXXXV (1902), p. 463.

POLIS (P.), L'influence météorologique des taches solaires, *Das Wetter*, 1894 ; anal. dans *Rev. Scientif.*, 1894[1], p. 687.

Polis (P.), Cf. Les taches solaires et le temps, *Bull. de la Soc. Astr. de Fr.*,
1895, p. 260.

Pomel (A.), L'Algérie et le nord de l'Afrique aux temps géologiques, *Ass.
fr. p. l'Avanc. des Sc.*, 1881, p. 42.

Powell (J. W.), *Report on the lands...*, 2e édit., Washington, 1879, chap.IV
Water supply. by G. H. Gilbert, pp. 57-80 ; anal. par James
Jackson, Les variations du grand lac Salé, *Bull. de la Soc. de
Géogr.*, t. XIX (1880), pp. 416-425.

Proust, v. Pitard.

Puiseux (Pierre), Sur les points de contact de l'Astronomie avec la Géographie physique, *Rev. Scientif.*, 1901[1], p. 481.

— Le rythme du Soleil, *Revue du Mois*, 1909.

Putte (Jean Van de), Phénomènes sismiques et volcaniques au Guate-
mala ; Etudes sur l'origine des tremblements de terre, raz de
marée et éruptions volcaniques, 1 v., in-8°, Bruxelles, 1924.

Quénault, Mouvements lents du sol et de la mer, *Ass. fr. p. l'Avanc. des
Sc.*, 1884[2], p. 215 ; 1885[3], p. 392.

Quénisset (F.), Remarque sur le dernier groupe de taches solaires et les
perturbations magnétiques, *C. R. de l'Acad. des Sc.*, t.CXXXVII
(1903), p. 747.

— Le Soleil et les perturbations magnétiques, *La Nature*, 1903[2],
p. 370.

Quet, Action magnétique du Soleil sur la terre et les planètes ; elle ne
produit pas de variation séculaire dans les grands axes des orbites, *C. R. de l'Acad. des Sc.*, t. XCVI (1883), p. 372.

— Sur l'application des lois de l'induction à la théorie hélio-électrique
des perturbations du magnétisme terrestre, *C. R. de l'Acad. des
Sc.*, t. XCVIII, p. 1037.

Quételet, *Annuaire de l'Obs. roy. de Bruxelles*, 1860, p. 181.

Quinton (R.), Le refroidissement du globe, cause primordiale d'évolution,
C. R. de l'Acad. des Sc., t. CXXIII (1896), p. 1094.

Rabot (Charles), Les glaciers polaires et les phénomènes glaciaires actuels,
Ass. fr. p. l'Avanc. des Sc., 1890[1], p. 42, *Rev. Scientif.*, 1890[2],
p. 66.

— Les glaciers du Spitzberg, *La Nature*, 1893[2], p. 245.

— Excursion à l'île de Jean Mayen et au Spitzberg, *C. R. des Séances
de la Soc. de Géogr.*, 1892, p. 425 ; *Bull. de la Soc. de Géogr.*, t.XV
(1894), pp. 5-69.

— Les variations de longueur des glaciers dans les régions arctiques
et boréales, *Arch. des Sc. Phys. et Nat.*, Genève, t. III (1897),
pp. 163 et 801 (avec une importante bibliographie).

— Revue de limnologie, *La Géographie*, t. IV (1901), pp. 108-119, 172-
189 ; v. aussi la note, p. 473.

— Destruction des forêts et des parcs en France et à Paris, depuis un
siècle, *La Géographie*, t. IX (1904), pp. 197-203.

— Le déboisement et l'aggravation de la torrentialité en Algérie, *La*

Géographie, t. XI (1905), pp. 315-317 (anal. avec diverses indic. bibliogr.).

RABOT (Charles), **La** dégradation des Pyrénées et l'influence de la forêt sur le régime des cours d'eau, *La Géographie*, t. XVI (1907), pp. 163-170.

— Les phénomènes glaciaires dans l'Alaska, *La Nature*, 1908[2], p. 291.

— La crue glaciaire en Norvège, en 1908, *La Géographie*, t. XX (1909), p. 39.

— Influence des tremblements de terre sur le régime des glaciers (analyse de divers travaux), *La Géographie*, t. XXI (1910), p. 275

— Les glaciers de la Suède, *La Géographie*, t. XXIII (1911), pp. 205-211.

— Le recul du pin sylvestre dans les montagnes de la Suède, *La Géographie*, t. XXIII (1911), pp. 270-276.

— Une crue glaciaire dans l'Alaska, *La Géographie*, t. XXVII (1913) pp. 368-374.

— Récentes observations sur les glaciers français, *La Géographie*, t. XXIX (1914), pp. 428-432. Avec diverses indications bibliographiques relatives au rôle économique des glaciers.

— Récents travaux glaciaires dans les Alpes françaises, *La Géographie*, t. XXX (1914-1915), pp. 257-268. Avec diverses indications bibliographiques. Voir aussi, du même, l'analyse parue dans *La Géographie*, t. XXXI (1916-1917), pp. 198-203.

— Corrélation entre le dessèchement progressif en Afrique et la diminution des glaciers en Europe, *La Géographie*, t. XXII (1918), pp. 111-113 ; anal. par P.-L. dans *Rev. Scientif.*, 1918[1], p. 559 ; v. aussi Belloc.

RADAU (R.), Théorie de la périodicité des taches solaires, *Cosmos*, t. XVII (1860), p. 572.

RAGONA (Domenico), Relations entre le magnétisme terrestre et les phénomènes météorologiques, *Ass. fr. p. l'avanc. des Sc.*, 1882, p. 301.

— Température maxima et minima à différentes hauteurs, *Ass. fr. p. l'Avanc. des Sc.*, 1883, p. 371.

— Relations entre les phénomènes météorologiques et les variations du magnétisme terrestre, *Ass. fr. p. l'Avanc. des Sc.*, 1888, p. 391.

— Sur les variations diurnes de l'aiguille magnétique de déclinaison *Ass. fr. p. l'Avanc. des Sc.*, 1890[2], p. 307.

RAMSAY (W.), Orogenesis und Klima, 1910 ; anal. par P. L. dans *Rev. Scientif.*, 1911[2], p. 467.

RAULIN, Sur une explication du déplacement des pôles magnétiques de la terre, *Bull. de la Soc. des Sc. Phys. et Nat.*, Bordeaux, 2e s., t. V, pp. XIX et XXIII.

RAYET (G.), Recherches sur le climat de l'isthme de Suez, *C. R. de l'Acad. des Sc.*, t. LXVIII (1869), p. 1045.

RAYMOND (G.), La pluie et les orages en relation avec la rotation du Soleil en Provence, *Bull. de la Soc. Astr. de Montpellier*, mars 1918, p. 8.

RAYMOND (G.), La pluie et les orages en Provence, *C. R. de l'Acad. d'Agric.*, t. V (1919), n° 2, p. 70 ; reprod. par *Bull. Soc. Astr. Fr.*, 1923, p. 128.

RÉMOND (L.), L'âge de la Terre, *Rev. Scientif.*, 1901 ; reprod. dans *Bull. de la Soc. belge d'Astr.*, t. VI (1901), p. 220.

— *Douze cent mille ans d'humanité et l'âge de la terre par l'explication de l'évolution périodique des climats, des glaciers et des cours d'eau,* 2e édit., av. supplément, in-8°, Paris, 1903.

RENOU (E.), Observations sur les différences de température entre l'intérieur des villes et la campagne, *C. R. de l'Acad. des Sc.*, t. XXXIV (1852), p. 914.

— *Annuaire de la Soc. Météor. de Fr.*, t. III (1855), p. 75 et t. XVI (1868), p. 83.

— Périodicité des grands hivers, *C. R. de l'Acad. des Sc.*, t. L (1860), p. 97.

— Sur les quantités de pluie reçues par deux pluviomètres différents de hauteur ou de dimension, *Soc. Météor.*, t. II (1863) ; extr. dans *Les Mondes*, t. III (1863), p. 748.

— Relations entre la température des sources et le climat, *Cosmos*, 3e s., t. II (1868), pp. 6-9.

— [Etude des minima des températures, avant ou après, 1878], *Ann. du Bur. Centr. Météor.*, t. I (1880), pp. B. 71 et 77 et t. II.

— Variation de la température moyenne de l'air à Paris, *La Nature*, 1890[1], p. 38.

— L'hiver 1890-91 (et la période de 41 ans), *La Nature*, 1891[1], p. 165.

— *Bull. de la Soc. Astr. de Fr.*, 1900, p. 421.

RESLHUBER (P. Augustin), Untersuchungen über den Druck der Luft., *Mus. Jahr. Ber.*, Linz., t. XVIII (1858).

REYNAUD (Jean), *De la variation séculaire des saisons*, 1858.

REYNOLDS (Osborne), Sur les propriétés électriques des nuages et les phénomènes des orages, *Chemical News.*, 3 janv. 1873 ; extr. dans *Les Mondes*, t. XXX (1873), pp. 117-122, avec observations de F. Raillard, *ibid.*, pp. 168-172.

RICCO, le Minimum récent des taches solaires, *C. R. de l'Acad. des Sc.*, t. CIV (1887), p. 137.

— Variation périodique en latitude des protubérances solaires, *C. R. de l'Acad. des Sc.*, t. CXIII (1891), p. 255.

— Taches solaires et perturbations magnétiques en 1892, *C. R. de l'Acad. des Sc.*, t. CXV (1892), p. 595.

— Eruption de l'Etna en 1892, *C. R. de l'Acad. des Sc.*, t. CXV (1892), p. 687.

RICHARD (Jules), Sur la culture des palmiers dans les terrains imprégnés de sel marin, *C. R. de l'Acad. des Sc.*, t. XVCII (1883), p. 503 ; v. aussi Blanchard.

RICHTER (E.), Geschichte der Schwank-Alpengletsher, *Zeitschr. d. deutsch-Oest. Alpenvereins*, t. XII (1891).

RICHTER (E.), Les variations périodiques des glaciers, *Archiv. des Sc. Phys. et Nat.*, 1898.
— Les variations périodiques des glaciers, *Arch. des Sc. Phys. et Nat.*, t. VIII (1899).
RIZZO, *Machic Solari e la temperatura dell'aria a Torino*, Turin, 1897 ; anal. dans *Rev. Scientif.*, 1897[2], p. 306.
ROCHE (Edouard), Sur les oscillations périodiques de la température, *Ass. fr. p. l'Avanc. des Sc.*, 1879, p. 497.
— *Le Climat actuel de Montpellier comparé aux observations du siècle passé (1879)?*
— Les variations périodiques de la température, *L'Astronomie*, 1883, p. 287 ; partiel. reprod. dans *Ciel et Terre*, t. IV (1883-1884), p. 428.
RODÈS (Le P. Luis), La Terre exerce-t-elle une influence sur la formation des taches du Soleil ? *C. R. de l'Acad. des Sc.*, t. CLXXIII (1921), p. 550.
— On the non-simultaneity of magnetic Storms, *Terrestr. Magnetism*, déc. 1922.
RODRIGUEZ (A.), Taches solaires et éléments météorologiques, *Bull. de la Soc. Astr. de Fr.*, 1901, p. 279.
ROLLAND (Georges), Sur les terrains de transport et les terrains lacustres du bassin du chott Melrir et du Sahara en général, *Ass. fr. p. l'Avanc. des Sc.*, 1884[1], p. 182 ; 1884[2], p. 267.
— La mer saharienne, *Rev. Scientif.*, 1884[2], p. 705.
— Géologie de la région du lac Kelbia et du littoral de la Tunisie, *Bull. de la Soc. Géol. de Fr.*, 1888 ; anal. dans *C. R. de la Soc. de Géogr.*, 1888, p. 378.
— Sur l'histoire géologique du Sahara, *C. R. de l'Acad. des Sc.*, t. CXI (1890), p. 996.
— Aperçu sur l'histoire géologique du Sahara depuis les temps primaires jusqu'à l'époque actuelle, *Bull. Soc. Géolog. de Fr.*, 1891.
— *Géologie du Sahara algérien et aperçu géologique sur le Sahara de l'Océan Atlantique à la mer Rouge*, Impr. Nat., Paris, 1891.
ROMER (Eug.), Die Mängel der Methode Ed. Brückner's.., *Das Wetter*, 1898, Heft 6, n. 8.
ROSSBOLLEY, voir Marvin.
ROTHEA, Le rôle des forêts dans les inondations, *Rev. des Eaux et Forêts*, t. XLIX, VII (1910), p. 205 ; anal. par Charles Rabot dans *La Géographie*, t. XXI (1910), p. 325.
ROUCH (J.), La prévision du temps à long terme, *Revue Scientif.*, 60e année, 1922, n° 6, 25 mars, p. 180.
ROUDAIRE (Capit. E.), Rapport à M. le Ministre de l'Instruction Publique sur la mission des Chotts. Etudes relatives au projet de mer intérieure, *Arch. des Miss. Scient. et littér.*, IV, in-8°, 1872.
— Note sur les chotts situés au sud de Biskra, *Bull. de la Soc. de Géogr.*, t. VII (1874), p. 297.
— Une mer intérieure en Algérie, *Rev. des Deux Mondes*, 15 mai 1874 ;

analysé par H. Duveyrier dans *Bull. de la Soc. de Géogr.*, t. VII
(1874), p. 458.

ROUDAIRE (Capit. E.), La mission des chotts du Sahara de Constantine,
Bull. de la Soc. de Géogr., t. X (1875), pp. 113, 574 ; t. XII
(1876), p. 99, avec additions de de Lesseps et d'Abbadie.

— Ses travaux sont analysés dans un Rapport, *Bull. de la Soc. de
Géogr.*, t. XIII (1877), p. 580.

— Réponses à M. Angot sur l'évaporation et le régime des vents dans
la région des chotts algériens, *C. R. de l'Acad. des Sc.*, t. LXXXV
(1877), pp. 482 et 603.

— La mer Saharienne, *Bull. de la Soc. de Géogr.*, t. XVII (1879),
pp. 106, 273 ; t. XVIII (1879), p. 301.

— A propos du projet de mer intérieure du Sahara algérien, *Bull. de
la Soc. de Géogr.*, t. I (1881) p. 583 ; t. II (1881), p. 85.

— Rapport à M. le Ministre de l'Instruction Publique sur la dernière
expédition des Chotts ; complément des études relatives au projet de mer intérieure, Extr. des *Archives des Missions Scientif.
et Littér.*, 1 v., in-8°, Paris, t. VII (1881).

— Commission supérieure pour l'examen du projet de mer intérieure
dans le sud de l'Algérie et de la Tunisie, *Ministère des Affaires
Étrangères*, Paris, in-4°, 1882.

— *La mer intérieure africaine*, av. cartes, in-8°, Paris, 1883.

ROUGIER (G.), Champ magnétique et loi de réciprocité des taches solaires,
Bull. de la Soc. Astr. de Fr., 1924, p. 364.

ROUIRE (D²), L'ancienne mer intérieure africaine, *Rev. Scientif.*, 1884[1],
p. 490 ; et *Ass. fr. p. l'Avanc. des Sc.*, 1884[1], pp. 75 et 259.

— La découverte de la mer intérieure africaine, *C. R. de l'Acad. des
Sc.*, t. XCVIII (1884), p. 1472.

— *La découverte du bassin hydrographique de la Tunisie centrale et
l'emplacement de l'ancien lac Triton*, 1 v. in-8°, 9 cartes, Paris,
1887 ; anal. dans *C. Rendus des Séances de la Soc. de Géogr.*,
1886, p. 559.

— *La découverte du bassin hydrographique de la Tunisie Centrale et
l'emplacement de l'ancien lac Triton*, 1 v. in-8° av. cartes, Paris,
1887.

ROUJON, Influence des phénomènes géologiques sur les migrations humaines, *Ass. fr. p. l'Avanc. des Sc.*, 1876, p. 562.

ROULLEAUX-DUGAGE (H.), La précession des équinoxes et le déplacement
de l'axe de rotation de la Terre, *La Géographie*, t. XXXVI (1921),
pp. 445-464.

ROUSSET (H.), L'action de la lumière solaire sur les végétaux, *La Nature*,
1910[2], p. 345.

ROYDS et S. SITARAMA AYYAR, *Kodaïkanal Observ. Bull.*, n° XXXV (1921).

ROZET, Sur l'avancement du delta du Tibre au canal de Fiumicino, *C. R.
de l'Acad. des Sc.*, t. XXXV (1892), p. 960.

RUDAUX (Lucien), Nouvelle classification des climats (analyse des études
de Penck), *La Géographie*, t. XXIV (1911), p. 134.

RUDZKI, L'âge de la Terre, *Scientia*, mars 1913; anal. dans *Rev. Scientif.*, 1913², p. 593.

RUE (Warren de la), BALFOUR STEWART et Benjamin LŒWY, Sur la nature des taches du Soleil, *Proc. of the R. Soc.*, 26 janv. 1865 ; anal. dans *Les Mondes*, t.VII (1865), p. 561.

— Sur l'accroissement et le décroissement des taches du Soleil, *Proc. of. the R. Soc.*, 2 février 1865 ; anal. dans *Les Mondes*, t. VII (1865), pp. 562-564.

— *Proc. Roy. Soc.*, Londres, 1872 ; anal. dans *Rev. Scientif.*, 1872, p. 573. Voir aussi A. Gautier.

— Sur une tendance observée dans les taches solaires à passer alternativement d'un hémisphère à l'autre, *Proc. of the R. Soc.*, 19 juin 1873 ; extr. dans *Les Mondes*, t. XXXII (1873), p. 19.

RUELENS (Ch.), *La Science de la Terre* (La mer intérieure du Sahara Algérien), in-8°, Bruxelles, 1883.

RUSSEL (C. R.), *Nature*, t. LIV (1896), p. 379.

RUTOT (A.), Le climat de l'époque paléolithique supérieure : anal. de R. Dv. dans *Rev. Scientif.*, 1913¹, p. 596.

RYLGUET, Cf. P.-*Verbaux des Séances de la Soc. de Géogr.*, 1883, p.109.

SABINE (Sir Edward), *Proc. Roy. Soc.*, mai 1852.

SACCO (F.), Les révolutions du globe, *Bull. de la Soc. belge d'Astr.*, t. XXXIX (1923). n° 3, p. 53 et suiv.

SAINTE-CLAIRE-DEVILLE, v. Deville.

SALLIOR (P.), Les étalons géologiques en années, *La Nature*, 1912, p. 30.

SALVERDA (Fijnje van), Sur l'alternance des grandes périodes d'humidité et de sécheresse (rapport de Ph. Gérigny), *Bull. de la Soc. Astr. de Fr.*, 1891, p. 184.

SAMPSON (M. A. W.), Influence du climat sur les diverses essences, *Experiment Station Record*, 1919, p. 809 ; anal. par P.L.A., *Rev. Scient.*, 10 janv. 1920, p. 24.

SANARO (le P. Sanna), Note sur la variation immédiate des éléments magnétiques du globe et Essai sur l'enchaînement des phénomènes météorologiques, *C. R. de l'Acad. des Sc.*, t. 75 (1872), pp. 1638 et 1738 ; extr. dans *Les Mondes*, t. XXIX (1872), p. 682.

SAPORTA (comte G. de), *Paléontologie jurassique* et *Arch. des Sc. Phys. et Nat. de Genève*, 1867.

— Sur le climat des environs de Paris à l'époque du diluvien gris..., *Ass. fr. p. l'Avanc. des Sc.*, 1876, p. 640.

— Les anciens climats de l'Europe et le développement de la végétation, *Ass. fr. p. l'Avanc. des Sc.*, Le Havre, 1877¹, p. 1139, et *Rev. Scientif.*, 1878¹, p. 741.

— Les périodes végétales de l'époque tertiaire, *La Nature*, 1877¹, pp. 1, 154, 243 et 403 ; 1877², pp. 83, 123, 170, 242 et 257 ; 1878¹, pp. 42, 170, 186, 259, 282 et 291 ; 1878², pp. 3, 49 et 113.

SARASIN (Paul et Fritz), (La température de la période glaciaire), *Verhande, Naturfonch. Gesells.*, Bâle, 1901 ; anal. dans *La Nature*, 1903², p. 334.

SASS (baron de), Recherches sur les variations de niveau de la Baltique, *Acad. Imp. des Sc.*, Saint-Pétersbourg, 15 janv. 1865.

SASSE, (Influence des phénomènes terrestres et cosmiques sur l'histoire des peuples). *Naturwinensch. Wochenschrift*, t. XII, n° 46 ; anal. dans *Rev. Scientif.*, 1899, t. I, p. 59.

SAVÉLIEF (R.), Sur l'influence qu'exercent les taches solaires sur la quantité de chaleur reçue par la terre, *C. R de l'Acad. des Sc.*, t. CXVIII (1894), p. 62 ; anal. dans *Ciel et Terre*, t. XV (1894-1895), p. 266.

SAWICKI (L.), Glaziale Landschaften in den Westbeskiden, *Bull. de l'Acad. des Sc. de Cracovie*, 1913, p. 83; anal. par Ernest Fleury dans *La Géographie*, t. XXVIII (1913), p. 48.

SCARPELLINI (Mme Catherine), Coup d'œil sur les tremblements de terre ressentis à Rome dans les années 1858-1862, considérés relativement à l'influence de la Lune, *C. R. de l'Acad. des Sc.*, t. 57 (1863), p. 848.

SCHAEBERLE (J.-M.), *Geological Climates.* An explanation of the cause of the Eastward circulation of our Atmosphere, *Science*, t. XXVII, n° 701, 1908 et t. XXVIII, n° 717, 1908.

SCHLŒSING (Th), Sur la constance de la proportion d'acide carbonique dans l'air, *C. R. de l'Acad. des Sc.*, t. LXL (1880), p. 1410.

SCHOKALSKI (J. de), Le niveau des lacs de l'Asie Centrale russe et les changements de climat, *Annales de Géogr.*, t. XVIII (1909), pp. 407-415 ; anal. dans *La Nature*, 1910[2], p. 271, et par Charles Rabot dans *La Géographie*, t. XXI (1910), p. 55.

SCHRADER (Franz), *Bull. de la Soc. de Géogr.*, t. XV (1878), p. 478.

SCHROEDER (Karl), *Etude systématique des faits d'alignements naturels à la surface du globe* ; anal. dans *Bull. de la Soc. de Géogr.*, t. XIII (1877), p. 548.

SCHULZ (Paul), *Klimaschwenkungen im mittleren Norddeutschland und ihr Einfluss auf die Ernteerträge*, in-4°, Halle, 1907.

SCHUSTER (A.), *Assoc. Britann.* Belfast., 16 oct. 1902.

— Sun-spots and Magnetic Storms, *Month. Notices*, t. LXV (1905), p. 186.

— *Philos. Transact.*, 1906 ; anal. dans *La Nature*, 1909[1], suppl., p. 57.

— *Proc. Roy. Soc.*, A., t. LVIII, p. 44.

— [Influence des planètes sur la formation des taches solaires], *Journ. Brit. Astron. Ass.* ; long. anal. dans *La Nature*, 1911[2], supplément, p. 121.

SCHWARTZ (Miss), The Control of Climate by lakes, *Geogr. Journ.*, mars 1921.

SCHWEN (G.), *Les forêts et les climats ;* anal. dans *La Nature*, 1893[2], p. 403.

SCORESBY, *Assoc. brit. p. l'Avanc. des Sc.*, Hull, 1853 ; anal. dans *Cosmos*, t. III, p. 568.

SCOTT (Robert H.), Les récents progrès de la prévision du temps, Lecture du 14 février 1873 à l'*Instit. R. de Gr. Bret.* ; traduit et annoté par H. Tarry, *Les Mondes*, t. XXX (1873), pp. 729-743 ; v. aussi *Rev. Scientif.*, 1873[1], p. 1012.

SECCHI (le P.), Note accompagnant l'envoi d'un opuscule sur la connexion entre les phénomènes météorologiques et les variations de l'aiguille aimantée, *C. R. de l'Acad. des Sc.*, t. LII (1861), p. 906 ; anal. dans *Cosmos*, t. XIX (1861), pp. 624-629.

— Connexion entre les phénomènes météorologiques et la variation du magnétisme terrestre, *C. R. de l'Acad. des Sc.*, t. LII (1861), p. 609 ; anal. dans *Cosmos*, t. XIX (1861), p. 416.

— Perturbations magnétiques et changements météorologiques du mois d'août 1863, *Les Mondes*, t. III (1863), p. 709.

— Relations entre les phénomènes météorologiques et magnétiques, *Les Mondes*, t. VIII (1865), pp. 173-177.

— Sur une loi empirique embrassant certaines valeurs normales des périodes météorologiques, *Les Mondes* ; t. XIII (1867), p. 394.

— Sur les relations qui existent dans le Soleil, entre les facules, les protubérances et la couronne, *C. R. de l'Acad. des Sc.*, t. LXXIII, p. 242 ; anal. dans *Les Mondes*, t. XXV (1871), p. 80.

— Sur les relations qui existent dans le Soleil, entre les protubérances et les autres parties remarquables, *C. R. de l'Acad. des Sc.*, t. LXXIII (1871), p. 593 ; extrait dans *Les Mondes*, t. XXV (1871), pp. 695-700.

— Nouvelle série d'observations sur les protubérances solaires ; nouvelles remarques sur les relations qui existent entre les protubérances et les taches, *C. R. de l'Acad. des Sc.*, t. LXXVI (1873), p. 1522 ; anal. dans *Les Mondes*, t. XXXI (1873), p. 401.

SEE (T. J.-.J), Discovery of the cause of the sunspots and of their II-year Periodicity..., *Astr. Nachr.*, t. 216, 23 août 1922.

SHAW (W.N.), An apparent periodicity in the yield of wheat for Eastern England, 1885 to 1905, *Proc. Roy. Soc.*, A. t. LXXVIII (1907), p. 69.

SIDGREAVES, Note on the Stonyhurst drawings of Sun-Spots and faculæ *Month. Notices*, t. LII (1892), p. 104.

SIEGER (Robert), Die Schwankungen der hocharmeinschen Seen seit 1800 in Vergleichung mit einigen verwandten Erscheinungen, *Mitth. k. k. Geogr. Gesells.* Vienne, 1888.

SMITH (J. Warren), Relations entre les phénomènes météorologiques et les récoltes aux Etats-Unis, *The Geogr. Rev.*, II[1] (1916), p. 61 ; *Monthl. Weath. Rev.*, t. XLIV (1916), p. 74 ; anal. par Charles Rabot dans *La Géographie*, t. XXXI (1916-1917), p. 291.

— [La culture produit-elle une augmentation des précipitations atmosphériques ?], *Month. Weat. Rev.*, t. XLVII (1919), n° 12, Déc., p. 858 ; long. anal. dans *Rev. Gén. des Sc.*, 1920, p. 234.

SNIDER-PELLEGRINI, *La création et ses mystères dévoilés*, Paris, 1859.

SOTO (Ramón), Influencia magnetica del Sol, *Revista Soc. Astron. Esp. y America*, t. XIII (1923), p. 30.

Souché (B.), Ban des vendanges dans la commune de Pamproux, *Ass. fr. p. l'Avanc. des Sc.*, 1884², p. 182.

Souleyre (A.), Périodicité des taches solaires et régime des pluies, *Bull. de la Soc. Astr. de Fr.*, 1898, p. 494.

Speight (R.), The post-glacial Climate of Canterbury, *Trans. of the N.-Zealand Instit.*, t. XLIII (1910), pp. 408-420 ; anal. par Assada dans *La Géographie*, t. XXVIII (1913), p. 50.

Spitaler (Dr Rudolf), (Une nouvelle théorie des périodes glaciaires), *Meteor. Zeitschr.*, 1911, n° 11 ; anal. par A. G. dans *Rev. Scientif.*, 1912², p. 19.

— *Das Klima der Eiszeitalters*, Pragues, 1921, in-4°, 138 p.
Je n'ai eu connaissance de cet important travail qu'à la dernière heure, pendant le tirage, et trop tard pour en tirer tout le parti possible.

Spörer, Sur le caractère oscillatoire de la cause qui détermine la distribution variable des taches à la surface du Soleil, *C. R. de l'Acad. des Sc.*, t. XCIV (1882), p. 205.

— Sur les taches du Soleil, *C. R. de l'Acad. des Sc.*, t. CVIII (1889), p. 485

— *Ueber die periodicität der Sonnenflecken, seit dem Jahre*, 1618 ; Halle, 1889.

Spring (W.), Recherches sur les proportions d'acide carbonique contenues dans l'air, *Mém. de l'Acad. de Belg.*, in-8°, 1885, notamm. pp. 30-35.

— Influence de l'acide carbonique sur la température, *Ciel et Terre*, t. XVIII (1897-1898), p. 614.

Stassano (H.), De l'influence des basses pressions sur la fréquence des aurores polaires, *C. R. de l'Acad. des Sc.*, t. CXXXIV (1902), p. 93.

Stenz (Eduardo), Supra variabilitate de constante solare, *Circul. de l'Obs. de Cracovie*, n° 15 (1923).

Sterry-Hunt (T.), Du climat terrestre durant les époques paléozoïques, *Philos. Mag.*, oct. 1863 ; trad. dans *Les Mondes*, t. III (1863), p. 613.

— (La chimie des premiers âges de la terre), *Instit. roy. de la Grande-Bretagne* ; traduct. dans *Rev. Scientif.*, 1867², p. 739.

— Sur les relations géologiques de l'atmosphère, *C. R. de l'Acad. des Sc.*, t. LXXXVII (1878), p. 452.

Stevenson (J.), (Histoire chimique et géologique de l'atmosphère), *Philos. Mag.*, ; traduct. de E. Bouty dans *Journ. de Phys.*, 1901¹, partiell. reprod. dans *Rev. Scientif.*, 1901¹, p. 309.

Stewart (Balfour), (Le Soleil considéré comme étoile variable), *Instit. roy. de la Grande-Bretagne* ; traduct. dans *Rev. Scientif.*, 1867², p. 819.

— Sur les apparences des aurores et leur rapport avec les phénomènes de magnétisme terrestre, *Month. Not.*, vol. XXX, p. 34 ; anal. dans *Les Mondes*, t. XXII (1870), pp. 490-492.

STEWART (Balfour), Etude des relations entre le Soleil et la Terre, *Nature*; traduct. dans *La Nature*, 1877[2], pp. 107, 140 et 163. Voir aussi Rue.

STOK (Van der), *Observ. made at the magnet. and meteor., obs. at Batavia*, t. X (1888).

STÖRMER (Carl), Importante série de mémoires sur les aurores boréales et les perturbations magnétiques, dans *Arch. des Sc. Phys. et Nat.* (Genève), 1907, 1911, 1912, 1913 ; *Akad. des Sc.*, de Christiania, 1913, n° 4.

— Les phénomènes d'aurore boréale et les problèmes qui s'y rattachent, *V*[e] *Congrès des Mathématiciens scandinaves*, Helsingfors, 1922.

STRABROWSKI, Du phénomène des seiches ; observations faites durant un séjour de sept années près du lac Onéga, *C. R. de l'Acad. des Sc.*, t. LXV (1857), p. 150 ; anal. dans *Cosmos*, t. II (1857), p. 126.

STROOBANT (P.), Nouvelles recherches sur la rotation du Soleil, *Ciel et Terre*, t. XXIX (1908-1909), p. 2.

(Dans cet article excellent on trouve les indications essentielles sur la variation de la vitesse angulaire de rotation avec la latitude).

SUESS (Fr. E.), Influence exercée sur les sources thermales de Teplitz par le tremblement de terre de Lisbonne, *Verhand. d. k.k. geolog. Reichsanstalt*, Vienne, 1900 ; anal. par F. Priem dans *La Géographie*, t. I (1900), p. 420.

SURRELL, *Etude sur les torrents des Hautes-Alpes*, 1841.

SWINDELLS (B.G.), Comparaison of Sun-spots areas and terrestrial magnetic horizontal force Ranges, *Month. Not.*, 1923, p. 215.

SYMONS (G.-J.), Rapport du Comité pour l'étude de la question de la chute de la pluie, *Assoc. brit. p. l'Av. des Sc.*, 1871 ; anal. dans *Les Mondes*, t. XXVI (1871), p. 167.

SZYMKIEWICZ (Dezydery), Sur l'importance du déficit hygrométrique pour la phytogéographie écologique, *Acta Societ. Botan. Poloniae*, t. I, n° 1, 1923 ; *Etudes Climatologiques*, t. I, n° 4 (1923).

TACCHINI, *Mémorie de la Soc. ital. de spectroscopie*, 1872.

— Suite de notes sur les observations de taches et facules solaires et les perturbations correspondantes, *C. R. de l'Acad. des Sc.*, t. VC (1882) ; pp. 1211 et 1212 ; t. XCVIII (1884), pp. 342 et 896 ; t. CXI (1890), p. 414 ; t. CXV (1892), p. 218.

— *Ciel et Terre*, t. VI (1885-1886), p. 310.

TAKÔ (Hikotar), v. Kunitomi.

TANDY, (Problème de l'isostasie), *Geogr. Journ.*, 1921, I, p. 354.

TARAMELLI, Quelques observations sur les changements du climat postglaciaire en Italie ; anal. par R. Dv., dans *Rev. Scientif.*, 1914[1], p. 757.

TARRADE, La variabilité de la quantité de pluie d'une année à l'autre, *Annuaire de la Soc. Météor. de Fr.*, 1922 ; anal. par J. R. dans *Rev. Scientif.*, 1922[1], p. 341.

TARRY (H.), Communication sur l'aurore boréale du 4 février et sur l'origine des aurores polaires, *C. R. de l'Acad. des Sc.*, t. LXXIV (1872), p. 549 ; anal. dans *Les Mondes*, t. XXVII (1872), p. 412.

— Note sur les relations qui existent entre les aurores polaires, les protubérances et taches solaires, et la lumière zodiacale, *C. R. de l'Acad. des Sc.*, t. LXXIV (1872), p. 740 ; anal. dans *Les Mondes*, t. XXVII (1872), p. 498.

— Sur l'extension extraordinaire de la lumière zodiacale et sa coïncidence avec la reprise des apparitions d'aurores polaires, *C. R. de l'Acad. des Sc.*, t. LXXIV (1872), p. 795 ; anal. dans *Les Mondes*, t. XXVII (1872), p. 540.

— De la prévision des aurores magnétiques, à l'aide des courants terrestres ; application à l'aurore du 10 avril, par M. Sureau, *C. R. de l'Acad. des Sc.*, t. LXXIV (1872), p. 1066 ; anal. dans *Les Mondes*, t. XXVII (1872), p. 715.

TASTES (de), Note sur les courants atmosphériques de l'hémisphère boréal, au point de vue de la prévision du temps, *C. R. de l'Acad. des Sc.*, t. LXXIII (1871), p. 611 ; anal. dans *Les Mondes*, t. XXV (1871), p. 703.

TCHIHATCHEF (P. de), Rapport sur un ouvrage manuscrit de M. de Tchihatchef ; Etudes climatologiques sur l'Asie-Mineure, *C. R. de l'Acad. des Sc.*, t. XLII (1856), p. 777.

— Considérations géologiques et historiques sur les grands déserts de l'Afrique et de l'Asie. *C. R. de l'Acad. des Sc.*, t. XCV (1882), p. 500 ; anal. dans *Rev. Scientif.*, 1882², p. 445.

TEISSERENC DE BORT (Léon), *Acad. des Sc. de Saint-Pétersbourg*, juillet 1905.

TERADA (Torahiko), Solar activity and atmospheric pressure ; Solar Faculae and Tracks of Cyclone (en coll. avec M. Narumo et Y. Horii) ; Influences of Wind, Air Temperature and Solar Radiation upon Sea Water Temperatur (en coll. avec J.-Y. Liu et S. Yamaguti), trois notes dans *Japan. Journ. of. Astron. and Geophys.*, t. I, n° 2, (1922), pp. 27-42 et 43-45 ; anal., *ibid*, t. I, n° 7 (1924), pp. 38 et 39.

TERBY, Sur l'existence et sur la cause d'une périodicité mensuelle des aurores boréales, *Bull. de l'Acad. roy. des Sc. de Belgique*, 1883.

— Sur la périodicité commune aux taches solaires et aux aurores boréales, *C. R. de l'Acad. des Sc.*, t. CXIV (1892), p. 652.

TERMIER (Pierre), L'Atlantide, *Bull. de l'Instit. Océanogr.*, 20 janv. 1913.

— Les océans à travers les âges, *Rev. Scientif.*, 1920, p. 257.

— La dérive des continents, *Rev. Scientif.*, 1924, pp. 257-267.

THOMPSON (H. J. B.), Taches solaires et étoiles filantes, *Scientific Review*, 1867 ; Cf. *Cosmos*, 2ᵉ s., t. V (1867), p. 102.

THOMSON (sir W.), voir lord Kelvin.

THOULET (J.), Quelques considérations générales sur l'étude des courants marins, *Ann. de Géogr.*, t. IV, 1894-1895, p. 269.

TIDBLOM, *Lunds Univ. Arsscrift*, t. XII (1876).

BIBLIOGRAPHIE

361

Tissandier (Gaston), Une forêt pétrifiée dans l'Arizona, *La Nature*, 1889², p. 119.

— Les grands hivers sont-ils périodiques ? *La Nature*, 1891¹, pp. 118 et 193.

Tisserand (Eugène), Influence des forêts, *Les Mondes*, t. XIII (1867), pp. 376-379.

Tissot (C.), Notice sur le chott de Djérid, *Bull. de la Soc. de Géogr.*, t. XVIII (1879), pp. 5-25.

Toudouze (Georges), Si le Gulf-Stream changeait de route, *Je sais Tout*, février 1923.

Tournouër (R.), Sur quelques coquilles marines recueillies par divers explorateurs dans la région des chotts sahariens, *Ass. fr. p. l'Av. des Sc.*, 1878, p. 608.

Trener (Giovanni-Battista), Le oscillazioni secolari del clima del Trentino, *Riv. di Studi Scient. Tridentum*, fasc. V (1904), in-8°, Trento.

Tringali, *Mem. del R. osserv. al Collegio Romano*, Série III, t. VI, part. I, 1913.

Trouvelot (E.-L.), Phénomène lumineux extraordinaire observé sur le Soleil, *C. R. de l'Acad. des Sc.*, t. CXII (1891), p. 1419.

Trouvelot et Nordmann, *Ann. de l'Obs. de Nice*, 1905.

Trowbridge (C. C.), Notes on auroras and magnétic disturbances (œuvre posthume revue par Mabel Weil), *Pop. Astron.* t. XXXII (1924), pp. 78-87.

Tschirwinsky (P.), Die mögliche Ursache der II-jährigen Periodizität in der Helligkeit und Farbe der verfinsterten Mondes, *Astr. Nachr.*, n° 5274, p. 299 (1924).

Turner (H. H.), On a 4-year Periodicity in the Frequency of Earth-quakes, *Month. Not., Geophys. Supp*ᵗ, t. I (1924), pp. 105-121.

Tyndall (J.), *Les glaciers et les transformations de l'eau, suivi d'une conférence de Helmholtz*, Paris, in-8°, 1873.

Vaillant (Maréchal), Des variations horaires du baromètre, *Les Mondes*, t. VI (1864), pp. 116-126.

— De l'influence des forêts sur le régime des sources, *Rev. des Eaux et Forêts*, 1865 ; extr. dans *Les Mondes*, t. VIII (1865), pp. 674-679.

— Sur les forêts et leur influence, *Les Mondes*, t. IX (1865), p. 209-213.

— Des forêts et de leur influence sur les sources, les rivières et les inondations, *Les Mondes*, t. XIV (1867), pp. 309-315.

Vallaux (Camille), La Géologie et la Géographie physique, *La Géographie*, t. XXXIX (1923), n° 2, p. 145.

Vallès, Influence des forêts, *Les Mondes*, t. IX (1865), pp. 367-372.

Vallot (J.), Sur une période chaude survenue entre l'époque glaciaire et l'époque actuelle, *Journ. de Botan.*, Paris, (1887).

Van de Putte, v. Putte.

Vanderlinden (E.), Les cirrus et la probabilité de pluie d'après les observations d'Ucels, *Ciel et Terre*, t. XXVII (1906-1907), p. 384.

Vanderstok, *Magnet. and Meteor. Observ. at Batavia*, t. XVI (1893), p. 213.

Venukoff, Du dessèchement des marais en Russie, *C. R. de l'Acad. des Sc.*, t. CXV (1892), p. 1323.

— *C. Rendus de la Soc. de Géogr.*, 1894, p. 288.

Véronnet (Alex.), Les théories modernes de l'entretien de la chaleur solaire, *Rev. Gén. des Sc.*, t. XXXIV (1923), n° 6, p. 165.

— L'âge de la terre, *Bull. Soc. Astr. Fr.*, 1924, pp. 190-194.

Vézian (A.), Les phénomènes glaciaires et les causes de leur apparition, *Rev. Scientif.*, 1876[2], p. 536 (On trouve dans cet article un intéressant exposé des théories de Lecocq, Lyell, Croll, etc.).

Vialay (Alfred), *Contribution à l'étude des relations existant entre les circulations atmosphériques, l'électricité atmosphérique et le magnétisme terrestre*, 1 v. in-8°, Paris, 1911.

Villain (Paul), L'énigme glaciaire, *Soc. Géol. de Fr.*, 20 fév. 1921; anal. dans *La Nature*, 1911[2] ,suppl[t], p. 25.

Villard (Marius), *Bull. d'arch. et de Statist. de la Drôme*, in-8°, Valence, 1890 ; anal. par G. T., *La Nature*, 1890[2], p. 122.

Vincent (J.), Examen critique de la carte pluviométrique de la Belgique, de M. A. Lancaster, *Bull. de la Soc. belge d'Astr.*, t. I (1895-1896), pp. 91 et 133.

— La météorologie jugée par un astronome, *Bull. de la Soc. belge d'Astr.*, t. VIII (1903), pp. 273 et 334.

— La variation séculaire de la température des étés, *Bull. de la Soc. belge d'Astr.*, t. II (1896-1897), p. 262.

Virchow, *Soc. d'anthrop. de Berlin*, 21 mai 1873.

Virlet d'Aoust, v. Aoust.

Vischer, Cf. L'extension des déserts, *Ciel et Terre*, t. XXX (1909-1910), p. 587.

Voeder (A.), (Origine des perturbations magnétiques), *Acad. des Sc. de Rochester*, 1894 ; anal. dans *Rev. Scientif.*, 1894[2], p. 313.

Vogelstein (Hermann), Die Landwirtschaft in Palästina zur Zeit des Mishna, Theil I, Getreidebau, *Doktor. Dissertation*, Breslau, 1894 ; anal. dans *Bull. de la Soc. belge d'Astr.*, t. I (1895-1896), p. 183.

Vogt (Carl), Les Volcans, *Ass. fr. p. l'Avanc. des Sc.*, 1873, p. 1035.

Voeikoff, *C. R. des Séances de la Soc. de Géogr.*, 1889, p. 6. Orthographe variable, v. aussi à W.

Voiekof, *Meteor. Zeitschr,*. 1892. V. aussi à W. pour cause d'orthographe variable.

Voieykoff, (Les glaciers et les périodes glaciales dans leur rapport avec le climat), *Zeitsch. d. Gesells. f. Erdkunde;* anal. dans *Rev. Scient.*, 1882[2], p. 55.

Volpicelli (P.), Sur la polarité électrostatique, *C. R. de l'Acad. des Sc.*, t. LIII (1861), p. 347 ; anal. dans *Cosmos*, t. XIX (1861), p. 153.

Volta (Luigi), Il regime dei Laghi Maggiore, di Laguno e di Como durante il quindicennio 1902-1916 in rapporto alla determinazione del contributo glaciale. *Public. d. r. Osserv. astron. di Brera in Milano*, n° XLI, Milan, 1921.

VOLTA (Luigi), Il regime dei Laghi Maggiore... del contributo glaciale, *Public. del R. Osserv. di Brera in Milano*, t. LVI (1922).

WAGNER, *Wochenschrift für Astronomie*, 1888.

WALLACE (R.), La période humaine en géologie, *Chamber's Journal* ; long. anal. de R. Vion, dans *La Nature*, 1883[1], p. 1.

WALTERSHAUSEN (W. Sartorius von), Recherches sur les climats du présent et du passé, considérés surtout au point de vue de l'apparition des glaciers dans la période diluvienne, in-8°, 388 p., av. pl., *Mém. de la Soc. des Sc. de Harlem*, 2e sér., t. XXIII (1866).

WARD (Rob. de C.), (Les changements de climat), *The Popul. Sc. Monthly*, New-York, nov. 1906 ; long. anal. dans *Ciel et Terre*, t. XXVII (1906-1907), pp. 559 et 616.

WATSON, (Les hivers rigoureux en Angleterre), *Roy. Meteor. Soc.*, London, 1901.

WATTS (Harvey M.), (Le mécanisme de la cause des ondes de chaleur), *Journ. of the Franklin Instit.*, août, 1902 ; anal. dans *Rev. Scient.*, 1902[1], p. 570.

WEGENER (A.), *Entstehung der Kontinente und Ozeane*, Braunschweig, in-8°, 143 p., 1920 ; traduct. Reichel, Paris, A. Blanchard, gr. in-8°, 1924. Pour anal. cf. Gagnebin et Joleaud ; v. aussi P. Guareschi dans *Urania* (Turin), t. XIII (1924), pp. 80-89.

La *Bibliographie Géographique* (suite à celle des *Ann. de Géogr.*, 1920-1921), consacre son n° 195 à la thèse de Wegener.

WEST (X.), Les forêts pétrifiées aux Etats-Unis, *La Nature*, 1894[2], 338.

WEYPRECHT, Aurores boréales et magnétisme terrestre, *Mitteil de Peterm.* partiell. reprod. dans *Naturforscher, Arch. des Sc. Phys. et Nat.* et *La Nature*, 1876[1], p. 358.

— v. ci-dessous.

WILCZEK (comte) et Ch. WEYPRECHT, *Bull. de la Soc. de Géogr.*, t. XII (1876), p. 71.

WILLIAMS (J.), Chinese Observations of Solar spots, *Month. Notices*, t. XXXIII (1873), p. 370.

WILSON, Le rayonnement des taches solaires, *Roy. Soc.*, Londres ; anal. par C. E. G., *La Nature*, 1894[2], p. 114.

WOEIKOF (Dr A. von), *Etude sur l'amplitude diurne de la température et sur l'influence qu'exerce sur elle la position topographique*, in-8°, Moscou, 1881.

— Etude sur la température des eaux et sur les variations de la température du globe, *Arch. des Sc. Phys. et Nat.*, 1886.

— De l'influence de l'homme sur la terre, *Ann. de Géogr.*, t. X (1901), pp. 97-114 et 197-215 ; anal. par Ch. Flahault dans *La Géographie*, t. V (1902), p. 305.

— Questions de limnologie physique, *Arch. des Sc. Phys. et Nat.*, t. XXI (1906), pp. 392-411.

WOEIKOF (Dr A. von), Les accumulations positives et négatives d'eau par les sources, *Arch. des Sc. Phys. et Nat.*, t. XXI (1906), pp. 495-504.

Trois opuscules publiés en 1908 par *Soc. Imp. russe de Géogr.* :
La question de la variation du climat, 85 p.
Ondées et pluies abondantes, 30 p.
Les localités du globe recevant les plus fortes quantités de pluie, 5 p.

WOLF, *Handbuch der Mathematik, Physik, Geodäsie und Astronomie*, t. II, p. 302.

WOLF (Rudolf), Nouvelle note sur les périodes des taches solaires, *C. R. de l'Acad. des Sc.*, t. XLVIII (1859), p. 396.

— Sur les taches solaires, *C. R. de l'Acad. des Sc.*, t. XLIX (1859), p. 48 ; anal. dans *Cosmos*, t. XV (1859), p. 42.

— Communications sur les taches solaires, *C. R. de l'Acad. des Sc.*, t. LIV (1862), p. 620 ; anal. dans *Cosmos*, t. XX (1862), p. 362 et t. XXI (1862), p. 356.

— Etudes sur la fréquence des taches du soleil et sa relation avec la variation de la déclinaison magnétique, *C. R. de l'Acad. des Sc.*, t. LXX (1870), p. 741.

— Remarques à propos d'une communication récente de M. Faye sur la relation entre les taches solaires et les variations de la déclinaison magnétique, *C. R. de l'Acad. des Sc.*, t. LXXXV (1877), p. 390.

— Statistique des taches solaires de l'année 1879, *C. R. de l'Acad. des Sc.*, t. XC (1880), p. 254.

— Sur les derniers résultats de la statistique solaire, *C. R. de l'Acad. des Sc.*, t. C (1885), p. 164.

— Sur la statistique solaire de l'année 1888, *C. R. de l'Acad. des Sc.*, t. CVIII (1889), p. 83.

WOODWARD (R. S.), (Le refroidissement de la terre, la poussière météorique et la longueur du jour), *Popul. Sc. Monthly* ; anal. dans *Rev. Scientif.*, 1902[1], p. 247.

YAMAGUTI (S.). v. Terada.

YOUNG, *Le Soleil*, *passim*.

ZALIWSKI, Sur l'influence des forêts pour préserver de la grêle les campagnes voisines, *C. R. de l'Acad. des Sc.*, t. LXI (1865), p. 919.

ZENGER (Ch. V.), *Die Meteorologie der Sonne*, Vienne, 1882 ; notamm. p. 26.

— Dans l'*Ass. fr. p. l'Avanc. des Sc.* : Périodicité des mouvements atmosphériques et des orages, leur origine cosmique, rotations avec les tremblements de terre ; 1878, p. 526 ; 1890[2], p. 314 ; 1894[2], p. 398 ; 1899[1], p. 240 ; 1899[2], p. 357 ; 1901[2], p. 327 ; Mêmes phénomènes et étoiles filantes, perturbations magnétiques et aurores, en relation avec la période solaire ou la période lunisolaire et les photographies du Soleil, 1884[2], p. 192 ; 1885[2], p. 293 ; 1886[1], p. 125 ; 1886[2], p. 340 ; 1887[2], p. 390 ; 1903[1], p. 194 ; 1903[2], p. 575 ; 1905, p. 277.

ZENGER (Ch. V.), Série de notes sur la période solaire comparée aux étoiles filantes, aux perturbations magnétiques, aux orages et aux séismes, *C. R. de l'Acad. des Sc.*, t. CIV (1887), pp. 1556 et 1638; t. CVIII (1889), p. 471 ; t. CXI (1890), p. 420 ; t. CXV (1892), p. 268 ; t. CXIX (1894), pp. 417 et 460 ; t. CXX (1895), p. 1186 ; t. CXXV (1897), p. 388 (orages et période solaire), reprod. dans *Bull. de la Soc. belge d'Astr.*, t. II (1896-1897), p. 241 et anal. dans *Rev. Scientif.*, 1897[2], p. 305, et *La Nature*, 1897[2], p. 207.

— La périodicité du temps, *Bull. de la Soc. belge d'Astr.*, t. III (1898), p. 271.

— Le blizzard du 6 au 7 décembre 1892, *C. R. de l'Acad. des Sc.*, t. CXV (1892), p. 1109.

ZENKER, *Termischer Aufbau des Klimate*, Halle (Leipzig), 1895.

ZSCHOKKE, *Verhandl. deutsch. zoolog. Gesells*, 1908.

ZUMOFFEN (Le R. P.), La Météorologie de la Palestine et de la Syrie, *Bull. de la Soc. de Géogr.*, t. XX (1899), pp. 344 et 462.

ZURCHER (F.), La variation séculaire des saisons, *La Nature*, 1887[2], p. 154.

VARIA

Annuaire de la Soc. Météor. de Fr., 32e année.

Arch. des Sc. Phys. et Natur., 3e pér., t. XX, p. 219 : Oscillations du Climat.

Bull. de la Soc. Astr. de France :

— Les taches solaires et les Saisons, t. XII (1898), p. 403.

— La pluie et les taches solaires, t. XV (1901), p. 196.

— Température et taches solaires, t. XVIII (1904), p. 127.

— La périodicité des taches solaires, t. XXI (1907), p. 187 et t. XXII (1908), p. 243.

Bull. de la Soc. belge d'Astr :

— L'éclipse du 17 août et le temps, t. XVII (1912), pp. 125 et 163.

— Les taches solaires et les variations du magnétisme terrestre, t. XVIII (1913), p. 33.

— La loi de Spörer, t. XVIII (1913), p. 33.

— Le magnétisme du Soleil [excellent exposé de la question], t. XX, (1920), p. 223.

— Les seiches des lacs écossais, 1922, p. 292.

— Les variations du niveau hydrostatique des grands lacs africains, Victoria et Albert, et la période Schwabe-Wolf des taches solaires, 1923, p. 288.

Bull. of the Nat. Research Council :

— L'origine de la chaleur et de l'eau des sources chaudes (résultats d'une enquête), t. V (1924), part. V. no 41, p. 149.

Ciel et Terre :

— Epoque des vendanges, t. V (1884-1885), p. 572.

— La période des taches solaires, t. VI (1885-1886), p. 66.

Ciel et Terre :
— Périodicité en météorologie, t. X (1889-1890), p. 157.
— Variations du climat : Considérations ethnologiques et culturales, t. XII (1891-1892), p. 225.
— La période de 35 ans des oscillations du climat et la qualité des vins, t. XXI (1900-1901), p. 24.
— Appauvrissement des sources, t. XXVI (1905-1906), p. 476. Voir aussi à ce sujet, un intéressant article de A. Demangeon, dans *La Géographie* (1907) reproduit dans *Ciel et Terre*, t. XXVIII (1907-1908), p. 325.
— Les moyennes thermiques, t. XXX (1909-1910), pp. 458 et 483.

Engineering, 7 février 1917.
— Aurores boréales, orages magnétiques et rayonnement solaire) ; anal. par A. Bc. dans *Revue Scientif.*, 1917, p. 337.

La Nature :
— Le niveau de la mer à l'époque romaine, 1875[1], p. 270.
— Une nouvelle mer saharienne, 1875[2], pp. 141, 159.
— Décroissance de la quantité d'eau à la surface des Continents, 1875[2], p. 350.
— Températures et tremblements de terre, 1880[1], p. 175.
— Sur l'âge des arbres, 1882[2], p. 155.
— Minimum undécennal de la variation diurne de la déclinaison, 1890, p. 111.
— Les tremblements de terre et la pression barométrique, 1891[1], p.254.
— La densité de la population et la pluie, 1891[1], p. 287.
— Perturbations magnétiques et aurores boréales, 1892[1], pp. 191 et 206.
— Les perturbations magnétiques et la neige, 1892,[1] p. 254.
— La simultanéité des perturbations magnétiques, 1893[1], p. 90.
— Dessèchement des marais de Kankakee aux États-Unis, 1893[2], p.79.
— Le Volcan baromètre, 1897[2], p. 222.
— L'influence du Climat sur la vie animale et végétale, 1899,[1] p. 46.
— Températures et taches solaires, 1899[1], p. 78.
— Le rôle du vent en géologie, 1899[2], p. 287.
— Les bois pétrifiés de l'Arizona, 1900[2], p. 305.
— Arbres pétrifiées de l'Arizona, 1902[2], p. 63.

L'Astronomie :
— Le temps en été et les taches solaires, 1894, p. 197.

Les Mondes :
— Les taches du Soleil (note historique), t. XVII (1868), pp. 245-248 et 399-402.
— Forêt pétrifiée à une heure de marche du Caire, t. XV (1867), p. 5.
— Influence de la Lune, t. XXIII (1870), pp. 193-196.
— Influence des forêts, t. XXX (1873), p. 542.

Nature (Londres), 21 juillet 1898 :
— Les taches solaires et les saisons.

Rev. Gén. des Sciences :
— Les idées actuelles sur l'isostasie, 1920, p. 65.
Revue Scientifique :
— Les variations de la pression barométrique sous l'équateur, mai
   1900 ; reprod. dans *Bull. de la Soc. belge d'Astr.*, t. V (1900),
   p. 215.
— Anthropologie : Les influences climatériques, 1882[1], p. 739.
— Les anciens climats de la France, 1883[1], p. 31.
— La rotation du Soleil d'après l'observation des facules, 1896[1], p. 503.
— Les famines et les pluies dans l'Inde, 1900[1], p. 281.
— Le dessèchement de l'Asie Centrale, 1904[1], p. 816.
— Les époques glaciaires dans les temps géologiques, 1908[1], p. 211.
— Le Climat change-t-il ? 1908[1], p. 755.
— Une période glaciaire du Huronien inférieur au Canada, 1908[2],
   p. 147.
Scientific American :
— Elévation de la température du globe par la combustion du charbon
   1912 ; anal. dans *La Nature*, 1912[2], suppl[t], p. 130.
U. S. Weather Review :
— Les taches solaires et les éruptions volcaniques (mai 1899).
— [Un réchauffement des régions arctiques], t. L, p. 589 ; anal. dans
   Rev. Gén. des Sc., t. 34 (1923), p. 321.
Zeitschrift de Gesells. f. Erdkunde :
— N° spécial consacré à la Théorie des déplacements continentaux,
   Berlin, 1921, notamm. pp. 89 à 144.

NOTE. — D'une manière générale, il sera bon de se reporter à la Bibliographie des *Annales de Géographie* où l'on trouvera maintes indications sur des sujets connexes à cette étude.

AUTEURS CITÉS.

TABLE DES MATIÈRES